国防科工委"十五"规划教材.机械工程

现代机械设计方法

主　编　孙靖民
副主编　陈时锦
参　编　梁迎春　刘亚忠

哈尔滨工业大学出版社
北京理工大学出版社　西北工业大学出版社
哈尔滨工程大学出版社　北京航空航天大学出版社

内容简介

现代设计方法在国外已经广泛应用于机械、电子等类产品设计，我国也已大力推广应用。本书结合机械产品介绍设计过程的程式和工程设计中行之有效的诸种科学方法论，内容包括系统分析设计法、创造性设计方法、机械可靠性设计、有限元分析方法、优化设计方法、动态分析设计法和反求工程设计等共八章。本书内容深入浅出，易于阅读和自学。

本书既可作为高等学校机械工程类本科学生或研究生的教材，也可作为工程技术人员继续学习和培训的教材或自学参考书。

图书在版编目(CIP)数据

现代机械设计方法/孙靖民主编. —哈尔滨:哈尔滨工业大学出版社,2003.8(2024.2 重印)

ISBN 978-7-5603-1919-3

Ⅰ.现… Ⅱ.孙… Ⅲ.机械设计-高等学校-教材 Ⅳ.TH122

中国版本图书馆 CIP 数据核字(2003)第 030607 号

现代机械设计方法

主　　编　孙靖民
责任编辑　徐　雁
封面设计　彩多设计
出版发行　哈尔滨工业大学出版社
社　　址　哈尔滨市南岗区复华四道街 10 号　邮编 150006
传　　真　0451-86414749
网　　址　http://hitpress.hit.edu.cn
印　　刷　哈尔滨圣铂印刷有限公司
开　　本　787mm×960mm　1/16　印张 19　字数 400 千字
版　　次　2003 年 8 月第 1 版　2024年 2 月第 11 次印刷
书　　号　ISBN 978-7-5603-1919-3
定　　价　68.00 元

国防科工委“十五”规划教材编委会

（按姓氏笔画排序）

主　任：张华祝

副主任：王泽山　陈懋章　屠森林

编　委：王　祁　王文生　王泽山　田　莳　史仪凯

乔少杰　仲顺安　张华祝　张近乐　张耀春

杨志宏　肖锦清　苏秀华　辛玖林　陈光禡

陈国平　陈懋章　庞思勤　武博祎　金鸿章

贺安之　夏人伟　徐德民　聂　宏　贾宝山

郭黎利　屠森林　崔锐捷　黄文良　葛小春

目　　录

前　言

设计是把各种先进技术成果转化为生产力的手段和方法，是人类改造自然的基本活动之一。任何设计都具有开发和创造新的系统和机构的目的，因而设计过程本身就是一个创新和发明过程。

在努力建设全面小康社会的今天，在当今科技竞争日益激烈的新形势下，特别是在加入WTO以后，我国的改革开放进一步深化的过程中，惟有不断进行产品创新，不断提高产品质量，才能参与国际和国内两个市场的竞争。为此，就该大力推广和广泛采用目前已在我国行之有效的先进设计方法，以求既缩短新产品的研制周期，又提高产品的质量，且降低产品的成本。

自1978年开始，我们在哈尔滨工业大学陆续为研究生和本科生开出了机械结构的有限元分析方法和机械结构的优化设计等课程，先后编写出版了《机床结构计算的有限元法》（1981年由机械工业出版社出版）、《机械优化设计》（1995年由机械工业出版社出版）和《现代机械设计方法选讲》（1982年由哈尔滨工业大学出版社出版）。以此为基础，在2002年初，按照“国防科工委重点教材建设计划”的要求，我们提出《现代机械设计方法》的教材编写申请，并获得审查批准，列为国防科工委“十五”重点教材建设项目。

编写本书的目的是为了使读者能较系统地了解和掌握现代设计理论和方法以及计算机技术在现代设计领域中的应用情况。

考虑到现代设计方法实质上是科学方法论在设计中的具体应用，而科学方法论涵盖的面较广，如信息论、系统论、控制论等十来个方面的方法，其中许多方法已有专门著作出版，所以本书的主要内容安排为：第一章概述，第二章系统分析设计方法，第三章创造性设计方法，第四章机械可靠性设计，第五章有限元分析方法，第六章优化设计方法，第七章动态分析设计法和第八章反求工程设计。

参加本书编写的人员有：孙靖民编写第一、二和四章；陈时锦编写第三、五和八章；梁迎春编写第六章；刘亚忠编写第七章。

在本书成稿过程中，始终得到哈尔滨工业大学王新荣、高圣英、黄开榜以及哈尔滨工程大学米成秋和合肥工业大学柯尊忠等五位教授的大力支持和帮助，特此致谢！

由于作者的水平所限，书中缺点和不足之处在所难免，敬请读者多提宝贵意见。

编　者

2002 年 12 月

总　序

国防科技工业是国家战略性产业，是国防现代化的重要工业和技术基础，也是国民经济发展和科学技术现代化的重要推动力量。半个多世纪以来，在党中央、国务院的正确领导和亲切关怀下，国防科技工业广大干部职工在知识的传承、科技的攀登与时代的洗礼中，取得了举世瞩目的辉煌成就。研制、生产了大量武器装备，满足了我军由单一陆军，发展成为包括空军、海军、第二炮兵和其它技术兵种在内的合成军队的需要，特别是在尖端技术方面，成功地掌握了原子弹、氢弹、洲际导弹、人造卫星和核潜艇技术，使我军拥有了一批克敌制胜的高技术武器装备，使我国成为世界上少数几个独立掌握核技术和外层空间技术的国家之一。国防科技工业沿着独立自主、自力更生的发展道路，建立了专业门类基本齐全，科研、试验、生产手段基本配套的国防科技工业体系，奠定了进行国防现代化建设最重要的物质基础；掌握了大量新技术、新工艺，研制了许多新设备、新材料，以“两弹一星”、“神舟”号载人航天为代表的国防尖端技术，大大提高了国家的科技水平和竞争力，使中国在世界高科技领域占有了一席之地。十一届三中全会以来，伴随着改革开放的伟大实践，国防科技工业适时地实行战略转移，大量军工技术转向民用，为发展国民经济作出了重要贡献。

国防科技工业是知识密集型产业，国防科技工业发展中的一切问题归根到底都是人才问题。50多年来，国防科技工业培养和造就了一支以“两弹一星”元勋为代表的优秀的科技人才队伍，他们具有强烈的爱国主义思想和艰苦奋斗、无私奉献的精神，勇挑重担，敢于攻关，为攀登国防科技高峰进行了创造性劳动，成为推动我国科技进步的重要力量。面向新世纪的机遇与挑战，高等院校在培养国防科技人才，生产和传播国防科技新知识、新思想，攻克国防基础科研和高技术研究难题当中，具有不可替代的作用。国防科工委高度重视,积极探索,锐意改革,大力推进国防科技教育特别是高等教育事业的发展。

高等院校国防特色专业教材及专著是国防科技人才培养当中重要的知识载体和教学工具,但受种种客观因素的影响,现有的教材与专著整体上已落后于当今国防科技的发展水平,不适应国防现代化的形势要求,对国防科技高层次人才的培养造成了相当不利的影响。为尽快改变这种状况,建立起质量上乘、品种齐全、特点突出、适应当代国防科技发展的国防特色专业教材体系,国防科工委全额资助编写、出版200种国防特色专业重点教材和专著。为保证教材及专著的质量,在广泛动员全国相关专业领域的专家学者竞投编著工作的基础上,以陈懋章、王泽山、陈一坚院士为代表的100多位专家、学者,对经各单位精选的近550种教材和专著进行了严格的评审,评选出近200种教材和学术专著,覆盖航空宇航科学与技术、控制科学与工程、仪器科学与工程、信息与通信技术、电子科学与技术、力学、材料科学与工程、机械工程、电气工程、兵器科学与技术、船舶与海洋工程、动力机械及工程热物理、光学工程、化学工程与技术、核科学与技术等学科领域。一批长期从事国防特色学科教学和科研工作的两院院士、资深专家和一线教师成为编著者,他们分别来自清华大学、北京航空航天大学、北京理工大学、华北工学院、沈阳航空工业学院、哈尔滨工业大学、哈尔滨工程大学、上海交通大学、南京航空航天大学、南京理工大学、苏州大学、华东船舶工业学院、东华理工学院、电子科技大学、西南交通大学、西北工业大学、西安交通大学等,具有较为广泛的代表性。在全面振兴国防科技工业的伟大事业中,国防特色专业重点教材和专著的出版,将为国防科技创新人才的培养起到积极的促进作用。

党的十六大提出,进入二十一世纪,我国进入了全面建设小康社会、加快推进社会主义现代化的新的发展阶段。全面建设小康社会的宏伟目标,对国防科技工业发展提出了新的更高的要求。推动经济与社会发展,提升国防实力,需要造就宏大的人才队伍,而教育是奠基的柱石。全面振兴国防科技工业必须始终把发展作为第一要务，落实科教兴国和人才强国战略，推动国防科技工业走新型工业化道路，加快国防科技工业科技创新步伐。国防科技工业为有志青年展示才华，实现志向，提供了缤纷的舞台，希望广大青年学子刻苦学习科学文化知识，树立正确的世界观、人生观、价值观，努力担当起振兴国防科技工业、振兴中华的历史重任，创造出无愧于祖国和人民的业绩。祖国的未来无限美好，国防科技工业的明天将再创辉煌。

张华祝

第一章 概　述

1.1 传统设计与现代设计及其范畴

一、传统设计与现代设计

“设计”是人类征服自然改造世界的基本活动之一，是人们为满足一定的需求而进行的一种创造性活动的实践过程。因此，“设计”从来就是和人类的生产活动紧密相连的。用通俗的话说，设计是把各种先进科学技术成果转化为生产力的一种手段和方法。就机械系统和结构范畴而言，它是从给定的合理的目标参数出发，通过各种方法和手段创造出一个所需的优化系统或结构的过程。所以，任何设计都是开发和创造新的系统和结构的过程。但是，由于一个设计总是反映着当时的生产力和技术水平，因而不同时期设计的内容是不同的，人们对设计的理解也是不同的。

最早的设计是由经验丰富、技术熟练的手工艺人进行的，这种设计只存在于手工艺人的头脑中，产品也是比较简单的。

随着生产的发展，需要更多、更好、更复杂的产品。因而促使手工艺人必须联合起来，互相协作，于是出现了图纸，开始按图纸制造产品。通过图纸，既可满足许多人同时参加制造的需要，又使手工艺人的经验和知识被记录并流传下来，还可用图纸对产品进行分析和改进，推动设计工作向前发展，从而使设计工作具有了相对独立的性质。

到了 20 世纪后期，由于科学技术的发展，设计工作所需的理论基础有了进步，特别是电子计算机技术的进展，对设计工作产生了很大促进作用，提出了设计现代化的需求。

此外，当前对产品的设计已不能仅考虑产品本身，并且还要考虑系统和环境的影响；不仅涉及技术领域，还涉及社会因素；不仅须顾及眼前，还须顾及今后。例如，汽车设计不仅要考虑其本身的有关技术问题，还须考虑使用者的安全、舒适、操作方便，以及燃料供应、车辆存放、道路发展等等问题，即已涉及国家的能源政策、城市布局、交通规划等社会问题。

为了寻求保证设计质量、加快设计速度、避免和减少设计失误的方法和措施，并适应科学技术发展的要求，使设计工作现代化，引发了“现代设计方法”的研究。设计方法可理解为：设计中的一般过程及解决具体设计问题的方法、手段。前者可认为是战略问题，后者是战术问题。如果把设计方法的发展进行概括，大致可以划分成：

1）17 世纪前的“直觉设计阶段”；

2)17 世纪后的“经验设计阶段”及其后形成的“传统设计阶段”；

3)目前的“现代设计阶段”。

传统设计方法的特点是:静态的、经验的、手工式的方法。现代设计方法的特点是:动态的、科学的、计算机化的方法。它已经将那些在科学领域内得到应用的所有科学方法论应用于工程设计中来了。可以这样说,传统设计方法是被动地重复分析产品的性能,而现代设计方法则可能做到主动地设计产品的参数。

下面简单介绍一下近 30 年来,德、英、日、美等国在设计方法研究方面的情况。

德国在发现自己产品质量下降、竞争能力减弱之后,意识到这是和设计工作不符合要求、缺乏有能力的设计人员密切相关的。随即在 1963 年至 1964 年间,举行了全国性“薄弱环节在于设计”的讨论会,制订了一批有关设计工作的指导性文件,举办了有关产品系统规划、创造设计与发展、CAD 等许多专题的培训班和讨论会,并相应地在高等学校中开设了设计方法和 CAD 等专题课程。

英国自 1963 年开始提出工程设计思想后,广泛开展了设计竞赛,加强在设计过程中的创造性开发、技术可行性、可靠性、价值分析等方面的研究,从而改变了其设计水平低的局面。

日本由于受到美国提出的 CAD 及实现设计自动化可能性的冲击,为补救设计师的短缺和有效地使用计算机及改进设计教育,同时也是为了适应新产品日益增长的需要,自 20 世纪 60 年代以来,引进了名家的专著,开始自己进行有关 CAD 和设计方法的研究,以提高设计人员的素质、发展 CAD 和改进工程技术教育。目前日本在产品开发中的更新速度已受到全世界的关注,其产品的竞争能力也给许多国家造成巨大威胁。

美国是创造性设计的首倡者,在 CAD 方面做出了许多贡献。在日本等国的冲击下,1985 年 9 月由美国机械工程师协会(ASME)组织,美国国家科学基金会发起,召开了“设计理论和方法研究的目标和优先项目”研讨会。会后成立了“设计、制造和计算机一体化”工程分会,制订了一项设计理论和方法的研究计划,并成立了由化学、土木、电机、机械和工业工程以及计算机科学等领域的代表组成的指导委员会,来考虑针对工程设计所需进行研究的领域和对这些领域提出资助的建议。

其他如前苏联、东欧及北欧等国,也都开展了设计理论和方法的研究工作。

现在,有关国家组织了一系列关于设计方法的国际会议,如工程设计国际会议(ICED)就是其中之一。

近年来,我国已经广泛开展了对现代设计方法的研究,成立了各种研究协会和组织。原机械电子部在有关文件中已经指出:现代设计方法在国外已广泛应用于机械电子产品设计。我国自 1980 年以来,也进行了一些工作。“六五”期间,国家科技攻关项目中的优化设计、CAD、工业艺术造型设计、模块化设计等已取得了实用性成果,并在一部分科技人员中间进行了现代设计方法的培训。不难看出,现代设计方法要在更大的范围内推广应用,不仅有必要,而且已具备了条件。

二、现代设计方法的范畴

现代设计的方法实质上是科学方法论在设计中的应用。冠以“现代”二字是为了强调其科学性和前沿性以引起重视，其实有些方法也并非是现代的。经分析，可归纳为下列具有普遍意义的方法：

1)信息论方法，如信息分析法、技术预测法等。它是现代设计方法的前提。

2)系统论方法，如系统分析法、人机工程以及面向产品生命周期中各个阶段(如设计、制造、使用、回收处理等)的设计。

3)控制论方法，如动态分析法等。

4)优化论方法，它是现代设计方法的目标。

5)对应论方法，如相似设计、反求工程设计等。

6)智能论方法，如CAD、CAE、并行工程、虚拟设计、人工智能(主要是专家系统)等。它是现代设计方法的核心。

7)寿命论方法，如可靠性设计、价值工程和稳健性设计等。

8)离散论方法，如有限元和边界元方法。

9)模糊论方法，如模糊评价和决策等。

10)突变论方法，如创造性设计等。它是现代设计方法的基础。

11)艺术论方法，如艺术造型等。

我们是搞机械设计的，本课程是试图把一些现代设计方法应用到机械设计中来的一个尝试，所以称为《现代机械设计方法》。考虑到CAD、并行工程、人工智能领域中的专家系统、人机工程以及有关信息论和模糊论方法等已有许多专门著作。为了减少篇幅，这里就不再列入了。

1.2 设计过程和设计技术简述

设计方法的研究包括设计步骤和程式以及与之相联系的解决具体设计问题的方法和手段的研究。下面将其分为设计过程和设计技术两个部分略加叙述，以便有个概念性的了解。

一、机械设计过程简述

机器的设计总是要有一定的步骤和程式的。例如，机床设计过去就有三段设计的程式，现在大体分为四个步骤，即调查研究，方案拟定(技术设计)，工作图设计，样机试制和鉴定。显然，在完成每一步骤、程式时，都要应用一些分析问题和解决问题的具体方法和工具。这就涉及整个机床设计的具体技术问题。然而，如果不考虑设计方法，则可能做不出最佳的设计来。

例如,过去在机床的三段设计过程中,就很少考虑市场需求(因为不是商品经济而是计划调拨),设计方法上也未引入“创造性”的方法。

对于一般的机械设计,目前已提出了一些设计过程的程式。显然,它们有不同的阶段和内容以及步骤和程式的划分,因而不能就设计过程给出一个严格的、统一的模式,但若从系统分析的角度看,则设计过程的各阶段实质上都具有分析、综合和评价的内容,如图1.1的模型所示,都要利用各种方法和手段寻求最优的方案,不同的仅是细化的程度和考虑问题的出发点的差别。

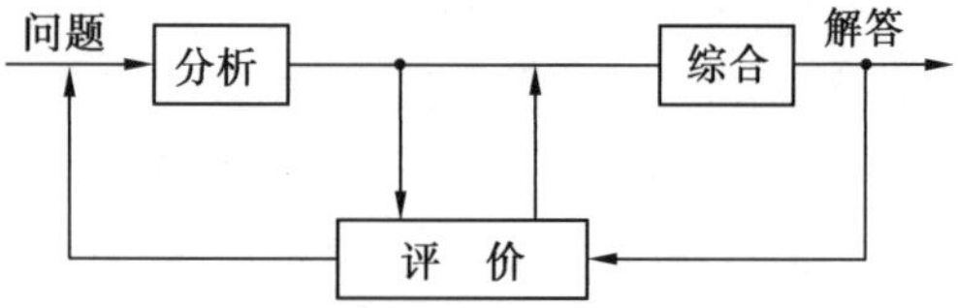

图 1.1　系统设计方法的模式

为了说明设计方法,举一个例子。假设要设计一种既要跑得快,又会吱吱叫,又会游泳的新“动物”。在图 1.2 中,给出了一个按功能来考虑的,以创造性思维为主线的,为解决该问题提供初步设计方案的设计步骤和程式。从这个例子可以看出,在设计过程中引入创造性设计方法的意义。

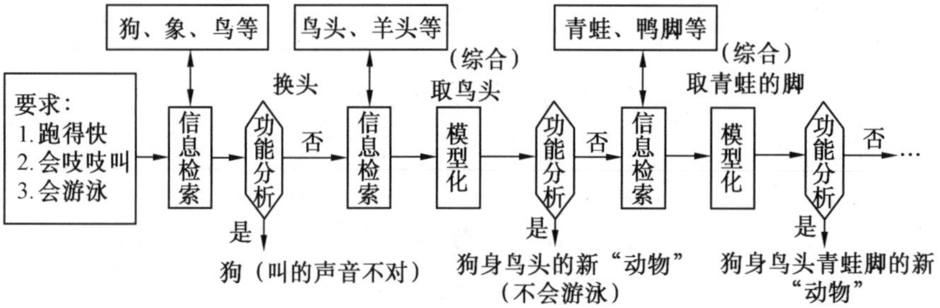

图 1.2　按功能以创造性思维进行的初步方案设计程式举例

二、设计技术

不管采用哪种技术过程的程式,对每一个具体阶段或步骤都需要应用某种设计技术。目前经常采用的是上述十一种方法论中的以下一些现代设计方法:1)技术预测法;2)创造性设计法;3)系统设计法;4)信号分析法;5)相似设计法;6)模糊设计法;7)动态分析设计法;8)有限元和边界元分析设计法;9)优化设计法;10)可靠性设计法;11)计算机辅助设计(CAD)法;12)艺术造型设计法等。

可以把设计时的一般程式(纵向主线)和具体设计技术(横向方法)的纵横交叉关系看成是一个三维结构模式,如图 1.3 所示,并可称为“系统工程设计方法”模式。它是一个考虑多因素、多层次的复杂的科学方法体系。

三、机械结构设计中的现代方法

机械结构系统的模型可以一组代表外力(外载荷)、结构尺寸和强度(或刚度)等相互关系的数学方程式来表述。如静态问题时的

$$F = Kq$$

或动态问题时的

$$M\ddot{q} + D\dot{q} + Kq = f(t)$$

两式中的 K 是结构的刚度特性,M 是结构的质量特性,D 是结构的阻尼特性,F 和 $f(t)$ 分别是静载荷和动载荷,q 是静态位移或相应的动态响应。

机械结构系统的力学模型可以用图 1.4 所示的框图表示(为简化起见,图中没有划出对应于动态问题时的 M,D 和 $f(t)$)。

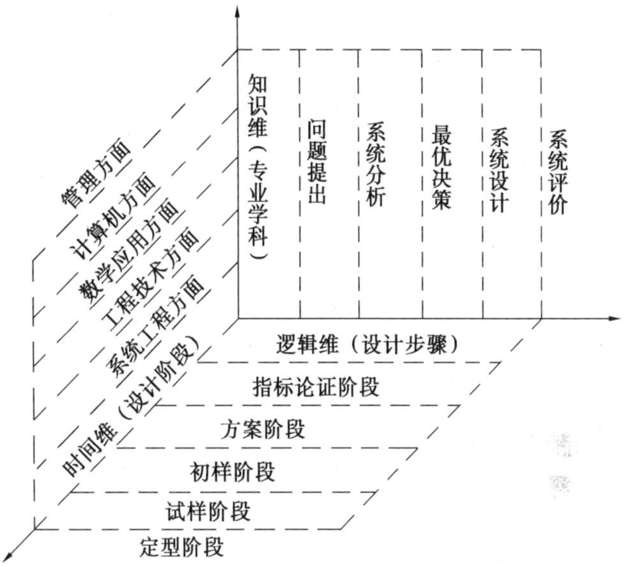

图 1.3 系统工程设计方法模式

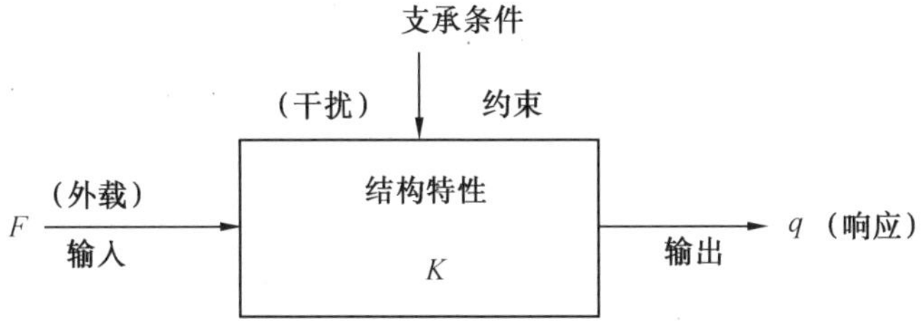

图 1.4 机械结构系统的力学模型

在求解 $F = Kq$ 类型的方程时,将出现三类问题(下面所讨论的虽是静态问题,但同样适用于动态问题),即:

1. 已知 F 和 K,求输出 q。此时有

$$q = \frac{F}{K}$$

2. 已知 K 和 q,求输入 F。此时有

$$F = Kq$$

3. 已知 F 和 q,求结构的刚度特性 K。此时有

$$K = \frac{F}{q}$$

上述三类问题可以通过结构静、动态方面的理论和技术进行分析、综合和设计、控制等方法求解;也可以采用试验方法进行结构模态或参数识别的理论和方法求解。

当外载荷 F(或 $f(t)$) 和结构特性 K(或 M、D 和 K) 已知时,求解应力(强度问题) 或应变(刚度问题) 的有效方法是有限元分析方法。若外载荷或结构特性未知,可以采用载荷参数或结构参数的识别方法求解。但若由于其结构几何尺寸或形状、拓扑等是可变(设计时可以作为设计变量进行调整) 的,以使在外载一定和满足给定约束条件下获得最佳的结构特性时,就是结构的优化设计问题了。

优化设计也可以看成是一个研究结构的几何尺寸、形状或拓扑如何控制的理论和方法的问题。

归纳上述机械结构设计的三类问题,给出下面的表 1.1 所列的三类问题的提法(求解方法) 和相应的表述形式的综合表。

表 1.1　机械结构设计三类问题提法(求解方法) 及表述形式综合表

提法 \ 表述形式	表述形式			
	输入载荷 F 或 $f(t)$	结构系统特性 K 或 M、D、K	输出 q(位移、应力或动态响应)	问题的表述方式或表达方程式
结构分析(有限元法)	F 或 $f(t)$ 已知	K 或 M,D,K 已知	求 q	$Kq=F$　静态分析 $M\ddot{q}+D\dot{q}+Kq=f(x)$　动态分析
参数识别	F 或 $f(t)$ 未知	K 或 M,D,K 已知	用试验方法求出 q	载荷的参数识别
	F 或 $f(t)$ 已知	K 或 M,D,K 未知		结构的参数识别
优化设计	F 或 $f(t)$ 已知	结构特性(几何尺寸、形状或拓扑) 可变	以 q 等为约束条件求最佳的几何尺寸、形状或拓扑	$\min J(q_i)$ s.t.　$h_i(q_i)=0$ $g_j(q_i)\leqslant 0$(包括侧面约束)
最优控制	控制变量 u 未知	结构特性(K 或 M,D,K) 已知	工作指标 J 已知	$\min J(q,u)$ s.t.　$\dot{q}=Aq+B$

习　　题

1. 从科学方法论的观点考虑,在现代机械设计领域中有哪些具体的方法?

2. 一般的机器设备的设计要经历哪些过程,其中可能涉及哪些方面的方法和技术?

3. 试以机械结构系统的力学模型为例,说明机械结构设计中可能采用哪几种现代设计方法?

第二章 系统分析设计方法

传统的分析设计方法一般是把设计对象分解为许多独立的部分来分别进行研究。由于这是孤立地,且多是静止地分析问题,因此所得出的结论常带有片面性和局部性。

现代工程往往是一些大系统的巨大工程。例如,CIM 就是一个包括 NC 技术、成组技术、柔性系统、CAD、CAPP、CAM、机器人、物料运输和存储、生产管理、检测、信息通讯网络技术等的大系统、大工程。它涉及机械、电子、液压、管理、测量、控制、计算机技术、人工智能以及信息处理等科学技术领域,因而是一个多学科的综合技术系统。所以,在系统分析设计法中,就应该把设计对象看做是一个系统,用系统工程的概念进行分析和综合,并且按产品或系统开发的进程进行设计,以求获得最佳的设计方案。

2.1 技术系统的组成和处理对象

我们所说的系统,一般包括以下四个组成部分:系统单元、系统结构、边界条件、输入和输出的要素。

系统单元是完成某种功能而无须进一步划分的单元,即系统相互联系和作用的基本组成要素。

系统结构反映着系统内部各个单元之间的关系,即相互联系和作用的联结形式。系统只有通过结构才能实现其总功能。然而,不同的结构既可完成不同的功能,也可完成相同的功能。

边界条件是系统与外部环境的作用界面,通过这种界面可以明确分析设计对象的范围。但是,界面又是相对的,可以因分析研究的具体要求不同而异。确定边界的主要依据是:在所研究的具体条件下,当该单元发生变化时,看是否对系统功能产生决定性影响,看是否应当把某个或某些单元包括在系统的内部。例如,在研究一项工作时,时间、地点、资源条件、人员的工作能力等是系统内部的组成单元;但若考核个人的工作能力时,学历、经验、技术水平等才是系统内部的组成单元,而上述的时间、地点、资源条件等因素则成为外部的环境要素。同时,根据与环境有无一定的联系,系统又可分为封闭的和开放的。封闭系统与环境无联系,开放系统受环境的影响。

系统的行为通常表现为它与其外部环境的相互联系和作用,可以用该系统的输入和输出来表征。

现以自行车为例说明系统的组成,如图 2.1 所示。

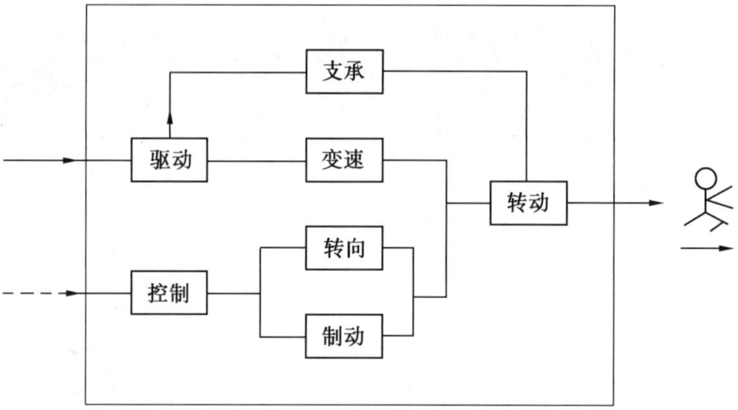

图 2.1　自行车系统的组成

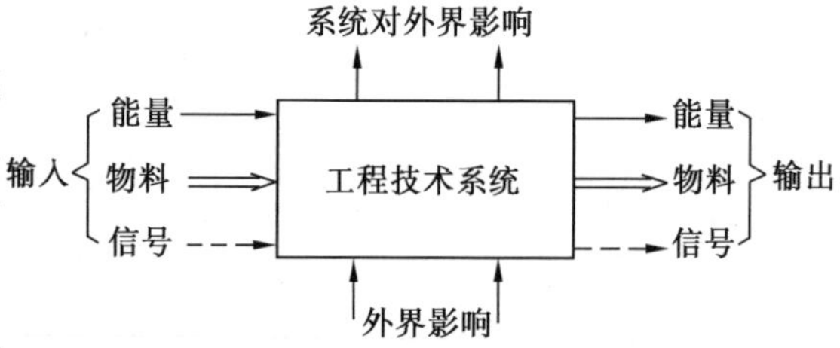

图 2.2　工程技术系统

自行车的系统单元是驱动、控制、支承、变速、转向、制动、转动等机构。这些单元组成自行车的结构，实现能量的转换，获得一定运动速度下的承载能力，完成运载的功能。自行车的边界条件是骑行环境，而骑车人是它的外部环境要素。自行车的输入要素是骑车人的脚蹬车，它是一种机械能量；输出要素是一定速度的承载力，也是一种机械能量。所以，自行车的输入和输出要素是能量，其内部结构实现能量的转换。

我们分析的都是工程技术系统。一般地说，它的处理对象是：能量、物料、信号等。所以，可以用图 2.2 来表达工程技术系统的示意图。图 2.2 中，工程技术系统的能量可以是机械能、热能、电能、光能、化学能、核能、生物能等；物料可以是材料、毛坯、试件、气体、液体等；信号可以是数据、控制脉冲、显示等。

2.2　系统分析设计方法

在第一章我们已经提到过，系统或产品的设计具有一定的程式或过程，这种程式或过程有多种模式，并给出一个表明设计过程和设计技术纵横交错关系和系统工程设计方法的三维结构模式。然而，如果从系统工程的观点出发，一个系统或产品的开发设计过程，不能仅限于系统或产品的设计，还需要有产品的制造和运行。即系统开发应包括系统设计、系统制造和系统运行三个环节。只有这样才能验证其开发的效果。但是，我们这里讲述的是系统分析设计法，因此问题的讨论将仅限于系统或产品设计的范围之内。

一、设计过程剖析

一般地说，系统或产品的设计过程可概略地划分为：产品规划、方案设计、技术设计和施工设计等阶段。例如，机床设计就相应地划分为类似的四个阶段：1) 调查研究；2) 方案拟定（技术设计）；3) 工作图设计；4) 样机试制和鉴定。下面简要地介绍产品规划、方案设计和技术设计阶段的工作内容。

二、产品规划

设计的第一步是产品规划。这里首先需要明确所设计的系统或产品的目的、任务和要求，并用设计任务书的形式表达出来，以作为后续的设计、评价和决策工作的依据。为此，需要进行市场需求分析、可行性分析和设计要求的拟定工作。

1.市场需求分析

市场需求分析包括对销售市场和原料市场作如下几方面的分析：

1) 消费者对产品功能、性能、质量和数量等的具体要求；

2) 现有类似产品的销售情况和销售趋势；

3) 竞争对手在技术、经济方面的优缺点及发展趋向；

4) 主要原料、配件和半成品的现状、价格及变化趋势等。

2.可行性分析

可行性分析从 20 世纪 30 年代起开始用于美国，现在已发展为一整套系统的科学方法，它包括：

1) 技术分析 —— 技术方案中的创新点和难点以及解决它们的方法和技术路线等分析；

2) 经济分析 —— 成本和性能价格比分析，即如何以最少的人力、物力获得最佳的功能和经济效果的价值优化分析；

3) 社会分析 —— 随着生产的发展和工程项目的综合化、大型化，它们和社会的关系也日益密切。例如，美国在 1963 年作为国家计划曾决定开发速度为声速三倍的超音速客机。经分析，技术上可行，期望销售 500 架，按每架 400 万美元计算，其经济效益也很好。但问题是对社会和环境因素分析不足。因为这种超音速飞机高速飞行时，每小时消耗燃料 17 ~ 18 t，燃烧产生的氢氧化合物会在地面上造成对人体有害的光化学烟雾，发热能够使局部小气候的温度升高 1° ~ 2°，尤其是冲击波带来的噪声使人无法忍受。因此，纽约市议会决定超音速客机不得在距市中心 160 km 以内的地方起落。以速度为生命的客机不能接近城市便失去了高速的优越性。所以，1973 年 3 月，美国政府不得不做出决定，停止开发此种超音速飞机。

经过技术、经济和社会各方面条件的详细分析和对开发可能性的综合研究，最后应提出产品开发的可行性报告。可行性报告的大致内容有：

1) 产品开发的必要性，市场调查和预测情况；

2) 有关产品的国内外水平、发展趋势;

3) 从技术上预期能达到的水平,经济效益、社会效益的分析;

4) 在设计、工艺等方面需要解决的关键问题;

5) 投资费用及时间进度计划;

6) 现有条件下开发的可能性及准备采取的措施。

3.设计要求的拟定

设计要求的拟定工作包括:根据产品功能和性能提出设计参数和相关的指标,如可靠性、生产率、性能价格比等指标;列出制造、使用等方面的限制条件,如工艺方面(加工、装配、检验等)的限制条件和操作、安全、维修、外观造型等使用方面的具体要求等。

三、方案设计

1.功能分析和原理方案拟定

方案设计阶段,第一步是原理方案拟定。

在系统分析设计中,原理方案拟定一般是从功能分析入手,利用创造性构思拟出多种方案,通过分析 — 综合 — 评价,求得最佳方案。

2.功能分析的目的

功能分析的目的是明确用户的要求和产品所应具有的工作能力,以便有效地进行设计。因为从功能分析着手进行产品设计:1) 可以启发创造性;2) 可以全面掌握对产品各方面的要求,不致遗漏;3) 可以避免设计的盲目性,特别是针对引进产品,在测绘时可以避免不管有用无用,照搬不误,不作任何改动,甚至闹出笑话的弊病;4) 可以全面考虑功能和成本的关系,以求价值优化,得到质高价廉的产品。为此,要注意区别:1) 基本功能和辅助功能;2) 必要功能和不必要功能(包括多余功能和过剩功能,如采用过分贵重的原材料,不必要地提高加工精度等等);3) 使用功能和外观功能(如对产品只是起美化和装饰作用的功能)。

根据国外资料统计,现行产品中约有 30% 左右零、部件的功能是不必要的,取消这些不必要的功能将会大大降低其成本。

设计中应该重点保证基本功能,兼顾辅助功能,同时考虑使用和外观功能,去除多余功能,调整过剩功能,分清主次地合理使用成本,才能有的放矢地提高产品价值,求得价值优化。

原理方案拟定的功能分析,首先是总功能分析。分析系统的总功能常采用“黑箱法”。

黑箱法是根据系统的输入和输出关系来研究实现系统功能的一种方法。即根据系统的某种输入,要求获得什么样的输出的功能要求,从中寻找出某种规律来实现输入 — 输出之间的转换,得到相应的解决办法,从而推求出“黑箱”的功能结构,使黑箱变成白箱的一种方法。也就是说,把待求的系统看做黑箱,分析比较系统的输入和输出的能量、物料和信号,而其性质或状态上的变化、差别和关系就反映了系统的总功能。因此,可以从输入和输出的差别和关系的比较中找出实现功能的各种可能的原理方案来,从而把黑箱打开,确定系统的结构。

然而，一般工程系统都比较复杂，难以直接求得满足总功能的系统解。因此，应按系统分解的方法进行功能分解，即把总功能分解为一系列分功能，再针对各分功能用黑箱方法选择适合的功能元求得局部解答。最后通过各功能元求解分功能与总功能之间的关系，建立功能结构系统，给出系统原理解。从这里可以看出，功能元求解方法是原理方案拟定中的一个重要方法。

3.功能元类型

常用的功能元类型有：物理功能元，逻辑功能元和数学功能元三类，分别简单说明如下：

数学功能元是实现加、减、乘、除、开方、乘方以及微分、积分运算功能的机械、电子、电器等组件。如机械中的行星轮系就可以实现加、减和除法运算。

物理功能元主要是反映系统或设备中能量、物料、信号变化的基本物理作用的。常用的基本物理功能元有：

功能转换类 —— 能量、运动形式、材料性质、物态和信号种类的变换；

功能缩放类 —— 物理量的放大、缩小和物料性质的缩放（如压力和电压间的变化）等；

功能联结类 —— 能量、物料、信号同质或不同质数量上的结合；

功能传导及离合类 —— 反映能量、物料、信号的位置变化；

功能存贮类 —— 它体现一定时间范围内保存的功能（如飞轮、仓库、弹簧、电池等）。

物理功能元是通过物理效应实现其功能而获得解答的。机械、仪器中常用的物理效应有：力学、液气、电力、磁力、光学、热力、核效应等。

同一物理效应可以完成不同的功能，它通常是以“与”、“或”、“非”门，通过逻辑方法进行组合以实现相应的功能。可以采用机械（如开锁就是“与”，凸轮杠杆可实现“或”和“非”功能）、电子、电器、液压、气动等元件组成“与”、“或”、“非”等功能。

4.功能元求解

1）参考有关资料、专利或产品求解；

2）利用各种创造性方法以开阔思想来探寻解法；

3）利用设计目录求解。设计目录是把能实现某种功能的各种原理和结构综合在一起的一种表格或分类资料。

把各种功能元的局部解合理地予以组合，就可以得到多个系统原理解。可以采用形态综合法或相关表和相关网法进行组合。

5.求系统原理解的功能综合法

功能综合法是把系统功能元和局部解分别作为纵横坐标，列出“功能求解综合表”，从每个功能元取出一种局部解进行有机组合，构成一个系统解的方法。

例 2.1　对于挖掘机的设计，我们采用功能综合法来求解它的原理方案。

1）功能分析 —— 挖掘机的总功能是取运物料，其总功能和分功能间的关系如下面的功能结构系统所示：

- 取运物料
  - 取物料
    - 传动
    - 取物料
  - 运物料
    - 传动
    - 移位

2) 列出各功能元及其局部解的功能求解综合表如表 2.1 所示。

表 2.1　挖掘机的功能求解综合表

功能元	局部解					
	1	2	3	4	5	6
A.动力源	电动机	汽油机	柴油机	蒸汽透平	液动机	气动马达
B.移位传动	齿轮传动	蜗轮传动	带传动	链传动	液力耦合器	
C.移位	轨道及车轮	轮胎	履带	气垫		
D.取物传动	拉杆	绳传动	气缸传动	液压缸传动		
E.取物	挖斗	抓斗	钳式斗			

3) 系统解的可能方案数

$$N = 6 \times 5 \times 4 \times 4 \times 3 = 1\,440$$

如　A1 + B4 + C3 + D2 + E1 → 履带式挖掘机

A5 + B5 + C2 + D4 + E2 → 液压轮胎式挖掘机等。

6.求系统原理解的相关表和相关网法

相关表和相关网法是为了系统地研究问题的要素之间的关系，便于搞清要素的主次，而把系统进行分解的一种求解方法。这种方法在设计过程中对认识问题、设计构思以及分析、综合和展开都是有用的。它也是一层一层“打开黑箱”使之逐步转变成白箱的一种系统分析设计的求解技术。下面举例说明之。

例 2.2　电子皮带秤的原理方案设计

电子皮带秤的功能结构模型如图 2.3 所示。它给出了实现输入条件和输出要求的可能的功能结构模型。该结构模型的输入是物质流、能量流和信息流；输出是物质流和信息流。图 2.3 表示输入的三种流在系统中的传递和转换过程以及实现这种传递和转换的功能要素及其相互联系和作用的系统结构。

和图 2.3 的功能结构模型中各要素相对应的相关表和相关网分别如图 2.4(a)、(b) 所示。

在图 2.4(a) 中，“0”表示两者有直接关系；“+”表示两者有非直接关系；空白表示两者无直接和非直接关系。在图 2.4(b) 中，圆圈表示功能要素；连线表示相互间有直接关系。

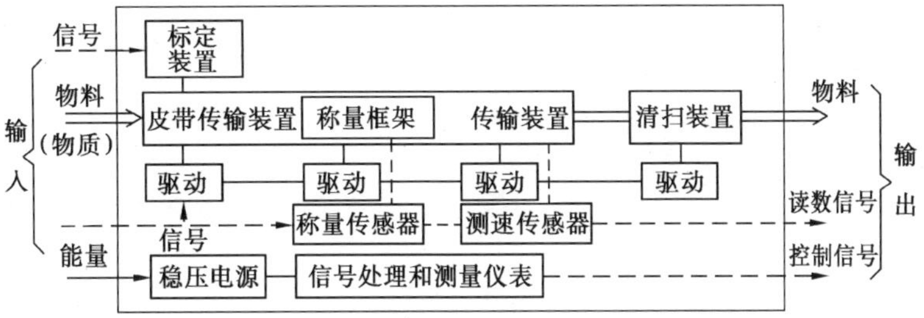

图 2.3　电子皮带秤的功能结构模型

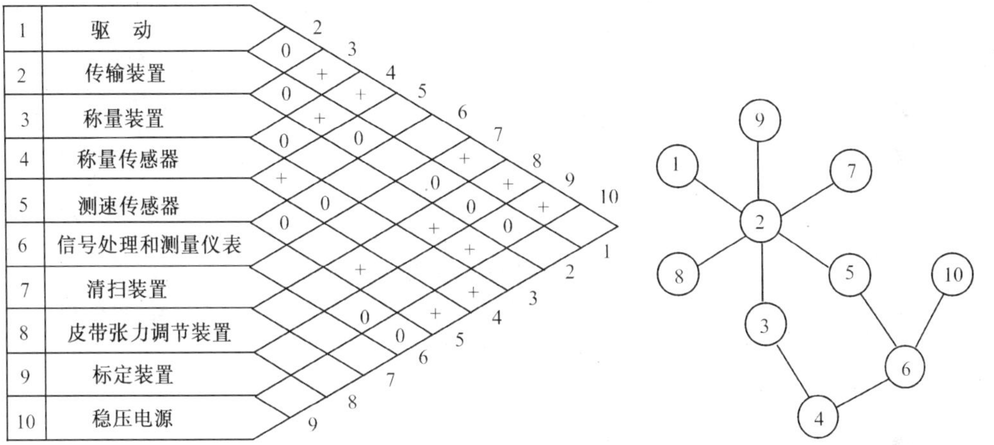

(a) 相关表　　(b) 相关网

图 2.4　电子皮带秤功能结构模型的相关表和相关网

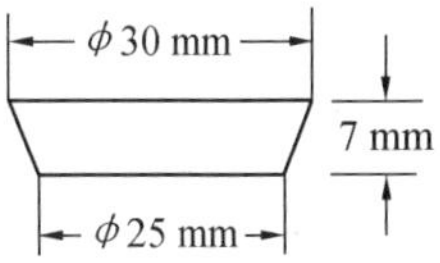

图 2.5　瓶盖

四、方案设计举例[6]

例 2.3　瓶盖整列装置的原理方案设计。

设计要求：把一堆不规则放置的瓶盖整列成口朝上的位置逐个输出。瓶盖的形状和尺寸见图 2.5；瓶盖质量为 G = 10g；整列速度 100 个 /min；能量为 200V 交流电和高压气(压力 0.6 MPa)；其余功能要求见表 2.2。

第一步 —— 明确任务要求。

第二步 —— 功能分析。

1) 总功能 —— 瓶盖整列，其黑箱模型如图 2.6 所示。

图 2.6　瓶盖整列功能的黑箱模型

表 2.2　瓶盖整列装置的功能要求

功能	1.不规则瓶盖整列为口朝上逐个输出	基本要求
	2.整列速度 100 个 /min	必达要求
	3.整列误差小于 1/1 000	必达要求
加工	4.小批生产,中小型厂加工	基本要求
成本	5.成本不高于 2 000 元 / 台	附加要求
	6.结构简单	附加要求
使用	7.操作方便	附加要求

2) 功能分解 —— 总功能与分功能之间的功能结构系统如下:

整列 —— { 瓶盖输入；整向 —— { 测向；分拣；翻转 }；成列输出 }

第三步 —— 功能元求解。采用功能求解综合表求解。相应的功能求解综合表如表 2.3 所示。

表 2.3　功能求解综合表

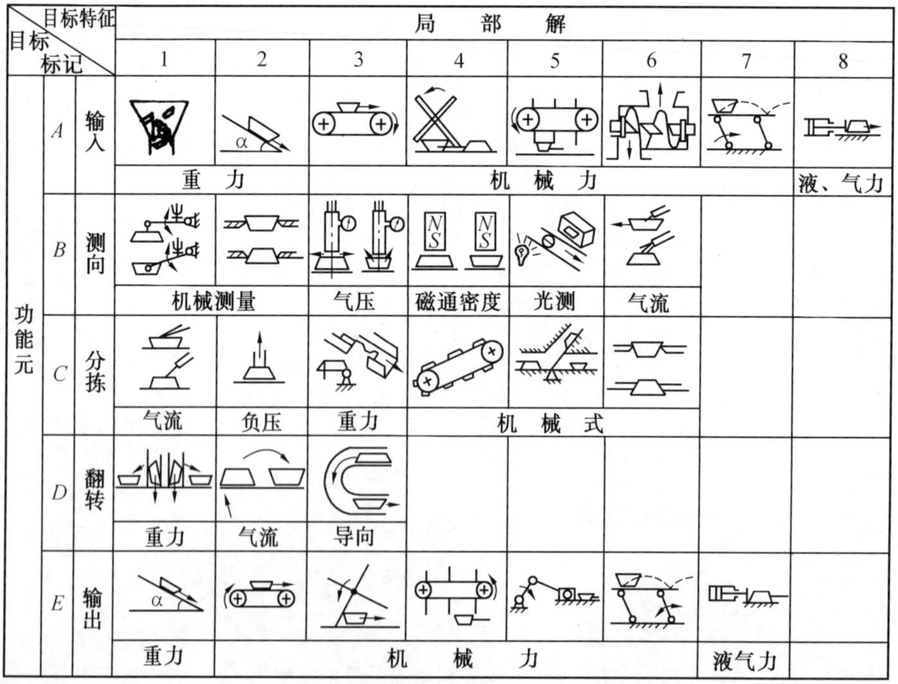

目标 \ 目标特征 / 标记		局部解 1	2	3	4	5	6	7	8
功能元	A 输入	重力		机械力					液、气力
	B 测向	机械测量		气压	磁通密度	光测	气流		
	C 分拣	气流	负压	重力	机械式				
	D 翻转	重力	气流	导向					
	E 输出	重力	机械力					液气力	

第四步 —— 系统解。

组合各功能元,可得 $N = 8 \times 6 \times 6 \times 3 \times 7 = 6\,048$ 个系统解。

例如,在图 2.7 中列举了四种系统解。

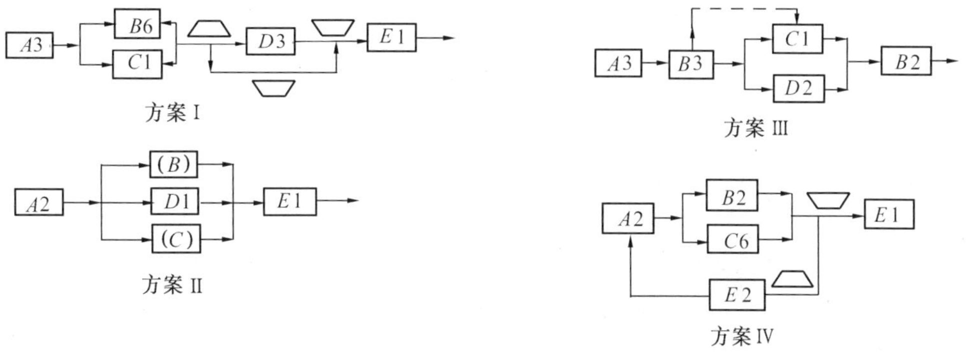

图 2.7　瓶盖整列功能的黑箱模型

第五步 —— 评价与决策。

采用简单评价法。用“++”表示“很好”,“+”表示“好”,“-”表示“不好”。其评价结果列于表 2.4。

表 2.4　瓶盖整列装置评价表

评价准则 \ 方案	I	II	III	IV
整列速度高	+	+	++	-
整列误差小	-	+	-	+
成 本 低	-	++	-	+
便于加工	-	+	+	-
结构简单	-	++	+	-
操作方便	-	++	-	+
总　　计	4“-”	9“+”	1“+”	0

总计结果表明,方案 II 为较理想的方案。

技术设计阶段主要是确定功能零、部件的结构、材料和尺寸,使原理方案具体化。

如果从并行设计的思想来考虑,则在技术方案设计阶段就应该把制造、装配、拆卸、维修、操作安全等各阶段的要求也要考虑进来。为适应这些方面对技术设计提出的要求,目前已发展了诸如人机工程、面向制造、面向装配、面向拆卸、面向维修等的设计技术。

2.3 价值分析[6]

前已指出，在方案设计时，要全面考虑功能和成本的关系，因此需要对方案进行价值分析，以求价值优化。

一、价值分析的意义

第二次世界大战以后，美国开展了价值分析（Value Analysis，简称 VA）和价值工程（Value Engineering，简称 VE）的研究。美国人通过研究，发现了隐藏在产品背后的本质——功能。顾客需要的，不是产品的本身，而是产品的功能。而且在同样功能下，顾客还要比较功能的优劣——性能。在激烈的竞争中，只有功能全、性能好、成本低的产品才具有优势。例如，当顾客购买一辆汽车时，考虑的不仅是它的售价和可以运物的一般功能，往往更关心它每公里的耗油量、速度、噪声大小、零部件可靠性、维修性等性能。只有对功能、性能和成本进行综合分析，才能合理判断汽车的实用价值。也就是说，价值是产品功能与成本的综合反映。用数学式来表示，就可以写成

$$V=\frac{F}{C}$$

式中，V 是产品的价值（实用价值）；F 是产品具有的功能；C 是取得该功能所耗费的成本。

从上述可以看出，所谓价值就是某一功能与实现这一功能所需成本之间的比例。

为了提高产品的实用价值，可以采用或增加产品的功能，或降低产品的成本，或既增加产品的功能，又同时降低成本等多种多样的途径，一般概括为表 2.5 所示的七种模型。表中，箭头表示变化趋势，向上表示提高或增加，向下表示降低或减小，水平方向表示持平；“大”或“小”表示变化的幅度。

表 2.5 价值优化的模型

序号	基型	序号	变型	序号	基型	序号	变型
1	$\frac{F\uparrow}{C\rightarrow}=V\uparrow$	1	$\frac{F\uparrow\text{大}}{C\rightarrow}=V\uparrow\text{大}$	5	$\frac{F\downarrow\text{大}}{C\downarrow\text{大}}=V\uparrow$	5	$\frac{F\uparrow\text{大}}{C\downarrow\text{小}}=V\uparrow\text{大}$
2	$\frac{F\rightarrow}{C\downarrow}=V\uparrow$	2	$\frac{F\uparrow\text{小}}{C\rightarrow}=V\uparrow\text{小}$			6	$\frac{F\uparrow\text{小}}{C\downarrow\text{小}}=V\uparrow\text{小}$
3	$\frac{F\uparrow}{C\downarrow}=V\uparrow$	3	$\frac{F\rightarrow}{C\downarrow\text{大}}=V\uparrow\text{大}$			7	$\frac{F\uparrow\text{大}}{C\downarrow\text{大}}=V\uparrow$ 最大（最优）
4	$\frac{F\uparrow\text{大}}{C\uparrow\text{小}}=V\uparrow$	4	$\frac{F\rightarrow}{C\downarrow\text{小}}=V\uparrow\text{小}$				

总之，提高产品的实用价值就是用低成本实现产品的功能，而产品的设计问题就变为用最低成本向用户提供必要功能的问题了。

开展价值分析、价值工程的研究可以取得巨大的经济效益。例如，美国通用电气公司在价值分析研究上花了80万美元，却获得了两亿多美元的利润。

从20世纪50年代后期开始，价值工程在日本、美国、德国及其他国家得到了广泛的应用。20世纪70年代初期，日本某些公司又提出价值设计(Value Design，简称VD)和价值革新(Value Innovation，简称VI)的方法。其特点是从性能提高和成本降低两方面同时采取措施，更有效地提高产品的价值；利用创造性方法寻求合理方案，在不提高或减轻顾客负担的情况下，积极提供最佳功能的产品及最佳经营服务，使企业增加效益。VA、VE较多针对已有产品进行分析，而VD、VI是在新产品开发中进行价值优化，其效果更加明显。

20世纪80年代以来，国内推广了价值工程，很多工厂取得了明显的技术经济效益。

价值工程是以功能分析为核心，以开发创造性为基础，以科学分析为工具，寻求功能与成本的最佳比例以获得最优价值的一种设计方法或管理科学。价值工程或其他方法都是手段，而价值优化是设计中自始至终应贯彻的指导思想和争取的目标。

提高产品的价值可以从以下三个方面着手：

1) 功能分析：从用户需要出发，保证产品的必要功能，去除多余功能，调整过剩功能，必要时增加功能；

2) 性能分析：研究一定功能下提高产品性能的措施；

3) 成本分析：分析成本的构成，从各方面探求降低成本的途径。

价值分析、价值工程目前已经能够利用程序使用电子计算机进行工作。

二、价值分析对象的选择

1.选择价值分析对象的原则

设计中进行价值分析和价值优化工作，一般重点选择以下几类缺点和问题较多、改进潜力较大的产品：

1) 设计年代久，多年没有重大改进的产品。这类产品结构陈旧，工艺落后，性能差，效率低。

2) 结构复杂，零部件较多的产品。

3) 制造成本过高，影响市场竞争的产品。

4) 使用中功能不满足要求，性能差，可靠性差，用户不满意的产品。

2.选择价值分析对象的方法

一个产品包括许多功能元件，必须抓住影响价值的一些主要功能元件作为分析对象，采取有效措施以提高价值，才能有效地提高整个产品的价值。以下介绍两种选择价值分析对象的方法：

(1) 价值系数分析法

用价值系数分析元件功能与成本的关系，寻找成本与功能不相适应的元件作为重点分析对象和改进的目标。价值系数由功能系数和成本系数所决定。

按零件在整个部件中的重要程度排队评分，求出每个元件相对于产品的功能系数（也称功能重要度系数）f_i。功能系数的数值高，说明零件对部件的功能影响大，重要程度高。

功能系数有多种求法，如专家直接评分法，0 和 1 评分法，四分制评分法，多比例评分法，流程比例法，DARE 法等。下面介绍常用的四分制重要度对比（评分）法。

重要度对比法也称强制决定法（Forced Decision，简称 FD 法）。将产品各元件（功能载体）按顺序自上而下和自左至右排列起来，将纵列各功能与横行各功能进行重要性对比，双方的得分可分为 4—0（重要得多），3—1（重要），2—2（同等重要），1—3（次要），0—4（次要得多）五级，将分值 P_i 填于表中，形成矩阵形式，具体作法见例 2.4 和表 2.7。

零件的成本系数 c_i 为零件成本与产品总成本之比

$$c_i = \frac{\text{零件成本}}{\text{产品总成本}} = \frac{C_i}{\sum C_i}$$

由前面的叙述知，零件的价值系数 V_i 为功能系数 f_i 与成本系数 c_i 之比，即

$$V_i = \frac{f_i}{c_i}$$

若价值系数等于 1，说明功能与成本相当；若价值系数大于 1，说明零件功能重要而所花成本偏低，应予调整；若价值系数小于 1，说明成本过高，与功能重要性不相适应，应降低成本，以提高价值。

(2)ABC 分析法

ABC 分析法也称成本比重分析法。它是一种优先选择占成本比重大的零部件、工序或其他要素作为价值分析对象的方法。

意大利经济学家巴雷托（Pareto）的不均匀分布理论指出，零件所占的成本的比例是不均匀的。巴雷托将占产品零件总数 10% ~ 20% 左右，其成本占产品总成本的 60% ~ 70% 的零件划分为 A 类；将占产品零件总数 60% ~ 70%，其成本占产品成本 10% ~ 20% 左右的零件划分为 C 类；其余部分的零件称为 B 类，它们的零件数与占产品成本的比例相适应。利用这种分类方法，可以找出对产品成本影响最大的 A 类零件作为分析及降低成本的主要对象。

三、价值分析举例

例 2.4 某厂 ZQ 型减速器系列是解放初引进前苏联的老产品，寿命短、性能差，决定以此减速器系列作为价值分析的对象。现以图 2.8 所示的 PM650（总中心距 650mm，总传动比 31.495）旧减速器为例进行分析。

1.用ABC分析法对减速器功能元件进行分析

将零件按成本高低排列后，发现箱体、箱盖、大齿轮、小齿轮、齿轮轴1、齿轮轴2、轴3等7个零件仅占零件总数的6.48%，而其成本占总成本的比例为83.16%，被列为A类零件，是价值分析的主要对象，如表2.6所示。

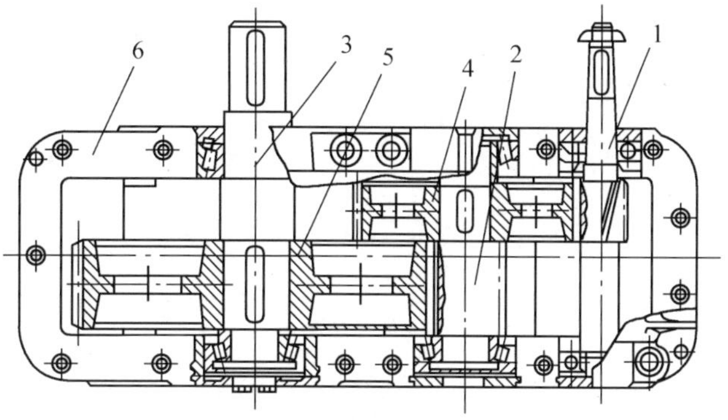

图2.8　PM650减速器

1—齿轮轴；2—齿轮轴；3—传动轴；4—小齿轮；5—大齿轮；6—箱体

2.A类零件功能系数分析

A类零件的重要程度为：箱体 > 箱盖 > 齿轮轴1 > 齿轮轴2 >（大齿轮 = 小齿轮）> 轴3。A类零件功能系数分析如表2.7所示。

表2.6　PM650减速器A类零件

零件名称	件　数	PM650总零件数	A类占零件总数的比例	成本／元	PM650总成本／元	A类占总成本的比例
箱　体	1	108	6.48%	2537	5269.26	83.16%
箱　盖	1			618		
大齿轮	1			552		
小齿轮	1			231		
齿轮轴1	1			190		
齿轮轴2	1			143		
轴3	1			111		

表2.7　PM650减速器A类零件功能系数分析表

四分制评分矩阵								P_i	$f_i = \frac{P_i}{\sum P_i}$
功能元件	箱　体	箱　盖	大齿轮	小齿轮	齿轮轴1	齿轮轴2	轴3		
箱　体	×	3	4	4	4	4	4	23	0.274
箱　盖	1	×	4	4	3	4	4	20	0.238
大齿轮	0	0	×	2	0	1	3	6	0.071
小齿轮	0	0	2	×	0	1	3	6	0.071
齿轮轴1	0	1	4	4	×	3	4	16	0.191
齿轮轴2	0	0	3	3	1	×	4	11	0.131
轴3	0	0	1	1	0	0	×	2	0.024
总　　计								$\sum P_i = 84$	$\sum f_i = 1$

3. A 类零件价值系数分析

先求成本系数 $c_i = \dfrac{C_i}{\sum C_i}$,之后计算价值系数 $V_i = \dfrac{f_i}{c_i}$。计算结果列于表 2.8。

表 2.8　减速器 A 类零件的成本系数及价值系数

功能元件	成本 C_i/元	成本系数 $c_i = \dfrac{C_i}{\sum C_i}$	功能系数 f_i	价值系数 $V_i = \dfrac{f_i}{c_i}$
箱　体	2 537	0.579	0.274	0.47
箱　盖	618	0.141	0.238	1.69
大齿轮	552	0.126	0.071	0.56
小齿轮	231	0.053	0.071	1.34
齿轮轴 1	190	0.043	0.191	4.44
齿轮轴 2	143	0.033	1.131	3.97
轴 3	111	0.025	0.024	0.96
总　计	4382	$\sum C_i = 1$	$\sum f_i = 1$	

由表 2.8 可知,箱体和大齿轮的系数 $\ll 1$,成本过高,应着重改进。两个齿轮轴的价值系数 $\gg 1$,功能与成本也不适应,可考虑进行调整。价值分析的重点是箱体和大齿轮。

4. 减速器价值优化的措施及效果

1) 箱体、箱盖由铸铁件改为焊接件,Φ1 200mm 以下的齿轮,全部采用锻钢件,这两项措施减低了废品和缺陷率,周期短,工时少,外形美观,使总成本下降了 6%;

2) 改革了带底座地脚螺栓的箱体结构,采用三点支承,保证了轴连接时的同轴度,卧式、立式通用,减少了品种,有利于批量生产;

3) 齿轮改为中硬齿面,齿轮轴材料改为 42CrMo,调质 HB310 ~ 340(原为 HB240 ~ 260);齿轮材料 35CrMo,调质 HB260 ~ 280(原为 HB215 ~ 245);齿轮精度由 8—8—7 提高到 8—7—7。虽然制造成本略有提高,但承载能力将提高 0.5 ~ 2.5 倍,且尺寸紧凑,用于提升机构时,可每台节约钢材 11.2 t。若每年 50 台,则可节约 560 t 钢材,折合人民币 112 万元;

4) 改进了密封结构,解决了漏油问题,节约了使用维修费用。

2.4　成本估算方法简介[6]

在确定方案时,往往要对产品成本作粗略估算,以下方法可供参考。

一、按重量估算法①

1. 计算公式

此法的基本原理是,产品的成本是重量的函数,因此可以进行估算。

① 考虑在下面的算例中,要用一些列表和曲线的数据,所以在这一节中,仍保留“重量”一词。

若已知某种典型产品的重量成本系数，即单位重量的生产成本，将其乘以所求产品的重量，即可估算出生产成本

$$C = W \cdot f_W$$

式中，C 是生产成本(元)；W 是产品重量(kg)；f_W 是重量成本系数(元/kg)。

而重量成本系数 f_W 可以通过统计，用最小二乘法正交回归曲线求得，其关系式为

$$f_W = KW^P$$

式中，K，P 均为系数，随不同产品而异。上式两端取对数，得

$$\lg f_W = \lg K + P\lg W$$

可见，这是一个对数坐标下的直线方程。如已知任意两点的值 f_{W1}，W_1 和 f_{W2}，W_2，则其直线的斜率

$$\mathrm{tg}\alpha = \frac{\lg f_{W2} - \lg f_{W1}}{\lg W_2 - \lg W_1}$$

代入待求点的 f_W，W，有

$$\mathrm{tg}\alpha = \frac{\lg f_W - \lg f_{W1}}{\lg W - \lg W_1} = \frac{\lg(f_W/f_{W1})}{\lg(W/W_1)}$$

即

$$\frac{f_W}{f_{W1}} = \left(\frac{W}{W_1}\right)^{\mathrm{tg}\alpha}$$

因此得

$$f_W = f_{W1}\left(\frac{W}{W_1}\right)^{\mathrm{tg}\alpha} = (f_{W1} \cdot W_1^{-\mathrm{tg}\alpha}) \cdot W^{\mathrm{tg}\alpha}$$

与式

$$f_W = KW^P$$

相比较，可见系数

$$K = f_{W1} \cdot W_1^{-\mathrm{tg}\alpha}$$

$$P = \mathrm{tg}\alpha = \frac{\lg f_{W2} - \lg f_{W1}}{\lg W_2 - \lg W_1}$$

2. 计算举例

f_W 也可以采用作图法来求，详见下例。

例 2.5　图 2.9 所示套类零件在不同重量下的生产成本如表 2.9 所示。试求新设计 $W = 76$kg 的此类零件的生产成本。

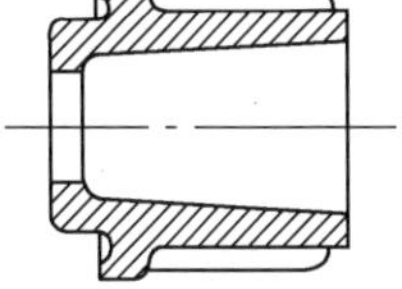

图 2.9　套类零件

(1) 计算质量成本系数

由重量–成本统计值，按公式 $f_W = C/W$(元/kg)，计算重量成本系数，如表 2.9 所示。

(2) 用作图法计算 f_W

在对数坐标中，$W-f_W$ 是一直线关系，如图 2.10 所示。由横坐标上 $W=76\text{kg}$ 作垂线，与曲线交点的纵坐标即可求得 $f_W=6.7$ 元 /kg。

表 2.9 套类零件重量 – 成本统计表

零 件 号	重量 W/kg	生产成本 C/元	重量成本系数 $f_W(f_W=C/W)$
1	4.9	67.62	13.8
2	11.8	123.91	10.5
3	29.8	244.36	8.2
4	109	577.71	5.3
5	204	938.45	4.6

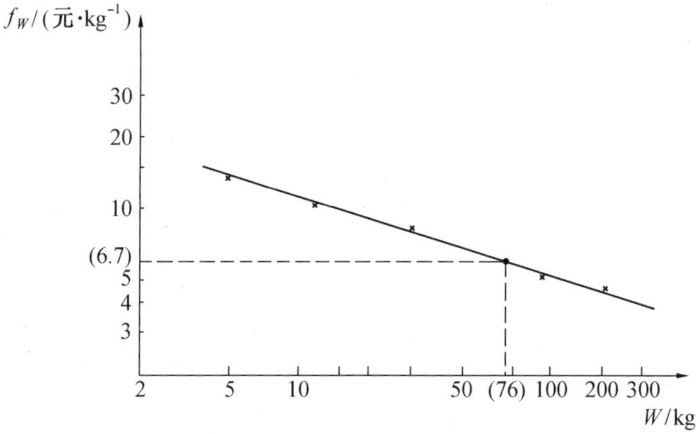

图 2.10 套类零件的 $W-f_W$ 曲线

(3) 用解析法求 f_W

取 $w=76\text{kg}$ 前、后两个已知点

$$W_3=29.8\text{kg}\qquad f_{W3}=8.2$$

$$W_4=109\text{kg}\qquad f_{W4}=5.3$$

代入前述的公式进行计算，可得

$$\text{tg}\alpha=\frac{\lg f_{W4}-\lg f_{W3}}{\lg W_4-\lg W_3}=\frac{\lg 5.3-\lg 8.2}{\lg 109-\lg 29.8}=\frac{1.668-2.104}{4.779-3.394}=-0.315\,1=P$$

$$K=f_{W3}\cdot W^{-\text{tg}\alpha}=8.2\times 29.8^{0.315\,1}=23.9$$

因此

$$f_W=K\cdot W^P=23.9\times 76^{-0.315\,1}=6.1\ (\text{元}/\text{kg})$$

(4) 估算 $W=76\text{kg}$ 的生产成本

$$C=W\cdot f_W=76\times 6.1=463.6\ (\text{元})$$

二、材料成本折算法

因为材料成本是生产成本的一个组成部分，若已知这个组成部分的百分率——成本率 m，则可利用新产品的材料成本来估算其生产成本，即

$$C = \frac{C_M}{m}$$

式中，C 是产品的生产成本；C_M 是材料成本；m 是材料成本率。

根据统计数字可以得出各类产品的材料成本率 m。例如，表 2.10 是德国工程师协会规范 VDI2225 的一组统计数字。

表 2.10　各类产品的材料成本率（$m = \frac{C_M}{C} \times 100\%$）

产品类型	m	产品类型	m
吸尘器	80%	柴油马达	53%
起重机	78%	蒸汽透平机	44% ~ 49%
小汽车	65% ~ 75%	挂钟	47%
卡车	68% ~ 72%	电动机	45% ~ 47%
铁路货车	68%	重型机床	44%
缝纫机	62%	电视机	38%
台式电话	58%	电测仪	26% ~ 38%
铁路客车	57%	中型机床	34%
水轮机	56%	精密钟表	31%

新产品的材料成本可按下式估算

$$C_M = (1 \sim 1.2)(Z + W)$$

$$W = \sum_{i=1}^{n} V_i \gamma_i K_i$$

式中，Z 是外购件成本（元）；W 是毛料成本（元）；V_i 是某类材料的体积（cm^3）；γ_i 是某类材料的密度（kg/cm^3）；K_i 是单位重量材料的价格（元 /kg）；n 是材料种类数。

习　题

1. 新产品开发或原有产品改造，一般都要提出产品设计规划，其中重要的两项内容是设计任务书和可行性报告。请说明它们应具有一些什么内容。

2. 当应用系统分析的观点进行新产品方案设计时，其中的核心环节是什么？具体方法是什么？

3. 用你身边的某个机器设备或系统(不仅限于机械的)作为例子,以系统分析的方法说明其原理方案设计。

4. 在机械系统和结构方案设计过程中,进行价值分析的作用是什么?

5. 请说明在价值分析时,为提高产品的实用价值达到价值优化,可能采取哪些具体方法?

6. 日本某公司提出的“价值设计”和“价值革新”的特点是什么?它们和美国人提出的“价值分析”和“价值工程”有什么本质的区别?

第三章　创造性设计方法

人类进步的历史是创造的历史，也就是说，人类的物质财富和精神财富都是通过创造性活动产生的。创造性活动包括科学研究、技术发明、技术革新和文艺创作等多种类型。一方面，因为这些活动本身都离不开创造性思维，特别是在科学研究中提出假说的阶段和在技术发明中提出方案设想或构思的阶段表现得更为明显；另一方面，通过这些活动得到的将是新的科学知识、技术成果或文艺作品。

3.1　创造力和创造过程

一、培养创造力的条件

创造发明可以定义为把意念转变成新的产品或工艺方法等的过程。我们这里介绍创造性设计方法的目的是想说明，创造发明是有一定的规律和方法可循，并且是可以划分成阶段和步骤进行管理的，借以启发人们的创造能力，引发人们参与创造发明的活动，达到培养创造型人才的目的。然而，这里所谓创造力的培养和提高是要有一定前提条件的，我们应该努力培养和发挥有利条件，克服不利条件。

应该培养的有利条件有：

1) 丰富的知识和经验 —— 知识和经验是创造的基础，是智慧的源泉。创造就是用已有的知识为前提去开拓新的知识。

2) 高度的创造精神 —— 创造性思维能力并不是与知识量简单地成比例的，还需要有强烈的参与创造的意识和动力。

3) 健康的心理品质 —— 要有不怕困难、刻意求新、百折不挠的坚强意志。

4) 科学而娴熟的方法 —— 必须掌握各种创造技法和其他的工程技术研究方法。

5) 严谨而科学的管理 —— 创造需要引发和参与，也需要对其每个阶段或步骤进行严谨而科学的管理，这也是促进创造发明的实现的因素之一。

应注意克服不利条件，尽力做到以下几点：

1) 要克服思想僵化和片面性，树立辩证观点。

2) 要摆脱传统思想的束缚，不盲目相信权威等。

3) 要消除不健康的心理，如胆怯和自卑。

4) 要克服妄自尊大的排他意识，注意发挥群体的创造意识等。

二、创造发明过程分析

创造过程是可以划分出阶段和步骤来的。当然有不同的划分办法，但基本过程或顺序大体相同，只是细化程序各异。例如，有分为下面三个大阶段的。

1）准备阶段——提出问题、搜集材料、定向科学分析等。

2）创造阶段——构思、顿悟和发现等。

3）整理结果阶段——验证、评价和公布等。

美国“新产品和过程发展组织与管理协会”顾问 George Freedman 则提出可以把发明创造划分为七个步骤或阶段，下面给以概略说明。

1.意念

发明创造源于一个意念。在研究单位或企业的技术人员中蕴藏着很多意念，我们对待这些意念要一视同仁，不管是什么人提出的都要予以重视。因为从众多的意念中进行选择，将能获得对推动工业发展或市场竞争具有推动力和成功的意念。

意念也可以通过创造性技术产生出来。同时，还不要忘记从顾客中通过“您想要什么样的产品”之类的调查来获得可能的意念。

2.概念报告

这是许多发明创造者容易忽视的一步。然而，它对任何有效的发明创造过程都是大有裨益的。概念报告要写成文件的格式，其内容包括意念之间的联系及制约关系，和把意念转变成实际方案的途径，即设计、试验、制造方案以及市场前景分析。

概念报告必须在发明创造付诸实施之前写出，以便促进发明创造者在他施行其意念之前考虑怎样节约时间和金钱，以避免试验无效果和进行徒劳无益的劳动。概念报告要对发明创造过程进行分解，并对其每一步所需的人力、物力、财力进行计划管理，从而能够防止在后续步骤中出现不必要的浪费。

概念报告应是一个能在条件发生变化时进行修正的动态文件。因为新的发现将导致新途径的实施。假若出现这种情况的话，则报告的相应部分应该重写。这样，报告就既是一个有用信息的源泉，又可以在日后写设计方案时加以利用。报告的部分内容可以用专利的形式予以披露或在季度性的进展报告中重新使用。它也可以交给需要制造该产品的管理者，这样不仅可以使他们了解产品，还可以征得他们的有益建议。

3.可行模型

可行模型可以采用口香糖、橡皮泥、粘土来制作，也可用铜丝来扎制。这是在发明创造过程中，对概念是否可以实现进行验证的一个步骤，是一个既简便易行，又不需太多耗费和比较大众化的办法。

4.工程模型

工程模型是展示概念能否实现其功能的一个重要步骤。工程模型有时要构造多个，以便进行比较、选择。它是用来对产品的形态和性能以及作为产品出售之前是否还要增加某些功能进行检验的。若按形态、性能、功能的重要程度来排序，它们依次是：安全性、可靠性、计划销售价格、改进的可能性和发明创造目标的实现情况等。

5.可见模型

多数产品最终要经历一个从工程模型演变出可见模型的阶段。发明创造的这一步之所以需要，是因为应该有一个可操作的三维产品模型，即使是一个非功能形式的也行。该模型能指出通过对工程模型的反复分析尚未发现的不足之处。可见模型也可使发明创造者和管理者看到他们将要制造和销售的产品，它还可以作为审美设计的基础。

6.样品原型

样品原型不是由发明创造者在试验室制造的，而是由车间制造出来的。虽然，样品原型已把创造发明意念变成了现实，但发明创造过程远未结束。还须为生产车间提供必要的制造工艺和设备(包括金属材料和塑料材料)，以便使目标能迅速实现，而且又不致在生产线上耗费过大。在完成样品原型这一阶段工作的同时，发明创造过程的组织者就要走出试验室把工作移到生产车间里去了。

7.小批生产

一旦在生产线上把创造发明实现了，就要有成百上千的新产品(或老产品采用新的生产过程)制造出来。但不要忘记，要保证制造过程的安全性和产品自身的可靠性。下一个步骤就是由销售和市场专家来组织如何把产品投入市场进行试销了。

上面这七个步骤或阶段提供了一个发明创造程序的结构。虽然，这些步骤是有序的，但过程又不必认为是严格有序的。例如，可见模型也可能在工程模型之前。通常模型的形式也不是单一的。在实际工作中完全可能出现上述过程的反复，对此也应该看成是很自然的现象。

应当指出，在计算机模拟技术迅速发展的今天，上述过程中的模型制造工作可以用计算机模拟方式来取代。这将大大缩短整个创造发明的周期。

3.2 创造性思维

创造性思维和创造技法是创造的核心。常规思维的主要特点是：常规性 —— 即习惯性、通常性；单向性 —— 即只向常规的习惯方向思考；单一性 —— 即只考虑一种方案、一种思路；逻辑性 —— 即通常的逻辑思维范畴等。创造性思维的主要特点是：独特性 —— 即与众不同；多向发散性 —— 即立体性思维、多答案；非逻辑性 —— 即出人意料；连动性 —— 即由此及彼性；综合性 —— 创造是多种思维方式的综合，在综合中创新。

一、发散思维与收敛思维

发散思维是一种让思路向多方向、多数量全面展开的立体型、辐射型的思维方式。发散思维不受一切原有的知识圈及所有条条框框的束缚，是对常规思路的尽量拓宽。实际上是创造过程的第一阶段，即先求数量、先拓宽思想的阶段。一个人创造能力的大小，创造力开发的程度，归根到底是由他的发散思维的素质和创新方案的价值所决定的。一个人的创新，无非就是想到了别人还没有想到的可能性。

收敛思维是指针对由发散思维所提出的各种方案，分别逐一地进行讨论，做出比较、评价和选择，将问题集中到使它获得解决的某一种或某几种方案上，并最终使问题获得解决的思维过程。收敛思维虽然是在发散思维的基础上进行的，并且可以把它看做是创造性思维的第二阶段，但它同样是重要的。因为创造思维的进行，特别是创造性思维成果的获得，最后是集中在收敛思维阶段获得或实现的。一个缺乏发散思维素质的人，固然不会想出新的主意和设想，但如果只进行发散思维，而缺乏进行收敛思维的素质，那么也就不能进行正确的判断和决策，不能获得创新方案的实现和成功。这样再有价值的发散思维成果，也有可能永远停留在空想或幻想的阶段。因此，发散思维和收敛思维都具有它们各自的特点，缺一不可。

二、想像

想像是人脑在过去的感知的基础上对所感知的形象进行加工、改造，创建出新形象的过程，是对没有关联的事物经过重新组合、搭配，构成新的有联系的事物的思维过程。人类的各种有意识的活动都离不开想像的作用。

想像可以分为两大类：消极想像和积极想像。消极想像与积极想像的区别，主要是看有没有第二信号系统的调节与参与。第二信号系统是指以抽象化和概括化的词作为条件刺激物的大脑机能系统。消极想像缺乏第二信号系统的调节作用，顺其自然地进行，最典型的是做梦。积极想像是在第二信号系统的参与和调节下进行的。例如在创造性活动中的想像，具有一定的主动性、目的性、现实性。积极想像按其性质可以分为再造想像、创造想像和憧憬。

再造想像是根据别人对某一事物的描述在头脑中形成的新形象的心理过程。一方面是指这些形象不是独立创造出来的，而是根据别人的描述或示意再造出来的，另一方面是指经过自己大脑对过去的感知进行加工而形成的。因此再造想像也常含有些创造性的成分。为使得再造想像力得到充分的发挥，就需要注意扩大自己的感知，培养优良的观察力，不断扩大自己头脑中的记忆表象的储备。例如为了正确地想像出机器的构造，它的立体形象，就必须学会看图样，必须懂得机械工程图上所使用的各种符号和意义，如果不理解诸如表示尺寸、形位公差、投影、技术要求等等的信号，就无法想像出他的全貌和构造。

创造想像是大脑在条件刺激物的作用下，以有关的会议的表象为材料，通过第二信号系统的调节作用，形成某种具有现实性和独创性想像和表象的过程，是一个人按照自己的创见形成某种独创的想像的过程。创造想像是真正的创造，与再造想像的重大区别是：创造想像是按照自己的创见所进行的想像，要比再造想像复杂得多。创造想像必须具备一定的条件，即创造者积极的思维状态和丰富的知识和经验。

憧憬是一个人对自我所企求的未来事物所进行的想像。憧憬与创造想像有两个显著的区别：一方面憧憬永远体现着一个人的某些欲望；另一方面，憧憬和一个人的创造性活动并无直接的联系。但是憧憬对于一个人的创造性活动具有巨大的诱导作用和推动作用。只有憧憬具有现实性和效能性，才能对创造思维产生积极的作用。

想像的方法有：原型启发法、类比法和联想法。原型启发法是利用已知事物为启发原型，与新思考的对象相联系，从相似关系中得到启发而解决问题的一种想像方法。类比法是根据两个对象某些属性相同或相似，而且已知其中一个对象还具有其他属性，从而推出另外一个对象也应具有其他属性的思维方法。联想法是在创造过程中运用概念的语文属性的衍生意义的相似性，来激发创造性思维的方法。联想可以唤醒沉睡的记忆，把当前的事物与过去的事物有机地联系起来，产生创造性的设想。也可以把无关的事物强制性地联系起来进行创造性的思考，从而产生新的观点、新的思路、新的概念。

三、灵感

人们在创造活动中，有时长期冥思苦想，找不出好的办法去解决问题，但在某种情况下却恍然大悟，问题迎刃而解。这种现象称为灵感。

灵感具有突发性、目标性、独创性、随机性和瞬时性的特点，是创造性思维中作用巨大的一种思维形式，是创造活动中达到最高阶段出现的一种最富有创造性的心理状态。

创造灵感的获得具有以下的一般规律：

1) 在长期积累的前提下偶然得之：灵感的出现丝毫离不开知识素材的积累。积累是量变，灵感出现是质变。多系列的知识积累比单一系列的知识积累效果更好；有明确创造目标的积累比盲目积累效果更好。

2) 在有意追求的过程中无意得之：创造灵感往往是创造者在无意中受到某种触动而突然引发的，这种看起来的“不思而得” 其实是有意追求的结果。有意追求是指紧张而勤奋的思维劳动加上矢志不渝的创造指向。

3) 在循常思维的基础上反常得之：循常思维是一种遵循常规的思维，是一种智力水平。一个人智力水平的高低，对灵感的发生有明显的制约作用。智力越发达，思路越敏捷，想像力越丰富，灵感出现的机会越多。

4) 在良好的精神状态下怡然得之：灵感的出现有赖于良好的精神状态，高强度的思维后怡然松弛，去沐浴、散步、游泳、闲谈都可能使得灵感飘然而至。

5) 在和谐的环境中欣然得之。

3.3 创造技法

前面说过,创造性发明也是有方法可循的。下面扼要给出的一些创造性思维的方法或创造技法,就是人们曾经使用过的做法的归纳和总结,还有其他的方法没有归纳进来,也可能存在有相同的作法,但提法不同。

一、列举法

借助对一具体的特定对象从逻辑上进行分析,并将其本质内容全面地罗列的方法,如某一事物的特性、缺点、希望点和新设想等。

缺点列举法找出事物的缺点,选择最容易下手、最有价值的对象作创新主题。有时缺点列举法实施的目的不是把缺点列举出来加以改进,往往是为了发扬"缺点",包含有物极必反的特性。

希望列举法与缺点列举法相反,通过对已有产品从多种角度提出希望,从中找出创造发明的主题。

特性列举法分门别类地将事物的特性全面地罗列出来,用取而代之的各种属性加以置换,从中引出具有独特性的方案,再进行讨论和评价。

二、智爆法

智爆法出自精神病理学的 Brain storming,指精神病患者的精神错乱状态,现在转为无限制的自由联想和讨论,是抓住瞬时灵感意识流而得到一些新想法的方法。这种集体联想方式可以创造知识互补、思维共振、相互激励、开拓思路。智爆法讲求会议的环境和气氛,与会者人人平等,无压抑感,心情轻松,即使出现怪诞的构想也被尊重。

智爆法是通过召开会议的办法产生创新的方案。

会议要求:

1) 参加会议人数 5 ~ 20 人,不能超过 40 人,否则会议不容易控制;

2) 会议对象为各方面有一技之长的专门人员,或由议程来确定对象,如技术人员、供销人员、车间干部、生产工人、财会人员、企业领导等。

会议必须在轻松的气氛中自由漫谈,不受任何拘束,相互启发,互相补充。

会议原则:

1) 不允许批评别人;

2) 鼓励大家多提设想,欢迎标新立异;

3) 提出的方案越多越好;

4) 要善于结合别人的意见提出方案;

5) 细心倾听别人的发言。

实施程序:

1) 确定课题:选择单一明确的问题,不适合处理复杂、面广的对象。复杂问题可将其分解为若干个小课题。

2) 准备:选定理想的主持人。主持会议是一门艺术,会议的成效与主持人有密切的关系。主持人必须熟悉课题对象,且能善于运用此法和通晓其他技法。

3) 热身:制造轻松的气氛,如播放音乐、提供香烟、水果等,让与会人员心情轻松。几分钟后,主持人可以提出一个与课题无关的而有趣的问题,用以激励与会人员的大脑兴奋。

4) 自由漫谈:主持人重申会议原则,转入正题。若出现中断或难以深入下去时,可抛出事先准备好的设想,以抛砖引玉的方式刺激构思的继续出现。会议记录员把会上的设想写在黑板上,使之产生连锁效应。

5) 加工处理:收集与会者会后产生的新设想。然后由评价小组(不参加会议)按实用性设想、幻想性设想、平凡及重复设想等加以分类,并重点考虑有无新颖性?有无实用性?有无经济价值……

三、提问追溯法

提问追溯法具有逻辑推理的特点。它是通过对问题的分析,加以推理以扩展思路,或把复杂问题进行分解,找出各种影响因素,再进行分析推理,从而寻求出问题解答的一种创造性技法。

5W1H法　该方法适用于对问题的发掘、思考和便于有目的地解决问题。其内容为:

1) When?

2) Where?

3) Who?

4) What?

5) Why?

6) How?

奥斯本检核表法　该方法是A.F.奥斯本博士提出的一种可作为创造技法的普通检核表。共有九项:

1) 可否将产品的形状、制造方法等加以改变?

2) 可否另作他用?

3) 有无其他更佳设想?

4) 改变一下如何?

5) 放大如何?

6) 缩小如何?

7）用别的替代如何？

8）反之如何？

9）组合起来如何？

四、反向探求和向前推演法

1.反向探求法

对现有的解决方案系统地加以否定或寻找其他的甚至相反的一面，找出新的解法或启发新的想法。可以细分为“逆向”和“转向”两类方法。例如，从车削螺纹发展成旋风铣螺纹就具有“转向”的性质；而从工件不动发展为工件转动，从大干小发展到以小干大则是“逆向”的作法。

2.向前推演法

从一个最初的设想按一定方向逐步向前探索，寻找新的想法。例如，连接两个轴的离合器，其连接方式可以是牙嵌式的、齿形式的、摩擦锥式的、单片或多摩擦片式的、单向和双向超越离合器式的、电磁离合器式的等等，而对摩擦式的连接，其压力的产生又可以是机械、液压或电动的方式等等。

五、联想类推法

通过启发、类比、联想、综合等创造出新的想法以解决问题。

1.相似联想法

通过相似联想进行推理，寻求创造性解法。例如通过河蚌育珠的启示，在牛胆中埋入异物，刺激牛产生胆结石而得到珍贵药材牛黄。通过直接刺激人的穴位的针刺法推理联想到不直接接触皮肤而达到刺激穴位的尖端放电的磁刺法。

2.抽象类比法

用抽象反映问题实质的类比方法来扩大思路，寻求新解法。如要发明一种开罐头的新方法，可先抽象出“开”的概念，列出各种“开”的方法，如打开、撕开、拧开、拉开等等，然后从中寻找对开罐头有启发的方法。再如从“移土”的不同原理和方法，可以考虑出新的挖土机来。从利用氢气球的浮力载人升空的原理类比设计出带人下海底的潜水器。其方法是先在钢制潜水球内装入铁砂使之下沉，然后抛出铁砂，借助灌满汽油（密度比海水小）的浮筒的浮力升向海面。利用类似的原理人们又设计出各种充气装置和用具。

3.借用法、仿生法

有些在逻辑原理上看起来完全无关的东西，联系在一起也会产生新的思想和方案。因此，要摆脱旧框框，从各个领域借用一切有用的信息诱发新的设想，这也就是一种把无关的要素结合起来找出相似的地方的一种借用方法。例如，电模拟，以电轴代替丝杠传动等就是一种借用方法。

仿生法是通过对生物的某些特性进行分析和类比，启发出新的想法或创造性方案的一种方法。它是现代发展新技术的重要途径之一。例如，飞机构件中的蜂窝结构，响尾蛇导弹的引导系统等就是仿生法在技术设计中应用的例子。

六、组合法

组合法是将两种或两种以上的学说、技术、产品的一部分或全部进行组合或叠加，形成新的思想或新的产品。有人统计了20世纪的480项重大发明成果，经分析发现三四十年代是以突破性成果为主，而组合型成果为辅，五六十年代两者大致相当，八十年代，则组合型成果占多数。这说明组合型发明已经成为创造发明的主要方式之一。

组合创造的基本方法有：

1）主体附加：在原有的技术思想中补充新的内容，在原有的物质产品上添加新的附件，从而使得新的物品性能更好、功能更强。

2）异类组合：将两个或两个以上的科学领域的技术思想或物质产品加以组合，组合的结果带有不同的技术特点和技术风格。

3）同类组合：将两种或两种以上的相同或相近的事物组合。

4）分解组合：在事物的不同层次上分解原来的组合，然后再以新的思想重新组合起来。重新组合的特点是改变了事物各组成部分的相互关系。

5）辐射组合：以某一新的技术为中心，与多种传统的技术组合，形成技术辐射，从而产生技术创新。

6）坐标组合：该方法是许国泰1983年提出的。以一个坐标轴表示某技术或物质产品的特性，其他坐标轴表示外界信息要素，信息坐标相交构成“信息反应场”，创造出新的物质产品或得到新的技术思想。

七、功能分析法

人们对产品需求的原因是为了使用产品的功能，产品的必要功能是产品能满足用户用途所具有的程度，功能不足和功能过剩都会影响产品的市场前景。

功能可以分为：基本功能和辅助功能；使用功能和品位功能；必要功能和不必要功能。

基本功能是产品功能不可缺少的，也是用户购买的主要原因。如果产品失去了基本功能，就失去了存在的必要性，辅助功能只是为了更有效地实现基本功能而附加的功能。基本功能可能是产品的使用功能，也可能是品位功能。

八、同中求异与异中求同

同中求异是在相同的或相似的两个或两个以上的事物中寻找它们的相异之处，它要求人们对于熟悉的事物，有意识地把它看成是“陌生的”，然后按照新的理论来加以研究。

异中求同是善于在两个或两个以上不同的事物之间，找出他们的相同、相似之处。它要求人们对陌生的事物持“熟悉它”的态度，然后采用对熟悉事物的态度来衡量、比较，进行处理。

通过上述一些创造技法的介绍，可以认为创造性思维和工作方法并不是只有少数“天才”才能掌握，而是应该能被一般的技术人员所认识的。只要针对具体目标，通过分析研究，灵活并综合应用上述某些方法，相信是有可能在实践中获得成功的。

习　　题

1. 创造性的思维活动具有哪些特点？列举出 2 ~ 3 个创造性的方法。
2. 用你身边的实例说明其创造性体现在哪些方面？
3. 能否说明在产品设计过程中，创造性设计主要体现在哪些环节上？

第四章 机械可靠性设计

4.1 关于机械可靠性设计的几个问题

一、为什么要研究可靠性的问题

可靠性设计是第二次世界大战时由一只真空管引起的。当时美国在远东军事基地有60%的军用飞机电子装置处于故障状态,检查结果是由于真空管发生了故障。但出故障的真空管却是完全符合出厂指标的,虽然多次检查仍找不出原因。后来就做出一种推断:关于真空管的制造技术,有超出以往制造技术和检查能力以外的某种特性,当它被掌握和发现以后,是可以防止故障的。这种特性就是“可靠性”。后来在设计、制造和检查中考虑了可靠性,结果大大减少了故障。这样,“可靠性”设计的问题就提到日程上来了。在当时,美国从军品到民品,小到真空管,大到登月飞船等,都要进行可靠性设计。而阿波罗登月火箭成功发射的关键,就是解决了可靠性问题。它的可靠性达到99.999 999 9%。

目前,可靠性的问题已日益受到各国的重视,其原因在于:首先,由于市场竞争激烈,产品更新快,许多新元件、新材料、新工艺等未及成熟试验就被采用,因而造成故障。上面提到的电子装置的故障可算例子之一。再如,50年代末,美国迪尔公司在开发新系列发动机和拖拉机时,由于采用一系列新技术、新结构,如新型悬挂系统,同步换挡,动力换挡等,因而使可靠性降低了,使保修费用提高了1~2倍。

其次,随着产品或系统日益向大容量、高性能参数发展,尤其是机电一体化技术的发展,使整机或系统变得复杂,零、部件的数量大增,致使其发生故障的机会增多,往往由于一个小零件、小装置的失效而酿成大事故。例如,1984年12月,美国联合碳化物公司设在印度的一个农药厂,由于地下毒气罐阀门失灵造成了3 000人死亡的严重事故;1986年美国挑战者号的失事,起因于助推火箭的密封圈失灵。

再次,为了维护用户的利益,在一些工业国家中实行产品责任索赔办法。据1975年美国质量管理学会月刊估计,当年因产品责任的赔偿金额高达500亿美元。近年来,产品责任诉讼判决的赔偿金额越来越大,甚至一次责任赔偿可能使一个工厂破产。

最后,产品或系统可靠性的提高可使用户获得较大的经济效益和社会效益。就拿国产电视机来说,如果以1980年年产200万台为基数,按每年平均增长15%计算,修理一次平均费用以10元计,假设电视机平均无故障工作时间为500小时,则用户在1980~1990年间付出的修理费用为19.6亿元;若电视机平均无故障工作时间提高到1万小时,则只需付出2.3亿元。再如,一台10万千瓦发电机组,若因故障停止运转一天,少发电240万度;要是60万千瓦的发电机组,则更严重,停止运转一天要少发电1 400万度。两例说明,经济效益和社会效益不仅随产品可靠性的提高而提高,而且和产品的容量及性能参数也有关系。

正是由于上述原因,所以可靠性已是产品市场竞争的重要指标,是影响产品价格的一个因素,是投标和验收的重要内容。而且在国外,产品可靠性的指标数据是生产厂的技术保密内容之一。

二、我国机电产品可靠性现状

建国以来,我国机电产品发展迅速,取得了很大成绩。例如,20世纪50年代我国只能生产6 000 kW汽轮发电机组,现在已能生产30万甚至60万kW的大型机组;轧钢用的连续轧板机,20世纪60年代的轧速为10m/s左右,现在已达30m/s左右等等。但产品的可靠性问题也随之突出了。与国外相比,我国机电产品的可靠性普遍较低。例如,仪表、气液元件、低压电器等的平均无故障工作时间低于国外同类产品一至两个数量级;拖拉机和工程机械是国外的$\frac{1}{2}$ ~ $\frac{1}{3}$,甚至$\frac{1}{10}$。前几年,解放军总后勤部车船研究所曾做过一次越野汽车可靠性对比试验。用9台国产车和三台奔驰车同时进行相同条件的试验,结果国产车的无故障里程在380~800 km,而进口车却为28 000 km。又如,上海金山石化总厂的国产仪表和日本仪表在同样工作条件下,故障率是9与1之比。诸多类似的事例导致用户提出"宁愿牺牲先进性,也要保证可靠性"的要求;许多用户抱怨国产机电产品是买得起,修不起。由于可靠性问题,加剧了机电产品出口出不去,进口挡不住的局面。可靠性差已影响到机械工业的声誉。

三、为什么会出现可靠性的问题

这里撇开管理方面的因素不谈,让我们仅就技术理论方面,从机械可靠性设计方法和传统的以安全系数为主的机械设计方法有什么不同来说明这个问题。

传统的机械零件设计方法是以计算安全系数为主要内容的。安全系数法对问题的提法是:零件的安全系数$=\frac{\text{零件的强度}}{\text{零件的应力}}$($n=\frac{F}{S}$)是多大?而在计算安全系数时却是以零件材料的强度$F$和零件所承受的应力$S$都是取单值为前提的。

机械可靠性设计方法则认为零件的应力、强度以及其他的设计参数,如载荷、几何尺寸和物理量等都是多值的,即呈分布状态。互不干涉的应力分布和强度分布如图4.1所示。

为了便于说明问题,假设强度分布和应力分布都是正态分布。对于同样大小的强度平均值μ_F和应力平均值μ_S,其平均安全系数的数值仍等于$\frac{\mu_F}{\mu_S}$。但这时的零件是否安全,不仅取决于平均安全系数的大小,还取决于强度分布和应力分布的离散程度,即还应根据强度和应力分布的标准离差 $\boldsymbol{\sigma}_F$ 和 σ_S 的大小而定。如果像图 4.1 所示的应力和强度两个分布的尾部不发生干涉或重叠,则这时零件不致于破坏。但是,在零件工作过程中,随着时间的推移和环境等因素的变化以及材料强度的老化等原因,将可能导致应力分布和强度分布发生干涉,即出现两个分布的尾部发生干涉,如图 4.2 所示。

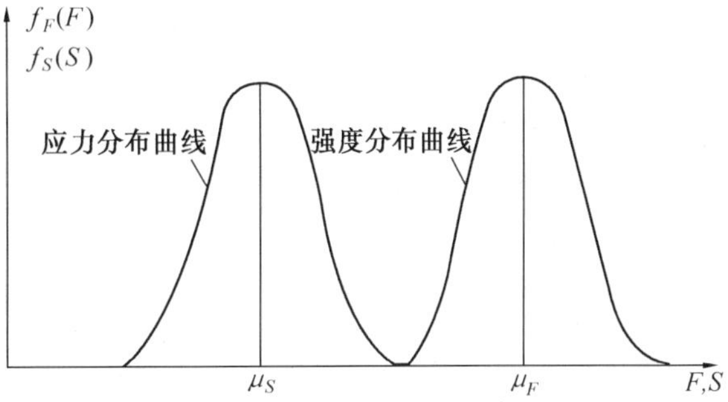

图 4.1 机械零件的应力和强度分布曲线图

这说明,有可能出现应力大于强度的工作条件,即零件将发生失效。因为应力分布和强度分布的干涉部分(即重叠部分)在性质上是表示零件的失效概率,即不可靠度的。

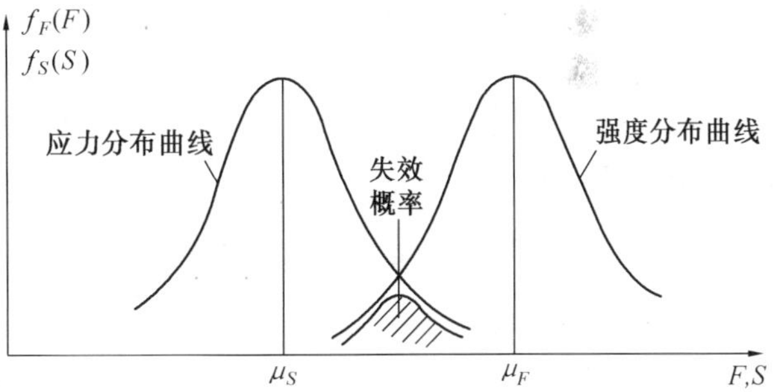

图 4.2 机器零件的应力和强度分布曲线相互干涉

应当注意,因为失效概率是两个分布的合成,所以仍为一种分布。而图中的阴影部分,即两个分布的重叠部分的面积不能作为失效概率的定量表示。

为了说明安全系数法的不合理,现在进一步分析如下。

首先,若应力分布和强度分布的标准离差 σ_S 和 σ_F 保持不变,而以相同的比例 K 改变两个分布的平均值 μ_S 和 μ_F。当 $K > 1$ 时,如图 4.3 中的虚线所示,μ_{S1} 和 μ_{F1} 向右移,且安全系数 $n = \dfrac{\mu_{F1}}{\mu_{S1}} = \dfrac{K\mu_F}{\mu_{S1}} = \dfrac{\mu_F}{\mu_S}$。此时,失效概率变小,即可靠度增大,而当 $K < 1$ 时,情况恰好相反。

这说明,虽然用$\dfrac{\mu_F}{\mu_S}$计算所得的平均安全系数保持不变,但由于 μ_F 和 μ_S 的改变,可靠度也将随着改变。因此,按照单值安全系数进行零件设计的方法是不合理的。

其次,若保持平均值 μ_S 和 μ_F 不变,但标准离差 σ_S 和 σ_F 改变,也会出现类似的结果,如图 4.4 所示。图中示出了三种情况。第一种情况是原来的分布,此时重叠部分较大,失效概率较大。第二种情况是 σ_S 和 σ_F 中只有一种减小了,结果都导致失效概率减小。第三种情况是 σ_S 和 σ_F 都减小,以致使分布的重叠部分变为零,从而失效概率为零。可见,对于同一安全系数,由于 σ_S 和 σ_F 的改变,也会出现不同的可靠度。这同样说明按单值安全系数进行零件设计的方法是不合适的。

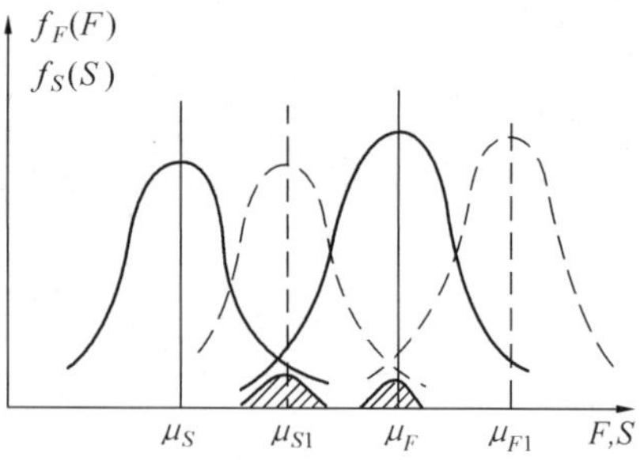

图 4.3　μ_S 和 μ_F 按比例左移后失效概率的变化

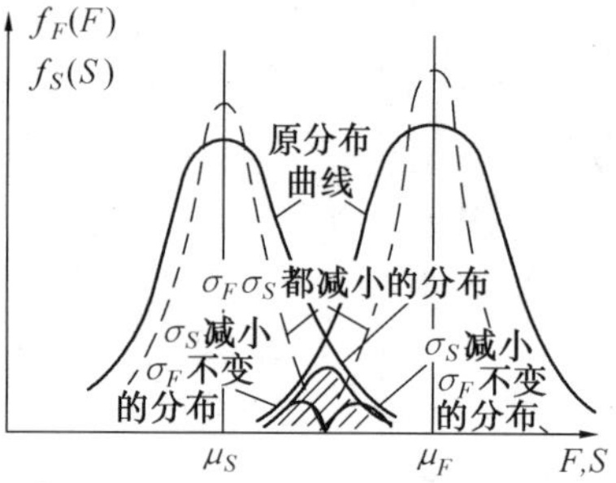

图 4.4　应力和强度分布的标准离差 σ_S 和 S_F 改变对失效概率的影响

当然,还可以保持安全系数不变,而同时改变 μ_S,μ_F 和 σ_S,σ_F。这时可靠度的变化范围将扩大。

通过上面的简单分析和说明,可以看出,传统的按安全系数方法进行机械零件的设计是不合理的,它是一种陈旧的概念和设计方法。

四、机械可靠性设计的内容

可靠性学科的内容很广,但主要是两大方面:

1) 可靠性理论基础。如可靠性数学,可靠性物理,可靠性设计技术、可靠性环境技术,可靠性数据处理技术,可靠性基础实验以及人在操作过程中的可靠性等。

2) 可靠性应用技术。如使用要求调查,现场数据收集和分析,失效分析,零件、机器和系统的可靠性设计和预测,软件可靠性,可靠性评价和验证,包装、运输、保管和使用的可靠性规范,可靠性标准等。

上述内容大致可概括为管理、设计、分析、理论、数据、试验和评价等分支。我们这里只讨论可靠性设计的问题。

可靠性设计是可靠性学科的重要分支,它的重要内容之一是可靠性预测,其次是可靠性分配。可靠性预测是一种预报方法,即从所得的失效数据预报一个零、部件或系统实际可能达到的可靠度,预报这些零、部件或系统在规定的条件下和在规定的时间内,完成规定功能的概率。

4.2　可靠性的概念和指标

可靠性最早只是一个抽象的定性的评价指标,如很可靠,比较可靠,不大可靠,根本不可靠等。现在可靠性有了一种具体定义,即可靠性是“产品在规定条件下和规定时间内完成规定功能的能力”。这其中的两个规定具有某种数值的概念。一个数值是“规定时间内”,它具有一定寿命的数值概念。不能认为寿命越长越好。要有一个最经济有效的使用寿命。当然,这个规定的时

间指的是产品出厂后的一段时间。这一段时间可以叫做产品的“保险期”。另一个数值是“规定功能”,它说的是保持功能参数在一定界限值之内的能力,不能任意扩大界限值的范围。

产品丧失规定的功能称为出故障,对不可修复或不予修复的产品而言,它又称为“失效”。为保持或恢复产品能完成规定功能的能力而采取的技术管理措施称为“维修”。可以维修的产品在规定条件下使用,在规定的时间内按规定的程序和方法进行维修时,保持或恢复到能完成规定功能的能力,称为产品的“维修性” 或“维修度”。我们把可以维修的产品在某时刻所具有的或能维持规定功能的能力称为“可用性”、“可利用度” 或“有效度”。

产品完成规定功能包括有:1) 性能不超过规定范围的“性能可靠性”;2) 结构不断裂破损的“结构可靠性”。这两方面的可靠性称为“狭义可靠性”。把狭义可靠性、可用性和保险期综合起来考虑时的可靠性则称为“广义可靠性”。

当所考虑的产品是由部件或子系统所组成的系统时,我们不能期望它的组成部件或子系统都是等寿命的。因为影响各组成部件或子系统的因素是复杂的。所以,研究可靠性目前都应当考虑应用概率和统计的数学方法。因此,现在都是用概率和统计的数学方法来对可靠性的数值指标进行描述的。

可靠性的数值标准常用以下的指标(或称特征值):

1) 可靠度(Reliability);

2) 失效率或故障率(Failure Rate);

3) 平均寿命(Mean Life);

4) 有效寿命(Useful Life);

5) 维修度(Maintainability);

6) 有效度(Availability);

7) 重要度(Importance) 等等。

它们统称为“可靠性尺度”。有了尺度,则在设计和生产时就可用数学方法来计算和预测,也可以用试验方法来评定产品或系统的可靠性。

下面对可靠性指标中的可靠度、失效率和平均寿命予以说明。

一、可靠度和失效率

前面已经提到:产品在规定条件下,在规定时间内,保持规定工作能力的概率就是它的可靠度。也就是说,某个零、部件在规定的寿命期限内,在规定的使用条件下,无故障地进行工作的概率,就是该零、部件的可靠度。

在规定的使用条件下,可靠度是时间的函数。

若令 $R(t)$ 代表零件的可靠度;$Q(t)$ 代表零件失效的概率或零件的故障概率,则当对总数为 N 个零件进行试验,经过 t 时间后,有 $N_Q(t)$ 件失效,$N_R(t)$ 件仍正常工作,那么该类零件的可靠度定义为:

$$R(t) = \frac{N_R(t)}{N} \tag{4.1}$$

它的故障(失效) 概率定义为

$$Q(t) = \frac{N_Q(t)}{N} \tag{4.2}$$

因为 $N_R(t) + N_Q(t) = N$,所以 $R(t) + Q(t) = 1$,即

$$R(t) = 1 - Q(t) \tag{4.3}$$

为了以后设计计算的需要,下面给出随机变量取值的统计规律方面的概念。

一般在处理统计数据时,概率可以用频率来解释。例如,在可靠性中,有用 $Q(1\ 000) = 0.05$ 表示从 0 到 1 000 小时内,平均 100 件产品中大约有 5 件发生故障,有 95 件产品的寿命(或无故障工作时间) 大于 1 000 小时。而使用频率公式估计概率时,若假定在试验中,有 N 件产品从 0 时刻投入使用,到 t 时刻有 $N_Q(t)$ 件产品发生故障,则故障的估计式(或故障分布函数) 就是 $Q(t) = \frac{N_Q(t)}{N}$。当把这种试验所得的数据按取值的顺序间隔分组,做出对应于每一间隔的取值频率数,画成如图 4.5 所示的直方图时,它将反映随机变量取值的统计规律性。如果取横坐标为某类零件的寿命间隔,纵坐标是它发生故障的个数(或频次),则该直方图就反映了某类零件在各个寿命间隔时间内故障发生(寿命的长短) 的可能性大小,即故障概率的大小。显然,直方图反映故障概率的分布状态,因此,可称为故障分布函数。在可靠性中用 $Q(t)$ 表示。

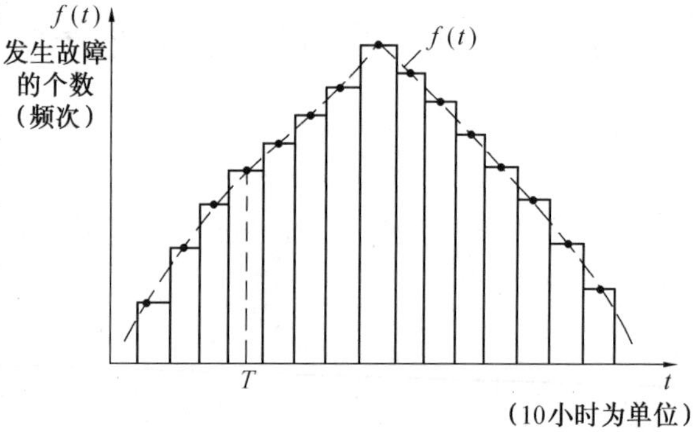

图 4.5　机器零件寿命 - 故障个数直方图

故障分布函数是指随机变量 t 取值小于或等于某一规定数值 t 的概率分布,它是用来描述随机变量取值规律的一个函数。

当把直方图中的分组间隔分得很细密时,则它将稳定地趋近于某条曲线 $f(t)$,如图 4.5 所示。曲线 $f(t)$ 反映着故障概率的频谱,在可靠性里称为零件故障(或失效) 概率密度函数。

故障概率密度函数 $f(t)$ 也是用来描述随机变量取值规律的一个函数,它定义为:在时间 t 附近的单位时间内失效的产品数 $\frac{d}{dt}N_Q(t)$ 和产品总数 N 之比,即

$$f(t) = \frac{1}{N}\frac{d}{dt}N_Q(t) \tag{4.4}$$

或

$$f(t) = \frac{d}{dt}\frac{N_Q(t)}{N} = \frac{d}{dt}Q(t) \tag{4.4a}$$

故障分布函数又称累计故障概率密度函数,它和故障概率密度函数的关系是

$$Q(t) = \int_0^t f(t)\mathrm{d}t \tag{4.5}$$

当把图 4.5 的直方图画成图 4.6 的连续曲线形式时，式(4.5) 说明，$Q(t)$ 代表在 t 时刻$f(t)$ 曲线下面 AA 线左侧的面积。而此时右侧的面积则代表可靠度 $R(t)$，且有

$$R(t) = \int_0^\infty f(t)\mathrm{d}t \tag{4.6}$$

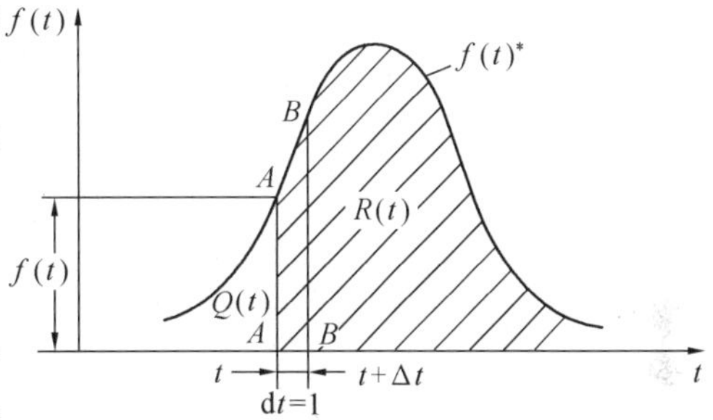

图 4.6 零件的失效概率密度曲线 $f(t)$

把图 4.6 的纵坐标乘以零件总数 N，而由于 $N_Q(t) = NQ(t)$，所以此时标以 $Q(t)$ 的面积就代表已失效的零件数 $N_Q(t)$。同样，由于 $N_R(t) = NR(t)$，则此时阴影线标出的面积就代表在时刻 t 尚未失效的零件数 $N_R(t)$。而 $f(t)$ 就代表在时刻 t 零件可能发生失效的比例$\dfrac{\mathrm{d}}{\mathrm{d}t}Q(t)$。

若再在距 AA 为 $\mathrm{d}t = 1$ 处取直线 BB，则面积 $AABB$ 代表在紧接时刻t 之后，单位时间失效的零件数$\dfrac{\mathrm{d}}{\mathrm{d}t}\dfrac{N_Q(t)}{N} = \dfrac{\mathrm{d}}{\mathrm{d}t}Q(t) = f(t)$。

现在给出失效率的概念。失效率 $\lambda(t)$ 的定义为：

$$\lambda(t) = \frac{t\text{ 时刻附近单位时间失效的产品数}}{t\text{ 时刻附近仍正常工作的产品数}} = \frac{1}{N_R(t)}\frac{\mathrm{d}}{\mathrm{d}t}Q(t) = \frac{1}{N_R(t)}\frac{\mathrm{d}N_Q(t)}{\mathrm{d}t} \tag{4.7}$$

$\lambda(t)$ 和 $f(t)$ 的区别在于它们的分母不同。

由 $\lambda(t) = \dfrac{1}{N_R(t)}\dfrac{\mathrm{d}N_Q(t)}{\mathrm{d}t}$ 和 $N_R(t) = NR(t)$ 可得

$$\lambda(t) = \frac{1}{R(t)}\left[\frac{1}{N}\frac{\mathrm{d}N_Q(t)}{\mathrm{d}t}\right] = \frac{f(t)}{R(t)} \tag{4.8}$$

它表明，$\lambda(t)$ 就是在时刻 t 仍然正常工作着的每一个零件在下一单位时间内发生故障(失效)的概率。它反映某一时刻 t 残存的产品在其后紧接着的一个单位时间内失效的产品数，对 t 时刻的残存的产品数之比。它能更直观地反映每一时刻的失效情况。

例如，设有 100 个某种器件，工作 5 年失效 4 件，工作 6 年失效 7 件。求 $t = 5$ 年的失效率。

当时间单位取为 $\Delta t = 1$ 年时，则有

$$\lambda(5) = \frac{7-4}{(100-4)\times 1} = 0.0312/\text{年} = 3.12\%/\text{年}$$

如果时间以 10^3 小时为单位，则 $\Delta t = 1\text{ 年} = 8.76\times 10^3$ 小时，所以有

$$\lambda(5) = \frac{7-4}{(100-4)\times 8.76\times 10^3} = 0.36\%/10^3\text{ 小时}$$

为了以后计算的需要，给出以下几个表达式。

自式(4.3),有 $R(t)=1-Q(t)=1-\frac{N_Q(t)}{N}$。它的微分是$\frac{\mathrm{d}R(t)}{\mathrm{d}t}=-\frac{1}{N}\frac{\mathrm{d}N_Q(t)}{\mathrm{d}t}$。从而得 $\frac{N\mathrm{d}R(t)}{\mathrm{d}t}=-\frac{\mathrm{d}N_Q(t)}{\mathrm{d}t}$。因而式(4.7) 可改写成

$$\lambda(t)=\frac{1}{N_R(t)}\left(\frac{-N\mathrm{d}R(t)}{\mathrm{d}t}\right)=-\frac{N}{N_R(t)}\frac{\mathrm{d}R(t)}{\mathrm{d}t} \tag{4.7a}$$

而$\frac{N_R(t)}{N}=R(t)$,所以又可写成

$$\lambda(t)=-\frac{\frac{\mathrm{d}R(t)}{\mathrm{d}t}}{R(t)}$$

或

$$\lambda(t)\mathrm{d}t=-\frac{\mathrm{d}R(t)}{R(t)} \tag{4.9}$$

从而有

$$\int_0^t\lambda(t)\mathrm{d}t=-\int_0^t\frac{\mathrm{d}R(t)}{R(t)}=-\ln R(t)\Big|_0^t$$

因为,$R(0)=1$,则 $\ln R(0)=0$,所以

$$\int_0^t\lambda(t)\mathrm{d}t=-\ln R(t)$$

结果得

$$R(t)=\exp\left[\int_0^t\lambda(t)\mathrm{d}t\right]=\mathrm{e}^{-\int_0^t\lambda(t)\mathrm{d}t} \tag{4.10}$$

二、三种失效率 —— 失效模式

失效率是可靠性研究的一项重要内容,可靠性的度量与失效率密切相关。产品的失效(或故障)有其规律,但认识其规律并非易事,需要通过试验,有时甚至要付出很大的代价。例如,1952 年,英国彗星型喷气客机的使用虽开创了喷气客机的时代,但自投入使用以后,到 1954 年就已失事 4 次,死亡 80 余人。检查结果,并未发现结构材料方面的缺陷。然而,在对第 5 次的空中爆炸检查后,发现它和第四次失事的检查结果相似。因此,英国民航管理部门不得不撤消该机的飞行,组织专家研究原因,并针对分析结果进行对实物的模拟试验,终于找到失事原因,即“失效机理”是结构材料的疲劳。因为飞机在高空飞行时,气密客舱内保持常压,而机体外部是稀薄的气层,相对于客舱而言是高压;而当飞机降落后,客舱内压力与舱外平衡。这样则飞机每次起飞和降落就相当于机体金属受到一次高低压的应力冲击。因而在多次飞行中,飞机机体金属相当于承受着多次的应力循环冲击,从而导致金属疲劳而破裂。这一失效规律是用很多人的生命才换来的。

大量的研究表明,机电产品零件的典型失效率曲线,即失效或故障模式如图 4.7 所示。它明显地可以划分为三个区域,即:早期失效区域、正常工作区域和功能失效区域。

早期失效区域的失效率较高，故障率由较高的值迅速下降。一般属于试车的跑合期。

正常工作区域出现的失效具有随机性，故障率变化不太大，有的微微下降或上升。可以称为使用寿命期或偶然故障期。在此区域内，故障率较低。

功能失效区域的失效率迅速上升。一般情况下，零件表现为耗损、疲劳或老化所致的失效。

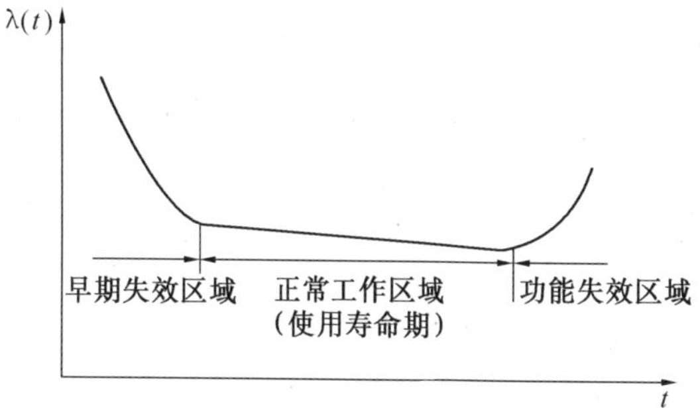

图 4.7　机电产品零件典型失效曲线

失效率曲线的三个区域反映了产品零件的三种失效率或故障模式。它们均具有一定的概率分布特性。了解它们的特性对研究产品的可靠性有很大帮助。下面简单说明在机械可靠性研究中常用的几种概率分布。

1. 指数分布

当失效率为常数时，有 $\lambda(t) = \lambda$。此时可得可靠度

$$R(t) = e^{-\int_0^t \lambda(t)\mathrm{d}t} = e^{-\lambda\int_0^t \mathrm{d}t} = e^{\lambda t} \tag{4.11}$$

结果给出

$$f(t) = \lambda(t)R(t) = \lambda R(t) = \lambda e^{-\lambda t} \tag{4.12}$$

随机失效一般具有指数分布规律。所以，对于正常使用期内由于偶然原因而发生的失效事件就常用指数分布来描述，即认为其失效概率为常数。大量实际工作表明：处于稳定工作状态的电子机械或电子系统的故障率基本上是常数。

分布虽可描述随机变量取值的统计规律性，但还不能反映随机变量的某些重要特点。一般还要给出分布的数学期望（或称均值）μ 和方差 σ^2（或称标准离差 σ）这两个特征量。

指数分布的均值 $\mu = \dfrac{1}{\lambda}$，它的方差 $\sigma^2 = \left(\dfrac{1}{\lambda}\right)^2$。

2. 正态分布

正态分布是一种常见的分布，它具有对称性。产品的性能参数，如零件的应力和强度等多数是正态分布，部件的寿命也多是正态分布。功能失效区域的曲线也具有正态分布的性质。

正态分布的概率密度函数是：

$$f(t) = \frac{1}{\sigma\sqrt{2\pi}} e^{-\frac{1}{2}\left(\frac{t-\mu}{\sigma}\right)^2} \tag{4.13}$$

式中，μ 是随机变量 t 的均值，$\mu = \int_{-\infty}^{\infty} t f(t)\mathrm{d}t$；$\sigma$ 是随机变量 t 的标准离差，$\sigma = \left[\int_{-\infty}^{\infty}(t-\mu)^2 f(t)\mathrm{d}t\right]^{\frac{1}{2}}$。

均值和标准差(或方差)是正态分布的主要参数。均值 μ 决定正态分布的中心倾向或集中趋势,即正态分布曲线的位置;而标准差 σ 决定正态分布曲线的形状,表征分布的离散程度。其概念可从图 4.8 的(a) 和(b) 看出。

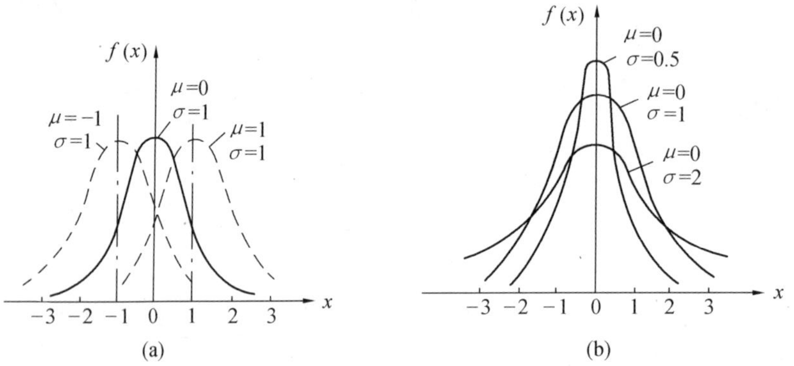

图 4.8　均值 μ 和标准差 σ 对正态分布曲线位置的影响(a) 和对形态的影响(b)

$\mu = 0, \sigma = 1$ 的正态分布称为标准正态分布。它的分布状态如图 4.9 所示。概率就是曲线 $f(x)$ 下面的面积。因此,可以利用标准正态分布面积来表述概率。此时的概率可用式 $P(a \leqslant x \leqslant b) = \int_a^b f(x)\mathrm{d}x$ 表述。当 $a = \mu - 3\sigma, b = \mu + 3\sigma$ 时,概率为 99.6%;当 $a = \mu - \alpha, b = \mu + \alpha$ 时,概率为68.2%。

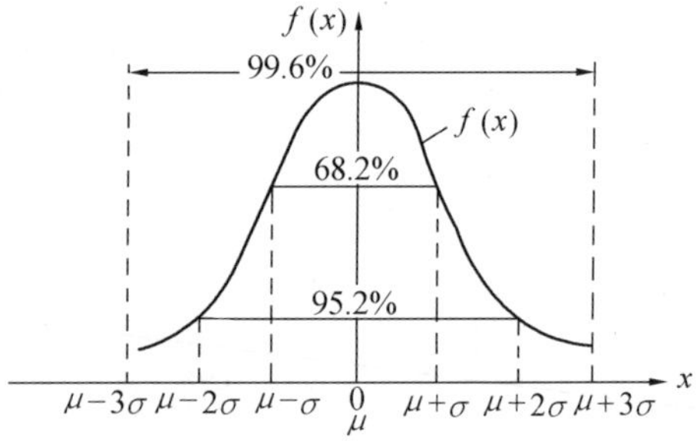

图 4.9　标准正态分布曲线

正态分布时的失效概率为:

$$Q(t) = \int_{-\infty}^{t} \frac{1}{\sigma\sqrt{2\pi}} \mathrm{e}^{-\frac{1}{2}\left(\frac{t-\mu}{\sigma}\right)^2} \mathrm{d}t \qquad (4.14)$$

可靠度为:

$$R(t) = 1 - Q(t) = \int_{t}^{\infty} \frac{1}{\sigma\sqrt{2\pi}} \mathrm{e}^{-\frac{1}{2}\left(\frac{t-\mu}{\sigma}\right)^2} \mathrm{d}t \qquad (4.15)$$

失效率为:

$$\lambda(t) = \frac{f(t)}{R(t)} = \int_{t}^{\infty} \frac{1}{\sigma\sqrt{2\pi}} \mathrm{e}^{-\frac{1}{2}\left(\frac{t-\mu}{\sigma}\right)^2} \qquad (4.16)$$

若令变量 $z = \dfrac{t-\mu}{\sigma}$,则将一般的正态分布转化为标准正态分布。此时的 z 称为标准正态分布的随机变量,简称为“标准变量”。为了便于计算,对应于不同的 z 值给出相应的失效概率 $Q(t)$,并作成“正态分布函数表” 或“标准正态分布面积表”(见后面的表 4.1)。由于利用此表可简捷地计算出产品、零件的可靠度,所以又称为“可靠度表”。

表 4.1　正态分布函数表

z	$R(t)[Q(t)]$	z	$R(t)[Q(t)]$	z	$R(t)[Q(t)]$	z	$R(t)[Q(t)]$
1.60	0.054799	2.00	0.022750	2.40	0.0081975	2.80	0.0025551
1.61	0.053099	2.01	0.022216	2.41	0.0079763	2.81	0.0024771
1.62	0.052616	2.02	0.021692	2.42	0.0077603	2.82	0.0024012
1.63	0.051551	2.03	0.021178	2.43	0.0075494	2.83	0.0023274
1.64	0.050503	2.04	0.020675	2.44	0.0073436	2.84	0.0022557
1.65	0.049471	2.05	0.020182	2.45	0.0071428	2.85	0.0021860
1.66	0.048457	2.06	0.019699	2.46	0.0069469	2.86	0.0021182
1.67	0.047460	2.07	0.019226	2.47	0.0067557	2.87	0.0020524
1.68	0.046479	2.08	0.018763	2.48	0.0065691	2.88	0.0019884
1.69	0.045514	2.09	0.018309	2.49	0.0063872	2.89	0.0019262
1.70	0.044565	2.10	0.017864	2.50	0.0062097	2.90	0.0018658
1.71	0.043633	2.11	0.017429	2.51	0.0060366	2.91	0.0018071
1.72	0.042716	2.12	0.017003	2.52	0.0058677	2.92	0.0017502
1.73	0.041615	2.13	0.016585	2.53	0.0057031	2.93	0.0016948
1.74	0.040930	2.14	0.016177	2.54	0.0055426	2.94	0.0016411
1.75	0.040059	2.15	0.015778	2.55	0.0053861	2.95	0.0015889
1.76	0.039204	2.16	0.015383	2.56	0.0052336	2.96	0.0015392
1.77	0.038364	2.17	0.015003	2.57	0.0050849	2.97	0.0014890
1.78	0.037538	2.18	0.014629	2.58	0.0049400	2.98	0.0014412
1.79	0.036727	2.19	0.014262	2.59	0.0047988	2.99	0.0013949
1.80	0.035960	2.20	0.013903	2.60	0.0046612	3.00	1.3499 - 3
1.81	0.035148	2.21	0.013553	2.61	0.0045271	3.01	1.3062
1.82	0.034380	2.22	0.013209	2.62	0.0043965	3.02	1.2639
1.83	0.033625	2.23	0.012874	2.63	0.0042692	3.03	1.2228
1.84	0.032884	2.24	0.012545	2.64	0.0041453	3.04	1.1829
1.85	0.032157	2.25	0.012224	2.65	0.0040246	3.05	1.1442 - 3
1.86	0.031443	2.26	0.011911	2.66	0.0039070	3.06	1.1067
1.87	0.030742	2.27	0.011604	2.67	0.0037926	3.07	1.0703
1.88	0.030054	2.28	0.011304	2.68	0.0036811	3.08	1.0350
1.89	0.029379	2.29	0.011011	2.69	0.0035726	3.09	1.0008
1.90	0.028717	2.30	0.010724	2.70	0.0034670	3.10	9.6760 - 4
1.91	0.028067	2.31	0.010444	2.71	0.0033642	3.11	9.3544
1.92	0.027429	2.32	0.010170	2.72	0.0032641	3.12	9.0426
1.93	0.026800	2.33	0.0099031	2.73	0.0031667	3.13	8.7403
1.94	0.026190	2.34	0.0096419	2.74	0.0030720	3.14	8.4474
1.95	0.025588	2.35	0.0093867	2.75	0.0029798	3.15	8.1635 - 4
1.96	0.024998	2.36	0.0091375	2.76	0.0028901	3.16	7.8885
1.97	0.024419	2.37	0.0088940	2.77	0.0028028	3.17	7.6219
1.98	0.023832	2.38	0.0086563	2.78	0.0027179	3.18	7.3638
1.99	0.023295	2.39	0.0084242	2.79	0.0026354	3.19	7.1136

注:3.19 以上的 z 值所对应的 $R(t) \approx 0$。

对机械零件来说,考虑到 $z = \frac{t - \mu}{\sigma}$ 是把应力分布参数、强度分布参数和可靠度三者联系起来的表达形式,因此有人把它称为“联结方程或可靠度方程”。它是在机械可靠性设计中的一个很重要的方程。此时的 z 称为联结系数或可靠性系数,或安全指数系数。

如果随机变量 t 的对数 $y = \ln t$ 服从正态分布,则 t 服从对数正态分布。对数正态分布是不对称的分布,是向一侧倾斜的分布,如图 4.10 所示。图(b) 是图(a) 经对数变换后的图形。

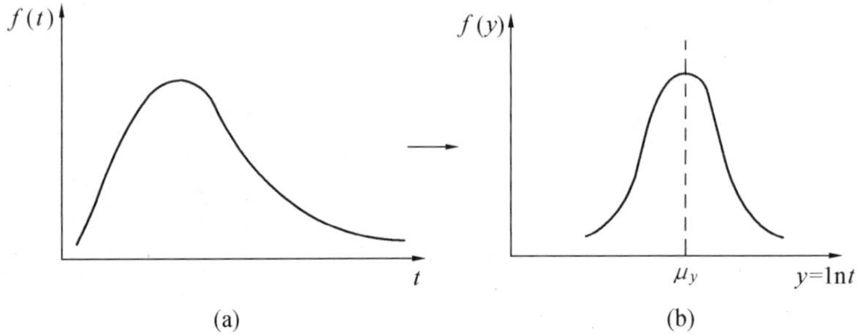

图 4.10　对数正态分布曲线

对数正态分布的概率密度函数为:

$$f(y) = \frac{1}{\sigma_y \sqrt{2\pi}} e^{-\frac{1}{2}\left(\frac{y-\bar{y}}{\sigma_y}\right)^2} \tag{4.17}$$

式中的 $y = \ln t$。$\bar{y} = \mu_y$ 是均值。

由于 $y = \ln t$ 服从正态分布,所以关于正态分布的计算方法也适用于对数正态分布。

3. 韦布尔分布

韦布尔分布是工程实际中广泛应用的一种分布。一般地说,零件的疲劳寿命和强度等都可以用韦布尔分布来描述。它具有通用性。可以认为,正态分布、指数分布等都是它的特例。韦布尔分布是研究钢球寿命时由瑞典人韦布尔采用的。它是一种材料强度的经验公式。

韦布尔分布的失效率密度函数为:

$$f(t) = \frac{b}{\theta}\left(\frac{t - \gamma}{\theta}\right)^{b-1} e^{-\left(\frac{t-\gamma}{\theta}\right)^b} \tag{4.18}$$

其中的 b 是形状参数,θ 是尺度参数,γ 是位置参数。式(4.18) 称为三参数韦布尔分布失效概率密度函数。

考虑到位置参数 γ 仅影响曲线起点的位置($\gamma = 0$ 时曲线的起点是坐标原点;$\gamma < 0$ 时,它的起点在坐标轴的负 γ 处;$\gamma > 0$ 时,它的起点在坐标轴的正 γ 处),对曲线的形状没有影响。因此,可以取 $\gamma = 0$,从而上式变成两参数的分布形式,称为两参数韦布尔分布失效概率密度函数。它的表达式为

$$f(t) = \frac{b}{\theta}\left(\frac{t}{\theta}\right)^{b-1} e^{-\left(\frac{t}{\theta}\right)^b} \tag{4.18a}$$

它的均值 $\mu = \theta\Gamma\left(\frac{1}{b}+1\right)$；方差 $\sigma^2 = \theta^2\left[\Gamma\left(\frac{2}{b}+1\right)-\Gamma^2\left(\frac{1}{b}+1\right)\right]$，其中咖吗函数 $\Gamma(s)=\int_0^\infty x^{s-1}e^{-x}\mathrm{d}x$，相应的失效概率为：

$$Q(t)=\int_0^t f(t)\mathrm{d}t=\int_0^t \frac{b}{\theta}\left(\frac{t}{\theta}\right)^{b-1}\mathrm{e}^{-\left(\frac{t}{\theta}\right)^b}\mathrm{d}t = 1-\mathrm{e}^{-\left(\frac{t}{\theta}\right)^b} \tag{4.19}$$

可靠度为：

$$R(t)=1-Q(t)=\mathrm{e}^{-\left(\frac{t}{\theta}\right)^b} \tag{4.20}$$

失效率为：

$$\lambda(t)=\frac{f(t)}{R(t)}=\frac{b}{\theta}\left(\frac{t}{\theta}\right)^{b-1} \tag{4.21}$$

参数 b 和 θ 对分布曲线的影响可以从图4.11(a)和(b)中看出。b 越小则分布的离散程度越大。b 可以称为韦布尔斜率。b 越大，零件寿命的离散程度越小，也就是说产品越一致。因此，b 是产品一致性的一种度量。

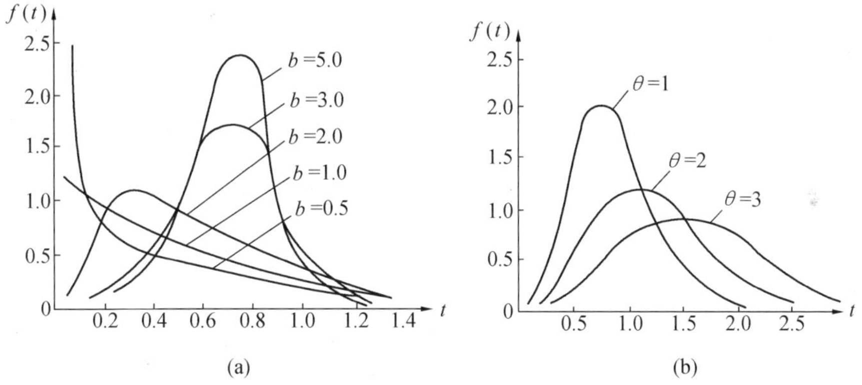

图4.11　参数 b 和 θ 对韦布尔分布的失效概率密度函数 $f(t)$ 的影响

θ 越大，则分布的离散程度越大。θ 可以称为特征寿命。当 θ 较小时，$R(t)$ 下降得较快，这反映出寿命和可靠度的关系。

对于 $0<b<1$，当 $t\to\infty$ 时，则 $f(t)=0$。

对于 $b=1$，$f(t)=\frac{1}{\theta}\mathrm{e}^{-\frac{t}{\theta}}$。

若令 $\lambda(t)=\frac{1}{\theta}$，则 $f(t)=\lambda\mathrm{e}^{-\frac{t}{\theta}}=\lambda\mathrm{e}^{-\lambda t}$，它就是指数分布。

对于 $b>1$，如 $2.7\leqslant b\leqslant 3.7$ 时，则呈近似正态分布。

当 $b=3.313$ 时，曲线呈正态分布。

为了分析失效模式，做出韦布尔分布的失效率 $\lambda(t)$ 的曲线如图4.12。由图可知，$b<1$ 时，它可用于描述零件的早期失效分布。此时 $\lambda(t)$ 的曲线和早期失效阶段的曲线形状相似。

对于 $b = 1$,此时有 $\lambda(t) = \frac{1}{\theta}$ = 常数。曲线呈指数分布的形状。对于 $\theta = 1$ 时,$\lambda(t) = 1$。

$b > 1$ 时,$\lambda(t)$ 的形状和零件的耗损失效期的曲线形状相似。所以,这时的韦布尔分布常用于描述零件耗损期的失效分布。

正因为韦布尔分布的这些特性,使它成为应用最灵活的一种经验分布函数。国外已经越来越多地应用解析法来解决韦布尔分布问题,并有商用计算机软件。

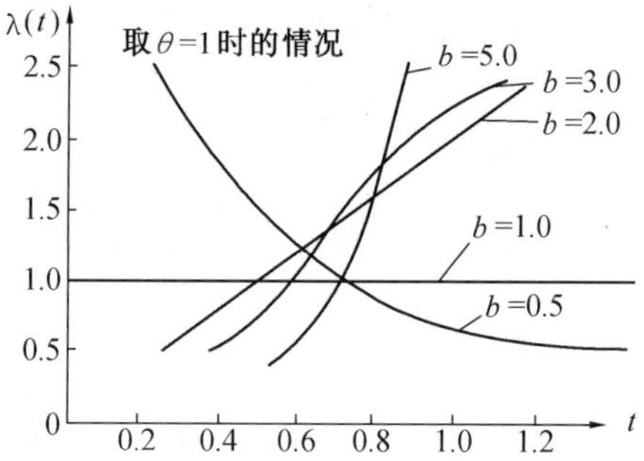

图 4.12　参数 b 对韦布尔分布的失效率 $\lambda(t)$ 曲线的影响

三、平均寿命

平均寿命又称平均失效时间(MTBF),它是一个和可靠性有关的很有用的数量指标。它是失效的平均间隔时间,即平均无故障工作时间。

根据概率论中的定义,随机变量 t 的均值是

$$\mu_t = \int_0^{\infty} tf(t)\mathrm{d}t \tag{4.22}$$

将式(4.4a) 的 $f(t)$ 代入,可得

$$\mu_t = \int_0^{\infty} t\left[\frac{\mathrm{d}Q(t)}{\mathrm{d}t}\right]\mathrm{d}t = \int_0^{\infty} t\left\{\frac{\mathrm{d}}{\mathrm{d}t}[1 - R(t)]\right\}\mathrm{d}t = \int_0^{\infty} t\left[\frac{\mathrm{d}R(t)}{\mathrm{d}t}\right]\mathrm{d}t$$

或

$$\mu_t = -\, tR(t)\Big|_{t=0}^{t=\infty} + \int_0^{\infty} t + R(t)\mathrm{d}t$$

因为 $t = \infty$ 时,$R(t) = 0$,所以

$$\mu_t = \int_0^{\infty} R(t)\mathrm{d}t \tag{4.23}$$

寿命 t 的均值当然就是平均失效时间 MTBF,所以有

$$\mathrm{MTBF} = \mu_t = \int_0^{\infty} R(t)\mathrm{d}t \tag{4.23a}$$

根据式(4.23a),可以计算出几种分布规律的 MTBF 值。

1.正态分布的 MTBF

$$\mathrm{MTBF} = \mu_t = \int_0^{\infty}\int_t^{\infty} \frac{1}{\sigma\sqrt{2\pi}} \mathrm{e}^{-\frac{1}{2}\left(\frac{t-\mu}{\sigma}\right)^2}\mathrm{d}t\mathrm{d}t \tag{4.24}$$

2.指数分布的 MTBF

$$\mathrm{MTBF} = \int_0^{\infty} R(t)\mathrm{d}t = \int_0^{\infty} \mathrm{e}^{-\lambda t}\mathrm{d}t = -\frac{1}{\lambda}\mathrm{e}^{-\lambda t}\Big|_0^{\infty} = \frac{1}{\lambda} \tag{4.25}$$

即此时的 MTBF 和失效率 λ 是互为倒数的关系。

3. 韦布尔分布的 MTBF

$$\text{MTBF} = \int_0^{\infty} R(t)\mathrm{d}t = \int_0^{\infty} tf(t)\mathrm{d}t = \theta\Gamma\left(\frac{1}{b}+1\right) \tag{4.26}$$

式中的 $\Gamma\left(\frac{1}{b}+1\right)$ 是咖吗函数。可利用相应的数值表查算。例如，当 $b = 0.56$ 时，查表得 $\Gamma\left(1+\frac{1}{0.56}\right) = 1.6566$。由于 $\Gamma(k+1) = k\Gamma(k)$，所以可计算出 $\Gamma\left(n+\frac{1}{b}\right)$。此处的 n 是正整数。例如，$\Gamma\left(2+\frac{1}{0.56}\right) = \Gamma\left(1+\frac{1}{0.56}+1\right) = \left(1+\frac{1}{0.56}\right)\Gamma\left(1+\frac{1}{0.56}\right) = 2.785\,7 \times 1.656\,6 = 4.614\,8$。

4.3　可靠性设计方法举例

前已指出，可以利用正态分布函数表进行零件可靠度的计算。下面先说明一下做法。

对于正态分布，可以根据可靠性系数 $z = \frac{t-\mu_t}{\sigma}$ 和 $R(t)$ 的相应数值表直接算出可靠性 $R(t)$ 的值。

例如，设某零件的可靠度服从正态分布，并已知其平均寿命 $\mu_t = 5\,000$ 小时，标准差 $\sigma = 400$ 小时。求该零件工作 4 000 小时后的可靠度。

这个问题就是求 $t > 4\,000$ 小时的概率，如图 4.13(a) 所示。

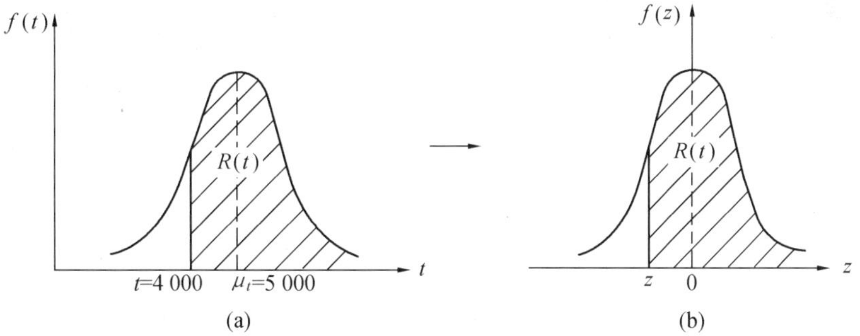

图 4.13　失效概率密度函数分布曲线的变换

对此问题，可以根据 $R(t) = \int_{4\,000}^{\infty} f(t)\mathrm{d}t$ 进行计算。

自问题给出的数据，得

$$z = \frac{t-\mu_t}{\sigma} = \frac{4\,000-5\,000}{400} = -2.5$$

则可靠性函数变换为

$$R(t)=\int_{t}^{\infty}\frac{1}{\sqrt{2\pi}}e^{-\frac{t^2}{2}}dz \tag{4.27}$$

相应的正态分布图变换成图 4.13(b) 的形式。

这样就可直接从正态分布函数表中求出 $R(t)$ 的值。正态分布函数表见表 4.1。要说明一下，上面算出的 $z=-2.5$，自表中查得的将是失效概率 $Q(t)$。因而 $R(t)=1-Q(t)$。例如，当 $z=-2.5$ 时，自正态分布函数表查得 $Q(t)=0.006\,2=0.62\%$，则有 $R(t)=1-Q(t)=99.38\%$。即该零件工作 4 000 小时后的可靠度为 $R(4\,000)=99.38\%$。

上面的计算之所以简单，是由于 $z=\frac{t-\mu_t}{\sigma}$ 式可直接从给定的 μ_t、σ 和 t 值算出。然而，许多可靠性设计问题中的计算并不如此简单和直接，常需进行一些换算后才能利用 $z=\frac{t-\mu_t}{\sigma}$ 来计算。

为了计算的需要，说明一下随机变量的均值（数学期望）和方差的近似计算方法。当 $y=f(x)$ 中的随机变量 x 是一维时，函数在点 $x=\mu$（均值）处的泰勒展开式为：

$$y=f(x)=f(\mu)+(x+\mu)f'(\mu)+\frac{f''(\mu)}{2}(x-\mu)^2+\cdots$$

则函数 $y=f(x)$ 的数学期望 $E(y)=E[f(x)]\approx f(\mu)$；它的方差 $D(y)=D[f(x)]\approx[f'(x)]^2D(x)$。

扩大到 n 维问题时，相应地有：

$$y=f(x_1,x_2,\cdots,x_n)=f(\mu_1,\mu_2,\cdots,\mu_n)+\sum_{i=1}^{n}\frac{\partial f(x)}{\partial x_i}\bigg|_{x_i=\mu_i}(x_i-\mu_i)+$$

$$\frac{1}{2}\sum_{j=1}^{n}\sum_{i=1}^{n}\frac{\partial^2 f(x)}{\partial x_i\partial x_j}\bigg|_{x_i=\mu_i}(x_i-\mu_i)(x_j-\mu_i)+\cdots$$

则函数 y 的数学期望 $E(y)\approx f(\mu_1,\mu_2,\cdots,\mu_n)$，它的方差 $D(y)\approx\sum_{i=1}^{n}\left[\frac{\partial f(x)}{\partial x_i}\bigg|_{x_i=\mu_i}\right]^2D(x_i)$

例如，作用在一杆件上的载荷为 P，其均值 $\mu_P=10\,000$ N，标准差 $\sigma_P=1\,000$ N；杆件截面积 A 的均值 $\mu_A=5.0\ \text{cm}^2$，标准差 $\sigma_A=0.4\ \text{cm}^2$。求作用在杆件上的应力 S 的均值 μ_S 和标准差 σ_S。

由于应力 $S=f(P,A)=\frac{P}{A}$，则其均值 $\mu_S=f(\mu_P,\mu_A)=\frac{\mu_P}{\mu_A}=\frac{10\,000}{5}=2\,000\ \text{N/cm}^2$。

f 对变量 P、A 微分，得 $\frac{\partial f}{\partial P}=\frac{1}{A}$；$\frac{\partial f}{\partial A}=-\frac{P}{A^2}$。则应力 S 的方差 $\sigma_S^2\approx\left[\frac{\partial f}{\partial P}\bigg|_{\mu_P,\mu_A}\right]^2\sigma_P^2+\left[\frac{\partial f}{\partial A}\bigg|_{\mu_P,\mu_A}\right]^2\sigma_A^2=\frac{1}{\mu_A^2}\sigma_P^2+\frac{\mu_P^2}{\mu_A^4}\sigma_A^2=\frac{1}{\mu_A^2}\sigma_A^2[\sigma_P^2+\mu_S^2\sigma_A^2]$。从而得应力 S 的标准差 $\sigma_S\approx\frac{1}{\mu_A}\sqrt{\sigma_P^2+\mu_S^2\sigma_A^2}$。把有关数值代入，得本例的 $\sigma_S^2\approx\left(\frac{1}{5}\right)^2\left[(1\,000)^2+\left(\frac{10\,000}{5}\right)^2(0.4)^2\right]=$

65 600。结果给出：

$$\mu_S = 2\,000 \text{ N/cm}^2 \qquad \sigma_S = 256.1 \text{ N/cm}^2$$

当应力和强度都是随机变量时，某一瞬时的强度和应力的差值大于零的概率就等于可靠度。如果强度(μ_F,σ_F^2)和应力(μ_S,σ_S^2)是相互独立的，则两者之差的分布均值与标准差分别等于 $\mu = \mu_F - \mu_S, \sigma = \sqrt{\sigma_F^2 + \sigma_S^2}$。

对于 μ 和 σ，若服从如图 4.14 所示的正态分布时，则差值大于零的概率可以用下面形式的可靠度三参数关系式计算：

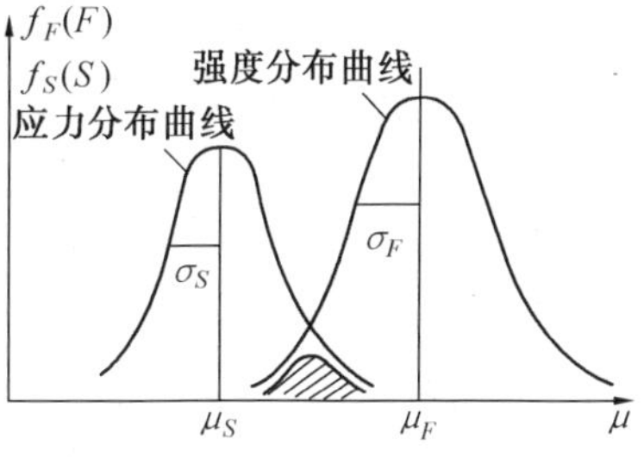

图 4.14　应力和强度为正态分布时的尾部干涉图

$$z = \frac{\mu_F - \mu_S}{\sqrt{\sigma_F^2 + \sigma_S^2}} \quad 或 \quad z = -\frac{\mu_F - \mu_S}{\sqrt{\sigma_F^2 + \sigma_S^2}} \qquad (4.28)$$

此式是联结方程的另一种表述形式，这里可称为机械零件可靠度方程。

例 4.1　设已知某零件的强度 $\mu_F = 250$ MPa，标准差 $\sigma_F = 16$ MPa；又知零件所受应力 $\mu_S = 210$ MPa，$\sigma_S = 20$ MPa。求可靠度 R。

若假定分布是正态的，则对此强度问题，有

$$z = -\frac{\mu_F - \mu_S}{\sqrt{\sigma_F^2 + \sigma_S^2}} = \frac{\mu_S - \mu_F}{\sqrt{\sigma_F^2 + \sigma_S^2}} = \frac{210 - 250}{\sqrt{16^2 + 20^2}} = -1.56$$

查表 4.1 得，$Q = 0.06 = 6\%$，$R = 1 - Q = 1 - 0.06 = 0.94 = 94\%$。即可靠度为 94%，失效概率为 6%。

从此例可以看出，可靠性设计实际上是可靠性预测。

例 4.2　设结构件的强度 F、拉力 P 和杆的直径 d 都服从正态分布。而且这些参数都是独立的随机变量，它们的均值分别是：

$$\mu_F = 280 \text{ N/mm}^2$$

$$\mu_P = 130 \times 10^3 \text{ N} = 130 \text{ KN}$$

$$\mu_d = 30 \text{ mm}$$

现在假定：F 的标准差 $\sigma_F = 26.7$ N/mm²，P 的标准差 $\sigma_P = 14$ KN，d 的标准差 $\sigma_d = 0.4$ mm，求可靠度 R。

这是一个强度的可靠性预测性质的问题。为了计算应力，需要算出杆的平均截面积 μ_A。

$$\mu_A = \frac{\pi}{4}(30)^2 = 706.8 \text{ (mm}^2\text{)}$$

这样，则平均应力

$$\mu_S = \frac{\mu_P}{\mu_A} = \frac{130 \times 10^3}{706.8} = 184 \text{ (N/mm}^2\text{)}$$

A 的标准差可参考前面给出的方差计算近似式，通过 d 的标准差计算。

$$\sigma_A \approx \left.\frac{\mathrm{d}A}{\mathrm{d}d}\right|_{F_d} \cdot \sigma_d = \frac{\pi\mu_d}{2}\sigma_d = 18.85\ (\mathrm{mm}^2)$$

应力分布的标准差 $\sigma_S = \dfrac{1}{\mu_A}\sqrt{\mu_S^2\mu_A^2 + \sigma_P^2} = 20\ (\mathrm{N/mm}^2)$

当没有所需数据时，可按国外经验公式 $\sigma_S = (0.04 - 0.08)\mu_S$ 确定应力的标准差。考虑到我国目前的材质，不妨把 σ_S 值取得高些。例如，取 $\sigma_S = (0.09 - 0.1)\mu_S$。

这样，则得可靠性系数

$$z = \frac{\mu_F - \mu_S}{\sqrt{\sigma_F^2 + \sigma_S^2}} = \frac{184 - 280}{\sqrt{26.7^2 + 20^2}} = -2.878$$

查表 4.1 得 $Q = 0.002, R = 1 - Q = 1 - 0.02 = 0.998$。

例 4.3[31] 某减速装置的传动轴尺寸是按传统设计方法初步计算来确定的。传动力是由直径 ϕ125mm 的大齿轮传入的，转矩 $T = 8\,860\mathrm{N \cdot m}$，它通过轴径 ϕ105mm 的两个小齿轮传出的转矩值各为 4 430N · m。大齿轮上作用有水平弯曲力 30 000N。载荷的偏差为 ± 5%。轴的材料为 40CrNiMoA 合金钢，轴经过磨削加工。设计时取可靠度 $R = 0.999\,9$，寿命 $N \geqslant 10^7$。经过该轴受力条件分析，确认其危险截面在直径为 $\phi = 125\mathrm{mm}$ 处具有 $R = 8\mathrm{mm}$ 的圆角处，疲劳破坏将是此处的应力集中引起的。要求校核轴的结构尺寸。这是一个按疲劳强度的给定寿命条件校核计算性质的可靠性设计。

前面已经指出，从疲劳强度方面考虑，零件可靠性计算的影响因素有材料的化学成分、金相组织、零件的受力条件、尺寸系数、表面加工和表面强化系数等。所以，零件尺寸、所受载荷都是随机变量；相应地，其危险截面处的应力也是一个随机变量。在下面的计算中，都假设它们是正态分布的。

为简化起见，假设转矩没有消耗，且弯矩和转矩为独立变量。

根据前面的机械零件可靠性设计的强度 —— 应力干涉原理，校核步骤首先是确定危险截面处的载荷强度。

危险截面处承载的合成弯矩的均值和标准差分别为：

$$(\bar{M}, S_M) = (8\,318\,000, 116\,000)\mathrm{N \cdot mm}$$

转矩的均值和标准差分别是：

$$(\bar{T}, S_T) = (4\,430\,000, 73\,833)\mathrm{N \cdot mm}$$

设轴径偏差 $\Delta d = 0.015\bar{d}$，并假设它是轴径标准差的 3 倍，则得危险截面处轴径的均值和标准差分别是：

$$\bar{d} = 105\mathrm{mm}, S_d = \frac{0.015\bar{d}}{3} = \frac{0.015}{3} \times 105 = 0.525\ (\mathrm{mm})$$

根据上述的弯矩和转矩，即可算出相应的应力值的均值和标准差分别为：

弯曲应力的：$(\sigma, S_\sigma) = (73.19, 1.999)\text{MPa}$

扭转应力的：$(\tau, S_\tau) = (19.49, 0.437)\text{MPa}$

危险截面处的合成应力按第 3 强度理论计算，即 $\sigma_{合} = \sqrt{\sigma^2 + \tau^2}$，其值为：

$$(\sigma_{合}, S_{合}) = (80.6, 1.40)\text{MPa}$$

以上计算出来的是零件在给定受力条件下所承载的工作应力的分布参数。

下面再根据轴的材料确定相应的强度分布参数。这方面的计算可以借助设计手册进行。如：参考文献所列的[31]中的第 15 篇，徐灏主编的“可靠性设计”。

合金钢 40CrNiMoA 的拉伸屈服极限为 $\sigma_S = 917 \sim 1\,126\text{MPa}$。考虑轴零件是合金钢的锻件，则 σ_S 应引入系数 $\dfrac{\varepsilon_1}{\varepsilon_2} = \dfrac{1.0}{11}$。则有（取限值）：$\bar{\sigma}_S = \dfrac{1.0}{11} \times 917 = 833\text{MPa}$，$S_S = 0.1\bar{\sigma}_S = 83.3\text{MPa}$。

为简化起见，就不再引入应力集中系数和表面加工系数等进行修正了。

最后来计算可靠性系数 z：

$$z = \frac{\bar{\sigma}_S - \bar{\sigma}_{合}}{\sqrt{S_{合}^2 + S_S^2}} = \frac{833 - 80.6}{\sqrt{83.3^2 + 1.4^2}} = \frac{759.81}{83.31} \approx 9.1$$

查表，当 $z = 9.1$ 时，可靠度 $R > 0.999\,9$，这说明，原设计的结构尺寸安全可靠。

例 4.4 有一受拉圆杆。已知其强度 $\mu_F = 200\ \text{MPa}$，相应的 $\sigma_F = 15\ \text{MPa}$；又知作用在拉杆上拉力 $\mu_P = 0.3\ \text{MN}$，相应的 $\sigma_P = 0.03\ \text{MN}$。求在可靠度 $R = 0.99$ 时拉杆的直径 d。

这个问题是从规定的目标可靠度出发，计算零件的尺寸。通过这样的计算，就可达到“把可靠度设计到零件中去”的可靠性设计的目的。

设拉杆直径的平均值为 μ_d，根据公差情况取直径的标准差 $\sigma_d = 0.005\mu_d$。

计算拉杆所受平均应力 $\mu_S = \dfrac{\mu_P}{\mu_A} = \dfrac{0.3}{\dfrac{\pi}{4}\mu_d^2} = \dfrac{0.382}{\mu_d^2}$

面积 A 的标准差 $\sigma_A = \dfrac{\pi\mu_d}{2}\sigma_d = 0.007\,85\mu_d^2$

应力 S 的标准差

$$\sigma_S = \frac{1}{\mu_A}\sqrt{(\mu_S\sigma_A)^2 + \sigma_P^2} = \frac{1}{\dfrac{\pi}{4}\mu_d^2}\left\{\left[\frac{0.382}{\mu_d^2} \times 0.007\,85\mu_d^2\right]^2 - (0.03)^2\right\}^{\frac{1}{2}} = \frac{0.038\,4}{\mu_d^2}$$

当 $R = 0.99$ 时，$Q = 1 - R = 0.01$，查表 4.1 得 $z = -2.33$。则由 $z = \dfrac{\mu_F - \mu_S}{\sigma_F^2 + \sigma_S^2}$ 有

$$2.33 = \frac{200 - \dfrac{0.382}{\mu_d^2}}{\sqrt{15^2 + \left(\dfrac{0.0384}{\mu_d^2}\right)^2}}$$

它给出

$$\mu_d^4 - 0.003\ 94\mu_d^2 + 0.000\ 002\ 74 = 0$$

解之,得 $\mu_d^2 = 0.003\ 038\ 129$,或 $\mu_d = 0.551\ 2$ m。即当 $\bar{d} > 55.12$ mm时,能保证拉杆有99% 的可靠度。

通过计算,可得下面各量:

$$\mu_S = \frac{0.382}{\mu_d^2} = 125.74\ \text{MPa} \qquad \sigma_S = 12.65\ \text{MPa}$$

$$\mu_F - \mu_S = 74.2\ \text{MPa} \quad \sigma_{合} = \sqrt{\sigma_F^2 + \sigma_S^2} = \sqrt{225 + 160} = 19.62\ \text{MPa}$$

安全系数 $n = \dfrac{\mu_F}{\mu_S} = \dfrac{200}{125.74} = 1.59$。即在这个安全系数时,具有 99% 的可靠度。

如果可靠度降低到 90%,则 $Q = 1 - R = 0.1$,拉杆直径和安全系数值随之改变。这时的 $z = -1.28$。则由联结方程,有

$$1.28 = \frac{200 - \dfrac{0.382}{\mu_d^2}}{\sqrt{15^2 + \left(\dfrac{0.0384}{\mu_d^2}\right)^2}}$$

它给出

$$\mu_d^4 - 0.003\ 856\mu_d^2 + 0.000\ 002\ 83 = 0$$

解之,得 $\mu_d = 0.053\ 6\ \text{m} = 0.54\ \text{mm}$,即当拉杆直径 $d > 54$ mm时,能有 90% 的可靠度。

通过计算,可得下面各量:

$$\mu_S = 133.1\ \text{MPa} \qquad \sigma_S = 13.38\ \text{MPa}$$

$$\mu_F - \mu_S = 66.9\ \text{MPa} \quad \sqrt{\sigma_F^2 + \sigma_S^2} = 20.01\ \text{MPa}$$

安全系数 $n = \dfrac{\mu_F}{\mu_S} = \dfrac{200}{133.1} = 1.50$。即安全系数 $n = 1.50$ 时,具有 90% 的可靠度。

如果安全系数也是随机变量,则它的均值 μ_n 和可靠度的关系为:

$$\mu_n = \frac{1}{1 - \dfrac{\sigma_n}{n_c}\sqrt{\dfrac{R}{1 - R}}} \tag{4.29}$$

式中的 σ_n 是安全系数的标准差,$n_c = \dfrac{\mu_F}{\mu_S}$。

4.4 系统的可靠性设计

一个机械系统常由许多子系统组成,而每个子系统又可能由若干单元(如零、部件)组成。因此,单元的功能及实现其功能的概率都直接影响系统的可靠度。在设计过程中,不仅要把系统设

计得满足功能要求，还应设计得使其能有效地执行功能。因而就须对系统进行可靠性设计。系统的可靠性设计有两个方面的含义。其一是可靠性预测，其二是可靠性分配。

系统的可靠性预测是按系统的组成形式，根据已知的单元和子系统的可靠度计算求得的。它可以是按单元 → 子系统 → 系统的顺序自下而上地落实可靠性指标。这是一种合成方法。

系统的可靠性分配是将已知系统的可靠性指标（容许失效概率）合理地分配到其组成的各子系统和单元上去，从而求出各单元应具有的可靠度。它比可靠性预测要复杂。可以说，它是按系统 → 子系统 → 单元的顺序自上而下地落实可靠性指标。这是一种分解方法。

为了计算系统的可靠度，不管是可靠性预测还是可靠性分配，首先都需要有系统的可靠性模型。

一、系统模型

1. 串联系统

若产品或系统是由若干个单元（零、部件）或子系统组成的（为了简略，以后子系统略），而其中的任何一个单元的可靠度都具有相互独立性，即各个单元的失效（发生故障）是互不相关的。那么，当任一个单元失效时，都会导致产品或整个系统失效，则称这种系统为串联系统或串联模型。图 4.15(a)、(b)、(c) 分别是收音机的功能框图、可靠性框图和串联模型图。从图中可以看出，收音机的功能框图和可靠性框图是不同的。这里的收音机可靠性框图是一个串联系统的实例。

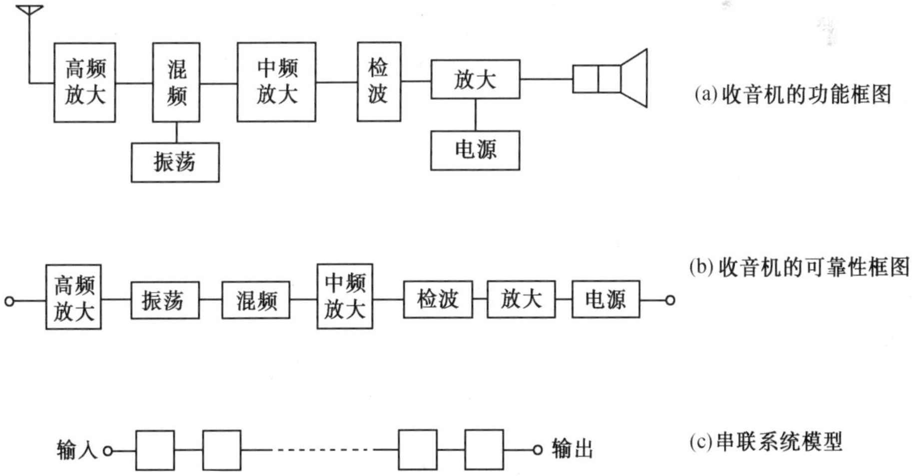

图 4.15　收音机的功能、可靠性和系统模型简图

2. 并联系统

在由若干个单元组成的系统中，只要有一个单元仍在发挥其功能，产品或系统就能维持其功能；或者说，只有当所有单元都失效时系统才失效，就称此系统为并联系统或并联模型。并联系统又称并联贮备系统。例如,现代的民用客机,一般都是由多台(例如3 ~ 4台)发动机驱动。只要有一台发动机还在工作,飞机就不致坠落。这就是一个并联系统的实例。并联系统模型的简图如图4.16所示。

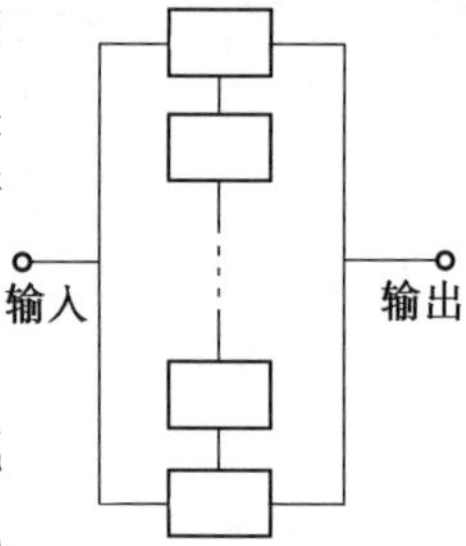

图4.16　并联系统模型

3.混联系统

混联系统是由一些串联的子系统和一些并联的子系统组合而成的。它可分为:串 - 并联系统(先串联后并联的系统)和并 - 串联系统(先并联再串联的系统)。相应的模型如图4.17所示。图中的(a)是串 - 并联系统或称附加通路系统;图中的(b)是并 - 串联系统或称附加单元系统。

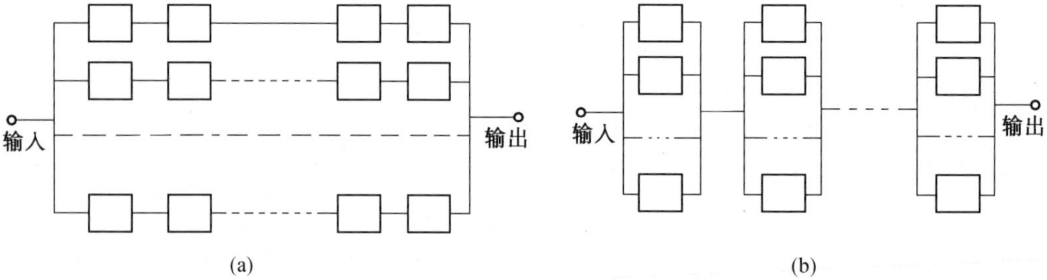

图4.17　混联系统模型

4.备用冗余系统

一般地说,在产品或系统的构成中,把同功能单元或部件重复配置以作备用。当其中一个单元或部件失效时,用备用的来替代(自动或手动切换)以继续维持其功能。这种系统称为备用冗余系统或称等待系统,又称旁联系统,也有称为并联非贮备系统的。这种系统的一个明显特点是有一些并联单元,但它们在同一时刻并不是全部投入运行的。例如,飞机起落架的收放系统,一般是采用液压或气动系统、并装有机械的应急释放系统。这类系统的模型如图4.18的

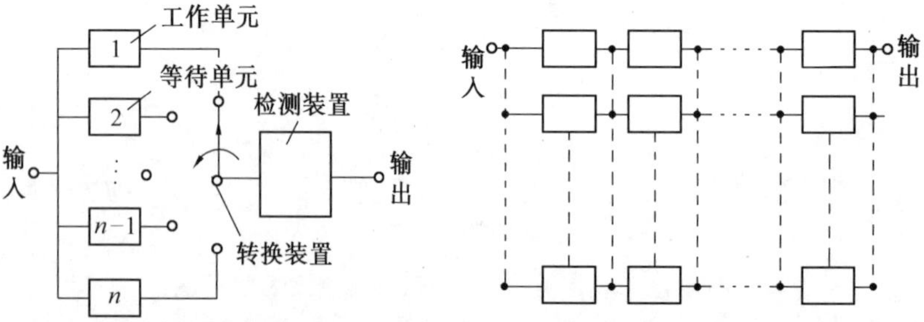

(a) 一般的备用冗余系统　　(b) 并一串联等待系统

图4.18　备用冗余系统模型

(a) 和(b) 所示。图中的(a) 是备用冗余系统,(b) 是并 - 串联等待系统。当系统中某个正在工作的单元失效时,检测装置向转换装置发出信号,备用的等待工作单元即进入工作,系统仍继续工作。

在并 - 串联等待系统中,并联的那些单元在同一时刻并不全都投入运行。此外,备用冗余系统是待机工作的,而并 - 串联系统像并联系统一样都是同机工作的,可以把它们称作工作的冗余系统(工作贮备系统)。

5.复杂系统

非串、并联系统和桥式网络系统都属于复杂系统,如图 4.19(a)、(b)、(c) 所示。图中的(a) 是桥式网络系统,(b) 和(c) 是两个非串、并联系统。

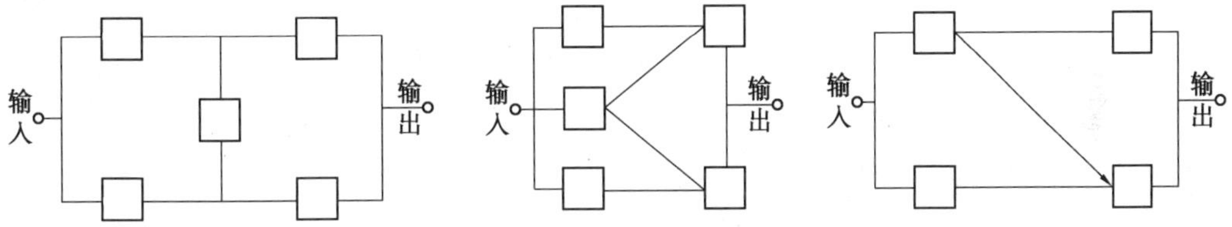

(a) 桥式网络系统　　(b) 非串 - 并联系统　　(c) 非串 - 并联系统

图 4.19　复杂系统模型

6.表决系统

如果组成系统的 n 个单元中,只要有 K 个单元不失效,系统就不会失效,这样的系统称为 n 中取 K 系统,简写成 K/n 系统。例如有 4 台发动机的飞机,设计要求至少有 2 台发动机正常工作飞机才能安全飞行,这种发动机系统就是表决系统,它是一个 2/4 系统。

n 中取 K 系统可分成两类。一类称为 n 中取 K 好系统。此时要求组成系统的 n 个单元中有 K 个以上完好,系统才能正常工作,记为 $K/n[G]$。另一类称为 n 中取 K 坏系统。它是指组成系统的 n 个单元中有 K 个以上失效,系统就不能正常工作,记为 $K/n[F]$。显然,串联系统是 $n/n[G]$ 系统,并联系统是 $1/n[G]$ 系统。

严格地说,上述六种系统中,除串联系统外,都可称为冗余系统或贮备系统。因为并联、混联、等待系统等等,实际上也都是部分单元在工作,而另一些单元是作为备用的。

备用冗余系统又可分为:冷贮备系统和热贮备系统两类。贮备单元在贮备期间没有失效的叫冷贮备系统;而贮备单元在贮备期间可能失效时,则称为热贮备系统。因此,并联系统和表决系统是热贮备系统。

冗余系统近年来在机械系统中已有广泛的应用。如在动力装置、安全装置和液压系统等中都有应用。

对于冗余系统,在进行其可靠性设计时,常常须要解决这样的问题,即在确定最优的单元或部件可靠度的同时,还要确定其最优的冗余数,以便使整个系统的可靠度为最优。求解这样的问题是系统可靠性优化的问题。

二、系统的可靠性预测

根据系统的可靠性模型，由单元的可靠度通过计算即可预测出系统的可靠度。

1. 串联系统的可靠度计算

在前节中已经指出，串联系统要能正常工作必须是组成它的所有单元都能正常工作。应用概率乘法定律，可知串联系统的可靠度为：

$$R_S(t) = \prod_{i=1}^{n} R_i(t) \tag{4.30}$$

式中 $R_S(t)$ 是系统的可靠度；$R_i(t)$ 是单元 i 的可靠度，$i = 1,2,\cdots,n$。

例如，某一机械产品由 5 个单元串联组成，已知各单元的可靠度预测值为：$R_1(t) = 0.99$；$R_2(t) = 0.99$；$R_3(t) = 0.98$；$R_4(t) = 0.97$；$R_5(t) = 0.96$。则该产品的可靠度预测值为：

$$R_S(t) = 0.99 \times 0.99 \times 0.98 \times 0.97 \times 0.96 = 0.895 = 89.5\%$$

由于 $0 \leqslant R_i(t) \leqslant 1$，则由式(4.30)可知，串联系统的可靠度将因其组成单元数的增加而降低，且其值要比可靠度最低的那个单元的可靠度还低。因此，最好采用等可靠度单元组成系统，并且组成单元越少越好。

如果在串联系统中，各单元的可靠度函数服从指数分布，则系统的失效率等于各组成单元失效率之和，即

$$\lambda_S = \sum_{i=1}^{n} \lambda_i \tag{4.31}$$

这样，根据式(4.11)可得系统的可靠度

$$R_S(t) = e^{\lambda_S t} = e^{-(\sum \lambda_i)t} \tag{4.32}$$

所以，根据组成单元的失效率，就可以计算出系统的可靠度来。同样根据式(4.25)可得系统的平均无故障工作时间为：

$$\text{MTBF} = \frac{1}{\lambda_S} = \frac{1}{\sum_{i=1}^{n} \lambda_i} \tag{4.33}$$

例 4.5 某电子产品由 8 个部件组成，各部件的可靠度函数服从指数分布，其失效率已知是：No.1——120×10^{-6}；No.2——100×10^{-6}；No.3——145×10^{-6}；No.4——10×10^{-6}；No.5——70×10^{-6}；No.6——25×10^{-6}；No.7——20×10^{-6}；No.8——18×10^{-6}。试预测产品在 1 000 小时和 10 小时的可靠性。

由于部件的可靠度函数服从指数分布，所以产品的失效率等于部件失效率之和，即

$$\lambda_S = \sum \lambda_i = (120 + 100 + 145 + 10 + 70 + 25 + 20 + 18) \times 10^{-6} = 508 \times 10^{-6} = 0.000\,508$$

从而可得 1 000 小时和 10 小时的可靠度分别为

$$R_S(1\ 000) = e^{-\lambda_S t} = e^{-0.000\ 508\times 1\ 000} = e^{-0.508} = 0.601 = 60.1\%$$

$$R_S(10) = e^{-0.000\ 508\times 10} = 0.994 = 99.4\%$$

对于串联系统,虽然提高其组成单元的可靠度或降低它们的失效率可以提高整个系统的可靠度,但提高单元可靠度必将提高产品的制造成本,因此宜权衡其得失。例如,对于一个由10个单元组成的串联系统。假定这10个单元的可靠度相同,则当失效率从10%降低到1%,系统的可靠度将从0.002 6%升高到36.6%。然而,这个数值对一般产品或系统来说,并不是很理想的。但失效率从10%降到1%却是件不容易的事。这样一权衡,可能是得不偿失的。

如果把同种零、部件进行并联组合,却可在不提高零件可靠度(即不降低失效率)的条件下,提高产品或系统的可靠度。

2.并联系统的可靠度计算

由于这类系统只有当所有的组成单元都失效时系统才失效,所以应用概率乘法定理,得系统的失效概率或故障概率(不可靠度)为:

$$Q_S(t) = \prod_{i=1}^{n} Q_i(t) \tag{4.34}$$

式中的 $Q_S(t)$ 是系统的失效概率;$Q_i(t)$ 是第 i 个组成单元的失效概率。

由式(4.34)可写出系统的可靠度为:

$$R_S(t) = 1 - Q_S(t) = 1 - \prod_{i=1}^{n} [1 - R_i(t)] \tag{4.35}$$

由于 $1 - R_i(t)$ 是个小于1的数值,则由式(4.35)可知,并联系统恰好和串联系统相反,它的可靠度总是大于系统中任一个单元的可靠度。或者说,各单元的可靠度均低于系统的可靠度。另外,并联系统的组成单元越多,系统的可靠度越大。或者说,每个单元的可靠度可以越低。

当单元的可靠度函数为指数分布,且每个单元的可靠度函数都相等时,则并联系统的可靠度为:

$$R_S(t) = 1 - (1 - e^{-\lambda t})^n \tag{4.36}$$

式中的 n 是组成系统的单元数目。根据式(4.25),系统的平均故障工作时间为:

$$\text{MTBF} = \frac{1}{\lambda_S(t)} \tag{4.37}$$

此时

$$\lambda_S(t) = \frac{-\mathrm{d}[R_S(t)]/\mathrm{d}t}{R_S(t)} = \frac{n\lambda e^{-\lambda t}(1 - e^{-\lambda t})^{n-1}}{1 - (1 - e^{-\lambda t})}$$

或用下式计算系统的 MTBF

$$\text{MTBF} = \int_0^{\infty} R_S(t)\mathrm{d}t = \frac{1}{\lambda} + \frac{1}{2\lambda} + \cdots + \frac{1}{n\lambda} \tag{4.38}$$

例4.6　某飞机由3台发动机驱动。只要有一台发动机工作,飞机就不致坠落。各台发动机的失效率分别为:0.01%/小时;0.02%/小时;0.03%小时。每航行一次飞行10小时。试预测此飞机的可靠度。

先计算各台发动机的可靠度。

由 $\lambda_1 = 0.01\%$ 小时，即 $\lambda_1 = 0.000\,1/$小时，则当 $t = 10$ 小时，根据 $R(t) = \mathrm{e}^{-\lambda t}$，有

$$R_1(10) = \mathrm{e}^{-0.000\,1\times 10} = 0.999;$$

同样，由 $\lambda_2 = 0.02\%/$小时，有 $R_2(10) = \mathrm{e}^{-0.000\,2\times 10} = 0.998$；由 $\lambda_3 = 0.03\%/$小时，有 $R_3(10) = 0.997$。

从而可得该飞机的可靠度为：

$$R_S(10) = 1 - (1 - 0.999)\times(1 - 0.998)\times(1 - 0.997) = 1 - 0.000\,000\,06 = 0.999\,999\,99$$

例 4.7 由两个单元组成的并联系统，设 $\lambda_1 = \lambda_2 = \lambda$。试求 t 时刻的系统可靠度及其 MTBF。

它的可靠度是

$$R_S(t) = 1 - [1 - R_1(t)][1 - R_2(t)] = R_1(t) + R_2(t) - R_1(t)R_2(t) = 2\mathrm{e}^{-\lambda t} - \mathrm{e}^{-2\lambda t}$$

系统的失效率为

$$\lambda_S(t) = \frac{\dfrac{-\mathrm{d}[R_S(t)]}{\mathrm{d}t}}{R_S(t)} = \frac{2\lambda\mathrm{e}^{-\lambda t}(1 - \mathrm{e}^{-\lambda t})}{1 - (1 - \mathrm{e}^{-\lambda t})^2} = \frac{2\lambda(1 - \mathrm{e}^{-\lambda t})}{2 - \mathrm{e}^{-\lambda t}}$$

相应的平均无故障工作时间(平均寿命)

$$\mathrm{MTBF} = \frac{1}{\lambda_S(t)} = \frac{2 - \mathrm{e}^{-\lambda t}}{2\lambda(1 - \mathrm{e}^{-\lambda t})}$$

或

$$\mathrm{MTBF} = \int_0^\infty R_S(t)\mathrm{d}t = \int_0^\infty (2\mathrm{e}^{-\lambda t} - \mathrm{e}^{-2\lambda t})\mathrm{d}t = \frac{3}{2\lambda}$$

也可由式(4.38)直接写出

$$\mathrm{MTBF} = \int_0^\infty R_S(t)\mathrm{d}t = \frac{1}{\lambda} + \frac{1}{2\lambda} = \frac{3}{2\lambda}$$

由于一个单元的 $\mathrm{MTBF} = \dfrac{1}{\lambda}$，可见两个单元并联系统的 MTBF 比一个单元的增加了 50%。

3. 混联系统的可靠度计算

混联系统是串联和并联系统的组合，它们的可靠度计算可直接参照串联和并联系统的公式进行。例如，对于图 4.20 所示的并－串联系统，若设各单元 A_i 的可靠度为 $R_i(t)$，则系统的可靠度将是

$$R_{S1}(t) = \prod_{i=1}^{n}[1 - (1 - R_i(t))^m] \tag{4.39}$$

而对于图 4.21 所示的串－并联系统，若设各单元 A_i 的可靠度为 $R_i(t)$，则对于由 m 个串联系统组成的并联系统，它的可靠度将是

$$R_{S2}(t) = 1 - [1 - \prod_{i=1}^{n} R_i(t)]^m \tag{4.40}$$

这两种系统的功能是一样的，但可靠度却不一样。可以证明：$R_{S1}(t) > R_{S2}(t)$。

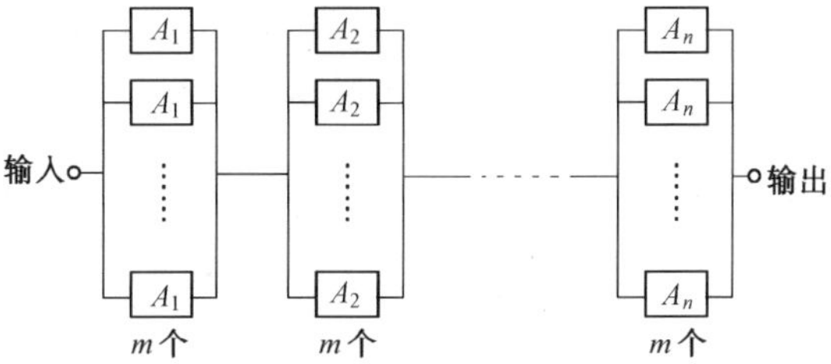

图 4.20　并-串联系统

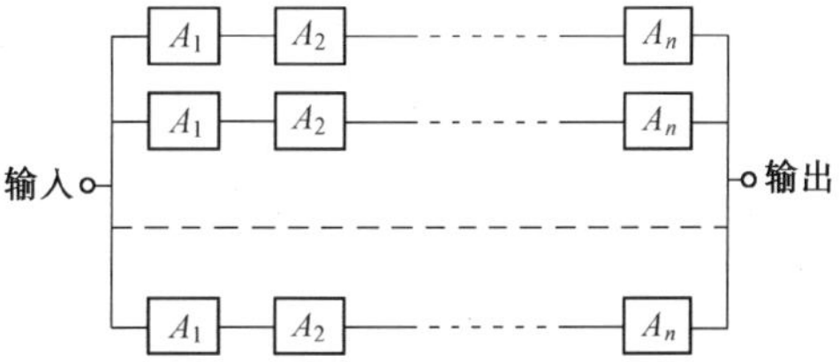

图 4.21　串-并联系统

也可以采用"等效单元"的办法进行计算，即首先把其中的串联和并联系统分别进行计算，得出"等效单元"的可靠度，然后再就等效单元组成的系统进行综合计算，从而给出系统的可靠度。例如，对于图 4.22 所示的 7 个单元组成的混联系统，可以如下分步进行计算。图(b)中的 S_1 是图(a)中的单元 1、2、3 的串联等效单元，其可靠度值为 $R_{S1} = R_1R_2R_3$；S_2 是图(a)中的单元 4 和 5 的串联等效单元，其可靠度值为 $R_{S2} = R_4R_5$；S_3 是图(a)中的单元 6 和 7 的并联等效单元，其可靠度值为 $R_{S3} = R_6 + R_7 - R_6R_7$。图(c)中的 S_4 是图(b)中的等效单元 S_1 和 S_2 的并联等效单元，其可靠度值为 $R_{S4} = R_6 + R_7 - R_6R_7$。图(c)中的 S_4 是图(b)中的等效单元 S_1 和 S_2 的并联等效单元，其可靠度值为 $R_{S4} = R_{S1} + R_{S2} - R_{S1}R_{S2}$。从而可以求得该混联系统的总可靠度值为 $R_S = R_{S4}R_{S3}$。相应的系统失效率为

$$\lambda_S(t) = \frac{-\mathrm{d}R_S(t)/\mathrm{d}t}{R_S(t)} = \frac{-\mathrm{d}[R_{S4}(t)\cdot R_{S3}(t)]/\mathrm{d}t}{R_{S4}(t)\cdot R_{S3}(t)}。$$

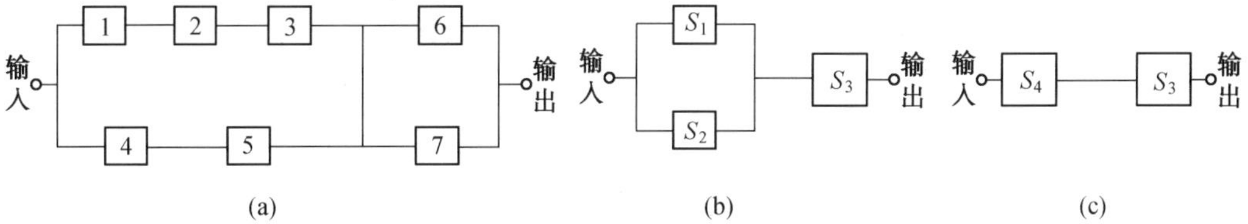

图 4.22　混联系统的等效单元系统

4. 备用冗余系统的可靠度计算

假定贮备单元在储备期时间 t 内不发生故障，且转换开关（自动或手动的）是完全可靠的。则当各单元的可靠度函数是指数分布，并且 $\lambda_1(t) = \lambda_2(t) = \cdots = \lambda_n(t) = \lambda$ 时，则系统的可靠度为：

$$R_S(t) = \mathrm{e}^{-\lambda t}\left[1 + \lambda t + \frac{(\lambda t)^2}{2!} + \frac{(\lambda t)^3}{3!} + \cdots + \frac{(\lambda t)^{n-1}}{n-1!}\right] = \sum_{K=0}^{n-1}\frac{(\lambda t)^K}{K!}\mathrm{e}^{-\lambda t} \qquad (4.41)$$

系统的平均无故障工作时间为：

$$\mathrm{MTBF}=\frac{n}{\lambda} \tag{4.42}$$

它表明:1个单元的 $\mathrm{MTBF}=\frac{1}{\lambda}$,2个单元的备用冗余系统的 $\mathrm{MTBF}=\frac{2}{\lambda}$。而前面曾给出,2个单元并联系统的 $\mathrm{MTBF}=\frac{3}{2\lambda}$。可见2个单元的备用冗余系统的MTBF比并联系统的MTBF高。

例4.8 设某汽车的制动系统中,装有同功能两套刹车装置,其失效率为 $\lambda_1=\lambda_2=0.1\times10^{-5}$/小时。试预测工作时间 $t=3\ 000$ 小时内的可靠度和失效率。

根据式(4.41),有

$$R_S(3\ 000)=\mathrm{e}^{-0.000\ 001\times3\ 000}\times(1+0.000\ 001\times3\ 000)=$$
$$\mathrm{e}^{-0.03}\times1.003=0.999\ 995=99.999\ 5\%$$

它的失效率为

$$\lambda_S(t)=\frac{\frac{-\mathrm{d}[R_S(t)]}{\mathrm{d}t}}{R_S(t)}=\frac{-\frac{\mathrm{d}}{\mathrm{d}t}[\mathrm{e}^{-\lambda t}(1+\lambda t)]}{\mathrm{e}^{-\lambda t}(1+\lambda t)}=\frac{-(-\lambda\mathrm{e}^{-\lambda t}-\lambda^2t\mathrm{e}^{-\lambda t}+\lambda\mathrm{e}^{-\lambda t})}{\mathrm{e}^{-\lambda t}(1+\lambda t)}=\frac{\lambda^2t}{1+\lambda t}$$

则
$$\lambda(3\ 000)=\frac{(0.000\ 001)^2\times3\ 000}{1+0.000\ 001\times3\ 000}=2.99\times10^{-9}/\text{小时}。$$

如果两个单元的失效率分别为 λ_1 和 λ_2,系统转换装置的可靠度为 R_{SW},则该备用冗余系统的可靠度为:

$$R_S(t)=\mathrm{e}^{-\lambda_1t}+R_{SW}\frac{\lambda_1}{\lambda_2-\lambda_1}(\mathrm{e}^{-\lambda_1t}-\mathrm{e}^{-\lambda_2t})$$

例如,一个备用冗余系统由失效率为 $\lambda_1=0.000\ 2$/小时的发电机及失效率为0.001/小时的备用电池组成。其失效检测和转换装置在10小时内的可靠度为 $R_{SW}=0.99$。求该电源系统工作10小时的可靠度。

由上式可得

$$R_S(3\ 000)=\mathrm{e}^{-0.000\ 2\times10}+0.99\frac{0.000\ 2}{0.001-0.000\ 2}\times(\mathrm{e}^{-0.002\times10}-\mathrm{e}^{-0.001\times10})=0.999\ 97$$

即系统工作10小时的可靠度为99.997%。

5.表决系统的可靠度计算

设表决系统中每个单元的可靠度为 $R(t)$,则系统的可靠度为:

$$R_S(t)=R^n(t)+nR^{n-1}[1-R(t)]+\cdots+\frac{n!}{K!(n-K)!}R^K(t)[1-R(t)]^{n-K}=$$
$$\sum C_n^K[R(t)]^K[1-R(t)]^{n-K}=\sum C_n^KR(t)^KQ(t)^{n-K} \tag{4.43}$$

当各单元的可靠度函数服从指数分布,且失效率相同时,它的

$$\mathrm{MTBF}=\frac{1}{n\lambda}+\frac{1}{(n-1)\lambda}+\cdots+\frac{1}{K\lambda} \tag{4.44}$$

显然,此时的 MTBF 要比并联系统的小。

例 4.9　设有一架装有 3 台发动机的飞机,它至少需要 2 台发动机正常工作才能飞行,假定飞机的事故仅由发动机引起,而且在整个飞行期间失效率为常数,其 MTBF = 2 000 小时。试计算工作时间为 20 小时和 100 小时的飞机可靠度。

因为 $n = 3, K = 2$,即系统是 $K/n[G] = 2/3[G]$ 表决系统,所以有 $R_S(t) = R^3(t) + 3R^2(t)[1 - R(t)] = 3R^2(t) - 2R^3(t) = 3e^{-2\lambda t} - 2e^{-3\lambda t}$。则

$$R(10) = 3e^{-2\times\frac{1}{2\,000}\times 10} - 2e^{-3\times\frac{1}{2\,000}\times 10} = 0.999\,9$$

$$R(100) = 3e^{-2\times\frac{1}{2\,000}\times 100} - 2e^{-3\times\frac{1}{2\,000}\times 100} = 0.993\,1$$

例 4.10　设每个单元的 $R(t) = e^{-\lambda t}$,且 $\lambda = 0.001/$小时,求当 $t = 100$ 小时时:a) 两单元串联系统的可靠度 R_2;b) 两单元并联系统的可靠度 R_3;c) 2/3[G] 系统的可靠度 R_4。

一个单元当 $t = 100$ 小时的可靠度为 $R_1 = R(100) = e^{-0.001\times 100} = e^{-0.1} = 0.905$。则可算得:

$$R_2 = R_1^2 = e^{-0.2} = 0.819$$

$$R_3 = 1 - (1 - R_1)^2 = 1 - (1 - e^{-0.1})^2 = 0.991$$

$$R_4 = 3R_1^2 - 2R_1^3 = 3 \times e^{-0.2} - 2e^{-0.3} = 0.975$$

若 $t = 1\,000$ 小时,则 R_1, R_2, R_3 和 R_4 为:

$$R_1 = R(1\,000) = e^{-0.001\times 1\,000} = e^{-1} = 0.368$$

$$R_2 = R_1^2 = e^{-2} = 0.135$$

$$R_3 = 1 - (1 - R_1)^2 = 1 - (1 - e^{-1})^2 = 0.600$$

$$R_4 = 3R_1^2 - 2R_1^3 = 3e^{-2} - 2e^{-3} = 0.306$$

可见当 $R_1 = 0.905$ 时,有 $R_2 < R_1 < R_4 < R_3$,而当 $R_1 = 0.368$ 时,有 $R_2 < R_4 < R_1 < R_3$。

实际上可以证明:

当 $R_1 > 0.5$ 时,有 $R_2 < R_1 < R_4 < R_3$

当 $R_1 = 0.5$ 时,有 $R_2 < R_1 = R_4 < R_3$

当 $R_1 < 0.5$ 时,有 $R_2 < R_4 < R_1 < R_3$

可见,两个单元的串联系统可靠度最低,两个单元的并联系统可靠度最高。当 $R < 0.5$ 时,2/3[G] 系统的可靠度甚至不如一个单元的系统。所以必须采取措施来改善 2/3[G] 系统的可靠性特性。

6.复杂系统的可靠度计算

当系统可以分解为串联、并联和混联系统时,复杂系统可靠度的计算就可以按照前面说明的方法进行。但在实际中,有的系统是不能简单地分解成串联、并联等来进行计算的。例如,桥式网络系统和非串、并联系统就是这类系统。对这类复杂系统,可以采用分解法、布尔真值表法

或卡诺图法进行计算。

(1) 分解法

这个方法是：首先选出系统中的关键单元以简化系统，然后根据这个单元是处于正常的或失效的两种状态，再用全概率公式计算系统的可靠度。

以图4.23(a)所示的桥式系统为例。若选单元 A_5 为关键单元，则当 A_5 正常工作时，系统简化成图4.23(b)；若 A_5 失效时，系统简化成图4.23(c)。因而系统正常工作的事件 A 和单元 $A_i(i = 1,2,3,4,5)$ 正常工作的事件的关系为：

$$A = A_5(A_1 \cup A_3) \cdot (A_2 \cup A_4) \cup \bar{A}_5(A_1A_2 \cup A_3A_4)$$

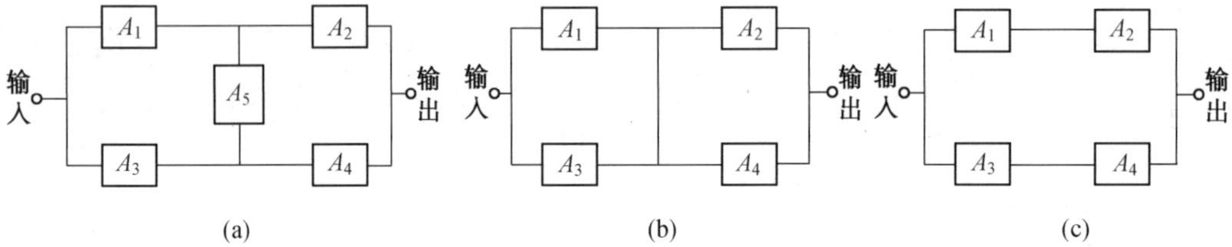

图4.23 桥式系统分解法计算逻辑图

这里的符号 ∪ 具有"或"的含义，"·"具有"与"的含义。从而可写出图4.23(a)所示的桥式系统的可靠度为：

$$R_S(t) = R_5(t)[1 - Q_1(t)Q_3(t)][1 - Q_2(t)Q_4(t)] +$$
$$Q_5(t)[R_1(t)R_2(t) + R_3(t)R_4(t) - R_1(t)R_2(t)R_3(t)R_4(t)]$$

如果在某时刻，5个单元的可靠度分别为：$R_1 = 0.8$；$R_2 = 0.7$；$R_3 = 0.8$；$R_4 = 0.7$；$R_5 = 0.9$。则

$$R_S = 0.9(1 - 0.2 \times 0.2)(1 - 0.3 \times 0.3) + 0.1[0.8 \times 0.7 +$$
$$0.8 \times 0.7 - 0.8 \times 0.7 \times 0.8 \times 0.7] = 0.866\ 88$$

这个方法似乎简单，但关键单元的选择很重要。选得不好，非但不能简化计算，还可能得出错误的结果。而且对于很复杂的系统，这个方法也无能为力。因为即使选出一个关键单元，剩下的系统可能仍很复杂，以致难以直接计算系统的可靠度。

(2) 布尔真值表法

此法又称状态穷举列表法。它是把系统模型看成一个开关网络，每一单元只有工作状态和失效状态这两种状态。然后把系统的所有可能状态列举出来组成布尔真值表。列表时可以用"0"代表单元失效，"1"代表单元工作；F 代表系统失效，S 代表系统工作。把系统所有能正常工作的状态的概率相加，就是系统能正常工作的概率，即系统的可靠度。

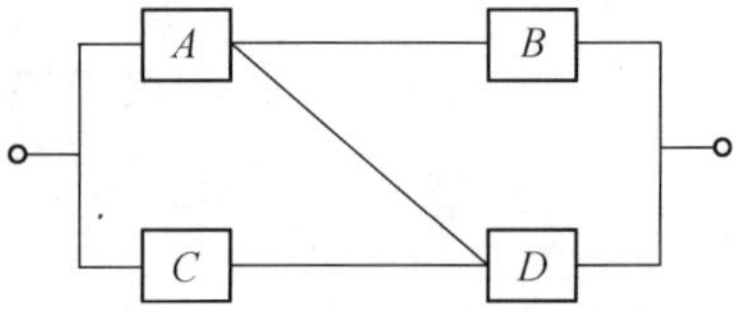

图4.24 布尔真值表算法图例

例 4.11　有 4 个单元组成的系统如图 4.24。它共有 $2^4 = 16$ 种状态，列于表 4.2 中。从表中可得，序号 4,8,10,12,13,14,15,16 等 8 种状态是系统的正常工作状态，其余的 8 种是系统的失效状态。

系统的 8 种正常工作状态的概率分别是：

$$R_4 = Q_A Q_B R_C R_D = (1-0.9)(1-0.8)\times 0.7\times 0.6 = 0.008\ 4$$

$$R_8 = Q_A R_B R_C R_D = (1-0.9)\times 0.8\times 0.7\times 0.6 = 0.033\ 6$$

$$R_{10} = 0.034\ 2$$

$$R_{12} = 0.075\ 6$$

等等如表 4.2 中所列。结果得系统的可靠度为：

$$R_S = R_4 + R_8 + R_{10} + R_{12} + R_{13} + R_{14} + R_{15} + R_{16} = 0.870\ 0$$

布尔真值表法宜用于单元数不多的情况，一般单元数不宜超过 6 个。否则计算过于繁琐。

表 4.2　布尔真值表

序号	A $R_A = 0.9$	B $R_B = 0.8$	C $R_C = 0.7$	D $R_D = 0.6$	系统状态	概　率
1	0	0	0	0	F	
2	0	0	0	1	F	
3	0	0	1	0	F	
4	0	0	1	1	S	0.008 4
5	0	1	0	1	F	
6	0	1	0	1	F	
7	0	1	1	0	F	
8	0	1	1	1	S	0.033 6
9	1	0	0	0	F	
10	1	0	0	1	S	0.075 6
11	1	0	1	0	F	
12	1	0	1	1	S	0.075 6
13	1	1	0	0	S	0.086 4
14	1	1	0	1	S	0.129 6
15	1	1	1	0	S	0.201 6
16	1	1	1	1	S	0.302 4
$\sum$						0.870 0

(3) 卡诺图法

卡诺图法是逻辑电路网络分析的一种方法，它可以利用布尔真值表的结果作图，也可以直接根据系统状态作图。当把卡诺图法用来计算系统可靠度时，它也可称为“概率图法”。

例如，对例 4.11 所列的布尔真值表，可做成图 4.25 所示的卡诺图。图中用“×”表示系统正常工作状态。按照卡诺图规则，可得系统正常工作状态为：$S = AB + \bar{A}CD + A\bar{B}D$。这样则得系统的可靠度为：

$$R_S = R_AR_B + Q_AR_CR_D + R_AQ_BR_D = 0.9\times0.8+(1-0.9)\times 0.7\times0.6+0.9\times(1-0.8)\times0.6 = 0.8700$$

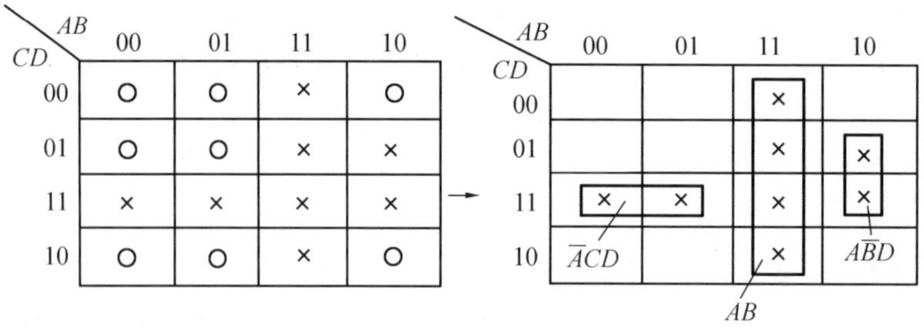

图 4.25　卡诺图

再举一例　如图4.26所示的桥式网络控制系统，其中的单元 E 是系统的失效检测和转换装置。若已知：$R_A=0.9$，$R_B=0.8$，$R_C=0.7$，$R_D=0.6$，$R_E=0.9$，试用卡诺图法求系统的可靠度。

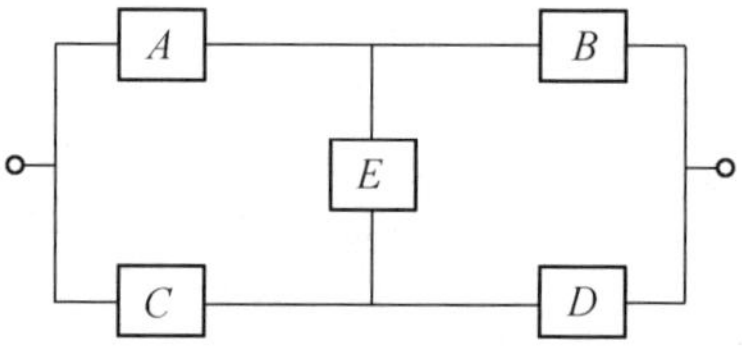

图 4.26　桥式网络系统

该系统的卡诺图如图 4.27 所示。应用卡诺图规则，可得出系统处于工作状态的事件为：

$$S = AB + \bar{A}CD + A\bar{B}CD + \bar{A}BC\bar{D}E + A\bar{B}\bar{C}DE$$

则系统的可靠度为：

$$R_S = R_AR_B + Q_AR_CR_D + R_AQ_BR_CR_D + Q_AR_BR_CQ_DR_E + R_AQ_BQ_CR_DR_E$$

把给定的值代入，可得 $R_S = 0.88692$。

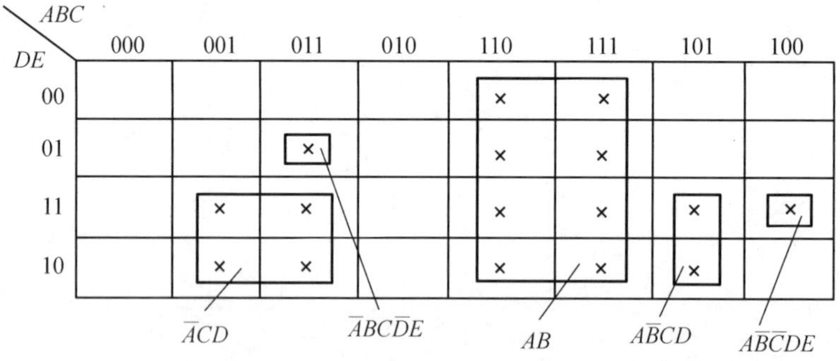

图 4.27　卡诺图

三、系统的可靠性分配

系统是由若干单元组成的，因此在系统的可靠度目标确定之后，应进一步把它分配给系统的组成单元——零、部件或子系统。这项工作就是可靠性分配。它对复杂产品和大型系统来说，尤其重要。系统可靠度的分配应是合理的，而不是无原则的分配。所以，就要考虑分配的方法。

1.等同分配法

此时，全部子系统或各组成单元的可靠度相等。因此，对串联系统，由 $R_S(t)=[R(t)]^n$，有

$$R_i(t)=[R_S(t)]^{\frac{1}{n}}$$

或由 $\lambda_S(t)=\sum_{i=1}^{n}\lambda_i(t)$ 并且当 $\lambda_i(t)$ 相同时，有

$$\lambda_i(t)=\frac{\lambda_S(t)}{n}$$

对并联系统，由 $R_S(t)=1-[1-R_i(t)]^n$ 有

$$R_i(t)=1-[1-R_S(t)]^{\frac{1}{n}}$$

例如，某机械产品由3个完全相同的部件串联而成。已知此机械产品的可靠度目标值为0.98，试把此值分配给每个部件。若产品的 $\lambda_S(t)=0.01\%/$小时，求各单元的最大失效率 $\lambda_i(t)$。

此时的 $R_i(t)=\sqrt[3]{0.98}=0.993\,3$，即各单元的可靠度为 $R_i(t)=99.33\%(i=1,2,3)$。

同时 $\lambda_i(t)=\dfrac{0.000\,1}{3}=0.000\,033=33\times10^{-6}/$小时，即各组成单元的最大失效率为 $\lambda_i(t)=33\times10^{-6}/$小时$(i=1,2,3)$。

2.按可靠度变化率的分配方法

对已有的机械系统改进其可靠度，也是可靠度分配问题。

对串联系统，自 $R_S(t)=\prod_{i=1}^{n}R_i(t)$ 可知，$R_i(t)$ 对某单元 i 的可靠度 $R_i(t)$ 的变化率是：

$$\frac{\partial R_S(t)}{\partial R_i(t)}=\prod_{\substack{j=1\\j\neq i}}^{n}R_j(t)=\frac{R_S(t)}{R_i(t)}$$

由于各组成单元的可靠度是各不相同的，因此，$\dfrac{\partial R_S(t)}{\partial R_i(t)}(1\leqslant i\leqslant n)$ 中必有一个最大的。假如用第 K 个单元的可靠度代入上式，则得最大的比值为

$$\frac{R_S}{R_K}=\max_{1\leqslant i\leqslant n}\frac{R_S}{R_i}$$

这就是说，系统可靠度 R_S 对第 K 项单元可靠度的变化率最大。这个条件等效于

$$R_K=\min_{1\leqslant i\leqslant n}R_i \tag{4.45}$$

因此，如果要用改变一个单元可靠度的办法来提高串联系统的可靠度，就应当提高可靠度最低的那个单元的可靠度。

对于并联系统,若前提条件仍和上面相同,则系统可靠度 $R_S(t)$ 对某个单元 i 的可靠度 $R_i(t)$ 的变化率为

$$\frac{\partial R_S(t)}{\partial R_i(t)} = \prod_{\substack{j=1\\j\neq i}}^{n}[1 - R_j(t)] = \frac{1 - R_S}{1 - R_i}$$

仿前面的作法,用 R_K 代入得最大比值为:

$$\frac{1 - R_S}{1 - R_i} = \max_{1\leqslant i\leqslant n}\frac{1 - R_S}{1 - R_i}$$

它等效于

$$R_K = \max_{1\leqslant i\leqslant n} R_i \tag{4.46}$$

这就是说,如果要用改变一个单元可靠度的办法来提高并联系统的可靠度,就应当提高可靠度最大的那个单元的可靠度。

这两个结论都是通过系统可靠度对单元可靠度的变化率得出的。按这样的概念进行系统的组成单元可靠度的分配的方法,就称为按可靠度变化率的分配方法。

3.按相对失效率比的分配方法

每个单元分配到的容许失效率应正比于预计的失效率,即预计的失效率越大,分配给它的失效率也就越大。按这个原则进行系统的组成零件失效率的分配时,就称为按相对失效率比的分配方法。

若单元 i 分配到的失效率是 $\lambda_i(t)$ 时,则对串联系统有:

$$e^{-\lambda_S(t)} = e^{-\lambda_1(t)} \cdot e^{-\lambda_2(t)} \cdots e^{-\lambda_n(t)}$$

所以

$$\lambda_S(t) = \sum_{i=1}^{n}\lambda_i(t)$$

定义各子系统作失效率分配时的加权系统

$$\omega_i = \frac{\lambda_i(t)}{\lambda_S(t)} = \frac{\lambda_i}{\sum_{i=1}^{n}\lambda_i(t)} \tag{4.47}$$

按照此概念进行可靠性分配时,显然有

$$\sum_{i=1}^{n}\omega_i = 1$$

和

$$\sum_{i=1}^{n}\lambda_i = \omega_1\lambda_S + \omega_2\lambda_S + \cdots + \omega_n\lambda_S$$

同时,自 $R_S(t) = e^{-\int_0^t \lambda_S(t)dt}$ 可计算出系统的 $\lambda_S(t)$。从而就能算出 $\lambda_i(i = 1,2,\cdots,n)$ 及相应的 $R_i(t)$ 来。

例 4.12 由 3 个子系统串联的系统,预计失效率分别为:0.003/小时,0.002/小时,0.001/小时。取任务时间为 40 小时,要求系统的可靠度为 0.96。试求子系统的可靠度分配。

本例给出 $\lambda_1 = 0.003/$小时,$\lambda_2 = 0.002/$小时,$\lambda_3 = 0.001/$小时,则有3个权因子(加权系统)值:

$$\omega_1 = \frac{\lambda_1}{\sum_{i=1}^{3}\lambda_i} = \frac{0.003}{0.003 + 0.002 + 0.001} = 0.5$$

$$\omega_2 = \frac{\lambda_2}{\sum_{i=1}^{3}\lambda_i} = \frac{0.002}{0.006} = 0.333\ 3$$

$$\omega_3 = \frac{\lambda_3}{\sum_{i=1}^{3}\lambda_i} = \frac{0.001}{0.006} = 0.166\ 7$$

由 $R_S(40) = e^{-\int_0^t \lambda_S(t)dt} = e^{-\lambda_S(40)} = 0.96$,得 $\lambda_S(t) = 0.001\ 02/$小时。

结果得:

$$\lambda_1 = \omega_1\lambda_S = 0.5 \times 0.001\ 02 = 0.000\ 51/\text{小时}$$

$$\lambda_2 = \omega_2\lambda_S = 0.333\ 3 \times 0.001\ 02 = 0.000\ 34/\text{小时}$$

$$\lambda_3 = \omega_3\lambda_S = 0.166\ 7 \times 0.001\ 02 = 0.000\ 17/\text{小时}$$

相应的单元分配的可靠度分别为:

$$R_1(40) = e^{-\lambda_1 t} = e^{-0.000\ 51 \times 10} = 0.979\ 8$$

$$R_2(40) = e^{-\lambda_2 t} = 0.986\ 5$$

$$R_3(40) = 0.993\ 2$$

他们给出

$$R_S = R_1R_2R_3 = 0.96$$

4. AGREE 法

AGREE 法是美国国防部研究开发局所属的电子设备可靠性顾问团于1957年6月提出的一种分配方法,它又称为按重要度的分配方法。

先给出重要度的概念。

$$\text{重要度} = E_i = \frac{\text{某设备故障引起的系统故障的次数}}{\text{所有设备发生故障的总次数}}$$

或

$$E_i = \frac{\text{第 } i \text{ 个单元失效引起系统故障的次数}}{\text{各单元的失效总次数}}$$

AGREE 法是一种比较适用的可靠度分配方法。它考虑了各单元的复杂性、重要性及工作时间等的差别。但它要求各单元工作期间的失效率为一常数,且作为互相独立的串联系统。

AGREE 法的单元 i 的失效率分配公式为:

$$\lambda_i(t) = \frac{n_i[-\ln R_S(t)]}{NE_it_i} \tag{4.48}$$

单元 i 的可靠度分配公式为：

$$R_i(t) = 1 - \frac{1 - R_S^{\frac{n_i}{N}}}{E_i} \tag{4.49}$$

式中：$R_S(t)$ 是系统要求的可靠度；E_i 是单元i 的重要度；t_i 是系统要求单元i 的工作时间；n_i 是单元 i 的组件数；N 是系统的总组件数。$\frac{n_i}{N}$ 反映了第 i 个单元的复杂性的因子。

式(4.48) 的导出概念可叙述如下：

当考虑到某个单元 i 的重要度时，则该单元预计的可靠度将是

$$R_i = 1 - E_i[1 - R_i(t)] \quad i = 1,2,\cdots,N$$

整个系统(串联系统) 的可靠度为

$$\begin{aligned} R_S(t) &= \prod_{i=1}^{N} R_i(t) = \prod_{i=1}^{N}[1 - E_i(1 - R_i)] = \prod_{i=1}^{N}[1 - E_i(1 - \mathrm{e}^{-\lambda_i t_i})] = \\ &\prod_{i=1}^{N}[1 - E_i(1 - (1 - \lambda_i t_i))] = \prod_{i=1}^{N}[1 - E_i\lambda_i t_i] = \\ &\prod_{i=1}^{N} \mathrm{e}^{-E_i\lambda_i t_i} = \mathrm{e}^{(-\sum_{i=1}^{N} E_i\lambda_i t_i)} \end{aligned}$$

这里说明一下，在上式推导过程中，是取近似公式 $\mathrm{e}^x \approx 1 + x$ 进行的。

如果系统的可靠度指标要求为 $R_S(t)$，并按平均分配原则分给 N 个单元，则每个单元的可靠度为：

$$\sqrt[N]{R_S(t)} = \mathrm{e}^{-E_i\lambda_i t_i} \quad i = 1,2,\cdots,N$$

两边同时取对数，则有$\frac{1}{N}\ln R_S(t) = -E_i\lambda_i t_i$

从而可求得第 i 个单元的失效率分配值为

$$\lambda_i = -\frac{\ln R_S(t)}{NE_i t_i}$$

如果还要考虑复杂性因素，设第 i 个单元本身是由 n_i 个更小的单元组成的，则得

$$\lambda_i = -\frac{n_i \ln R_S(t)}{NE_i t_i}$$

例 4.13 机载电子设备要求工作 12 小时的可靠度为 0.923。这台设备的各子系统(单元) 的有关数据如表 4.3 所列。试对各子系统作可靠度分配，并求其平均寿命。

从表 4.3 中可得出系统的总组件数 $N = 570$。

由公式(4.48) 和(4.49)，可计算出各子系统的可靠性和失效率以及相应的平均寿命分别为：

表 4.3　子系统数据表

子系统(单元)	子系统的组件数 n_i	需要时间 t_i	重要度 E_i
发　射　机	102	12	1.0
接　收　机	91	12	1.0
控 制 设 备	242	12	1.0
起飞用的自动装置	95	3	0.3
电　　源	40	12	1.0

$$R_1(12) = 1 - \frac{1 - 0.923^{\frac{102}{570}}}{1.0} = 0.985\,8$$

$$\lambda_1(12) = \frac{102 \times (-\ln 0.923)}{570 \times 1.0 \times 12} = \frac{1}{780}$$

$(\text{MTBF})_1 = 780$ 小时

$$R_2(12) = 1 - \frac{1 - 0.923^{\frac{91}{570}}}{1.0} = 0.987\,3$$

$$\lambda_2(12) = \frac{91 \times (-\ln 0.923)}{570 \times 1.0 \times 12} = \frac{1}{720}$$

$(\text{MTBF})_2 = 720$ 小时

$$R_3(12) = 1 - \frac{1 - 0.923^{\frac{242}{570}}}{1.0} = 0.966\,6$$

$$\lambda_3(12) = \frac{242 \times (-\ln 0.923)}{570 \times 1.0 \times 12} = \frac{1}{330}$$

$(\text{MTBF})_3 = 330$ 小时

$$R_4(12) = 1 - \frac{1 - 0.923^{\frac{95}{570}}}{0.3} = 0.986\,8$$

$$\lambda_4(12) = \frac{95 \times (-\ln 0.923)}{570 \times 0.3 \times 3} = \frac{1}{63}$$

$(\text{MTBF})_4 = 63$ 小时

$$R_5(12) = 1 - \frac{1 - 0.923^{\frac{40}{570}}}{1.0} = 0.994\,4$$

$$\lambda_5(12) = \frac{40 \times (-\ln 0.923)}{570 \times 1.0 \times 12} = \frac{1}{200}$$

$(\text{MTBF})_5 = 200$ 小时

五个子系统组成的系统的可靠度是：

$$R_S(t) = R_1 R_2 R_3 R_4 R_5 \approx 0.923$$

5.按相对失效率比和重要度的分配方法

此法有时简称为 W – E 方法。顾名思义,这种方法就是利用失效率比和重要度作为参数,进行可靠度和失效率分配的方法。它适用于串联系统,且系统组成单元的故障率服从指数分配的情况。此法考虑了各单元不同的重要度 E_i 和不同的工作时间 t_i。

根据上述要求,此时有 $\lambda_S(t) = \sum_{i=1}^{n}\lambda_i(t_i)$,则系统的可靠度为 $R_S(t) = e^{-\lambda_S t}$,各组成单元的可靠度为 $R_i(t_i) = e^{-\lambda_i t_i}$。这些式中的 t 是系统的工作时间,t_i 是系统组成单元的工作时间。

按此法分配的单元 i 的失效率为

$$\lambda_i(t_i) \leqslant \frac{\omega_i \lambda_S t}{E_i t_i} \tag{4.50}$$

若按系统要求的可靠度指标 $R_S(t)$ 来分配时,则各单元的可靠度为:

$$R_i(t_i) \geqslant 1 - \frac{1 - R_S(t)^{\omega_i}}{E_i} \tag{4.51}$$

式(4.50) 和(4.51) 中的 $\omega_i = \dfrac{\lambda_i(t_i)}{\lambda_S(t)}$。

在计算时,需要系统的可靠度大于或等于其目标值。

例 4.14 设有一个由 3 个单元组成的串联系统。系统失效率的目标值为 $\lambda_S(t) = 300\%/10^3$ 小时,$t_i = t = 10$ 小时,$E_i = 1.0$,单元的失效服从指数分布,试求出 3 个单元的失效率和可靠度的分配值。

首先假定 3 个单元的失效率分别为 $\lambda_1 = 0.001\ 28/$ 小时,$\lambda_2 = 0.001\ 35/$ 小时,$\lambda_3 = 0.001\ 39/$ 小时。这样,系统的失效率为:$\lambda_3 = \sum_{i=1}^{3}\lambda_i = 0.004\ 02/$ 小时。

由于 $t_i = t = 10$ 小时,则得各单元的可靠度分别为:

$$R_1(t_1) = R_1(10) = e^{-0.001\ 28\times 10} = 0.987\ 2$$

$$R_2(t_2) = R_2(10) = e^{-0.001\ 35\times 10} = 0.986\ 5$$

$$R_3(t_3) = R_3(10) = e^{-0.001\ 39\times 10} = 0.986\ 1$$

$$R_S(t) = R_S(10) = e^{-0.004\ 02\times 10} = 0.960\ 5$$

而系统的可靠度目标是 $R_S(10) = e^{-0.003\times 10} = 0.970\ 4$。它大于计算值 0.960 5,即系统的可靠度预测值小于其目标值。因此,应按式(4.50) 和(4.51) 继续进行分配计算。

先求出 $\omega_i, i = 1,2,3$。得 $\omega_1 = \dfrac{\lambda_1}{\lambda_S} = \dfrac{0.001\ 28}{0.004\ 02} = 0.318\ 4$,$\omega_2 = \dfrac{\lambda_2}{\lambda_S} = \dfrac{0.001\ 35}{0.004\ 02} = 0.335\ 8$,$\omega_3 = \dfrac{\lambda_3}{\lambda_S} = \dfrac{0.001\ 39}{0.004\ 02} = 0.345\ 8$。由式(4.50),可分别计算得:

$$\lambda_1 = \frac{\omega_1 \lambda_S t}{E_1 t_1} = \frac{0.318\ 4 \times 0.003 \times 10}{1 \times 10} = 0.000\ 955\ 2$$

$$\lambda_2 = \frac{\omega_2 \lambda_S t}{E_2 t_2} = \frac{0.335\ 8 \times 0.003 \times 10}{1 \times 10} = 0.001\ 007\ 4$$

$$\lambda_3 = \frac{\omega_3 \lambda_S t}{E_3 t_3} = \frac{0.345\ 8 \times 0.003 \times 10}{1 \times 10} = 0.001\ 037\ 4$$

相应的可靠度分别为：

$$R_1 = e^{-\lambda_1 t_1} = e^{-0.000\ 955\ 2 \times 10} = 0.990\ 4$$

$$R_2 = e^{-\lambda_2 t_2} = e^{-0.001\ 007\ 4 \times 10} = 0.989\ 9$$

$$R_3 = e^{-\lambda_3 t_3} = e^{-0.001\ 037\ 4 \times 10} = 0.989\ 6$$

重新分配后系统的失效率为：

$$\lambda_S = \sum_{i=1}^{3} \lambda_i = 0.000\ 955\ 2 + 0.001\ 007\ 4 + 0.001\ 037\ 4 = 0.003$$

相应的系统可靠度为 $R_S = e^{-0.003 \times 10} = 0.970\ 4$。这和要求的可靠度目标值是一致的，所以 3 个单元的可靠度按重新分配后的数值取值。

6.花费最小的分配方法

在实际机械系统中，各组成单元的可靠度大不相同，最好的可靠度分配方法，是按照最优化方法的要求，列出可靠性分配的成本目标函数和约束条件，然后求解。例如，花费最小就是这样的一种分配方法。由于这类问题一般都是有约束条件的，所以，又称为“条件极值法”。

设有串联系统，$C_i(R_S, R_i)$ 是第 i 个单元或子系统的花费函数，约束条件为 $\prod_{i=1}^{n} R_i \geqslant R_S$。花费最小时的目标函数写为 $\min \sum_{i=1}^{n} C_i(R_S, R_i)$。

若单元或子系统的可靠度 R_i 和制造费用 Z_i 之间的关系可用下式表示

$$R_i = 1 - e^{[-\alpha_i (Z_i - \beta_i)]}$$

则

$$Z_i = \beta_i - \frac{\ln(1 - R_i)}{\alpha_i} \tag{4.52}$$

式中的 α_i、β_i 是常数。

这表明，提高每个单元的可靠度所能获得的经济价值是不同的。因而在分配中就要考虑到这个因素。现在的问题是，在给出系统的可靠度目标值 R_S 后，要把它分配给各单元或子系统，但要使系统的费用 C_S 为最小。这个问题就是在 $R_S = \prod_{i=1}^{n} R_i$ 的限制条件下，求

$$\min Z = \sum_{i=1}^{n} Z_i$$

或

$$\min C_S = \min \prod_{i=1}^{n} C_i(R_S, R_i)$$

时的 R_i 的分配问题。

当采用古典的拉格朗日乘子法求解时,则有函数。

$$F = \sum_{i=1}^{n} Z_i + \lambda(R_S - \prod_{i=1}^{n} R_i)$$

式中 λ 是拉格朗日乘子。把 $R_i = 1 - e^{[-\alpha_i(Z_i-\beta_i)]}$ 代入,并由极值条件$\frac{\partial F}{\partial Z_i} = 0$,可得

$$1 - \lambda \frac{\alpha_i e^{[-\alpha_i(Z_i-\beta_i)]}}{R_i} \prod_{i=1}^{n} R_i = 1 - \lambda \frac{\alpha_i(1 - R_i)}{R_i} R_S = 0$$

或

$$\lambda = \frac{R_i}{R_S} \frac{1}{\alpha_i(1 - R_i)} \tag{4.53}$$

从优化效率概念出发,要求 $\lambda_1 = \lambda_2 = \cdots = \lambda_n$。则有

$$\frac{\alpha_i(1 - R_i)}{R_i} = \frac{\alpha_J(1 - R_J)}{R_J} \quad i \neq j = 1,2,\cdots,n \tag{4.54}$$

此外,还有约束条件 $R_S = \prod_{i=1}^{n} R_i$。

通过上面两个条件可以解出各单元或子系统的可靠度 R_i 来。

例 4.15 设系统由两个单元组成,它们的相应值分别为:$\alpha_1 = 0.9, \beta_1 = 4.0, \alpha_2 = 4.0, \beta_2 = 0$。若系统的可靠度 $R_S = 0.72$,试把它分配给这两个单元。

把 α_i 值分别代入式(4.53),有

$$\lambda_1 = \frac{R_1}{0.72} \times \frac{1}{0.9(1 - R_1)} \quad \lambda_2 = \frac{R_2}{0.72} \times \frac{1}{0.4(1 - R_2)}$$

由式(4.54),得

$$\frac{R_1}{0.72 \times 0.9(1 - R_1)} = \frac{R_2}{0.72 \times 0.4(1 - R_2)}$$

外加约束条件 $R_1 R_2 = R_S = 0.72$,则可解得 $R_1 = 0.9, R_2 = 0.8$。

这就是两个单元可靠度的分配值,此时的制造费用最小。

由式(4.52) 可得制造成本,分别为:

$$Z_1 = 6.56, \quad Z_2 = 4.03$$

系统的总成本为:$Z = Z_1 + Z_2 = 10.59$

这一组解是图 4.28 所示曲线的一组结果。图上结果说明,此时的可靠性分配是取成本——可靠度曲线上微分(斜率)相等,即优化效率 λ_i 相等的两个对应点的结果。

也可以把多变量问题分解成一系列单变量的子问题,采用动态规划方法求最小花费。

上面的例子是一个简单的两级串联系统的可靠性分配问题。实际中有时系统比较复杂,变量较多,目标函数和约束条件等的数学模型表达形式也可能不同。因此,解法也就超出了古典

的拉格朗日乘子法的范围。而且，在实际中还会遇到这样的问题，为了提高系统可靠度，用提高单元可靠度的方法已无多大潜力。这时就应用并联、贮备等冗余技术，把某一个或几个单元适当扩大为分系统。由于每个单元的成本费用不同，在扩大时应考虑到使系统总成本费用达到最小。这时就要讨论每个分系统有多少个贮备单元比较合适的可靠性分配问题。因而就要求设计人员不仅要确定冗余数，而且必须确定每个单元的可靠度。这就是“系统模型”一段中提到的所谓确定最优的单元或子系统的可靠度问题。所以，目前围绕着系统可靠性分配的优化问题出现了不少研究成果。

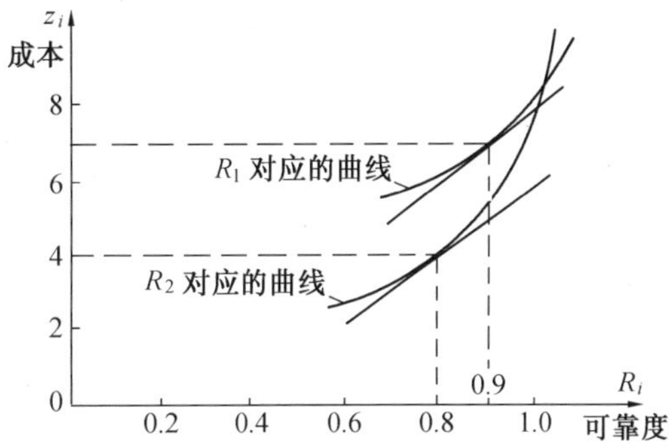

图 4.28　可靠度与成本关系曲线

4.5　系统的可靠性优化

系统的可靠性优化和一般的优化在方法上没有什么不同。但问题的提法和数学模型却有自己的特点。

一、问题的提法

系统可靠性优化的目标可有如下的一些提法：

1) 通过选择每一级合适的可靠度值，使系统的可靠度最大；

2) 在满足系统最低限度可靠度要求的同时，使系统的“费用”为最小；

3) 通过增加某个或某几个特定子系统里的冗余部件，使系统的可靠度最大。

约束条件可以是系统组成单元的价格、重量、体积或它们的组合，即“费用”等；每级的部件数可以作为约束条件。

依据上述的目标和约束条件，可以给出如下几种系统可靠性优化的数学模型：

问题 1

$$\max R_S = \prod_{j=1}^{N} R_j \tag{4.55}$$

$$\text{s.t.} \quad \sum_{j=1}^{N} g_{ij}(R_j) \leqslant b_i \quad i = 1,2,\cdots,m$$

式中，R_S 是系统的可靠度，R_j 是第 j 级单元或部件的可靠度，$g_{ij}(R_j)$ 是消耗在第 j 级上的资源，b_i 是可用的资源 i 的总数值。

当要求在费用约束条件下，寻求最优的冗余数，使系统的可靠度为最大时，可采用下面的

考虑部件冗余数 x_j 的数学模型:

问题 2

$$\max R_S = \prod_{j=1}^{N} R_j(x_j) \tag{4.56}$$

$$\text{s.t.} \quad \sum_{j=1}^{N} g_{ij}(x_j) \leqslant b_i \quad i = 1,2,\cdots,m$$

式中的第 j 级单元的可靠度为 R_j,它是每一级部件数 x_j 的函数。

若要求在系统可靠度等于或大于所希望的水平的约束条件下,使系统的费用为最小,则数学模型如下:

问题 3

$$\min C_S = \sum_{j=1}^{N} C_j(x_j) \tag{4.57}$$

$$\text{s.t.} \quad R_S = \prod_{j=1}^{N} R_j(x_j) \geqslant R_r$$

式中,C_S 是系统的总费用,C_j 是第 j 级的费用,它是每一级部件数 x_j 的函数。系统的可靠度 R_S 应大于或等于系统所要求的可靠度 R_r。

对于非串、并联等复杂系统的可靠性分配,其系统可靠度 R_S 可通过前面介绍过的方法计算。此时可用 $R_S = f(R_1, R_2, \cdots, R_N)$ 表示。所以,它的数学模型可表示为:

问题 4

$$\max R_S = f(R_1, R_2, \cdots, R_N) \tag{4.58}$$

$$\text{s.t.} \quad \sum_{j=1}^{N} g_{ij}(R_j) \leqslant b_i \quad i = 1,2,\cdots,m$$

这里的系统可靠度是单元可靠度的函数。

二、求解方法

上面列出的 4 种数学模型,大多数是非线性的整数规划问题。原则上,可以采用一般的非线性规划方法,如:SUMT,GRG,广义拉格朗日乘子法,修正的单纯形序列搜索法,动态规划法和极大值原理法等方法求解。但要求其解是整数时则有一定的难度。

在可靠性优化方法中,有一类做法的思路是这样的;首先,按系统是一个每级仅为一个单元($x = 1$)的 N 级串联系统来处理($x_j = 1, j = 1,2,\cdots,N$)。然后,依次把第 j 级的那个单元改变成多个单元形成的冗余级。例如,对一个 4 级系统,若把第 1 级改成 2 个单元,第 3 级改成 4 个单元时,则可表示成(2,1,4,1)等等。再逐个检查它们中哪一个是在约束条件允许下达到目标。这里自然要提出一个用什么样的准则来检查的问题,从而形成多种方法。例如,采用每次迭代都在可靠度最低的一级增加一个冗余部件的方法;或采用引入可靠度的相对增量和松弛变量的衰减量来作为选择增加哪一级冗余数的准则等。这些方法通称为“启发式”方法或“逐步探索方法”。它们在系统可靠性优化设计中可以用来确定各级单元的可靠度和冗余数，以保证冗余数为整数。

新的研究方法之一是：同时确定单元可靠度的最优化值和每一级的冗余数。它是这样的一个问题，即单元或部件的失效率是变量，所要确定的是怎样在所增加的单元或部件之间，或者在各个单元可靠度之间作最优的选择。这种优化方法实际上是把启发式方法和一般模式搜索法相结合的一种方法。

由于篇幅的限制，这里就不举例说明系统可靠性优化的具体做法。

4.6　失效分析方法

失效分析方法目前有两种。一是“失效模式、影响和严重度分析(Failure Mode Effect and Criticality Analysis——FMECA)”，二是“失效树分析(Fault Tree Analysis——FTA)”。

FMECA 是在系统设计过程中，通过对系统各组成单元潜在的各种失效模式及其对系统功能的影响，与产生后果的严重程度进行分析，提出可能采取的预防改进措施，以提高产品可靠度的一种设计分析方法。这种方法是在 1950 年前后引入到可靠性设计中来的。它是按照一定的失效模式，把一个个单元失效、分系统失效检出，是一种自下而上逐步寻查失效的顺向分析方法；也是一种对未来将要生产的产品作为对象，通过各组成单元可能产生的失效模式，来推断该产品(或系统)可能发生的失效模式及其原因的一种定性分析的方法。通过这种分析还可以发现消除产品(或系统)失效的可靠线索，提示改进可靠度的方向。

由于 FMECA 是用程序记录表来进行的一种定性分析方法，所以不一定非用可靠度数据；即使不熟悉可靠度知识，也能得出分析结果。因此，它具有较广的应用范围，但此法比较费时间。

FTA 是 1962 年前后引入到可靠性设计中的一种分析方法。它是根据产品或系统可能产生的失效，去寻找一切可能导致此失效的原因的一种失效分析方法。它是把可能发生的失效结构画成树形图，沿着树形图的分析，去探索产品发生失效的原因，查明哪些单元是失效源。所以，FTA 是从上而下展开的逆向分析方法。

FTA 中最关键的一步是构造出失效树图，即找出系统产生失效和导致系统失效的各因素之间的逻辑关系，并用图形把它们表示出来的一种图示方法。由于 FTA 是用逻辑方法来分析失效发生的原因和过程的，所以它也采用“与门”、“或门”等逻辑符号并进行相应的逻辑运算。因此，FTA 也称“逻辑图分析”。

在失效树上，除一些逻辑符号外，还有用来表示失效的因果“事件”的符号。代表系统失效事件(或称顶事件)的符号如图 4.29(a) 所示，它也用来表示分系统的失效事件。引起顶事件发生的直接原因可以分为多个层次。那些原始的或最基本的原因称为初始事件或基本事件，它们是不能再分解或不必再分解的原因。可用图4.29(b)的符号表示。

有时为了简化失效树,可把树中的独立部分用一个准基本事件或称模块来代替,其符号如图4.29(c)所示。准基本事件有时也表示一个原因不明或故意不予讨论下去的失效事件。

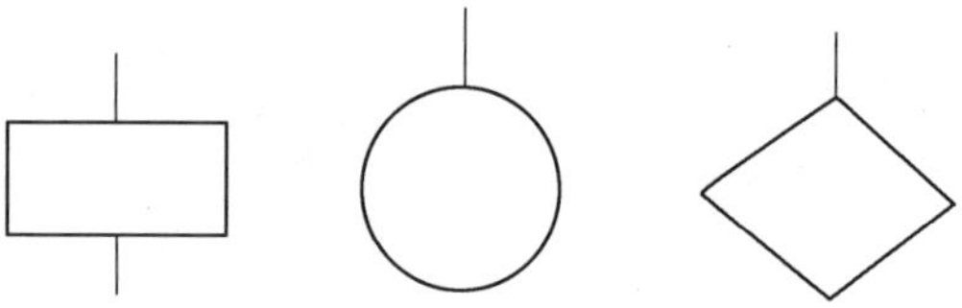

(a)失效事件　　(b)初始事件　　(c)准基本事件

图 4.29　失效树的符号

失效树实际上是以顶事件为根的具有若干层次的干、枝的一种类似倒挂着的树的图形,所以才称为树形图。对于大型复杂系统,要画出其失效树,工作量可能很大。所以,现在已借助计算机来进行。

在基本事件发生的概率已知的条件下,可以应用逻辑分析法求出顶事件发生(即系统失效)的概率。所以FTA是一种定量的分析方法。

下面举一个例子,说明FTA在机械可靠性设计中的应用。

例 4.16　已知场地剪草机用的发动机是空冷双缸小型内燃机,使用汽油、柴油的混合原料,最大功率是3kW。油箱在气缸上方以重力方式给油,无燃料泵。起动可以用电池供电的电动机,也可以用拉索起动。试对其进行FTA分析。

对这个问题,我们用"内燃机不能起动"作为失效树的顶事件,然后自上而下地分析,画出失效树图。首先分析不能起动的直接原因有:燃料室内无燃料;活塞在气缸内形成的压力低于额定值;燃料室内无点火的火花。它们用"或门"与顶事件连接,形成失效树的第一级。再分别对这三个中间失效事件的发生原因进行跟踪分析,最后形成图4.30所示的失效树图。

在进行定量分析计算时,先根据经验或统计数据确定各基本事件的发生概率,然后由基本事件的发生概率自下而上地进行逻辑计算,最后可得顶事件的发生概率,即该产品(或系统)的失效概率。

图中各基本事件的发生概率分别是:$C_1 = 0.08, C_2 = 0.02, C_3 = 0.01, C_4 = C_5 = C_6 = C_7 = 0.001, C_8 = 0.04, C_9 = 0.03, C_{10} = 0.02, C_{11} = C_{12} = 0.01; D_1 = 0.02, D_2 = 0.001$。

由与门输出事件发生的概率公式,可得:$P_5 = C_1 \times C_2 = 0.001\,6; P_7 = C_8 \times C_9 = 0.001\,2$。

由或门输出事件发生的概率公式,可得:

$$P_2 = D_1 + P_5 + C_3 = 0.02 + 0.001\,6 + 0.01 = 0.031\,6$$

$$P_6 = C_6 + P_7 + C_7 + D_2 = 0.001 + 0.001\,2 + 0.001 + 0.001 = 0.004\,2$$

$$P_3 = C_4 + P_6 + C_5 = 0.001 + 0.004\,2 + 0.001 = 0.006\,2$$

$$P_4 = C_{10} + C_{11} + C_{12} = 0.002 + 0.01 + 0.01 = 0.04$$

最后,得顶事件发生的故障概率为:

$$P_1 = P_2 + P_3 + P_4 = 0.031\,6 + 0.006\,2 + 0.04 = 0.077\,8$$

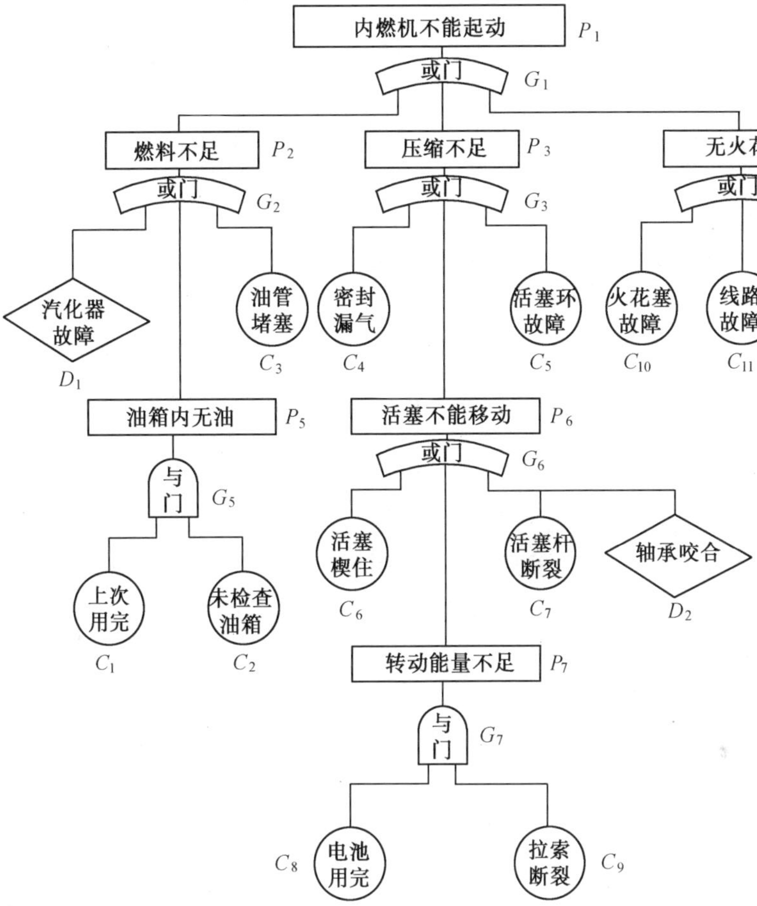

图 4.30　剪草机失效树图

4.7　维修度和有效度

把发生故障的产品或系统进行修复,使之恢复完好状态的过程叫做“维修”。前面所提到的平均无故障工作时间 MTBF 或平均寿命,指的都是可以维修的产品或系统在一次故障发生后到下一次故障发生之前无故障工作时间的平均值。有些产品是不可修复或不必修复的,这时的平均寿命则是指从开始使用起直到发生故障之前的无故障工作时间的平均值,记作 MTTF。

由于产品或系统发生故障的原因、部位和系统所处的环境以及修理工人的水平等的不同,所以维修所需的时间通常是一个随机变量,是否可以修好,即修好的概率也是随机变量。与可靠度一样,可以给出一个描述维修时间概率规律的尺度,称为“维修度”。它是指产品发生故障后尽快修复到正常状态的能力。它的定义是:“对可以修复的产品或系统,在规定的条件下,按规定的程序和方法,在规定时间内,通过维修保持和恢复到能完成规定功能状态的概率”,并可用函数 $M(t)$ 表示。

维修度正好和可靠度对应。不同的是,维修度是从非正常状态恢复到正常状态的概率,而可靠度则是从正常状态变为不正常状态的概率。

越容易维修的系统对相同的 t 来说 $M(t)$ 就越大。$M(t)$ 是时间 t 的单调递增函数,并且可用正态分布、对数正态分布或指数分布来描述。但常用的是指数分布,即常用

$$M(t) = 1 - e^{-\mu t} \tag{4.59}$$

来描述。式中的 μ 为在单位时间内完成维修的瞬时概率,称为修复率。它相当于可靠度函数 $R(t) = e^{-\lambda t}$ 或故障概率 $Q(t) = 1 - e^{-\lambda t}$ 中的失效率 λ。同样,与 $\frac{1}{\lambda}$ 是平均寿命 MTBF 相对应,$\frac{1}{\mu}$ 是平均维修时间或平均故障停机时间 MTTR 或 MDT。

如果把系统的修理考虑进来,则除可靠度之外,还须有一个表示整个产品或系统利用状态的尺度。这个尺度就是“有效度或可利用度”。有效度就是“产品或系统在特定的瞬时能维持其功能的概率”。这叫做瞬时有效率。有效度的计算除了要考虑系统的组成外,还要考虑维修组织情况(例如是一组还是两组维修工等)。对于失效率为 λ,修复率为 μ 的一个单元一个修理工的单一系统,其有效度 $A(t)$ 可表示为:

$$A(t) = \frac{\mu}{\mu + \lambda} + \left[\frac{\lambda e^{-(\mu+\lambda)t}}{\mu + \lambda}\right] = \frac{\mu}{\mu + \lambda} + \frac{\lambda}{\mu + \lambda} e^{-(\mu+\lambda)t} \tag{4.60}$$

式中的常数项 $\frac{\mu}{\mu + \lambda}$ 是固有有效率,是产品或系统在长时间使用时的平均有效度。第二项是过渡项。

可以看出,原来不考虑维修时的失效率 λ,现在变成考虑维修以后的 $\frac{\lambda}{\mu + \lambda}$,而原来的修复率 μ 变成现在的 $\frac{\mu}{\mu + \lambda}$。即当考虑维修以后,失效率 λ 比原来减小了。当然,这是显而易见的。

习 题

1. 试从材料性能和工艺方面分析一下机械结构出现“可靠性”问题的原因。

2. 从机械零件可靠度方程及其应用示例可以看出,利用它不仅可以通过给定的材料强度和应力许用值及其标准差进行零件的可靠度计算,也可以通过给定的可靠度值反求出零件的尺寸。请你用你所做过的课程作业或课程设计(或某个产品设计)中的某个零件(例如传动轴)做为实例进行上述两种计算。

3. 系统可靠性计算有几种?试说明它们在设计中能起到什么作用。

4. 举一个由 3 ~ 4 个零件组成的机构,采用失效树的方法对它进行定性的失效分析。

第五章　有限元分析方法

5.1　有限元分析方法的基本概念

有限元分析方法是随着电子计算机的发展而迅速发展起来的一种现代设计计算方法。它是20世纪50年代首先在连续体力学领域——飞机结构静、动态特性分析中应用的一种有效的数值分析方法,随后很快就广泛地应用于求解热传导、电磁场、流体力学等连续性问题。

下面通过用有限元法分析一个机床立柱的实例,具体地介绍有限元分析方法(以后简称有限元法)。

在图5.1中,(a)是机床立柱的原形,(b)是用有限元法进行分析时简化的计算模型。图中是用一些方形、三角形和直线把立柱划分成网格的,这些网格称为单元。这样也就是把立柱划分成矩形板单元、三角形板单元和梁单元了。网格间相互联接的交点称为节点,网格与网格的交界线称为边界。显然,图中的节点数是有限的,单元数目也是有限的,所以称为"有限单元"。这就是"有限元"一词的由来。有限元法分析计算的思路和作法可归纳如下:

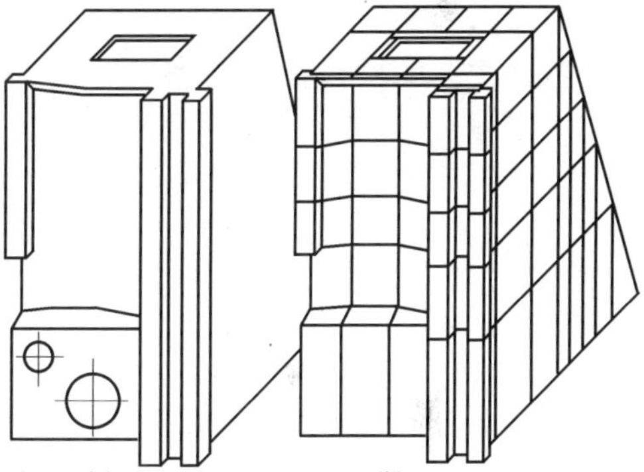

(a)　　　　(b)

图5.1　某机床的立柱和其计算模型

一、物体离散化

例如,将图5.1(a)所示的某个工程结构离散为由各种单元组成的计算模型,如(b)图(每种单元可以是一维、二维或三维的情况)所示,这一步称作单元剖分。离散后单元与单元之间利用单元的节点相互连结起来;单元节点的设置、性质、数目等应视问题的性质、描述变形形态的需要和计算精度而定(一般情况,单元划分越细则描述变形情况越精确,即越接近实际变形,但计算量越大)。所以有限元法中分析的结构已不是原有的物体或结构物,而是同样材料的由众多单元以一定方式连结成的离散物体。这样,用有限元分析计算所获得的结果只是近似的。如果划分单元数目非常多而又合理,则所获得的结果就与实际情况相接近。

二、单元特性分析

1. 选择位移模式

在有限元法中，选择节点位移作为基本未知量时称为位移法；选择节点力作为基本未知量时称为力法；取一部分节点力和一部分节点位移作为基本未知量时称为混合法。位移法易于实现计算自动化，所以在有限元法中位移法应用范围较广。

当采用位移法时，物体或结构物离散化之后，就可把单元中的一些物理量如位移、应变和应力等由节点位移来表示。这时可以对单元中位移的分布采用一些能逼近原函数的近似函数予以描述。通常，有限元法中我们就将位移表示为坐标变量的简单函数。这种函数称为位移模式或位移函数，如 $\{d\} = \sum_{i=1}^{n} \alpha_i \varphi_i$，其中 α_i 是待定系数，φ_i 是与坐标有关的某种函数。

2. 分析单元的力学性质

根据单元的材料性质、形状、尺寸、节点数目、位置及其含义等，找出单元节点力和节点位移的关系式，这是单元分析中的关键一步。此时需要应用弹性力学中的几何方程和物理方程来建立力和位移的方程式，从而导出单元刚度矩阵，这是有限元法的基本步骤之一。

3. 计算等效节点力

物体离散化后，假定力是通过节点从一个单元传递到另一个单元。但是，对于实际的连续体，力是从单元的公共边界传递到另一个单元中去的。因而，这种作用在单元边界上的表面力、体积力或集中力都需要等效地移到节点上去，也就是用等效的节点力来替代所有作用在单元上的力。

三、单元组集

利用结构力的平衡条件和边界条件把各个单元按原来的结构重新联接起来，形成整体的有限元方程

$$\boldsymbol{K}\boldsymbol{q} = \boldsymbol{F} \tag{5.1}$$

式中，$\boldsymbol{K}$ 是整体结构的刚度矩阵；$\boldsymbol{q}$ 是节点位移列阵；$\boldsymbol{F}$ 是载荷列阵。

四、求解未知节点位移

解有限元方程式(5.1) 得出位移。这里，可以根据方程组的具体特点来选择合适的计算方法。

通过上述分析可以看出，有限元法的基本思想是“一分一合”，分是为了进行单元分析，合则是为了对整体结构进行综合分析。

5.2　有限元法中单元特性的导出方法

前面已经指出，我们进行有限元分析的基本步骤之一就是要找出所剖分的单元的刚度矩阵、质量矩阵、热刚阵等等。一般来说，建立刚阵的方法可以采用：1）直接方法；2）能量变分原理方法；3）虚功原理法；4）加权残数法。

下面主要叙述直接方法、虚功原理法及能量变分原理法。

一、直接方法

直接方法是直接应用物理概念来建立单元的有限元方程和分析单元特性的一种方法，这种方法仅能用于简单形状的单元，如梁单元。但它可以帮助理解有限元法的物理概念。

图5.2(a)所示是 xoy 平面中的简支梁弯曲简图，EI 为梁的抗弯刚度。现在，以它为例用直接方法建立单元的刚度矩阵。

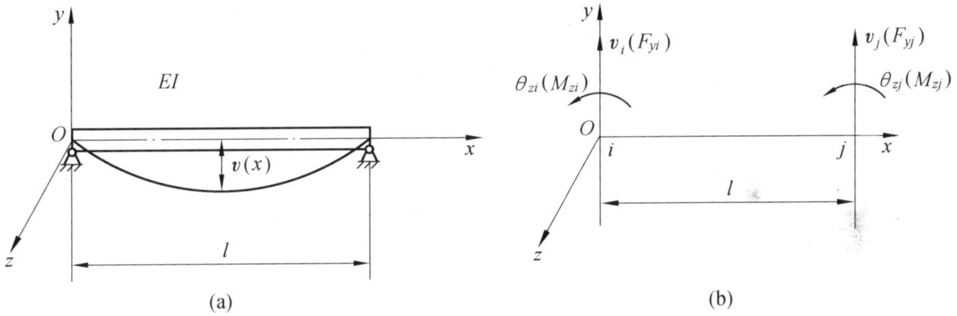

图5.2　平面简支梁和它的计算模型

梁在横向外载荷（可以是集中力或力矩或分布载荷等）作用下产生弯曲变形，对于平面弯曲问题，每个点（包括支承点）处的位移有两个，即挠度和倾角；相应地也有两个节点力，即与挠度对应的剪力和与倾角对应的弯矩。我们规定挠度和剪力向上为正，倾角和弯矩逆时针方向为正。

为使问题简化，把图示的梁看成是一个单元，如图5.2(b)所示。当令左支承点为节点 i，右支承点为节点 j 时，则节点位移和节点力可以分别写成 v_i、θ_{zi}、v_j、θ_{zj} 和 F_{yi}、M_{zi}、F_{yj}、M_{zj}。也可写成矩阵形式

$$\{q\} = [v_i \quad \theta_{zi} \quad v_j \quad \theta_{zj}]$$

称为单元的节点位移列阵

$$\{F\} = [F_{yi} \quad M_{zi} \quad F_{yj} \quad M_{zj}]$$

称为单元的节点力列阵；若 $\{F\}$ 为外载荷，则称为载荷列阵。

显然,梁的节点力和节点位移是有联系的。在弹性小位移范围内。这种联系是线性的,可用下式表示:

$$\begin{Bmatrix} F_{yi} \\ M_{zi} \\ F_{yj} \\ M_{zj} \end{Bmatrix} = \begin{bmatrix} k_{11} & k_{12} & k_{13} & k_{14} \\ k_{21} & k_{22} & k_{23} & k_{24} \\ k_{31} & k_{32} & k_{33} & k_{34} \\ k_{41} & k_{42} & k_{43} & k_{44} \end{bmatrix} \begin{Bmatrix} v_i \\ \theta_{zi} \\ v_j \\ \theta_{zj} \end{Bmatrix}$$

或

$$\{F\} = [K]\{q\} \tag{5.2}$$

它代表了单元的载荷和位移之间(或力和变形之间)的联系,称为单元的有限元方程。式中[K]称为单元刚阵,它是单元的特性矩阵。从方程中可以看出 $F_{yi} = k_{11}u_i + k_{12}\theta_{zi} + k_{13}v_j + k_{14}\theta_{zj}$, $M_{zi} = k_{21}v_i + k_{22}\theta_{zi} + k_{23}v_j + k_{24}\theta_{zj}$ 等等,从而可以得出这样的物理概念,即单元刚度矩阵中任一元素 k_{ij} 表示 j 号节点的单位位移对 i 号节点力的贡献。如[K]中第1列各元素就分别代表当在 i 节点处挠度方向产生单位位移 $v_i = 1$ 时,它们对其他各位移(包括 v_i)方向上引起的节点力 $F_{yi}, M_{zi}, F_{yj}, M_{zj}$ 的贡献。由功的互等定理有 $k_{ij} = k_{ji}$,所以单元刚度矩阵是对称的。对于图5.2所示的梁单元平面弯曲问题,可以计算出各系数 k_{ij} 的数值。

例如,若假设 $v_i = 1, \theta_{zi} = v_j = \theta_{zj} = 0$(如图5.3所示),由梁的变形公式得

挠度 $v_i = \dfrac{F_{yi}l^3}{EI} - \dfrac{M_{zi}l^2}{2EI} = 1$

倾角 $\theta_i = -\dfrac{F_{yi}l^2}{2EI} + \dfrac{M_{zi}l}{EI} = 0$

解得 $F_{yi} = \dfrac{12EI}{l^3} = k_{11} \qquad M_{zi} = \dfrac{6EI}{l^2} = k_{21}$

再从平衡条件

$$F_{yj} = -F_{yi} \text{ 和 } M_{zj} = -F_{yi}l - M_{zi}$$

得

$$F_{yj} = \frac{-12EI}{l^3} = k_{31} \qquad M_{zj} = \frac{6EI}{l^2} = k_{41}$$

同理,若再假设 $\theta_{zi} = 1, v_i = v_j = \theta_{zj} = 0$(如图5.4所示),由梁的变形边界条件,又可得

$$k_{12} = \frac{6EI}{l^2} \quad k_{22} = \frac{4EI}{l} \quad k_{32} = \frac{-6EI}{l^2} \quad k_{42} = \frac{2EI}{l}$$

类似地,还可求出

$$k_{13} = \frac{-12EI}{l^3} \quad k_{23} = \frac{-6EI}{l} \quad k_{33} = \frac{12EI}{l^3} \quad k_{43} = \frac{-6EI}{l^2}$$

$$k_{14} = \frac{6EI}{l^2} \quad k_{24} = \frac{2EI}{l} \quad k_{34} = \frac{-6EI}{l^2} \quad k_{44} = \frac{4EI}{l}$$

所以,平面弯曲梁单元的刚度矩阵或单元特性矩阵为

$$[K]=\frac{EI}{l^3}\begin{bmatrix}12 & 6l & -12 & 6l\\ 6l & 4l^2 & -6l & 2l^2\\ -12 & -6l & 12 & -6l\\ 6l & 2l^2 & -6l & 4l^2\end{bmatrix} \tag{5.3}$$

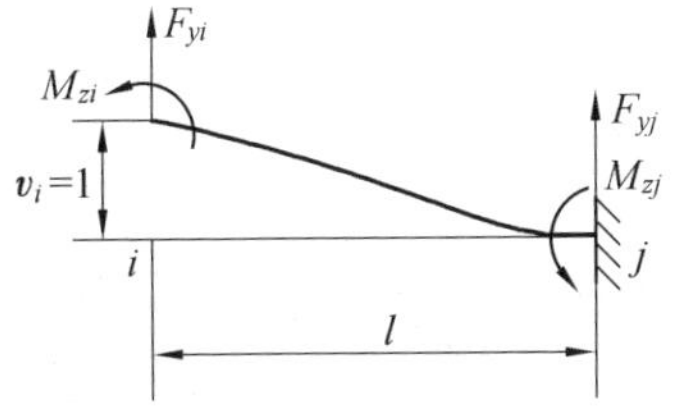

图 5.3　梁变形图

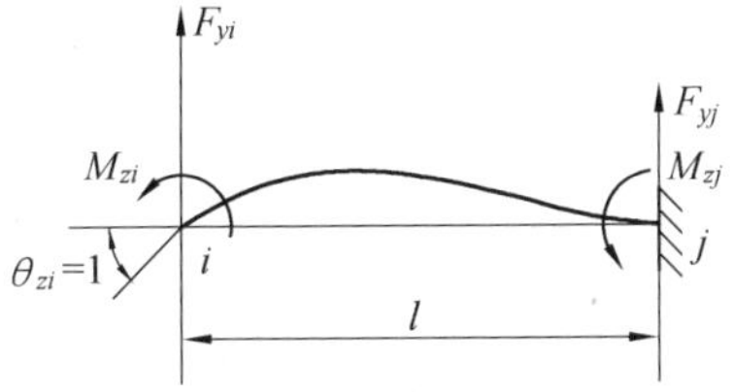

图 5.4　梁变形图

二、虚功原理法

以平面问题中的三角形单元为例,说明其方法步骤。

1. 设定位移函数

设三节点三角形单元内的位移函数为:$\{d(x,y)\}=[u(x,y)\quad v(x,y)]^{\mathrm{T}}$,它是未知的,当单元很小时,单元内一点的位移可以通过节点的位移插值来表示。对图 5.5 所示的三角形,可假设单元内位移为 x,y 的线性函数,即

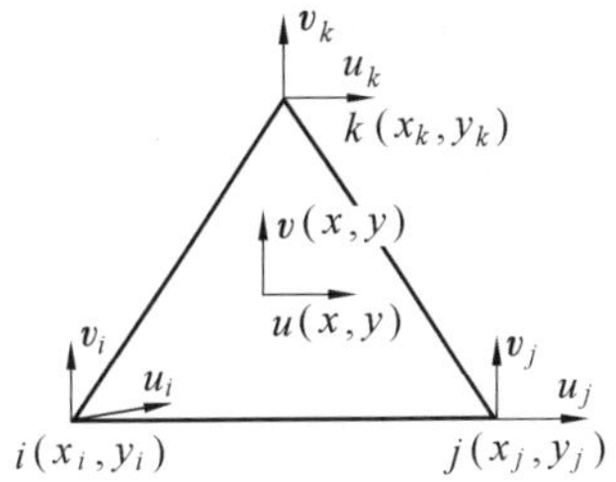

图 5.5　三角形单元

$$u(x,y)=\alpha_1+\alpha_2x+\alpha_3y$$

$$v(x,y)=\alpha_4+\alpha_5x+\alpha_6y$$

或写成矩阵形式

$$\{d\}=\begin{Bmatrix}u\\ v\end{Bmatrix}=\begin{bmatrix}1 & x & y & 0 & 0 & 0\\ 0 & 0 & 0 & 1 & x & y\end{bmatrix}\begin{Bmatrix}\alpha_1\\ \alpha_2\\ \alpha_3\\ \alpha_4\\ \alpha_5\\ \alpha_6\end{Bmatrix}=[S]\{\alpha\} \tag{5.4}$$

$u(x,y)$,$v(x,y)$ 既然是单元内某点的位移表达式,当然单元的三个节点 i,j,k 上的位移也可用它来表示,所以有

$$u_i=\alpha_1+\alpha_2x_i+\alpha_3y_i \qquad v_i=\alpha_4+\alpha_5x_i+\alpha_6y_i$$

$$u_j=\alpha_1+\alpha_2x_j+\alpha_3y_j \qquad v_j=\alpha_4+\alpha_5x_j+\alpha_6y_j$$

$$u_k = \alpha_1 + \alpha_2 x_k + \alpha_3 y_k \qquad v_k = \alpha_4 + \alpha_5 x_k + \alpha_6 y_k$$

写成矩阵形式为

$$\{q\} = \begin{Bmatrix} u_i \\ v_i \\ u_j \\ v_j \\ u_k \\ v_k \end{Bmatrix} = \begin{bmatrix} 1 & x_i & y_i & 0 & 0 & 0 \\ 0 & 0 & 0 & 1 & x_i & y_i \\ 1 & x_j & y_j & 0 & 0 & 0 \\ 0 & 0 & 0 & 1 & x_j & y_j \\ 1 & x_k & y_k & 0 & 0 & 0 \\ 0 & 0 & 0 & 1 & x_k & y_k \end{bmatrix} \begin{Bmatrix} \alpha_1 \\ \alpha_2 \\ \alpha_3 \\ \alpha_4 \\ \alpha_5 \\ \alpha_6 \end{Bmatrix} = [c]\{\alpha\}$$

为了能用单元节点位移$\{q\}$表示单元内某点位移$\{d\}$,即把$d\{x,y\}$表达成节点位移插值函数的形式,应从上式中解出$\{\alpha\} = [c]^{-1}\{q\}$。可用矩阵求逆法求出

$$[c]^{-1} = \frac{1}{2A}\begin{bmatrix} a_i & 0 & a_j & 0 & a_k & 0 \\ b_i & 0 & b_j & 0 & b_k & 0 \\ c_i & 0 & c_j & 0 & c_k & 0 \\ 0 & a_i & 0 & a_j & 0 & a_k \\ 0 & b_i & 0 & b_j & 0 & b_k \\ 0 & c_i & 0 & c_j & 0 & c_k \end{bmatrix}$$

式中 A 是三角形面积

$$2A = \begin{vmatrix} 1 & x_i & y_i \\ 1 & x_j & y_j \\ 1 & x_k & y_k \end{vmatrix} = (x_i - x_j)(y_k - y_j) - (x_k - x_j)(y_j - y_k)$$

$$\begin{aligned} a_i &= x_j y_k - x_k y_j \qquad & a_j &= x_k y_i - x_i y_k \qquad & a_k &= x_i y_j - x_j y_i \\ b_i &= y_j - y_k & b_j &= y_k - y_i & b_k &= y_i - y_j \\ c_i &= x_k - x_j & c_j &= x_i - x_k & c_k &= x_j - x_i \end{aligned} \tag{5.5}$$

为不使 A 为负值,图 5.5 中 i,j,k 的顺序必须按逆时针方向标注。

把$\{\alpha\} = [c]^{-1}\{q\}$代入式(5.4)中,得

$$\begin{Bmatrix} u \\ v \end{Bmatrix} = \frac{1}{2A}\begin{bmatrix} 1 & x & y & 0 & 0 & 0 \\ 0 & 0 & 0 & 1 & x & y \end{bmatrix}\begin{bmatrix} a_i & 0 & a_j & 0 & a_k & 0 \\ b_i & 0 & b_j & 0 & b_k & 0 \\ c_i & 0 & c_j & 0 & c_k & 0 \\ 0 & a_i & 0 & a_j & 0 & a_k \\ 0 & b_i & 0 & b_j & 0 & b_k \\ 0 & c_i & 0 & c_j & 0 & c_k \end{bmatrix}\begin{Bmatrix} u_i \\ v_i \\ u_j \\ v_j \\ u_k \\ v_k \end{Bmatrix}$$

相乘后得

$$u(x,y)=\frac{1}{2A}[(a_i+b_ix+c_iy)u_i+(a_j+b_jx+c_jy)u_j+(a_k+b_kx+c_ky)u_k]$$

$$v(x,y)=\frac{1}{2A}[(a_i+b_ix+c_iy)v_i+(a_j+b_jx+c_jy)v_j+(a_k+b_kx+c_ky)v_k]$$

或写成

$$\left.\begin{aligned}u(x,y)&=N_iu_i+N_ju_j+N_ku_k\\v(x,y)&=N_iv_i+N_jv_j+N_kv_k\end{aligned}\right\}\tag{5.6}$$

可简写为

$$\{d\}=[N]\{q\}\tag{5.6a}$$

此式即为单元内某点的位移用节点位移插值表示的多项式。称$[N]$为形状函数，其中的

$$\begin{aligned}N_i&=(a_i+b_ix+c_iy)/2A\\N_j&=(a_j+b_jx+c_jy)/2A\\N_k&=(a_k+b_kx+c_ky)/2A\end{aligned}\tag{5.6b}$$

2. 由位移函数求应变

由弹性力学知 $\varepsilon_x=\frac{\partial u}{\partial x},\varepsilon_y=\frac{\partial v}{\partial y},\gamma_{xy}=\frac{\partial u}{\partial y}+\frac{\partial v}{\partial x}$，可得

$$\{\varepsilon\}=\begin{Bmatrix}\frac{\partial u}{\partial x}\\\frac{\partial v}{\partial y}\\\frac{\partial u}{\partial y}+\frac{\partial v}{\partial x}\end{Bmatrix}=\begin{bmatrix}\frac{\partial}{\partial x}&0\\0&\frac{\partial}{\partial y}\\\frac{\partial}{\partial y}&\frac{\partial}{\partial x}\end{bmatrix}\begin{Bmatrix}u\\v\end{Bmatrix}=\frac{1}{2A}\begin{bmatrix}b_iu_i+b_ju_j+b_ku_k\\c_iv_i+c_jv_j+c_kv_k\\c_iv_i+c_jv_j+c_kv_k+b_iu_i+b_ju_j+b_ku_k\end{bmatrix}$$

或写成

$$\{\varepsilon\}=\frac{1}{2A}\begin{bmatrix}b_i&0&b_j&0&b_k&0\\0&c_i&0&c_j&0&c_k\\c_i&b_i&c_j&b_j&c_k&b_k\end{bmatrix}\begin{Bmatrix}u_i\\v_i\\u_j\\v_j\\u_k\\v_k\end{Bmatrix}=[B]\{q\}\tag{5.7}$$

3. 根据虎克定律，通过应变求应力

对于平面问题，有

$$\{\sigma\}=[D]\{\varepsilon\}=[D][B]\{q\}\tag{5.8}$$

其中的$[D]$，对平面应力问题为

$$[D] = \frac{E}{1-\mu^2}\begin{bmatrix} 1 & \mu & 0 \\ \mu & 1 & 0 \\ 0 & 0 & \frac{1-\mu}{2} \end{bmatrix} \tag{5.9}$$

4. 由虚功原理求单元的刚度矩阵

根据虚功原理，当结构受载荷作用处于平衡状态时，在任意给出的节点虚位移下，外力(节点力)$\{F\}$ 及内力$\{\sigma\}$ 所做的虚功之和应等于零，即

$$\delta A_F + \delta A_\sigma = 0$$

现给单元节点以任意虚位移$\{\delta_q\}$：

$$\{\delta_q\} = [\delta u_i \quad \delta v_i \quad \delta u_j \quad \delta v_j \quad \delta u_k \quad \delta v_k]^{\mathrm{T}}$$

则单元内各点将产生相应的虚位移 δu，δv 和虚应变 $\delta\varepsilon_x$，$\delta\varepsilon_y$，$\delta\gamma_{xy}$，它们都为坐标 x，y 的函数。可分别按式(5.6a) 和(5.7) 求得

$$\begin{Bmatrix} \delta u \\ \delta v \end{Bmatrix} = [N]\{\delta q\} \tag{5.10}$$

$$\{\delta\varepsilon\} = [B]\{\delta q\} \tag{5.11}$$

求单元节点力的虚功：

$$\delta A_F = \delta u_i F_{xi} + \delta v_i F_{yi} + \delta u_j F_{xj} + \delta v_j F_{yj} + \delta u_k F_{xk} + \delta v_k F_{yk}$$

或

$$\delta A_F = \{\delta q\}^{\mathrm{T}}\{F\} \tag{5.12}$$

再求内力虚功：

$$\delta A_\sigma = -\int_V (\delta\varepsilon_x \sigma_x + \delta\varepsilon_y \sigma_y + \delta\gamma_{xy}\tau_{xy})\mathrm{d}V$$

式中，V 为单元体积。上式写成矩阵形式为

$$\delta A_\sigma = -\int_V (\delta\varepsilon)^{\mathrm{T}}\{\sigma\}\mathrm{d}V \tag{5.13}$$

将式(5.11) 和(5.8) 代入式(5.13)，得

$$\delta A_\sigma = -\int_V (\delta q)^{\mathrm{T}}[B]^{\mathrm{T}}[D][B]\{q\}\mathrm{d}V$$

式中，$(\delta q)^{\mathrm{T}}$ 和$\{q\}$ 可视为常值，将其移出积分号之外，即

$$\delta A_\sigma = -\{\delta q\}^{\mathrm{T}}\int_V [B]^{\mathrm{T}}[D][B]\mathrm{d}V\{q\} \tag{5.14}$$

将式(5.12) 和(5.14) 代入虚功方程，得

$$\{\delta q\}^{\mathrm{T}}\{F\} = \{\delta q\}^{\mathrm{T}}\int_V [B]^{\mathrm{T}}[D][B]\mathrm{d}V\{q\}$$

式中$\{\delta q\}^{\mathrm{T}}$ 是任意的，可消去，得

$$\{F\} = \int_V [B]^{\mathrm{T}}[D][B]\mathrm{d}V\{q\} \tag{5.15}$$

或

$$\{F\} = [K]\{q\} \tag{5.15a}$$

式中

$$[K] = \int_V [B]^{\mathrm{T}}[D][B]\mathrm{d}V \tag{5.15b}$$

把$[B]$及$[D]$代入式(5.15b),得平面应力问题三角形单元刚度矩阵为

$$[K_{rs}] = \frac{Et}{4(1-\mu^2)A}\begin{bmatrix} b_r b_s + \frac{1-\mu}{2}c_r c_s & \mu b_r b_s + \frac{1-\mu}{2}c_r b_s \\ \mu c_r b_s + \frac{1-\mu}{2}b_r c_s & c_r c_s + \frac{1-\mu}{2}b_r b_s \end{bmatrix} \tag{5.16}$$

$$(r = i,j,k;\ s = i,j,k)$$

三、能量变分原理方法

1.最小位能原理

弹性体受外力作用产生变形时伴随着产生变形能 U 和外力能 W,所以系统总位能 Π 可写成为

$$\Pi = U - W \tag{5.17}$$

式中

$$U = \frac{1}{2}\int_V \{\varepsilon\}^{\mathrm{T}}\{\sigma\}\mathrm{d}V \quad W = \{F\}^{\mathrm{T}}\{q\}$$

而

$$\{\varepsilon\} = [\varepsilon_x \quad \varepsilon_y \quad \varepsilon_z \quad \gamma_{xy} \quad \gamma_{yz} \quad \gamma_{zx}]^{\mathrm{T}}$$

是应变列阵;

$$\{\sigma\} = [\sigma_x \quad \sigma_y \quad \sigma_z \quad \tau_{xy} \quad \tau_{yz} \quad \tau_{zx}]^{\mathrm{T}}$$

是应力列阵。

由于$\{\varepsilon\}$和$\{\sigma\}$是位移 u,v,w 的函数,所以 $\Pi = U - W$ 是一个函数的函数,即“泛函”。这个泛函是弹性体的总位能,用变分法求能量泛函的极值方法就是能量变分原理。

$$U(u,v,w) = \frac{1}{2}\int_V \Big\{\frac{\mu E}{(1+\mu)(1-2\mu)}\Big(\frac{\partial u}{\partial x} + \frac{\partial v}{\partial y} + \frac{\partial w}{\partial z}\Big)^2 + 2G\Big[\Big(\frac{\partial u}{\partial x}\Big)^2 + \Big(\frac{\partial v}{\partial y}\Big)^2 + \Big(\frac{\partial w}{\partial z}\Big)^2\Big] + G\Big[\Big(\frac{\partial w}{\partial y} + \frac{\partial v}{\partial z}\Big)^2 + \Big(\frac{\partial u}{\partial z} + \frac{\partial w}{\partial x}\Big)^2 + \Big(\frac{\partial v}{\partial x} + \frac{\partial u}{\partial y}\Big)^2\Big]\Big\}\mathrm{d}V \tag{5.18}$$

将式(5.17)对位移求变分,得最小位能原理为

$$\delta\Pi = \delta U - \delta W = 0 \tag{5.19}$$

它的意义是:在所有满足连续条件(几何关系和位移已知的边界条件)的很多组可能位移中(我们把每一组位移称为容许函数),只有真正满足平衡方程式的那组位移 u,v,w 才能使物体的总位能为最小。该组位移 u,v,w 的值就是问题的正确解答。

现在对式(5.17)进行具体的变分计算。因为

$$\delta U = \int_V (\sigma_x\delta\varepsilon_x + \sigma_y\delta\varepsilon_y + \sigma_z\delta\varepsilon_z + \tau_{xy}\delta\gamma_{xy} + \tau_{yz}\delta\gamma_{yz} + \tau_{zx}\delta\gamma_{zx})\mathrm{d}V = \int_V \{\sigma\}^{\mathrm{T}}(\delta\varepsilon)\mathrm{d}V = \int_V \{\delta\varepsilon\}^{\mathrm{T}}(\sigma)\mathrm{d}V$$

而

$$\delta W = \int_V (X\delta u + Y\delta v + Z\delta w)\mathrm{d}V + \int_{S_\sigma} (\overline{X}\delta u + \overline{Y}\delta v + \overline{Z}\delta w)\mathrm{d}S$$

或

$$\delta W = \{F\}^{\mathrm{T}}\{\delta q\} = \{\delta q\}^{\mathrm{T}}\{F\}$$

式中,X,Y,Z 是物体在 x,y,z 方向上的体积力;$\overline{X},\overline{Y},\overline{Z}$ 为物体在 x,y,z 方向上的表面力。

自 $\delta\Pi = \delta U - \delta W = 0$ 的极值条件有 $\delta U = \delta W$

即

$$\int_V \{\delta\varepsilon\}^{\mathrm{T}}(\sigma)\mathrm{d}V = \{\delta\varepsilon\}^{\mathrm{T}}\{F\} \tag{5.20}$$

这是虚位移原理(虚功原理)。所以虚位移原理是最小位能原理的一种表达形式。只不过是上述用虚功原理方法求单元刚度矩阵是直接引用虚功原理来进行的,而能量变分原理方法是从位能的泛函表达式出发进行变分求极值的结果。能量变分原理方法的应用范围可以扩大到机械结构位移场以外的其他领域。如求解热传导,电磁场,流体力学等连续性问题。

2. 能量变分原理的应用

下面以如图 5.6 所示的一个简支的平面直梁弯曲问题为例来说明能量变分原理的应用。

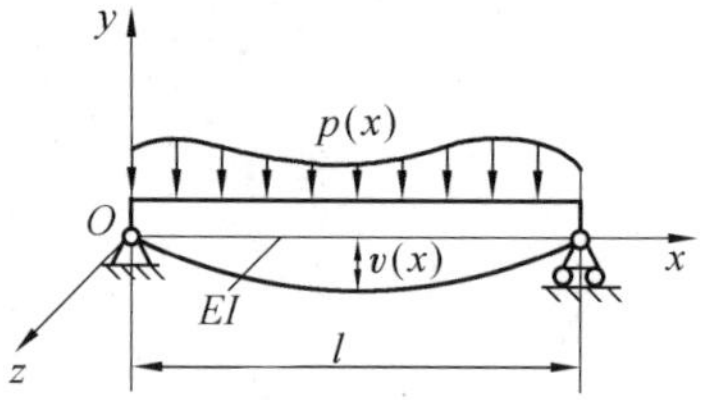

图 5.6 受分布载荷作用的简支梁

对于平面直梁弯曲问题,只应考虑弯曲产生的应变能,其值为

$$U = \frac{EI}{2}\int_0^l \left(\frac{\mathrm{d}^2 v}{\mathrm{d}x^2}\right)^2 \mathrm{d}x$$

外载荷的位能为

$$W = \int_0^l p(x)\mathrm{d}x$$

两式中的 v 是挠度,$p(x)$ 是分布载荷。则系统总位能(为了简化,用 p 代替 $p(x)$)为

$$\Pi = U - W = \frac{EI}{2}\int_0^l \left(\frac{\mathrm{d}^2 v}{\mathrm{d}x^2}\right)^2 \mathrm{d}x - \int_0^l pv\,\mathrm{d}x$$

把 v 和$\frac{d^2v}{dx^2}$看成变量，所以上式的变分为

$$\delta\Pi = \frac{EI}{2}\int_0^l 2\frac{d^2v}{dx^2}\frac{d^2\delta v}{dx^2}dx - \int_0^l p\delta v dx$$

它的极值条件给出:

$$\int_0^l \left(EI\frac{d^4v}{dx^4} - p\right)\delta v dx = 0$$

由于 δv 是任意的，则只有在下面条件成立时才能满足要求

$$EI\frac{d^4v}{dx^4} - p = 0$$

当 $p(x) = 0$ 时，则得

$$EI\frac{d^4v}{dx^4} = 0$$

上述方程就是直梁的基本微分方程。

求解直梁的问题可在给定的边界条件下解上述微分方程式，求出 $v(x)$。这就是解微分方程的边值问题。这对简单梁问题并不困难，但对复杂结构则比较困难，有时甚至不可能。所以，就产生了“泛函变分的近似解法”或称“变分问题中的直接解法”。里兹法就是其中的一种。

里兹法是假设一个线性组合形式的函数 $y = \sum_{i=1}^{n}\alpha_i\varphi_i$，它是一个容许函数(可能位移函数)，其中的 α_i 是待定系数。然后，把该函数代入所论问题的泛函 Π 中去，求其变分 $\delta\Pi$，再从极值条件 $\delta\Pi = 0$，即$\frac{\partial\Pi}{\partial\alpha_i} = 0(i = 1,2,\cdots,n)$给出的方程组中解出 α_i 待定系数之值。最后把求得的 α_i 值代入设定的函数 $y = \sum_{i=1}^{n}\alpha_i\varphi_i$ 中去，即得问题的正确解。里兹法是对所论问题的整个区域来设定可能的线性函数的，因此难度较大。而我们用能量变分原理的有限元法进行泛函变分近似计算时，是在离散处理后的单元体上设定可能位移函数的，这就比较容易。这说明，有限元法实质上就是里兹方法；或者说有限元法是里兹法的进一步发展。

现在采用能量变分原理的有限元法来计算平面直梁问题。

设定梁单元的位移函数为

$$v(x) = \alpha_1 + \alpha_2 x + \alpha_3 x^2 + \alpha_4 x^3 \tag{5.21}$$

式中 α_i 为待定系数(其数目和自由度数目相等)。此时，梁单元的自由度为 $\{q\}^T = [v_i \quad \theta_{xi} \quad v_j \quad \theta_{xj}]$。把式(5.21)写成矩阵形式，则

$$v(x) = [1 \quad x \quad x^2 \quad x^3]\begin{Bmatrix}\alpha_1\\\alpha_2\\\alpha_3\\\alpha_4\end{Bmatrix} = [S]\{\alpha\} \tag{5.22}$$

对式(5.21)求导数得转角为

$$\theta(x)=\frac{\mathrm{d}v}{\mathrm{d}x}=\alpha_2+2\alpha_3x+3\alpha_4x^2 \tag{5.23}$$

利用边界条件确定 α_i。当

$$v_i=v(0)=\alpha_1 \qquad \theta_{zi}=v'(0)=\alpha_2$$

$$v_j=v(l)=\alpha_1+\alpha_2l+\alpha_3l^2+\alpha_4l^3 \qquad \theta_{zj}=v'(l)=\alpha_2+2\alpha_3l+3\alpha_4l^2$$

上面四个式子写成矩阵形式,即为

$$\{q\}=\begin{Bmatrix}v_i\\\theta_{zi}\\v_j\\\theta_{zj}\end{Bmatrix}=\begin{bmatrix}1&0&0&0\\0&1&0&0\\1&l&l^2&l^3\\0&1&2l&3l^2\end{bmatrix}\begin{Bmatrix}\alpha_1\\\alpha_2\\\alpha_3\\\alpha_4\end{Bmatrix}=[C]\{\alpha\} \tag{5.24}$$

式中

$$[C]=\begin{bmatrix}1&0&0&0\\0&1&0&0\\1&l&l^2&l^3\\0&1&2l&3l^2\end{bmatrix}$$

将矩阵[C]求逆,可得

$$[C]^{-1}=\frac{1}{l^3}\begin{bmatrix}l^3&0&0&0\\0&l^3&0&0\\-3l&-2l^2&3l&-l^2\\2&l&-2&l\end{bmatrix}$$

所以

$$\{\alpha\}=\begin{Bmatrix}\alpha_1\\\alpha_2\\\alpha_3\\\alpha_4\end{Bmatrix}=[C]^{-1}\{q\}=\frac{1}{l^3}\begin{bmatrix}l^3&0&0&0\\0&l^3&0&0\\-3l&-2l^2&3l&-l^2\\2&l&-2&l\end{bmatrix}\begin{Bmatrix}v_i\\\theta_{zi}\\v_j\\\theta_{zj}\end{Bmatrix} \tag{5.25}$$

将{α}的表达式代入式(5.21),可得

$$v(x)=[S][C]^{-1}\{q\}=\frac{1}{l^3}\begin{bmatrix}1&x&x^2&x^3\end{bmatrix}\begin{bmatrix}l^3&0&0&0\\0&l^3&0&0\\-3l&-2l^2&3l&-l^2\\2&l&-2&l\end{bmatrix}\begin{Bmatrix}v_i\\\theta_{zi}\\v_j\\\theta_{zj}\end{Bmatrix}$$

展开后得

$$v(x) = N_1 v_i + N_2 \theta_{xi} + N_3 v_j + N_4 \theta_{xj} = [N]\{q\} \tag{5.26}$$

式中

$$N_1 = \frac{1}{l^3}(l^3 - 3lx^2 + 2x^3), \qquad N_2 = \frac{1}{l^3}(l^3 x - 2l^2 x^2 + lx^3)$$

$$N_3 = \frac{1}{l^3}(3lx^2 - 2x^3), \qquad N_4 = \frac{1}{l^3}(-l^3 x^2 + lx^3) \tag{5.26a}$$

式(5.26)就是梁单元的插值函数，$[N]$称为形状函数。

把式(5.26)代入泛函式

$$\Pi(v) = \int_0^l \left[\frac{1}{2}EI\left(\frac{\mathrm{d}^2 v}{\mathrm{d}x}\right)^2 - p(x)v(x)\right]\mathrm{d}x$$

并进行变分求极值的计算，由于此时是考虑一个单元，并且有

$$(v'')^2 = (v_i N''_1 + \theta_{zi} N''_2 + v_j N''_3 + \theta_{zj} N''_4)^2 = \{q\}^{\mathrm{T}}\{N''\}\{N''\}^{\mathrm{T}}\{q\}$$

$$p(x)v(x) = p(v_i N_1 + \theta_{zi} N_2 + v_j N_3 + \theta_{zj} N_4) = p[q]^{\mathrm{T}}[N]$$

这样，则单元的泛函式可写成

$$\Pi_i(v) = \int_0^l \frac{1}{2}EI\{q\}^{\mathrm{T}}[N''][N'']^{\mathrm{T}}\{q\}\mathrm{d}x - \int_0^l p\{q\}^{\mathrm{T}}[N]\mathrm{d}x$$

或写成

$$\Pi_i(v) = \frac{1}{2}\{q\}^{\mathrm{T}}[K]\{q\} - \{q\}^{\mathrm{T}}\{F\}$$

式中

$$[K] = EI\int_0^l [N''][N'']^{\mathrm{T}}\mathrm{d}x$$

此时泛函$\Pi_i(v)$已离散为多元二次函数$\Pi(v_i, \theta_{zi}, v_j, \theta_{zj})$。其泛函极值条件$\delta\Pi_i = 0$已转化为一般多元函数的极值条件

$$\frac{\partial \Pi_i(v)}{\partial q} = 0 \quad (q = v_i, \theta_{zi}, v_j, \theta_{zj})$$

它给出

$$\frac{\partial \Pi_i}{\partial v_i} = \int_0^l EI(v_i N''^2_1 + \theta_{zi} N''_1 N''_2 + v_j N''_1 N''_3 + \theta_{zj} N''_1 N''_4)\mathrm{d}x - \int p N_1 \mathrm{d}x = 0$$

$$\frac{\partial \Pi}{\partial \theta_{zi}} = \int_0^l EI(v_i N''_1 N''_2 + \theta_{zi} N''^2_2 + v_j N''_2 N''_3 + \theta_{zj} N''_2 N''_4)\mathrm{d}x - \int_0^l p N_2 \mathrm{d}x = 0$$

$$\frac{\partial \Pi_i}{\partial \theta_j} = \int_0^l EI(v_i N''_1 N''_3 + \theta_{zi} N''_2 N''_3 + v_j N''^2_3 + \theta_{zj} N''_3 N''_4)\mathrm{d}x - \int_0^l p N_3 \mathrm{d}x = 0$$

$$\frac{\partial \Pi_i}{\partial \theta_{zj}} = \int_0^l EI(v_i N''_1 N''_4 + \theta_{zi} N''_2 N''_4 + v_j N''_3 N''_4 + \theta_{zj} v''^2_4)\mathrm{d}x - \int_0^l p N_4 \mathrm{d}x = 0$$

或写成

$$[K]\{q\} = \{F\}$$

式中

$$[K] = EI\begin{bmatrix} \int_0^l N''^2_1 \mathrm{d}x & \int_0^l N''_1 N''_2 \mathrm{d}x & \int_0^l N''_1 N''_3 \mathrm{d}x & \int_0^l N''_1 N''_4 \mathrm{d}x \\ \int_0^l N''_1 N''_2 \mathrm{d}x & \int_0^l N''^2_2 \mathrm{d}x & \int_0^l N''_2 N''_3 \mathrm{d}x & \int_0^l N''_2 N''_4 \mathrm{d}x \\ \int_0^l N''_1 N''_3 \mathrm{d}x & \int_0^l N''_2 N''_3 \mathrm{d}x & \int_0^l N''^2_3 \mathrm{d}x & \int_0^l N''_3 N''_4 \mathrm{d}x \\ \int_0^l N''_1 N''_4 \mathrm{d}x & \int_0^l N''_2 N''_4 \mathrm{d}x & \int_0^l N''_3 N''_4 \mathrm{d}x & \int_0^l N''^2_4 \mathrm{d}x \end{bmatrix}$$

$$\{F\} = \begin{Bmatrix} \int_0^l PN_1 \mathrm{d}x \\ \int_0^l PN_2 \mathrm{d}x \\ \int_0^l PN_3 \mathrm{d}x \\ \int_0^l PN_4 \mathrm{d}x \end{Bmatrix} \qquad \{q\} = \begin{Bmatrix} v_i \\ \theta_{zi} \\ v_j \\ \theta_{zj} \end{Bmatrix}$$

至此就完成了单元分析。它给出的结果是有限元方程$[K]\{q\} = \{F\}$。把式(5.26a)代入$[K]$并积分,得

$$[K] = \frac{EI}{l^3}\begin{bmatrix} 12 & 6l & -12 & 6l \\ 6l & 4l^2 & -6l & 2l^2 \\ -12 & -6l & 12 & -6l \\ 6l & 2l^2 & -6l & 4l^2 \end{bmatrix}$$

上式说明,由能量变分原理所得到的单元特性矩阵和直接方法求得的完全一样。

3.位移函数

从前面的叙述中已经看到,在单元特性分析时常需设定位移函数。在有限元法中,一般设定位移函数是多项式 $y = \sum_{i=1}^{n} \alpha_i \varphi_i$ 的形式(其中 α_i 是待定系数),并用它近似地描述实际的位移变化规律。至于在符合要求的条件下如何选择不同形式的函数,可以通过计算进行比较,以便确定一种较为理想的函数。

从数学意义上看,设定的位移函数,至少应具有分片连续的一阶导数,这样才能使泛函积分有意义。这是因为泛函中被积函数含有应变($\frac{\partial u}{\partial x}, \frac{\partial v}{\partial y}, \frac{\partial w}{\partial z}$),它们都是位移的一阶导数。位移函数之所以设定为多项式,主要是考虑这样会使数学运算容易。多项式可以是直线,斜线或二次曲线形式。至于多少阶次能更近似地反映真实情况,可以通过一维的情况来说明。

由图 5.7 可知,把一个高次多项式在不同的阶次截断,其近似于实际的程度就明显地改变。从图(a) 至(c) 可知,多项式 $u(x)$ 是逐渐逼近精确解的。这就说明,多项式的阶次越接近能够决定其精确解的 m 阶多项式,就越接近其真实的解。

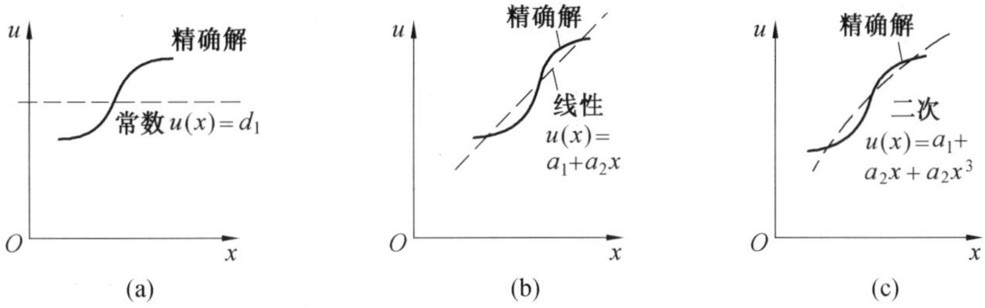

图 5.7　不同阶次的多项式近似真实解程度的曲线

选择多项式的阶次应考虑几种因素,即完备性、协调性和对称性。多项式项数应等于单元节点的自由度数。一般来说,用一个由低阶算起的完全的多项式就能保证完备性。协调性则要求位移函数在单元内都是 x,y 的连续函数,而在相邻单元的交界面上,两单元间应有相同的位移。对称性是指该多项式位移函数应当与局部坐标系(单元坐标) 的方位无关,即几何各向同性。也就是,位移函数的形式不应随局部坐标的更换而改变。例如对于二维问题,可根据下述宝塔形的形式选择多项式。

		α_1			常数项
	$\alpha_2 x$	|	$\alpha_3 y$		线性项
$\alpha_4 x^2$		$\alpha_5 xy$		$\alpha_6 y^2$	二次项
$\alpha_7 x^3$	$\alpha_8 x^2 y$	|	$\alpha_9 xy^2$	$\alpha_{10} y^3$	三次项
$\alpha_{11} x^4$ $\alpha_{12} x^3 y$		$\alpha_{13} x^2 y^2$		$\alpha_{14} xy^3$ $\alpha_{15} y^4$	四次项
		↑ 对称轴			

若从物理、几何方面考虑,要求设定的位移函数在单元内部和边界上处处都能满足力的平衡条件和变形协调条件,否则单元之间在变形后会重叠或裂开;在位移函数的设定中必须至少满足单元的常应变要求;单元变形除本身的变形外,还有其他相邻单元通过节点传来的刚体位移,这样,位移函数也应包含有代表刚体运动的项。

例如对三节点平面三角形单元,位移函数设定为

$$u(x,y) = \alpha_1 + \alpha_2 x + \alpha_3 y$$

$$v(x,y) = \alpha_4 + \alpha_5 x + \alpha_6 y$$

该函数包含有代表刚体移动的常数项,有一阶导数存在,项目数也与自由度数目相等,而且也是对称的。

另外，位移函数也可用插值多项式的方式来表示，例如三节点平面三角形单元位移函数也可写为

$$u(x,y) = N_i u_i + N_j u_j + N_k u_k$$
$$v(x,y) = N_i v_i + N_j v_j + N_k v_k$$
$$\{d\} = [N]\{q\}$$

式中，$[N]$ 是形状函数矩阵。如果我们能选到合适的形状函数矩阵 $[N]$，就会很方便地写出位移函数的插值多项式。

下面通过梁的插值多项式 $v(x) = v_i N_1 + \theta_{zi} N_2 + v_j N_3 + \theta_{zj} N_4$ 说明形状函数矩阵 $[N]$ 的概念。

当 $v_i = 1, \theta_{zi} = v_j = \theta_{zj} = 0$ 时，单元的位移分布状态就是 N_1 所代表的几何意义；N_2 代表当 $\theta_{zi} = 1, v_i = v_j = \theta_{zj} = 0$ 时单元的位移分布状态。同样 N_3 和 N_4 都是代表单元的位移分布状态。它们相应的几何图形如图 5.8 所示。

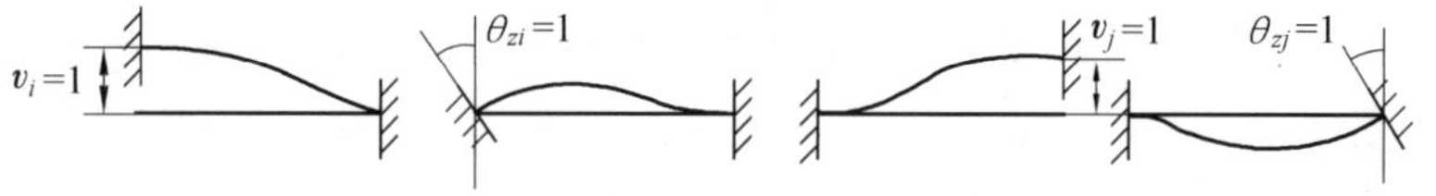

图 5.8　梁单元形状函数的几何意义

这说明位移函数是形状函数的线性组合。只要求出待定的节点位移 $\{q\} = [v_i \quad \theta_{zi} \quad v_j \quad \theta_{zj}]^{\mathrm{T}}$，就确定了位移函数 $v(x)$ 的值。

四、加权残数法

将假设的场变量的函数（称为试函数）引入问题的控制方程式及边界条件，利用最小二乘法等方法使残差最小，便得到近似的场变量函数形式。这个方法的优点是不需建立要解决的问题的泛函式。所以，即使没有泛函表达式也能解题。

5.3　有限元法的解题步骤

一、单元剖分和插值函数的确定

根据构件的几何特性、载荷情况及所要求的变形点，建立由各种单元所组成的计算模型。再按单元的性质和精度要求，写出表示单元内任意点的位移函数 $u(x,y,z)$，$v(x,y,z)$，$w(x,y,z)$ 或 $\{d\} = [S(x,y,z)]\{\alpha\}$。

利用节点处的边界条件，写出以 $\{\alpha\}$ 表示的节点位移 $\{q\} = [u_1 \quad v_1 \quad w_1 \quad u_2 \quad v_2 \quad w_2 \cdots\cdots]^{\mathrm{T}}$ 并写成

$$\{q\} = [C]\{\alpha\}$$

求$[C]^{-1}$及$\{\alpha\} = [C]^{-1}\{q\}$，并代入$\{d\} = [S]\{\alpha\}$，得

$$\{d\} = [S][C]^{-1}\{q\} = [N]\{q\}$$

它是用节点位移表示单元体内任意点位移的插值函数式。

二、单元特性分析

根据位移插值函数，由弹性力学中给出的应变和位移关系，可计算出应变为

$$\{\varepsilon\} = [B]\{q\}$$

式中，$[B]$是应变矩阵。相应的变分为

$$\{\delta\varepsilon\} = [B]\{\delta q\}$$

由物理关系，得应变与应力的关系式为

$$\{\sigma\} = [D]\{\varepsilon\} = [D][B]\{q\}$$

式中，$[D]$为弹性矩阵。

由虚位移原理$\int_V \{\delta\varepsilon\}^{\mathrm{T}}\{\sigma\}\mathrm{d}V = \{\delta q\}^{\mathrm{T}}\{F\}$，可得单元的有限元方程，或力与位移之间的关系式为

$$\{F\} = [K]\{q\}$$

式中，$[K]$是单元特性，即刚度矩阵，并可写成

$$[K] = \int_V [B]^{\mathrm{T}}[D][B]\mathrm{d}V$$

三、单元组集

把各单元按节点组集成与原结构相似的整体结构，得到整体结构的节点与节点位移的关系

$$\boldsymbol{F} = \boldsymbol{K}\boldsymbol{q}$$

式中，$\boldsymbol{K}$是整体结构的刚度矩阵；$\boldsymbol{F}$是总的载荷列阵；$\boldsymbol{q}$是整体结构所有节点的位移列阵。

组集载荷列阵前，应将非节点载荷离散并转移到相应单元的节点上。转移方法根据力的性质不同分别取不同的算式：$\{F\} = \int_V [N]\{p\}\mathrm{d}V$（体积力转移），或$\{F\} = \int_S [N]\{\bar{F}\}\mathrm{d}s$（表面力转移），或$\{F\} = \{P\}[N]$（集中力转移）。

四、解有限元方程

可采用不同的计算方法解有限元方程，得出各节点的位移。在解题之前，还要对$\boldsymbol{K}$进行边界条件处理。然后再解出节点位移$\boldsymbol{q}$。

五、计算应力

若要求计算应力，则在计算出节点位移$\{q\}$后，自$\{\varepsilon\} = [B]\{q\}$和$\{\sigma\} = [D]\{\varepsilon\} = [D][B]\{q\}$，并令$[R] = [D][B]$为应力矩阵，则由式$\{\sigma\} = [R]\{q\}$即可求出相应的节点应力。

六、用梁单元进行计算的实例

例 5.1 用有限元法求解图 5.9(a) 所示的两端固定梁（轴）中点的变形和两端的支反力以及应力。

1. 单元剖分

对于图 5.9(a) 所示梁两端的固定支点以及外力作用的中点，均应作为节点来处理。把结构剖分为两单元 ① 和 ②，并标注出各节点和各自由度的序号，如图 5.9(b) 所示。图中轴上方的数字 1,2,3 是节点序号，轴下方的数字 1,2,3,4,5,6 是节点自由度（位移）的序号（在本例中，它们分别代表 v_1、θ_{z1}、v_2、θ_{z2}、v_3、θ_{z3}）。

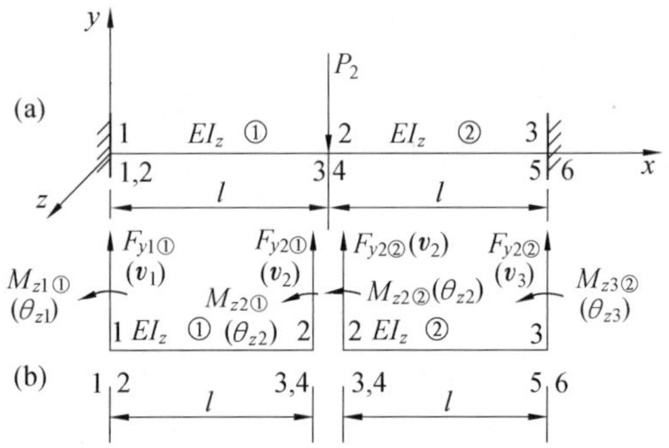

图 5.9 两端固定梁（轴）的计算模型

2. 单元特性分析

由式(5.3)，可分别写出单元 ① 和 ② 的刚阵

$$
[K]_{①} = \frac{EI_z}{l^3}\begin{bmatrix} 12 & 6l & -12 & 6l \\ 6l & 4l^2 & -6l & 2l^2 \\ -12 & -6l & -12 & -6l \\ 6l & 2l^2 & -6l & 4l^2 \end{bmatrix}\begin{matrix}1\\2\\3\\4\end{matrix}
\quad (\text{列序号 } 1\ 2\ 3\ 4)
\qquad
[K]_{②} = \frac{EI_z}{l^3}\begin{bmatrix} 12 & 6l & -12 & 6l \\ 6l & 4l^2 & -6l & 2l^2 \\ -12 & -6l & -12 & -6l \\ 6l & 2l^2 & -6l & 4l^2 \end{bmatrix}\begin{matrix}3\\4\\5\\6\end{matrix}
\quad (\text{列序号 } 3\ 4\ 5\ 6)
$$

单元刚阵的上方和右方的数字代表节点位移的序号。

根据式(5.2)，又可写出两单元节点力和节点位移的关系为

$$\{F\}_{①} = [F]_{①}\{q\}_{①} \tag{5.27}$$

$$\{F\}_{②} = [F]_{②}\{q\}_{②} \tag{5.28}$$

两式中的节点力、节点位移分别为

$$
\{F\}_{①} = \begin{Bmatrix} F_{y1①} \\ M_{z1①} \\ F_{y2①} \\ M_{z2①} \end{Bmatrix}\begin{matrix}1\\2\\3\\4\end{matrix}
\qquad
\{q\}_{①} = \begin{Bmatrix} v_1 \\ \theta_{z1} \\ v_2 \\ \theta_{z2} \end{Bmatrix}\begin{matrix}1\\2\\3\\4\end{matrix}
$$

$$\{F\}_{②} = \begin{Bmatrix} F_{y2②} \\ M_{z2②} \\ F_{y3②} \\ M_{z3②} \end{Bmatrix} \begin{matrix} 3 \\ 4 \\ 5 \\ 6 \end{matrix} \qquad \{q\}_{②} = \begin{Bmatrix} v_2 \\ \theta_{z2} \\ v_3 \\ \theta_{z3} \end{Bmatrix} \begin{matrix} 3 \\ 4 \\ 5 \\ 6 \end{matrix}$$

将式(5.27),(5.28)展开,则得

$$\begin{aligned} F_{y1①} &= \frac{EI_z}{l^3}(12v_1 + 6l\theta_{z1} - 12v_2 + 6l\theta_{z2}) \\ M_{z1①} &= \frac{EI_z}{l^3}(6lv_1 + 4l^2\theta_{z1} - 6lv_2 + 2l^2\theta_{z2}) \\ F_{y2①} &= \frac{EI_z}{l^3}(-12v_1 - 6l\theta_{z1} + 12v_2 - 6l\theta_{z2}) \\ M_{z2①} &= \frac{EI_z}{l^3}(6lv_1 + 2l^2\theta_{z1} - 6lv_2 + 4l^2\theta_{z2}) \end{aligned} \tag{5.29}$$

和

$$\begin{aligned} F_{y2②} &= \frac{EI_z}{l^3}(12v_2 + 6l\theta_{z2} - 12v_3 + 6l\theta_{z3}) \\ M_{z2②} &= \frac{EI_z}{l^3}(6lv_2 + 4l^2\theta_{z2} - 6lv_3 + 2l^2\theta_{z3}) \\ F_{y3②} &= \frac{EI_z}{l^3}(-12v_2 - 6l\theta_{z2} + 12v_3 - 6l\theta_{z3}) \\ M_{z3②} &= \frac{EI_z}{l^3}(6lv_2 + 2l^2\theta_{z2} - 6lv_3 + 4l^2\theta_{z3}) \end{aligned} \tag{5.30}$$

3.单元组集

把单元①,②组合起来,形成原结构的整体。因为各个节点是处于平衡状态的,所以节点1,3的内力 $F_{y1①}$,$M_{z1①}$ 和 $F_{y3②}$,$M_{z3②}$ 分别等于节点1,3处的支反力和支反弯矩,即

$$F_{y1①} = F_{y1} \qquad M_{z1①} = M_{z1}$$

$$F_{y3②} = F_{y3} \qquad M_{z3②} = M_{z3}$$

而对于节点2,两个单元的节点内力及内力矩之和应分别等于节点2的外载荷(集中力和集中力矩)P_2 和0,即

$$F_{y2①} + F_{y2②} = -P_2$$

$$M_{z2①} + M_{z2②} = 0$$

将式(5.29)和(5.30)的八个式子代入上述六个关系式,并将其整理成矩阵形式,则得

$$F=\begin{Bmatrix}F_{y1}\\M_{z1}\\-P_2\\0\\F_{y3}\\M_{z3}\end{Bmatrix}=\begin{Bmatrix}F_{y1①}\\M_{z1①}\\F_{y2①}+F_{y2②}\\M_{z2①}+M_{z2②}\\F_{y3②}\\M_{z3②}\end{Bmatrix}=$$

$$\begin{array}{c} \text{节点} \\ \begin{matrix} 1\begin{cases}1\\2\end{cases} \\ 2\begin{cases}3\\4\end{cases} \\ 3\begin{cases}5\\6\end{cases}\end{matrix}\end{array} \frac{EI_z}{l^3}\overset{\begin{matrix}\text{节点 }1 & & 2 & & 3 & \\ 1 \quad 2 & & 3 \quad 4 & & 5 \quad 6 &\end{matrix}}{\begin{bmatrix} 12 & 6l & -12 & 6l & 0 & 0 \\ 6l & 4l^2 & 6l & 2l^2 & 0 & 0 \\ -12 & -6l & 12+12 & -6l+6l & -12 & 6l \\ 6l & 2l^2 & -6l+6l & 4l^2+4l^2 & -6l & 2l^2 \\ 0 & 0 & -12 & -6l & 12 & -6l \\ 0 & 0 & 6l & 2l^2 & -6l & 4l^2 \end{bmatrix}}\begin{Bmatrix}v_1\\\theta_{z1}\\v_2\\\theta_{z2}\\v_3\\\theta_{z3}\end{Bmatrix} \tag{5.31}$$

或写成

$F=$ 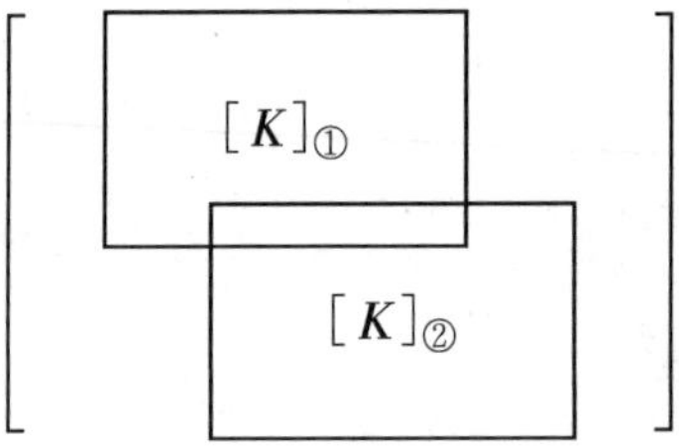

$\begin{Bmatrix}v_1\\\theta_{z1}\\v_2\\\theta_{z2}\\v_3\\\theta_{z3}\end{Bmatrix}=\boldsymbol{Kq}$ (5.31a)

式中

$\boldsymbol{K}=$ 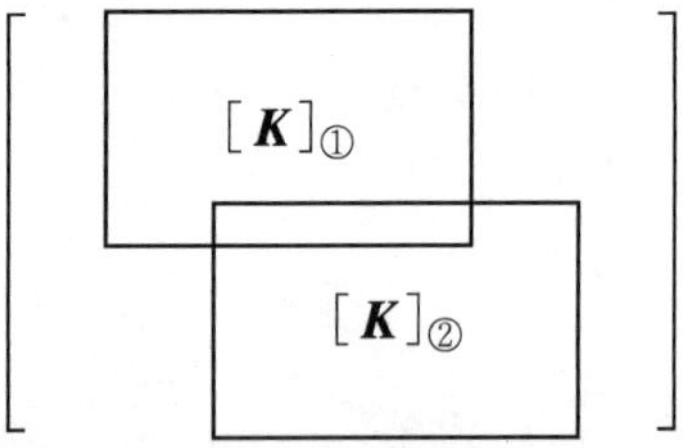

称为全结构的总刚度矩阵(简称总刚阵)。它是由该结构两个单元刚阵的各刚度系数组集而成的。从式(5.31)中总刚阵 K 的组成方法可以得出结论如下:

从单元刚阵组集成全结构总刚阵,就是将各个单元的对应于各自由度的刚度系数,按原节点自由度对应的行号和列号对号入座,填入全结构总刚阵相对应的行号和列号的位置中去。对于几个单元共用的节点,则应将这几个单元对应于该节点各自由度的刚度系数相加,作为全结构刚阵中该节点自由度的刚度系数。而在没有刚度系数与之对应的地方，就填入 0。

因为各单元刚阵是对称的，因而由它们组集起来的全结构总刚阵也是对称的。这一结论从式(5.31) 也可直观地看出来。

以上归纳出的总刚阵的两点结论是有普遍意义的。

4. 求解变形

将式(5.31) 写成展开的形式，则得

$$\left.\begin{aligned}
&\frac{12EI_z}{l^3}v_1+\frac{6EI_z}{l^2}\theta_{z1}-\frac{12EI_z}{l^3}v_2+\frac{6EI_z}{l^2}\theta_{z2}=F_{y1}\\
&\frac{6EI_z}{l^2}v_1+\frac{4EI_z}{l}\theta_{z1}-\frac{6EI_z}{l^2}v_2+\frac{2EI_z}{l}\theta_{z2}=M_{z1}\\
&-\frac{12EI_z}{l^3}v_1+\frac{6EI_z}{l^2}\theta_{z1}+\frac{24EI_z}{l^3}v_2+0\times\theta_{z2}-\frac{12EI_z}{l^3}v_3+\frac{6EI_z}{l^2}\theta_{z3}=-P_2\\
&\frac{6EI_z}{l^2}v_1+\frac{2EI_z}{l}\theta_{z1}+0\times v_2+\frac{8EI_z}{l}\theta_{z2}-\frac{6EI_z}{l^2}v_3+\frac{2EI_z}{l}\theta_{z3}=0\\
&-\frac{12EI_z}{l^3}v_2-\frac{6EI_z}{l^2}\theta_{z2}+\frac{12EI_z}{l^3}v_3-\frac{6EI_z}{l^2}\theta_{z3}=F_{y3}\\
&\frac{6EI_z}{l^2}v_2+\frac{2EI_z}{l}\theta_{z2}-\frac{6EI_z}{l^2}v_3+\frac{4EI_z}{l}\theta_{z3}=M_{z3}
\end{aligned}\right\}\tag{5.32}$$

首先求变形，因而可以暂时先不考虑方程组(5.32) 中代表支反力 $F_{y1}, M_{z1}, F_{y3}, M_{z3}$ 的第 1,2,5,6 各式，而只考虑第 3,4 两式的关系。并且因为由结构支承条件给出两端为刚性固支，即

$$v_1=\theta_{z1}=v_3=\theta_{z3}=0$$

所以第 3,4 两式最后变为

$$\frac{24EI_z}{l^3}v_2+0\times\theta_{z2}=-P_2\quad 和\quad 0\times v_2+\frac{8EI_z}{l}\theta_{z2}=0$$

或写成矩阵形式

$$\frac{EI_z}{l^3}\begin{bmatrix}24 & 0\\ 0 & 8l^2\end{bmatrix}\begin{Bmatrix}v_2\\ \theta_{z2}\end{Bmatrix}=\begin{Bmatrix}-P_2\\ 0\end{Bmatrix}\tag{5.33}$$

两个方程式求解两个未知数 v_2, θ_{z2}，所以只有惟一的一组解。

根据结构支承条件，将6阶方程组(5.32) 减缩成为2阶方程组(5.33) 的过程叫做边界条件处理。处理之后，方程组是对称正定的。

由上面边界条件处理的过程可以总结得出边界条件处理的一般方法：对于一般情况，如果全结构的支承(边界) 条件给出第 i 号自由度的位移等于零，则其边界条件处理的过程，就相当于把全结构总刚阵的第 i 行和第 i 列消去，把位移和力的列阵中第 i 个元素也消去，使原来的全结构方程组变成为由减缩后的刚阵、减缩后的节点位移列阵和力的列阵组成的减缩方程组。

求解减缩后的方程组，则可求得各节点的位移。

减缩后的全结构刚阵、节点位移列阵和力的列阵分别是

$$\boldsymbol{K}_r = \frac{EI_z}{l^3}\begin{bmatrix} 24 & 0 \\ 0 & 8l^2 \end{bmatrix} \qquad \boldsymbol{q}_r = \begin{Bmatrix} v_2 \\ \theta_{z2} \end{Bmatrix} \qquad \boldsymbol{F}_r = \begin{Bmatrix} -P_2 \\ 0 \end{Bmatrix}$$

而减缩方程组(5.33)也可写成

$$\boldsymbol{K}_r\boldsymbol{q}_r = \boldsymbol{F}_r$$

又

$$\boldsymbol{K}_r^{-1} = \frac{l^3}{192EI_z}\begin{bmatrix} 8 & 0 \\ 0 & \dfrac{24}{l^2} \end{bmatrix}$$

因而

$$\boldsymbol{q}_r = \begin{Bmatrix} v_2 \\ \theta_{z2} \end{Bmatrix} = \boldsymbol{K}_r^{-1}\boldsymbol{F}_r = \frac{l^3}{192EI_z}\begin{bmatrix} 8 & 0 \\ 0 & \dfrac{24}{l^2} \end{bmatrix}\begin{Bmatrix} -P_2 \\ 0 \end{Bmatrix}$$

由此解得两端固定梁中点的挠度和倾角

$$v_2 = \frac{-8l^3}{192EI_z}P_2 = -\frac{P_2l^3}{24EI_z} \qquad \theta_{z2} = 0$$

负号表示挠度 v_2，方向向下。所得结果与用材料力学公式求得的结果是一致的。

从上面的解题过程看到：在实际计算变形时，可以只考虑外力而不考虑支反力的作用。也就是说，在计算变形时，节点载荷列阵的组成，就是将各个外加节点载荷按照它们的对应的自由度序号对号入座，填入到载荷列阵的相应位置中去。而对应于外载荷为零和只有支反力的各个自由度，在其节点载荷列阵的相应位置上就填入 0。

5. 求解支反力和应力

求支反力、支反力矩 F_{y1}、M_{z1} 和 F_{y3}、M_{z3} 的数值，可将已求得的 v_2、θ_{z2} 的数值以及 $v_1 = \theta_{z1} = v_3 = \theta_{z3} = 0$ 一起代入方程组(5.32)的第 1,2,5,6 各式，可得

$$-\frac{12EI_z}{l^3} \times \left(-\frac{P_2l^3}{24EI_z}\right) = F_{y1}$$

$$-\frac{6EI_z}{l^2} \times \left(-\frac{P_2l^3}{24EI_z}\right) = M_{z1}$$

$$-\frac{12EI_z}{l^3} \times \left(-\frac{P_2l^3}{24EI_z}\right) = F_{y3}$$

$$\frac{6EI_z}{l^2} \times \left(-\frac{P_2l^3}{24EI_z}\right) = M_{z3}$$

整理后即得

$$F_{y1} = \frac{P_2}{2} \qquad M_{z1} = \frac{P_2l}{4}$$

$$F_{y3} = \frac{P_2}{2} \qquad M_{z3} = -\frac{P_2l}{4}$$

下面再求该梁各处的应力。

由材料力学知,对于直梁弯曲问题,只考虑 ε_x 和 σ_x,并且有

$$\varepsilon_x = y\frac{\mathrm{d}^2 v}{\mathrm{d}x^2}$$

和

$$\sigma_x = E\varepsilon_x = Ey\frac{\mathrm{d}^2 v}{\mathrm{d}x^2} \tag{5.34}$$

由式(5.26)可得

$$v'' = [N'']\{q\} = N''_1 v_i + N''_2\theta_{zi} + N''_3 v_j + N''_4\theta_{zj}$$

又由式(5.26a)求导并代入式(5.34),得

$$\sigma_x = \frac{Ey}{l^3}[(-6l+12x)v_i + (-4l^2+6lx)\theta_{zi} + (6l-12x)v_j + (-2l^2+6lx)\theta_{zj}]$$

对于单元①,在上式中代入 $v_i = v_1 = 0, \theta_{zi} = \theta_{z1} = 0, v_j = v_2 = -\frac{P_2 l^3}{24EI_z}, \theta_{zJ} = \theta_{z2} = 0$,可得

$$\sigma_x = -\frac{Ey}{l^3}(6l-12x)\frac{P_2 l^3}{24EI_z} = -y\frac{(6l-12x)}{24I_z}P_2$$

对于节点1处,$x = 0$,所以 $\sigma_x = -y\frac{l}{4I_z}P_2$;

对于节点2处,$x = l$,所以 $\sigma_x = y\frac{l}{4I_z}P_2$;

对于节点1,2中间,$x = \frac{l}{2}$ 处,$\sigma_x = -y\frac{(6l-6l)}{24I_z}P_2 = 0$

以上求得的支反力和应力的结果与用材料力学求得的结果也是一致的。

三、用三角形单元计算的实例

例 5.2　图5.10(a)所示是一平面墙梁。载荷沿梁的上边均匀分布,其单位长度上的均布载荷 $p = 100\mathrm{N/cm}$。假定 $\mu = 0$,墙梁的厚度 $t = 0.1\mathrm{cm}$。在不计自重情况下,试求其位移和应力。

1.单元剖分

由于该墙梁及外载荷相对于其垂直方向的中线是对称的,所以只需取其一半作为计算对象,如图5.10(b)所示。其中节点3,4处于墙梁的对称轴线上,由于结构与受力的对称性,因此节点3,4无 x 方向位移,故可简化为如图5.10(b)所示的边界约束形式。把作用在上边的均布载荷转移到1,4节点上,其值各为300N。

把计算部分(见图5.10(b))分为两个单元①和②,并对两个单元分别编出节点号码 i,j,k,如图(5.10(c))和图(5.10(d))所示。

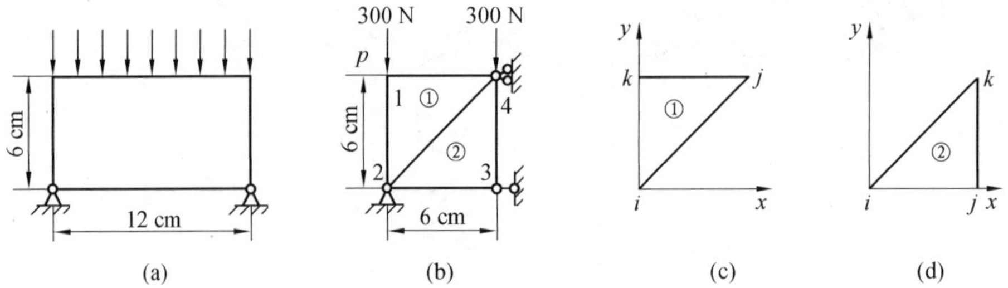

图 5.10　平面墙梁的受荷状态及三角形单元的剖分

2. 计算单元刚阵

计算单元刚阵所使用的公式,参见本章式(5.16) 和式(5.5)。

对单元 ①,由于 $x_i = 0, y_i = 0, x_j = 6, y_j = 6, x_k = 0, y_k = 6$,则

$$A_1 = \frac{1}{2}\begin{vmatrix} 1 & x_i & y_i \\ 1 & x_j & y_j \\ 1 & x_k & y_k \end{vmatrix} = \frac{1}{2}\begin{vmatrix} 1 & 0 & 0 \\ 1 & 6 & 6 \\ 1 & 0 & 6 \end{vmatrix} = 18(\text{cm}^2)$$

而

$$b_i = y_j - y_k = 0 \qquad b_j = y_k - y_i = 6 \qquad b_k = y_i - y_j = -6$$

$$c_i = -x_j + x_k = -6 \quad c_j = -x_k + x_i = 0 \quad c_k = -x_i + x_j = 6$$

对于单元 ②,由于 $x_i = 0, y_i = 0, x_j = 6, y_j = 0, x_k = 6, y_k = 6$,则

$$A_1 = \frac{1}{2}\begin{vmatrix} 1 & 0 & 0 \\ 1 & 6 & 0 \\ 1 & 6 & 6 \end{vmatrix} = 18(\text{cm}^2)$$

而　　$$b_i = -6, b_j = 6, b_k = 0, c_i = 0, c_j = -6, c_k = 6$$

根据上列数值及 $\mu = 0, t = 0.1\text{cm}$,可得各单元的刚阵(此时 $\dfrac{Et}{4(1-\mu^2)A} = \dfrac{0.1E}{72}$)

$$\begin{matrix} & 3 & 4 & 7 & 8 & 1 & 2 & \end{matrix}$$

$$[K]_{①} = \frac{0.1E}{72}\begin{bmatrix} 18 & 0 & 0 & -18 & -18 & 18 \\ 0 & 36 & 0 & 0 & 0 & -36 \\ 0 & 0 & 36 & 0 & -36 & 0 \\ -18 & 0 & 0 & 18 & 18 & -18 \\ -18 & 0 & -36 & 18 & 54 & -18 \\ 18 & -36 & 0 & -18 & -18 & 54 \end{bmatrix}\begin{matrix} 3 \\ 4 \\ 7 \\ 8 \\ 1 \\ 2 \end{matrix}$$

$$
[K]_{②}=\frac{0.1E}{72}
\begin{array}{c}
\begin{array}{cccccc} 3 & 4 & 5 & 6 & 7 & 8 \end{array} \\
\left[\begin{array}{cccccc}
36 & 0 & -36 & 0 & 0 & 0 \\
0 & 18 & 18 & -18 & -18 & 0 \\
-36 & 18 & 54 & -18 & -18 & 0 \\
0 & -18 & -18 & 54 & 18 & -36 \\
0 & -18 & -18 & 18 & 18 & 0 \\
0 & 0 & 0 & -36 & 0 & 36
\end{array}\right]
\begin{array}{c} 3 \\ 4 \\ 5 \\ 6 \\ 7 \\ 8 \end{array}
\end{array}
$$

3.组成总刚阵

按节点位移序号组成全结构的刚阵

$$
[K]=\frac{0.1E}{72}
\begin{array}{c}
\begin{array}{cccccccc} 1 & 2 & 3 & 4 & 5 & 6 & 7 & 8 \end{array} \\
\left[\begin{array}{cccccccc}
-54 & -18 & -18 & 0 & 0 & 0 & -36 & 18 \\
-18 & 54 & 18 & -36 & 0 & 0 & 0 & -18 \\
-18 & 18 & 18+36 & 0+0 & -36 & 0 & 0+0 & -18+0 \\
0 & -36 & 0+0 & 36+18 & 18 & -18 & 0-18 & 0+0 \\
0 & 0 & -36 & 18 & 54 & -18 & -18 & 0 \\
0 & 0 & 0 & -18 & -18 & 54 & 18 & -36 \\
-36 & 0 & 0+0 & 0-18 & -18 & 18 & 36+18 & 0+0 \\
18 & -18 & -18+0 & 0+0 & 0 & -36 & 0+0 & 18+36
\end{array}\right]
\begin{array}{c} 1 \\ 2 \\ 3 \\ 4 \\ 5 \\ 6 \\ 7 \\ 8 \end{array}
\end{array}
$$

4.边界条件处理

由于对称轴上 $u_3=u_4=0$；又因为2节点是固定绞支座，即 $u_2=v_2=0$，所以只需考虑 u_1，v_1，v_3，v_4 四个位移，因此，减缩的刚阵是

$$
[K]=\frac{0.1E}{72}
\begin{array}{c}
\begin{array}{cccc} 1 & 2 & 6 & 8 \end{array} \\
\left[\begin{array}{cccc}
54 & -18 & 0 & 18 \\
-18 & 54 & 0 & -18 \\
0 & 0 & 54 & -36 \\
18 & -18 & -36 & 54
\end{array}\right]
\begin{array}{c} 1 \\ 2 \\ 6 \\ 8 \end{array}
\end{array}
$$

节点力列阵是 $F=\begin{Bmatrix} 0 \\ -300 \\ 0 \\ 0 \\ 0 \\ 0 \\ 0 \\ -300 \end{Bmatrix}$ 与减缩列阵对应的减缩节点力列阵为 $F_r=\begin{Bmatrix} 0 \\ -300 \\ 0 \\ -300 \end{Bmatrix}$

5.线性方程组的建立与求解

将 F_r, K_r 之值代入 $F_r = K_r a_r$,得

$$\begin{Bmatrix} 0 \\ -300 \\ 0 \\ -300 \end{Bmatrix} = \frac{0.1E}{72}\begin{bmatrix} 54 & -18 & 0 & 18 \\ -18 & 54 & 0 & -18 \\ 0 & 0 & 54 & -36 \\ 18 & -18 & -36 & 54 \end{bmatrix}\begin{Bmatrix} u_1 \\ v_1 \\ v_3 \\ v_4 \end{Bmatrix}$$

由 $q_r = K_r^{-1}F_r$,则可求得各未知位移。由于

$$K_r^{-1} = \frac{40}{E}\begin{bmatrix} \frac{3}{7} & \frac{1}{14} & -\frac{1}{7} & -\frac{3}{14} \\ \frac{1}{14} & \frac{3}{7} & \frac{1}{7} & \frac{3}{14} \\ -\frac{1}{7} & \frac{1}{7} & \frac{5}{7} & \frac{4}{7} \\ -\frac{3}{14} & \frac{3}{14} & \frac{4}{7} & \frac{6}{7} \end{bmatrix}$$

则可解出位移为

$$u_1 = \frac{1714}{E} \qquad v_1 = \frac{-7714}{E} \qquad v_3 = \frac{-10000}{E} \qquad v_4 = \frac{-14000}{E}$$

6.单元应力分量的计算

此墙梁属于平面应力问题。首先计算各单元的应力矩阵 $[R] = [D][B]$。

$$[R]_{①} = \frac{E}{2\times 18}\begin{bmatrix} 0 & 0 & 6 & 0 & -6 & 0 \\ 0 & -6 & 0 & 0 & 0 & 6 \\ -3 & 0 & 0 & 3 & 3 & -3 \end{bmatrix}$$

$$[R]_{①} = \frac{E}{2\times 18}\begin{bmatrix} -6 & 6 & 6 & 0 & 0 & 0 \\ 0 & 0 & 0 & -6 & 0 & 6 \\ 0 & -3 & -3 & 3 & 3 & 0 \end{bmatrix}$$

再根据式(5.8)计算各单元的应力。对单元①

$$\{\sigma\} = \begin{Bmatrix} \sigma_x \\ \sigma_y \\ \tau_{xy} \end{Bmatrix} = [D][B]\{q\} = [R]\{q\} = \frac{E}{2\times 18}\begin{bmatrix} 0 & 0 & 6 & 0 & -6 & 0 \\ 0 & -6 & 0 & 0 & 0 & 6 \\ -3 & 0 & 0 & 3 & 3 & -3 \end{bmatrix}\begin{Bmatrix} u_2 \\ v_2 \\ u_4 \\ v_4 \\ u_1 \\ v_1 \end{Bmatrix} =$$

$$\frac{E}{2\times 18}\begin{bmatrix} 0 & 0 & 6 & 0 & -6 & 0 \\ 0 & -6 & 0 & 0 & 0 & 6 \\ -3 & 0 & 0 & 3 & 3 & -3 \end{bmatrix}\begin{Bmatrix} 0 \\ 0 \\ 0 \\ \dfrac{-14000}{E} \\ \dfrac{1714}{E} \\ \dfrac{-7714}{E} \end{Bmatrix}$$

即
$$\begin{Bmatrix} \sigma_x \\ \sigma_y \\ \tau_{xy} \end{Bmatrix} = \begin{Bmatrix} -285.66 \\ -1285.6 \\ -381 \end{Bmatrix}(\mathrm{N/cm^2})$$

对单元②,同理可得

$$\{\sigma\} = \begin{Bmatrix} \sigma_x \\ \sigma_y \\ \tau_{xy} \end{Bmatrix} = \frac{E}{2\times 18}\begin{bmatrix} -6 & 6 & 6 & 0 & 0 & 0 \\ 0 & 0 & 0 & -6 & 0 & 6 \\ 0 & -3 & -3 & 3 & 3 & 0 \end{bmatrix}\begin{Bmatrix} u_2 \\ v_2 \\ u_3 \\ v_3 \\ u_4 \\ v_4 \end{Bmatrix} =$$

$$\frac{E}{2\times 18}\begin{bmatrix} -6 & 6 & 6 & 0 & 0 & 0 \\ 0 & 0 & 0 & -6 & 0 & 6 \\ 0 & -3 & -3 & 3 & 3 & 0 \end{bmatrix}\begin{Bmatrix} 0 \\ 0 \\ 0 \\ \dfrac{-10000}{E} \\ 0 \\ \dfrac{-14000}{E} \end{Bmatrix}$$

即
$$\begin{Bmatrix} \sigma_x \\ \sigma_y \\ \tau_{xy} \end{Bmatrix} = \begin{Bmatrix} 0 \\ -666.6 \\ -833.3 \end{Bmatrix}(\mathrm{N/cm^2})$$

5.4　结构分析的有限元法

由于具体结构的复杂性,在用有限元法进行分析时仅用梁单元、三角形单元是不够的,还要考虑使用平面矩形单元、板的弯曲单元等等,并要考虑多种单元的组合问题。

一、矩形单元

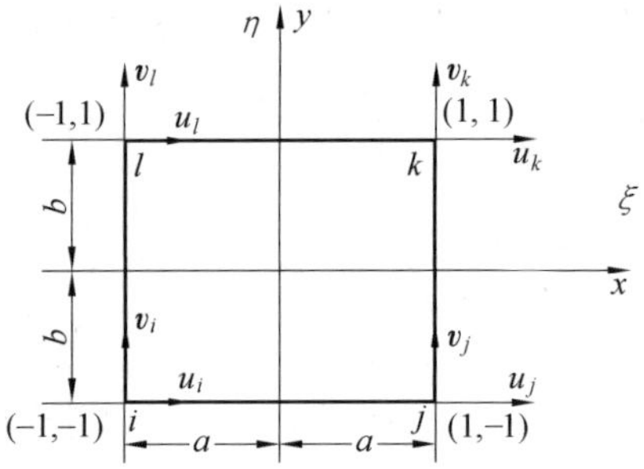

图 5.11　矩形单元各节点的线性坐标值及其位移

取边长为 $2a$ 及 $2b$ 的矩形单元，并将原点设在单元的形心处。四个节点分别以 i,j,k,l 表示。此时每个节点上有沿坐标方向的位移 u 及 v。为方便起见，取线性坐标 $\xi = x/a$ 及 $\eta = y/b$，如图 5.11 所示。

对图示的矩形单元，它的位移模式可用双线性函数设定为

$$u(x,y) = \alpha_1 + \alpha_2 x + \alpha_3 y + \alpha_4 xy$$

$$v(x,y) = \alpha_5 + \alpha_6 x + \alpha_7 y + \alpha_8 xy$$

也可通过位移插值函数写出

$$u(x,y) = N_i u_i + N_j u_j + N_k u_k + N_l u_l$$

$$v(x,y) = N_i v_i + N_j v_j + N_k v_k + N_l v_l$$

其中，形状函数可取为

$$N_i = \frac{1}{4}(1 + \xi\xi_i)(1 + \eta\eta_i) \qquad (i = i,j,k,l)$$

式中，ξ_i 和 τ_i 是相对应的节点坐标。所以有

$$N_i = \frac{1}{4}(1 - \xi)(1 - \eta) \qquad N_j = \frac{1}{4}(1 + \xi)(1 - \eta)$$

$$N_k = \frac{1}{4}(1 + \xi)(1 + \eta) \qquad N_l = \frac{1}{4}(1 - \xi)(1 + \eta)$$

由位移函数可求出单元平面变形的应变为

$$\{\varepsilon\} = \begin{Bmatrix} \varepsilon_x \\ \varepsilon_y \\ \gamma_{xy} \end{Bmatrix} = \begin{Bmatrix} \dfrac{\partial u}{\partial x} \\ \dfrac{\partial v}{\partial y} \\ \dfrac{\partial u}{\partial y} + \dfrac{\partial v}{\partial x} \end{Bmatrix} = [B]\{q\}$$

式中

$$[B] = \frac{1}{4ab} \times$$

$$\begin{bmatrix} -(b-y) & 0 & (b-y) & 0 & (b+y) & 0 & -(b+y) & 0 \\ 0 & -(a-x) & 0 & -(a+x) & 0 & (a+x) & 0 & (a-x) \\ -(a-x) & -(b-y) & -(a+x) & (b+y) & (a+x) & (b+y) & (a-x) & -(b+y) \end{bmatrix}$$

对平面应力问题，则

$$[D]=\frac{E}{1-\mu^2}\begin{bmatrix}1 & \mu & 0\\ \mu & 1 & 0\\ 0 & 0 & \frac{1-\mu}{2}\end{bmatrix}$$

根据$[K]=\int_V[B]^T[D][B]\mathrm{d}V$,当单元厚度 t 为常值时,可得单元刚度矩阵

$$[K]=t\int_s[B]^T[D][B]\mathrm{d}x\mathrm{d}y$$

二、薄板弯曲问题

如板的厚度 t 与板在其他两方向的尺寸之比小于1/15时,可认为是薄板。对一般机器的箱体、支承件等,在用有限元计算将其离散为单元时,大都采用这类薄板单元。在空间力系作用下,薄板除了产生平面变形外,还产生连弯带扭的变形。因此这是薄板平面问题与弯曲问题的组合问题。

薄板弯曲问题在小变形时有如下的基本假设:

1) 法线假设 —— 在板变形前垂直于中面的法线段,在板变形后仍然垂直于弯曲了的中面。法线假设类似于梁弯曲的平截面假设;

2) 正应力假设 —— 在平行于中面的截面上,正应力 σ_z 远小于$\sigma_x,\sigma_y,\tau_{xy}$,所以 σ_z 可忽略不计;

3) 小挠度假设 —— 板的中面只发生弯曲变形,且挠度很小。假设中面内各点没有平行于中面的变形,即$u|_{x=0}=0,v|_{x=0}=0$。

根据上述假设,如图 5.12 所示的薄板内各点的位移具有如下形式

$$u=-z\frac{\partial w}{\partial x}\qquad v=-z\frac{\partial w}{\partial y}\qquad w=w(x,y)$$

式中,u,v,w 是板内某点对于坐标轴方向的位移分量。

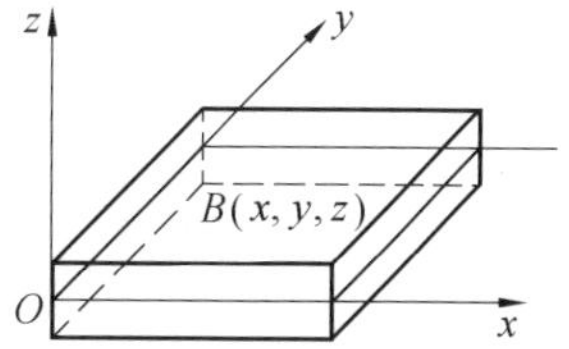

图 5.12　薄板的坐标系及板内某点的坐标

利用几何方程,可以写出板内各点的应变分量是

$$\{\varepsilon\}=\begin{Bmatrix}\varepsilon_x\\ \varepsilon_y\\ \gamma_{xy}\end{Bmatrix}=\begin{Bmatrix}\frac{\partial u}{\partial x}\\ \frac{\partial v}{\partial y}\\ \frac{\partial u}{\partial y}+\frac{\partial v}{\partial x}\end{Bmatrix}=-z\begin{Bmatrix}\frac{\partial^2 w}{\partial x^2}\\ \frac{\partial^2 w}{\partial y^2}\\ 2\frac{\partial^2 w}{\partial x\partial y}\end{Bmatrix}\qquad(5.35)$$

式中,$-\frac{\partial^2 w}{\partial x^2}$、$-\frac{\partial^2 w}{\partial y^2}$ 分别是当板弯曲挠度很小时,薄板弹性曲面在 x 方向和 y 方向的曲率,而 $-2\frac{\partial^2 w}{\partial x\partial y}$ 代表在 x 方向和 y 方向的扭率。三者统称为曲率,它们表示板弯曲变形的程度。

略去 σ_z 后，板内各点的应力与应变关系为

$$\{\sigma\}=\begin{Bmatrix}\sigma_x\\ \sigma_y\\ \tau_{xy}\end{Bmatrix}=[D]\{\varepsilon\}=-z[D]\begin{Bmatrix}\dfrac{\partial^2 w}{\partial x^2}\\ \dfrac{\partial^2 w}{\partial y^2}\\ 2\dfrac{\partial^2 w}{\partial x\partial y}\end{Bmatrix} \tag{5.36}$$

式中，$[D]=\dfrac{E}{1-\mu^2}\begin{bmatrix}1&\mu&0\\ \mu&1&0\\ 0&0&\dfrac{1-\mu}{2}\end{bmatrix}$是平面应力问题时的弹性矩阵。

由式(5.36)看出，板内各点的应变与坐标 z 成正比关系，应力也与坐标 z 成正比关系，即沿板厚度方向成线性变化。因此 σ_x 及 σ_y 在板的横截面上将合成弯矩 M(也称线力矩)，如图 5.13 所示。它们能确定薄板各点的应力状态，因而也可以称为薄板的广义应力。在 x 为常数的横截面上，单位宽度板上正应力 σ_x 合成的弯矩以及切应力 τ_{xy} 合成的扭矩分别为

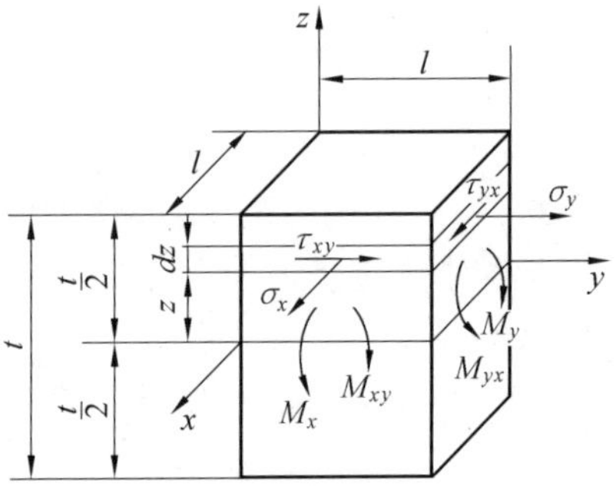

图 5.13　薄板内微元体上的弯矩和扭矩

$$M_x=\int_{-\frac{t}{2}}^{\frac{t}{2}} z\sigma_x \mathrm{d}z=\frac{-Et^3}{12(1-\mu^2)}\left(\frac{\partial^2 w}{\partial x^2}+\mu\frac{\partial^2 w}{\partial y^2}\right)$$

$$M_{xy}=\int_{-\frac{t}{2}}^{\frac{t}{2}} z\tau_{xy}\mathrm{d}z=\frac{-Et^3}{12(1+\mu)}\frac{\partial^2 w}{\partial x\partial y}$$

同样在 y 为常数的横截面上，σ_y 和 τ_{yx} 产生的弯矩和扭矩分别为

$$M_y=\int_{-\frac{t}{2}}^{\frac{t}{2}} z\sigma_x \mathrm{d}z=\frac{-Et^3}{12(1-\mu^2)}\left(\mu\frac{\partial^2 w}{\partial x^2}+\frac{\partial^2 w}{\partial y^2}\right)$$

$$M_{yx}=\int_{-\frac{t}{2}}^{\frac{t}{2}} z\tau_{xy}\mathrm{d}z=\frac{-Et^3}{12(1+\mu)}\frac{\partial^2 w}{\partial x\partial y}=M_{xy}$$

写成矩阵形式为

$$[M]=\begin{Bmatrix}M_x\\ M_y\\ M_{xy}\end{Bmatrix}=\frac{Et^3}{12(1-\mu^2)}\begin{bmatrix}1&\mu&0\\ \mu&1&0\\ 0&0&\dfrac{1-\mu}{2}\end{bmatrix}\begin{Bmatrix}-\dfrac{\partial^2 w}{\partial x^2}\\ -\dfrac{\partial^2 w}{\partial y^2}\\ -2\dfrac{\partial^2 w}{\partial x\partial y}\end{Bmatrix}$$

也可简写为

$$[M] = [D]\{\chi\}$$

式中

$$[D] = \frac{Et^3}{12(1-\mu^2)}\begin{bmatrix} 1 & \mu & 0 \\ \mu & 1 & 0 \\ 0 & 0 & \dfrac{1-\mu}{2} \end{bmatrix}$$

称为薄板弯曲问题的弹性矩阵。

$$\{\chi\} = \begin{Bmatrix} -\dfrac{\partial^2 w}{\partial x^2} \\ -\dfrac{\partial^2 w}{\partial y^2} \\ -2\dfrac{\partial^2 w}{\partial x \partial y} \end{Bmatrix}$$

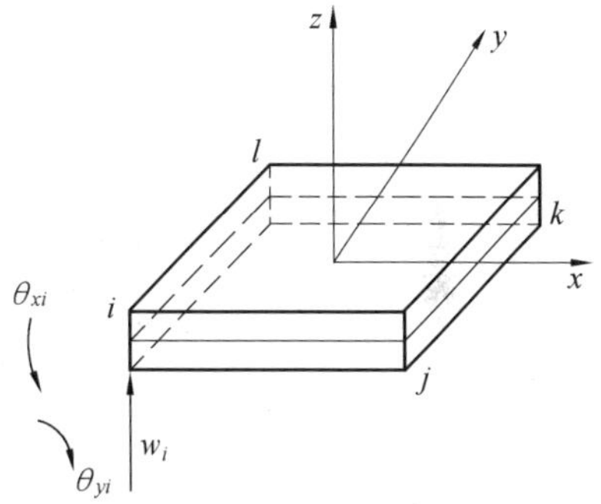

图 5.14 矩形薄板单元节点的位移

三、矩形薄板单元的位移函数

根据基本假设,对于任一节点,节点位移有挠度 w,绕 x 轴的转角 θ_x 和绕 y 轴的转角 θ_y 三个分量。一般把 w 沿 z 轴正方向定为正向,转角 θ_x,θ_y 按右手螺旋法则规定为正向,如图 5.14 所示。这样单元四个节点应有 12 个位移分量(即 12 个自由度)。因而,可假设单元内挠度 w 由下列多项式组成

$$w = \alpha_1 + \alpha_2 x + \alpha_3 y + \alpha_4 x^2 + \alpha_5 xy + \alpha_6 y^2 + \alpha_7 x^3 + \alpha_8 x^2 y + \alpha_9 xy^2 + \alpha_{10} y^3 + \alpha_{11} x^3 y + \alpha_{12} xy^3$$

其中 α_i 是待定系数。

上面的多项式由全一次、全二次、全三次及不完全的四次多项式组成,符合完备性要求。前三项反映在无弯曲时的刚体位移;不完全四次项是对称的,使单元对 x 轴和 y 轴具有同等的变形能力。但是,采用这种位移函数使得相邻的两个单元在边界线上的转角具有不相同的数值,因而相邻单元的变形将不协调。所以,采用此种位移函数的单元称为非协调单元。

如果用各个节点位移的插值来表示 w,则可写成

$$\begin{aligned} w = {} & N_i w_i + N_{xi}\theta_{xi} + N_{yj}\theta_{yj} + N_j w_j + N_{xj}\theta_{xj} + N_{yj}\theta_{yj} + N_k w_k + N_{xk}\theta_{xk} + \\ & N_{yk}\theta_{yk} + N_l w_l + N_{xl}\theta_{xl} + N_{yl}\theta_{yl} = [N]\{q\} \end{aligned} \tag{5.37}$$

式中 $N_i, N_{xi}, N_{xy}, \cdots, N_{yl}$ 是形状函数,它们可写成通式

$$N_i = \frac{1}{8}(1+\xi_i\xi)(1+\eta_i\eta)(2+\xi_i\xi+\eta_i\eta-\xi^2-\eta)$$

$$N_{xi} = -\frac{b}{8}\tau_i(1+\xi_i\xi)(1+\eta_i\eta)(1-\eta^2)$$

$$N_{yi} = \frac{a}{8}\xi_i(1+\xi_i\xi)(1+\eta_i\eta)(1-\xi^2)$$

$$\xi = \frac{x}{a} \qquad \eta = \frac{y}{b} \qquad (i = i,j,k,l)$$

式中 ξ_i, η_i 是各节点在线性坐标系中的坐标值。

四、矩形薄板单元的刚度矩阵

将式(5.37)代入式(5.35)中,得

$$\{\varepsilon\} = z[B]\{q\}$$

式中

$$[B] = \begin{Bmatrix} \frac{\partial^2 N_i}{\partial x^2} & \frac{\partial^2 N_{xi}}{\partial x^2} & \frac{\partial^2 N_{yi}}{\partial x^2} & \cdots\cdots & \frac{\partial^2 N_{yl}}{\partial x^2} \\ \frac{\partial^2 N_i}{\partial y^2} & \frac{\partial^2 N_{xi}}{\partial y^2} & \frac{\partial^2 N_{yi}}{\partial y^2} & \cdots\cdots & \frac{\partial^2 N_{yl}}{\partial y^2} \\ 2\frac{\partial^2 N_i}{\partial x\partial y} & 2\frac{\partial^2 N_{xi}}{\partial x\partial y} & 2\frac{\partial^2 N_{yi}}{\partial x\partial y} & \cdots\cdots & 2\frac{\partial^2 N_{yl}}{\partial x\partial y} \end{Bmatrix}$$

$$\{q\} = [w_i \quad \theta_{xi} \quad \theta_{yi} \cdots\cdots w_l \quad \theta_{xl} \quad \theta_{yl}]^{\mathrm{T}}$$

再由

$$[K] = \int_V [B]^{\mathrm{T}}[D][B]\mathrm{d}V$$

则可得到矩形板弯曲单元的刚度矩阵。式中 $[D]$ 是前述弯曲问题的弹性矩阵。

五、板和梁单元的组合问题

对受空间力系的复杂的机器大件结构,通常情况下都离散成每个节点为六个自由度的板和梁单元组合的计算模型。而对于板又包括有平面应力问题的三角形和矩形单元以及弯曲问题的矩形和三角形板单元。

对于六个自由度的矩形单元,根据小位移下力的独立作用原理,可以由受平面力系的平面单元和受弯曲力的板单元组合而成。其组合形式如图 5.15 所示。

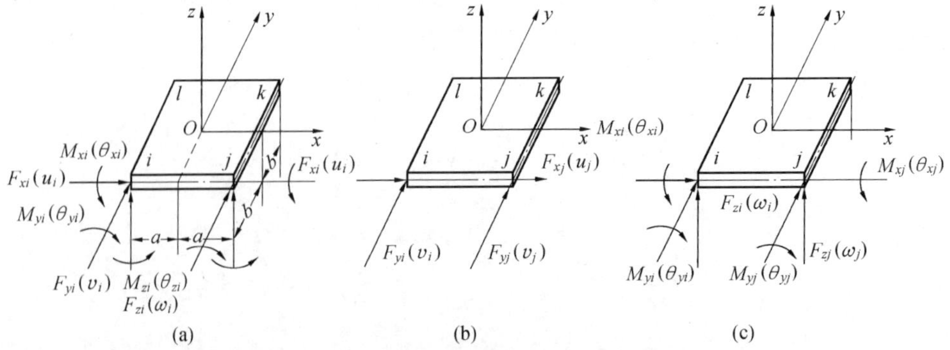

图 5.15　六自由度矩形单元

为了图面清晰。图中只表示了两上节点的组合。从这里看出。六个自由度的问题可以由平面问题的两个自由度和弯曲问题的三个自由以及绕 z 轴转动的一个自由度组合而成。这个绕 z 轴转动的位移实际上并不存在，因为这个方向变形几乎为零，即刚度极大。这里设置转角 θ_z 仅是为了单元组合的需要。

在平面应力状态下(图 5.15b)，矩形平面单元的节点力与节点位移的关系是

$$
\begin{matrix} \\ i \\ \\ j \\ \\ k \\ \\ l \\ \end{matrix}
\begin{Bmatrix} F_{xi} \\ F_{yi} \\ F_{xj} \\ F_{yj} \\ F_{xk} \\ F_{yk} \\ F_{xl} \\ F_{yl} \end{Bmatrix}
=
\overset{\begin{matrix} i & \quad j & \quad k & \quad l \end{matrix}}{\begin{bmatrix} k_{ii}^a & k_{ij}^a & k_{ik}^a & k_{il}^a \\ k_{ji}^a & k_{jj}^a & k_{jk}^a & k_{jl}^a \\ k_{ki}^a & k_{kj}^a & k_{kk}^a & k_{kl}^a \\ k_{li}^a & k_{lj}^a & k_{lk}^a & k_{ll}^a \end{bmatrix}}
\begin{Bmatrix} u_i \\ v_i \\ u_j \\ v_j \\ u_k \\ v_k \\ u_l \\ v_l \end{Bmatrix}
= [K^a]\{q^a\}
$$

式中，$[K_{rs}^a](r,s = i,j,k,l)$ 是 2×2 阶子矩阵。

在弯曲应力状态下(图 5.15c)，矩形薄板单元的节点力与节点位移的关系是

$$
\begin{matrix} \\ i \\ \\ \\ j \\ \\ \\ k \\ \\ \\ l \\ \\ \end{matrix}
\begin{Bmatrix} F_{xi} \\ M_{xi} \\ M_{yi} \\ F_{xj} \\ M_{xj} \\ M_{yj} \\ F_{xk} \\ M_{xk} \\ M_{yk} \\ F_{xl} \\ M_{xl} \\ M_{yl} \end{Bmatrix}
=
\overset{\begin{matrix} i & \quad j & \quad k & \quad l \end{matrix}}{\begin{bmatrix} k_{ii}^b & k_{ij}^b & k_{ik}^b & k_{il}^b \\ k_{ji}^b & k_{jj}^b & k_{jk}^b & k_{jl}^b \\ k_{ki}^b & k_{kj}^b & k_{kk}^b & k_{kl}^b \\ k_{li}^b & k_{lj}^b & k_{lk}^b & k_{ll}^b \end{bmatrix}}
\begin{Bmatrix} w_i \\ \theta_{xi} \\ \theta_{yi} \\ w_j \\ \theta_{xj} \\ \theta_{yj} \\ w_k \\ \theta_{xk} \\ \theta_{yk} \\ w_l \\ \theta_{xl} \\ \theta_{yl} \end{Bmatrix}
= [K^b]\{q^b\}
$$

式中，$[K_{rs}^b](r,s = i,j,k,l)$ 是 3×3 阶子矩阵。

组合后的六自由度板单元的矩阵是 24×24 阶的，其节点力和位移的关系式是

$$\{F\}_{24\times1} = [K]_{24\times24}\{q\}_{24\times1}$$

其中

$$\{F\} = [F_{xi}\quad F_{yi}\quad F_{zi}\quad M_{xi}\quad M_{yi}\quad M_{zi}\quad F_{xj}\quad F_{yj}\quad F_{zj}\quad M_{xj}\quad M_{yj}\quad M_{zj}\quad F_{xk}\quad F_{yk}\quad F_{zk}\quad M_{xk}\quad M_{yk}\quad M_{zk}\quad F_{xl}\quad F_{yl}\quad F_{zl}\quad M_{xl}\quad M_{yl}\quad M_{zl}]^{T}$$

$$\{q\} = [u_i\quad v_i\quad w_i\quad \theta_{xi}\quad \theta_{yi}\quad \theta_{zi}\quad u_j\quad v_j\quad w_j\quad \theta_{xj}\quad \theta_{yj}\quad \theta_{zj}\quad u_k\quad v_k\quad w_k\quad \theta_{xk}\quad \theta_{yk}\quad \theta_{zk}\quad u_l\quad v_l\quad w_l\quad \theta_{xl}\quad \theta_{yl}\quad \theta_{zl}]^{T}$$

$$[K]_{24\times24} = \begin{array}{c} \begin{matrix} i & j & k & l \end{matrix} \\ \begin{bmatrix} k_{ii}^{b} & k_{ij}^{b} & k_{ik}^{b} & k_{il}^{b} \\ k_{ji}^{b} & k_{jj}^{b} & k_{jk}^{b} & k_{jl}^{b} \\ k_{ki}^{b} & k_{kj}^{b} & k_{kk}^{b} & k_{kl}^{b} \\ k_{li}^{b} & k_{lj}^{b} & k_{lk}^{b} & k_{ll}^{b} \end{bmatrix} \begin{matrix} i \\ j \\ k \\ l \end{matrix} \end{array}$$

其中的 $K_{rs}(r,s = i,j,k,l)$ 是 6×6 阶的子矩阵，可表达为

$$[K_{rs}] = \begin{array}{c} \begin{matrix} u & v & w & \theta_x & \theta_y & \theta_z \end{matrix} \\ \left[\begin{array}{cc:ccc:c} \multicolumn{2}{c:}{K_{rs}^{a}} & 0 & 0 & 0 & 0 \\ & & 0 & 0 & 0 & 0 \\ \hdashline 0 & 0 & & & & 0 \\ 0 & 0 & & K_{rs}^{b} & & 0 \\ 0 & 0 & & & & 0 \\ \hdashline 0 & 0 & 0 & 0 & 0 & 10^{11} \end{array}\right] \begin{matrix} u \\ v \\ w \\ \theta_x \\ \theta_y \\ \theta_z \end{matrix} \end{array}$$

当 K_{rs} 为主子矩阵时，即当 $r = s$ 时，则把 θ_x 对应的主元素赋以一个计算机允许的大数，如 10^{11}。其他情况如 $r \neq s$，则为零。

当用板、梁单元组合来计算空间问题时，要把各种单元的刚度矩阵按节点自由度组集成结构的总刚度矩阵(这时梁单元也应用六个自由度的空间梁单元的刚度矩阵)。组集之前需要考虑坐标变换问题。因为矩形板单元、梁单元或其他单元的刚度矩阵都是相对于自己的单元局部坐标系推导出来的，而构件中每个单元局部坐标系相对于整体构件的坐标系(称统一坐标系)来说是随单元所在的平面而变化的。所以，为了进行不同平面内不同类型的单元在节点处的组集，并写出相应于统一坐标系中的平衡方程式 $F = Kq$，就必须将各个单元在局部坐标系中的刚度矩阵转换到统一坐标系中去。

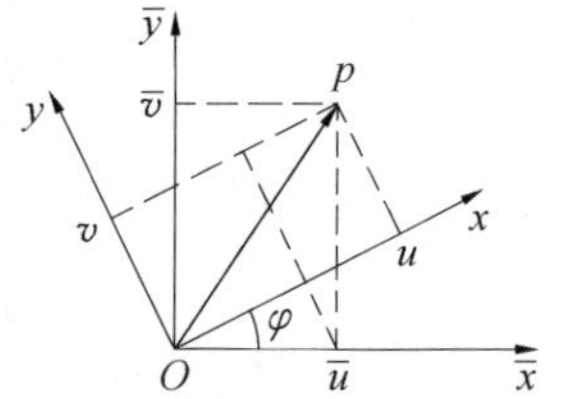

图 5.16　平面内两种坐标的变换

两种坐标的变换方法可以用图 5.16 所示的二维问题为例来说明。

平面内的某向量 OP 在 $\bar{x}$，$\bar{y}$ 统一坐标轴上的投影值是 $\bar{u}$ 和 $\bar{v}$，在 x，y 上的投影值是 u 和 v，

其几何关系为

$$u = \bar{u}\cos\varphi + \bar{v}\sin\varphi$$
$$v = -\bar{u}\sin\varphi + \bar{v}\mathrm{cois}\varphi$$

写成矩阵形式为

$$\begin{Bmatrix} u \\ v \end{Bmatrix} = \begin{bmatrix} \cos\varphi & \sin\varphi \\ -\sin\varphi & \cos\varphi \end{bmatrix} \begin{Bmatrix} \bar{u} \\ \bar{v} \end{Bmatrix} = \begin{bmatrix} \lambda_{x\bar{x}} & \lambda_{y\bar{x}} \\ \lambda_{x\bar{y}} & \lambda_{y\bar{y}} \end{bmatrix} \begin{Bmatrix} \bar{u} \\ \bar{v} \end{Bmatrix}$$

$\lambda_{p\bar{q}}$ 称为方向余弦，也可简写为

$$\{q\} = [\lambda]\{\bar{q}\}$$

同样

$$\{\bar{q}\} = [\lambda]^{\mathrm{T}}\{q\}$$

也成立。

对三维只有挠度的情况，可写成

$$\begin{Bmatrix} u \\ v \\ w \end{Bmatrix} = \begin{bmatrix} \lambda_{x\bar{x}} & \lambda_{x\bar{y}} \\ \lambda_{y\bar{x}} & \lambda_{y\bar{y}} \\ \lambda_{z\bar{x}} & \lambda_{z\bar{y}} \end{bmatrix} \begin{Bmatrix} \bar{u} \\ \bar{v} \\ \bar{w} \end{Bmatrix}$$

同样，只有转角时，有

$$\begin{Bmatrix} \theta_x \\ \theta_y \\ \theta_z \end{Bmatrix} = [\lambda] \begin{Bmatrix} \bar{\theta}_x \\ \bar{\theta}_y \\ \bar{\theta}_z \end{Bmatrix}$$

当一个节点具有六个自由度时，则

$$\{q\} = \begin{Bmatrix} u \\ v \\ w \\ \theta_x \\ \theta_y \\ \theta_z \end{Bmatrix} = \left[\begin{array}{c:c} [\lambda] & 0 \\ \hdashline 0 & [\lambda] \end{array}\right] \begin{Bmatrix} \bar{u} \\ \bar{v} \\ \bar{w} \\ \bar{\theta}_x \\ \bar{\theta}_y \\ \bar{\theta}_z \end{Bmatrix} = [\Lambda]\{\bar{q}\}$$

对于梁单元，有两个节点，若每个节点有六个自由度时，就有

$$\{q\} = \begin{Bmatrix} q_i \\ \hdashline q_j \end{Bmatrix} = \left[\begin{array}{cc:cc} [\lambda] & 0 & 0 & 0 \\ 0 & [\lambda] & 0 & 0 \\ \hdashline 0 & 0 & [\lambda] & 0 \\ 0 & 0 & 0 & [\lambda] \end{array}\right] \begin{Bmatrix} \bar{q}_i \\ \hdashline \bar{q}_j \end{Bmatrix} = \left[\begin{array}{c:c} [\Lambda] & 0 \\ \hdashline 0 & [\Lambda] \end{array}\right] \begin{Bmatrix} \bar{q}_i \\ \bar{q}_j \end{Bmatrix} = [T]\{\bar{q}\}$$

式中，$[T]$ 称为转换矩阵。

对四个节点的矩形板单元，其转换矩阵为

$$[T]=\begin{bmatrix}[\Lambda] & 0 & 0 & 0\\ 0 & [\Lambda] & 0 & 0\\ 0 & 0 & [\Lambda] & 0\\ 0 & 0 & 0 & [\Lambda]\end{bmatrix}=\begin{bmatrix}[\lambda] & 0 & 0 & 0 & 0 & 0 & 0 & 0\\ 0 & [\lambda] & 0 & 0 & 0 & 0 & 0 & 0\\ 0 & 0 & [\lambda] & 0 & 0 & 0 & 0 & 0\\ 0 & 0 & 0 & [\lambda] & 0 & 0 & 0 & 0\\ 0 & 0 & 0 & 0 & [\lambda] & 0 & 0 & 0\\ 0 & 0 & 0 & 0 & 0 & [\lambda] & 0 & 0\\ 0 & 0 & 0 & 0 & 0 & 0 & [\lambda] & 0\\ 0 & 0 & 0 & 0 & 0 & 0 & 0 & [\lambda]\end{bmatrix}$$

同样,节点力的坐标变换是

$$\{\bar{F}\}=[T]^{\mathrm{T}}\{F\}$$

把单元的节点力与节点位移的关系式$\{F\}=[K]\{q\}$及$\{q\}=[T]\{\bar{q}\}$代入上式,则有

$$\{\bar{F}\}=[T]^{\mathrm{T}}[K][T]\{\bar{q}\}$$

记为

$$\{\bar{F}\}=[\bar{K}]\{\bar{q}\}$$

式中

$$\{\bar{K}\}=[T]^{\mathrm{T}}[K][T]$$

是把局部坐标定义的单元刚度矩阵$[K]$转变为以统一坐标系定义的单元刚度矩阵的计算公式。这个计算式适用于各种单元的情况,只是坐标转换矩阵$[T]$各不相同。

5.5 结构动力学问题的有限元法

一、结构的动力学方程

用有限元法也可以分析结构振动问题以及动态响应问题,即在动载荷下物体的应力、变形以及振动频率和振幅等问题。

动力学问题的有限元法也同静力学一样,要把物体离散为有限个数的单元体。不过此时物体受到载荷作用时,将要引起单元的惯性力——$\rho\{\ddot{d}\}\mathrm{d}V$和相应的阻尼力——$\gamma\{\dot{d}\}\mathrm{d}V$的作用。因此,在考虑单元特性时,不仅要考虑前述的静力学问题时的刚度矩阵K,还要考虑此刻的动力学问题引发的阻尼矩阵和质量矩阵这两个新的单元特性。

下面我们仍利用虚位移原理以有限元方法来推导弹性体结构的运动方程式。

在静力学的结构分析有限元法中,我们是把连续体剖分成通过节点连接的单元,并且把单元体内任意点的位移函数表示成

$$\{d\}=[N]\{q\}$$

并有

$$\{\varepsilon\} = [B]\{q\}$$

和

$$\{\sigma\} = [D][B]\{q\}$$

但是在结构动力学中,一般地说$\{d\} = [N]\{q\}$的关系是不成立的[1]。不过,当单元数目增多,因而有足够多的节点位移时,则$\{d\} = [N]\{q\}$还是位移函数的一个很好的近似表达式。然而这时的$\{q\}$应从结构系统的动力方程来确定。

现在对动载荷作用下的结构应用虚位原理。在任一特定的瞬时,可以假定位移$\{d\}$得到虚位移$\{\delta d\}$,且结构内部产生和$\{\delta d\}$相协调的虚应变$\{\delta\varepsilon\}$。这样,对于一个已知的瞬态应力分布$\{\delta\}$,就可以计算结构在给定瞬时的虚应变能为

$$\delta U = \int_V \{\delta\varepsilon\}^{\mathrm{T}}\{\delta\}\mathrm{d}V \tag{5.38}$$

不过此时外力所做的虚功除δW外,还将包括有惯性力和阻尼力所做的虚功δW_1,即还应包括有

$$\delta W_1 = -\int_V \rho\{\delta d\}^{\mathrm{T}}\{\ddot{d}\}\mathrm{d}V - \int_\gamma \gamma\{\delta d\}^{\mathrm{T}}\{\dot{d}\}\mathrm{d}V \tag{5.39}$$

根据虚位移原理,可以写出

$$\delta U = \delta W + \delta W_1$$

或

$$\int_V \{\delta\varepsilon\}^{\mathrm{T}}\{\sigma\}\mathrm{d}V = \delta W - \int_V \rho\{\delta d\}^{\mathrm{T}}\{\ddot{d}\}\mathrm{d}V - \int_\gamma \gamma\{\delta d\}^{\mathrm{T}}\{\dot{d}\}\mathrm{d}V \tag{5.40}$$

如果用F,P分别表示体积力和集中力,则式中的

$$\delta W = \int_V \rho\{\delta d\}^{\mathrm{T}}F\mathrm{d}V + \{\delta q\}^{\mathrm{T}}P$$

因为

$$\{d\} = [N]\{q\} \quad \{\varepsilon\} = [B]\{q\}$$

则

$$\{\delta d\} = [N]\{\delta q\} \quad \{\delta\varepsilon\} = [B]\{\delta q\}$$

结果可得

$$\int_V \{\delta q\}^{\mathrm{T}}[B]^{\mathrm{T}}[D][B]\{q\}\mathrm{d}V = \int_V \{\delta q\}^{\mathrm{T}}[N]^{\mathrm{T}}F\mathrm{d}V + \{\delta q\}^{\mathrm{T}}P -$$
$$\int_V \rho\{\delta d\}^{\mathrm{T}}[N]^{\mathrm{T}}\{\ddot{d}\}\mathrm{d}V - \int_\gamma \gamma\{\delta q\}^{\mathrm{T}}[N]^{\mathrm{T}}\{\dot{d}\}\mathrm{d}V \tag{5.41}$$

考虑到$\{\delta q\}$的任意性,等号两边的$\{\delta q\}^{\mathrm{T}}$可以消去,则得

$$\int_V [B]^{\mathrm{T}}[D][B]\{q\}\mathrm{d}V = \int_V [N]^{\mathrm{T}}F\mathrm{d}V + P -$$
$$\int_V \rho[N]^{\mathrm{T}}\{\ddot{d}\}\mathrm{d}V - \int_\gamma \gamma[N]^{\mathrm{T}}\{\dot{d}\}\mathrm{d}V \tag{5.42}$$

自

$$\{d\} = [N]\{q\}$$

得($\{\dot{q}\}$ 和$\{\ddot{q}\}$ 分别代表$\{q\}$ 的一阶和二阶导数)

$$\{\dot{d}\} = [N]\{\dot{q}\} \quad \{\ddot{d}\} = [N]\{\ddot{q}\}$$

所以

$$\int_V [B]^{\mathrm{T}}[D][B]\{q\}\mathrm{d}V = \int_V [N]^{\mathrm{T}}\gamma[N]\{\dot{q}\}\mathrm{d}V + \int_V [N]^{\mathrm{T}}\rho[N]\{\ddot{q}\}\mathrm{d}V = P + \int_V [N]^{\mathrm{T}}F\mathrm{d}V \tag{5.42a}$$

或写成

$$[K]\{q\} + [C]\{\dot{q}\} + [M]\{\ddot{q}\} = P + \int_V [N]^{\mathrm{T}}F\mathrm{d}V \tag{5.43}$$

这里的$[C] = \int_V [N]^{\mathrm{T}}\gamma[N]\mathrm{d}V$称为单元的阻尼矩阵;$[M] = \int_V [N]^{\mathrm{T}}\rho[N]\mathrm{d}V$称为单元的质量矩阵,它代表单元的惯性特性;$[K] = \int_V [B]^{\mathrm{T}}[D][B]\mathrm{d}V$ 就是单元的刚度矩阵;P 是集中力的列阵;$\int_V [N]^{\mathrm{T}}F\mathrm{d}V$ 代表体积力引起的等效集中力。

前已指出,对于结构系统动力学问题,$\{d\} = [N]\{q\}$ 是近似的。因此单元的阻尼矩阵$[C] = \int_V [N]^{\mathrm{T}}\gamma[N]\mathrm{d}V$ 和质量矩阵$[M] = \int_V [N]^{\mathrm{T}}\rho[N]\mathrm{d}V$ 也是近似的。但单元剖分较细时,其精度还是足够的。另外,对于静力学问题,形状函数$[N]$是由静态位移的分布确定的;就是说它仅是位置坐标的函数,即有 $N(x,y,z)$。但是对做强迫振动或自由振动的结构单元,形状函数还要考虑频率 ω 的影响,即此时有 $N(x,y,z,\omega)$。

当考虑频率 ω 的影响时,则相应的刚阵和质阵将分别变成[1]

$$[K] = [K_0] + \omega^4[K_4] + \cdots$$

$$[M] = [M_0] + \omega^2[K_2] + \cdots$$

其中的$[K_0]$ 和$[M_0]$ 代表单元的静力刚阵(与静力问题中的刚阵相似) 和静力质阵。而$[K_4]$ 和$[M_2]$ 以及其他的高次项分别代表它们的动力修正。

用和静力学问题中求刚阵$[K]$ 的相似办法来求单元的质阵时,也要考虑单元的局部坐标和全结构系统的统一坐标之间的转换。这时有

$$\{d\} = [T]\{\bar{d}\} \text{ 和} \{\ddot{d}\} = [T]\{\ddot{\bar{d}}\} \text{ 及} \{\delta d\} = [T]\{\delta\bar{d}\}$$

由虚位移原理有

$$\{\delta\bar{d}\}^{\mathrm{T}}(-[\bar{M}]\{\ddot{\bar{d}}\}) = \{\delta d\}^{\mathrm{T}}(-[M]\{\ddot{d}\})$$

将前述各式代入上式,从而,得

$$[\bar{M}] = [T]^{\mathrm{T}}[M][T] \tag{5.44}$$

直接把$[M] = \int_V \rho[N]^{\mathrm{T}}[N]\mathrm{d}V$代入上式得

$$[\bar{M}] = \int_V [T]^{\mathrm{T}}[N]^{\mathrm{T}}[N][T]\mathrm{d}V = \int_V \rho[\bar{N}]^{\mathrm{T}}[\bar{N}]\mathrm{d}V \tag{5.45}$$

其中的$[\bar{N}] = [N][T]$。

如果单元上除了均匀的质量外，在节点上还有真实的集中质量，则除单元质阵$[M]$或$[\bar{M}]$外，还应有和集中质量对应的质阵$[M_c]$和$[\bar{M}_c]$。它是一个对角矩阵，其阶数等于节点位移$\{q\}$的个数。对于没有任何集中质量的那些节点，则在$[M_c]$和$[\bar{M}_c]$的相应位置上填以“0”元素。此时单元的质阵是两者之和，即$[M] + [M_c]$或$[\bar{M}]$和$[\bar{M}_c]$。

阻尼较小的结构，其阻尼可以看成是比例阻尼。对于比例阻尼，其阻尼矩阵可以写成和质阵(或刚阵)成比例。即可以按类似于质阵$[M]$的方式来确定。例如，可选取

$$[C] = a_0[M] \tag{5.46}$$

或取为质阵$[M]$及刚阵$[K]$的比例之和[1]

$$[C] = a_0[M] + a_1[K] \tag{5.47}$$

或甚至取[1]

$$[C] = [M]\sum_{b=0}^{n-1} a_b([M]^{-1}[K])^b \tag{5.48}$$

其中a_b由$(b+1)$个频率下同类结构实验的$(b+1)$个阻尼比确定。

结构阻尼是结构内部由于材料的内摩擦引起的非粘性阻尼，它近似于线性。对于简谐振动来说，它和位移(应变)成比例，并与速度同方向。这时的阻尼矩阵也可以写成和刚阵成比例，如$[C] = a[K]$。

对于某些复杂的结构，当不能确定其阻尼性质时，它的阻尼系数可按临界阻尼的某个百分数来取值，即取[1]

$$\gamma = c\gamma_{临}$$

式中c是实际阻尼与临界阻尼之比，它应小于1。临界阻尼

$$\gamma_{临} = 2\sqrt{km} = 2m\omega$$

式中$\omega = \sqrt{\dfrac{k}{m}}$是结构的固有频率。

资料上推荐的阻尼比一般在0.02 ~ 0.24的范围内，这需要考虑材料和结构形式等因素选取。

对于无阻尼的自由振动，$[C] = 0$，$P = 0$，运动方程式(5.43)变成(不考虑体积力的作用时)

$$[M]\{\ddot{q}\} + [K]\{q\} = 0 \tag{5.49}$$

由于自由振动是简谐的，则位移可以写成

$$\{q\} = \{\delta\} e^{j\omega t} \tag{5.50}$$

式中的$\{\delta\}$是位移$\{q\}$的振幅列阵，ω是自由振动的频率，t是时间。

把式(5.50)代入式(5.49)中，由于

$$\{\ddot{q}\} = (j\omega)^2\{\delta\} e^{j\omega t} = -\omega^2\{\delta\} e^{j\omega t}$$

所以得

$$[M](-\omega^2\{\delta\} e^{j\omega t}) + [K]\{\delta\} e^{j\omega t} = 0$$

或

$$(-\omega^2[M] + [K])\{\delta\} = 0 \tag{5.51}$$

这就是无阻尼自由振动系统的运动方程式。

和在静力学问题中的$[K]$组成全结构刚阵K一样，也可以用同样方法由$[M]$和$[C]$组成全结构的质阵M和阻尼矩阵C。这样，对于自由振动，结构系统的运动方程可以分别写成：

对有阻尼的自由振动

$$(-\omega^2 M + j\omega C + K)\delta = 0 \tag{5.52}$$

对无阻尼的自由振动

$$(-\omega^2 M + K)\delta = 0 \tag{5.53}$$

在结构动力学计算中，求解结构的自由振动特性即固有频率和振动模态(振型)是其主要内容。计算经验表明，结构的阻尼对结构的频率和振型的影响不大。所以求频率和振型时可以不考虑阻尼的影响。因此，常用无阻尼的自由振动来求结构的频率和振型。

对于无阻尼的自由振动，式(5.53)的行列式

$$|-\omega^2 M + K| = 0 \tag{5.54}$$

是系统的特征方程式。从中可以求出自由振动系统的固有频率ω^2来。方法是把$|-\omega^2 M + K| = 0$展开，得出一个ω^2的n阶多项式。这个多项式的根就给出了固有频率(特征值)。正是这些固有频率才使$(-\omega^2 M + K)\delta = 0$中的$\delta$得到非零解。这样得到的频率的数目等于质阵$M$主对角线上非零质量系数的数目。

把从特征方程中求出的特征值(固有频率ω_i^2)代入方程$(-\omega^2 M + K)\delta = 0$可以求出特征向量(振动模态)$\delta$的相对比值，从而得到给定频率的振幅(振型)$\delta$。

若结构系统的某些节点有刚性约束条件，就和在静力学问题中一样，根据这些约束条件进行边界条件处理，就得到和减缩刚阵K_r对应的减缩质阵M_r。这时的运动方程就变成

$$(-\omega^2 M_r + K_r)\delta = 0 \tag{5.53a}$$

二、单元的质量矩阵

已给出单元的质量矩阵

$$[M] = \int_V [N]^{\mathrm{T}} \rho [N] \mathrm{d}V \tag{5.55}$$

式中的$[N]$就是单元的形状函数，ρ是物体的密度。

根据式(5.55)可以计算出各种单元的质量矩阵$[M]$。例如，平面弯曲问题的梁单元的质量矩阵

$$[M] = \frac{\rho AL}{420}\begin{bmatrix} 15b & 22l & 54 & -13l \\ 22l & 4l^2 & 13l & -3l^2 \\ 54 & 13l & 156 & -22l \\ -13l & -3l^2 & -22l & 4l^2 \end{bmatrix}$$

式中，A是梁的截面积。

平面问题中的三角形单元的质量矩阵

$$[M] = \frac{\rho AL}{12}\begin{bmatrix} 2 & 0 & 1 & 0 & 1 & 0 \\ 0 & 2 & 0 & 1 & 0 & 1 \\ 1 & 0 & 2 & 0 & 1 & 0 \\ 0 & 1 & 0 & 2 & 0 & 1 \\ 1 & 0 & 1 & 0 & 2 & 0 \\ 0 & 1 & 0 & 1 & 0 & 2 \end{bmatrix}$$

式中，A是单元面积；t是单元的厚度。

上面给出的质量矩阵是一致质量矩阵。如果不是用形状函数$[N]$求出的，而是把质量集中地分配在它们的节点上，则此质量矩阵称为集中质量矩阵；质量分配按静力学平行力的分解法则进行。

如两节点梁单元的集中质量矩阵为

$$\begin{array}{cccc} v_i & \theta_{xi} & v_j & \theta_{xj} \end{array}$$

$$[M] = \begin{bmatrix} m/2 & 0 & 0 & 0 \\ 0 & 0 & 0 & 0 \\ 0 & 0 & m/2 & 0 \\ 0 & 0 & 0 & 0 \end{bmatrix}\begin{matrix} v_i \\ \theta_{xi} \\ v_j \\ \theta_{xj} \end{matrix}$$

三节点平面三角形的集中质量矩阵为

$$[M] = \frac{m}{3}\begin{bmatrix} 1 & 0 & 0 & 0 & 0 & 0 \\ 0 & 1 & 0 & 0 & 0 & 0 \\ 0 & 0 & 1 & 0 & 0 & 0 \\ 0 & 0 & 0 & 1 & 0 & 0 \\ 0 & 0 & 0 & 0 & 1 & 0 \\ 0 & 0 & 0 & 0 & 0 & 1 \end{bmatrix}$$

上两式中，m 分别为梁单元和三角形单元的质量。从集中质量矩阵的形式可以看出，它们都是对角阵。这对结构系统固有频率的计算很有利。

平面问题中的矩形板单元的质量矩阵、板弯曲问题中的矩形板单元的质量矩阵、板弯曲问题中的矩形板单元的质量矩阵、板弯曲问题中的三角形板单元的质量矩阵、平面问题和弯曲问题组合时矩形板单元的质量矩阵以及三维问题四面体单元的质量矩阵的具体计算，可以参考有关书籍或资料，例如，参考文献中所列的第 15 和第 32 等。

三、求解自由振动问题简例

下面通过一个平面固支梁(轴)的例子，说明用有限元法解自由振动问题的方法。

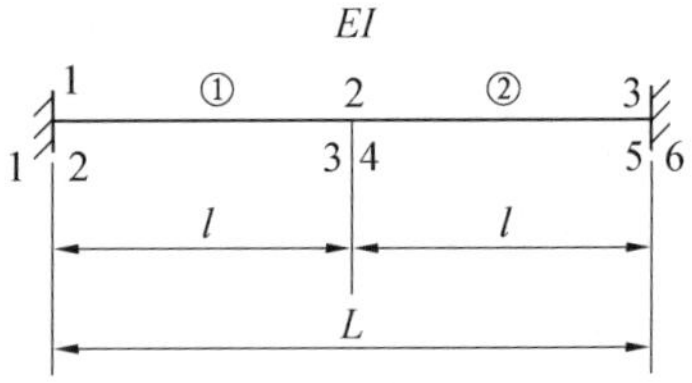

图 5.17　两端固支梁

设有如图 5.17 所示的两端固支的梁(如机床的传动轴)，现在求解它的固有频率和中点的振动状态。

将该轴分为两个单元。为了简化问题，这里不考虑频率的影响。这样，则得系统的总刚阵和总质阵为

$K =$ 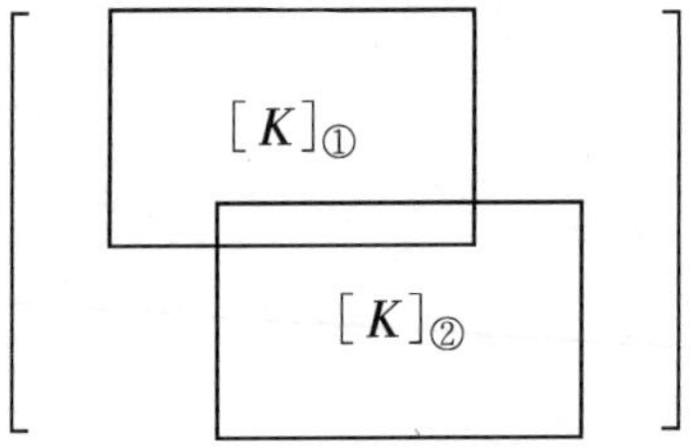

$$
\begin{array}{cccc}
3 & 4 & 5 & 6 \\
1 & 2 & 3 & 4
\end{array}
$$

$$
[K]_{①} = [K]_{②} = \frac{EI_z}{l^3}\begin{bmatrix} 12 & 6l & -12 & 6l \\ 6l & 4l^2 & -6l & 2l^2 \\ -12 & -6l & 12 & -6l \\ 6l & 2l^2 & -6l & 4l^2 \end{bmatrix}\begin{array}{cc} 1 & 3 \\ 2 & 4 \\ 3 & 5 \\ 4 & 6 \end{array}
$$

$M =$ 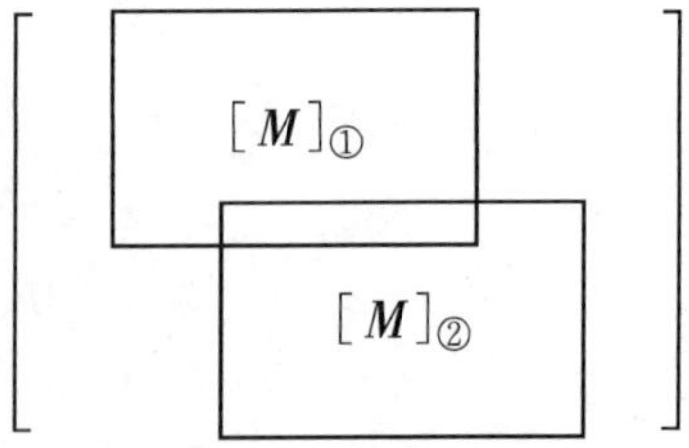

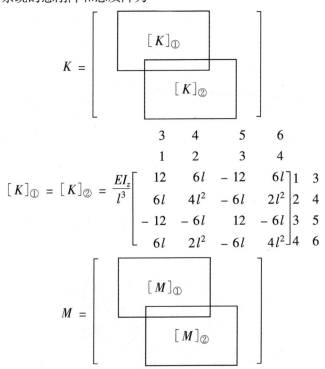

$$
\begin{matrix} & 3 & 4 & 5 & 6 \\ & 1 & 2 & 3 & 4 \end{matrix}
$$

$$
[M]_{①} = [M]_{②} = \frac{\rho A l}{420}\begin{bmatrix} 156 & 22l & 54 & -13l \\ 22l & 4l^2 & 13l & -3l^2 \\ 54 & 13l & 156 & -22l \\ -13l & -3l^2 & -22l & 4l^2 \end{bmatrix}\begin{matrix} 1 & 3 \\ 2 & 4 \\ 3 & 5 \\ 4 & 6 \end{matrix}
$$

所以

$$
\begin{matrix} 1 & 2 & 3 & 4 & 5 & 6 \end{matrix}
$$

$$
K = \frac{EI}{l^3}\begin{bmatrix} 12 & 6l & -12 & 6l & 0 & 0 \\ 6l & 4l^2 & -6l & 2l^2 & 0 & 0 \\ -12 & -6l & 12+12 & -6l+6l & -12 & 6l \\ 6l & 2l^2 & -6l+6l & 4l^2+4l^2 & -6l & 2l^2 \\ 0 & 0 & -12 & -6l & 12 & -6l \\ 0 & 0 & 6l & 2l^2 & -6l & 4l^2 \end{bmatrix}\begin{matrix} 1 \\ 2 \\ 3 \\ 4 \\ 5 \\ 6 \end{matrix}
$$

$$
\begin{matrix} 1 & 2 & 3 & 4 & 5 & 6 \end{matrix}
$$

$$
M = \frac{\rho A l}{420}\begin{bmatrix} 156 & 22l & 54 & -13l & 0 & 0 \\ 22l & 4l^2 & 13l & -3l^2 & 0 & 0 \\ 54 & 13l & 312 & 0 & 54 & -13l \\ -13l & -3l^2 & 0 & 8l^2 & 13l & -3l^2 \\ 0 & 0 & 54 & 13l & 156 & -22l \\ 0 & 0 & -13l & -3l^2 & -22l & 4l^2 \end{bmatrix}\begin{matrix} 1 \\ 2 \\ 3 \\ 4 \\ 5 \\ 6 \end{matrix}
$$

$$
\delta = \begin{Bmatrix} v_1 \\ \theta_{z1} \\ v_2 \\ \theta_{z2} \\ v_3 \\ \theta_{z3} \end{Bmatrix}\begin{matrix} 1 \\ 2 \\ 3 \\ 4 \\ 5 \\ 6 \end{matrix}
$$

从上面可以看到，全结构总质量矩阵也是对称矩阵。

在5.3节里，我们曾叙述了计算静态变形求解方程组前，就要根据结构支承条件来减缩结构总刚阵、节点位移列阵和力列阵，并称此为边界条件处理。在计算动态特性求解方程组前，也应进行边界条件处理，并可采用类似的减缩方法。在我们这个例子中，由于支承条件给出 $v_1 = \theta_{z1} = v_3 = \theta_{z3} = 0$，因此应把它们从 δ 列阵中划去，即将 K 和 M 中的第1,2,5,6行和第1,2,5,

6列划去。令单元的长度 $l=\frac{L}{2}$，将减缩后的 K_r，M_r 和 δ_r 代入式(5.53)，则得固支梁的运动方程式

$$\left(-\omega^2\frac{\rho AL}{840}\begin{bmatrix}312 & 0\\ 0 & 2L^2\end{bmatrix}+\frac{EI}{L^3}\begin{bmatrix}192 & 0\\ 0 & 16L^2\end{bmatrix}\right)\begin{Bmatrix}v_2\\ \theta_{z2}\end{Bmatrix}=\begin{Bmatrix}0\\ 0\end{Bmatrix}\tag{5.56}$$

令 $\beta=\frac{840EI}{\omega^2\rho AL^4}$，则得

$$\left(-\begin{bmatrix}312 & 0\\ 0 & 2L^2\end{bmatrix}+\beta\begin{bmatrix}192 & 0\\ 0 & 16L^2\end{bmatrix}\right)\begin{Bmatrix}v_2\\ \theta_{z2}\end{Bmatrix}=\begin{Bmatrix}0\\ 0\end{Bmatrix}$$

$$\begin{bmatrix}-(312-192\beta) & 0\\ 0 & -L^2(2-16\beta)\end{bmatrix}\begin{Bmatrix}v_2\\ \theta_{z2}\end{Bmatrix}=\begin{Bmatrix}0\\ 0\end{Bmatrix}\tag{5.56a}$$

此式若有解，则其系数行列式应为0，即

$$\begin{vmatrix}-(312-192\beta) & 0\\ 0 & -L^2(2-16\beta)\end{vmatrix}=0$$

或

$$L^2(312-192\beta)(2-16\beta)=0$$

由此解得

$$\beta_1=\frac{312}{192}\quad \beta_2=\frac{2}{16}$$

而

$$\omega^2=\frac{840EI}{\beta\rho AL^4}$$

所以

$$\omega_1=\sqrt{\frac{840EI}{\beta_1\rho AL^4}}=\frac{1}{L^2}\sqrt{\frac{840}{\beta_1}}\sqrt{\frac{EI}{\rho A}}=\frac{22.736}{L^2}\sqrt{\frac{EI}{\rho A}}$$

$$\omega_2=\sqrt{\frac{840EI}{\beta_2\rho AL^4}}=\frac{1}{L^2}\sqrt{\frac{840}{\beta_2}}\sqrt{\frac{EI}{\rho A}}=\frac{81.976}{L^2}\sqrt{\frac{EI}{\rho A}}$$

用一般力学公式算得的频率精确值为

$$\omega_1=\frac{22.738}{L^2}\sqrt{\frac{EI}{\rho A}}$$

$$\omega_2=\frac{61.670}{L^2}\sqrt{\frac{EI}{\rho A}}$$

我们计算得到的频率的误差分别为1.62%和32.93%。若将单元划分得更小，单元数量增加，则计算误差可以减小。

将上面解得的 ω 值代入式(5.56),或将解得的 β 值代入式(5.56a),可以分别得到两个方程组

$$\begin{bmatrix} 0 & 0 \\ 0 & 24L^2 \end{bmatrix} \begin{Bmatrix} v_2 \\ \theta_{z2} \end{Bmatrix} = \begin{Bmatrix} 0 \\ 0 \end{Bmatrix}$$

$$\begin{bmatrix} -288 & 0 \\ 0 & 0 \end{bmatrix} \begin{Bmatrix} v_2 \\ \theta_{z2} \end{Bmatrix} = \begin{Bmatrix} 0 \\ 0 \end{Bmatrix}$$

由此可以解得在二阶时的 $\theta_{z2} = 0, v_2 = 0$。这与一般力学公式解得的结果也是一致的。

四、结构系统动力学问题的有限元解法

结构系统动力学问题主要是通过方程式(系统的自由振动方程)$[M]\{\ddot{q}\} + [C]\{\dot{q}\} + [K]\{q\} = 0$ 求解系统的特征值,即系统的固有频率(即自由振动频率)和相应的振型(即振动模态)。这在矩阵运算中称为特征问题的求解,也就是求解矩阵的特征值和特征向量;以及通过方程式(系统的强迫振动方程)$[M]\{\ddot{q}\} + [C]\{\dot{q}\} + [K]\{q\} = P + \int_V [N]^{\mathrm{T}} F \mathrm{d}V$ 求解系统的动力响应,以求得系统的动态位移(振型)和相应的速度及加速度。

求解系统特征值问题的方法,有雅可比方法、幂迭代法和反迭代法、子空间迭代法等。

求解系统响应问题的方法,有振型叠加法和逐步积分法等。

有关系统特征值问题和系统响应问题的具体计算方法,可以参考前面推荐的参考文献中的第 15 和第 32 等。

5.6　有限元法的前后置处理简介

有限元法是一种被广泛应用于工程中的基本数值分析方法。它所分析的区域可以具有任意形状、载荷和边界条件;可以联合使用不同类型、形状和物理性质的单元;有限元网格与真实结构具有高度的物理相似,不是难以形象化的数学抽象,易于为工程技术人员所理解。

使用有限元法所要克服的最大障碍之一,是将一般的几何区域离散为有效的有限元网络以及对分析结果的处理。不仅网格生成过程枯燥、冗长和容易出错,而且有限元分析的精度和花费直接依赖于单元的尺寸、形状和单元在区域中的数量。有限元分析的结果是大量的数据,如节点位移、单元的应力和应变等,对于这些数据的分析也要做大量细致的工作。

有限元法前处理的目的是为减少数据准备的工作量,采用特殊剖分(最优剖分)以使得分析结果逼近真实解。将分析结果可视化,是有限元法后置处理所要解决的问题。

一、有限元网格自动生成

自动网格剖分要求有限元分析输入文件既要能直接从几何模型中产生几何描述,又可根

据事后误差估计和精化预测要求，具有自适应网格精化的能力。

因为自动网格剖分具有潜在的巨大收益，这一领域受到许多研究者的关注。目前，多数研究集中于自由网格剖分，如二维四叉树和三维八叉树、三角化或子结构化这样的技术。一般来说，这些剖分技术所产生的三角形单元的精度低于四边形单元。这些方法中的一部分已被扩展到用于生成全四边形网格。另一种方法是使用参数空间映射来生成全四边形或三角形网格。这项技术并不是完全自动的，所以在分析中必须先将几何区域分解成能与参数空间映射较好的区域。

尽管映射技术费力而且要有专门经验，但为了追求分析精度和采用较少的单元及节点，许多熟练分析人员宁可使用这种方法而不使用其他技术。对于形状简单的几何体，还可以用扫描变换这种基本的计算机图形学方法生成二维四边形单元和三维六面体单元，此时不需要生成几何模型，可以认为它是映射法的一个特例。

1. 结构几何模型表示方法

几何模型一般有两种途径生成：一种是由其他计算机辅助设计软件生成的几何模型转换得到；另一种是由有限元前处理软件内部生成。目前除结构几何描述的单元分解法被直接运用于有限元网格剖分之外，常用的几何表示模式还有：边界表示（简称 B-ReP）及结构的立体几何表示（简称 CSG）等。

（1）单元分解表示模式

这种表示模式的思想是：将几何形体所在的空间依据一定的规则划分为许多单元，这些单元可以是四面体或六面体单元等。单元可能有三种情况：

1）单元在形体中；

2）单元在形体边界上；

3）单元在形体外。

对于第一种情况，单元记为实；第三种情况单元记为空；在第二种情况下，可以划分为更小的单元，直到满足形体的几何精度要求为止。

采用这种模式可以描述任何形状的几何体。然而这种表示模式是近似的，对于较复杂的形体，必须在边界上划分出很细的单元。为克服这个缺点，可在原单元的基础上增加三种单元，即：含有形体顶点的单元，称为顶点单元；含有形体一条边的单元，称为边单元；含有一个面的单元，称为面单元。

（2）边界表示模式

边界表示的思想是采用描述三维几何体表面的方法来描述几何形体。一般可以认为：一个形体是由有界的平面或曲面构成的一个封闭实体；每个有界面是由有限条边围成的封闭区域；封闭区域由曲面方程等定义；而曲面也可以用多个平面多边形来组合。因此，在边界表示中，形体由面组成，面由多边形组成，多边形由边组成，边由一系列有序的顶点组成。

例如，图 5.18(a) 所示的立方体，设 p_i 表示顶点，e_i 表示边，f_i 表示面，则其边界表示如图

5.18(b)。

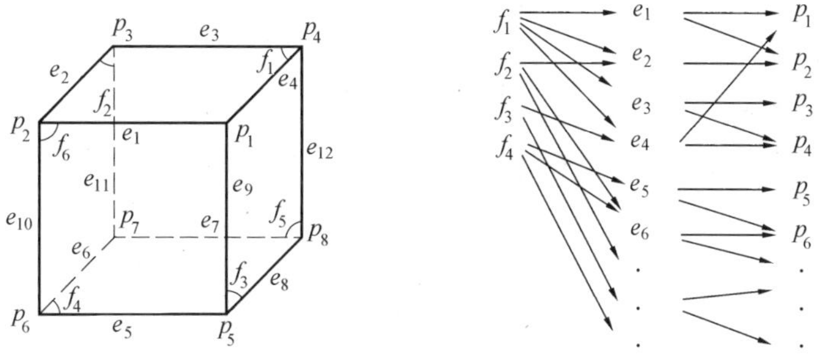

(a) 立方体　　　　(b) 边界表示

图 5.18　结构的边界表示模式

(3) 结构的立体几何表示模式

结构立体几何表示的思想是采用一些简单的体素，如圆锥体、长方体、棱锥、圆环、劈和球等，通过一系列的布尔运算 —— 并、交、差来构成复杂形体。“并”运算可理解为“堆积”，是把若干个基本体素按一定的次序和位置堆积起来，组成一个完整的形体。“差”可理解为“挖切”，是在一个形体上按一定的次序切角、开槽、钻孔等而形成的新的形体。“交”可理解为“相贯”，是用相交的方式组合两个或两个以上的形体生成新的形体。

例如，图 5.19 所示的形体，即是用布尔运算生成的。

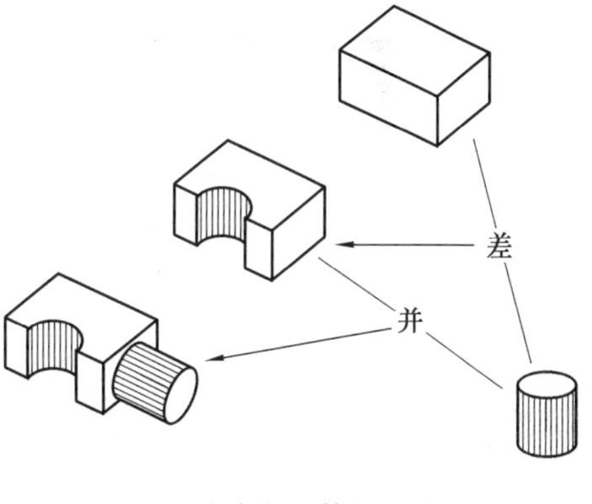

图 5.19　由布尔运算得到的实验

在边界表示中，形体的面、边及其关系的表示具有实用性。但这种表示方法要求准确地描述多边形和它的边、顶点的几何和拓扑信息，这对手工构成是很困难的。如果信息描述不准确，将会导致由这些信息生成的图形与实物不符合。例如，可能出现两个面之间有间隙，面上的多边形不闭合等。结构立体几何表示能够直观地表达形体，但对于某些图形的处理，不能提供有效的数据。

许多集成化的计算机辅助设计程序，综合采用上述后两种表示(即 CSG 和 B-ReP) 模式。如在形体生成时采用 CSG 模式，当要做某些图形处理时，要对表示模式进行转换。例如，许多有限元网格剖分方法在构成剖分区域时采用的是 B-Rep 模式，这样可以充分利用两种模式的优点。

2. 映射网格生成方法

映射网格生成法主要用于生成四边形单元，对于三条边组成的映射区域生成三角形单元。

在有限元分析中,接近边界的单元特性对分析精度起到重要的作用,而四边形单元的分析精度优于三角形单元。

映射网格生成方法是基于边界的有规则网格剖分方法。最简单的映射网格生成是在平面四边形区域上生成网格,每条边是简单的直线和曲线,这样可以在每一条边上按一定的规则生成节点,然后分割区域。边界上的线段可设置分割份数,以及节点分割比例因子。

(1) 线段的剖分

直线段由两顶点 p_1 及 p_2 定义。设将线段分为 N 段,即生成 $N+1$ 个节点,定义参数 $t\in[0,1]$,则第 i 点的参数为

$$t_i=\begin{cases} t_0+\dfrac{i}{N}(t_N-t_0) & q=1 \\ t_0+\dfrac{1-q^i}{1-q^N}(t_N-t_0) & q\neq 1 \end{cases} \tag{5.57}$$

式中,$i=1,2,\cdots,N$;q 为参数分割的比例因子,且

$$q=\frac{t_{i+1}-t_i}{t_i-t_{i-1}} \tag{5.58}$$

则对应于 t_i 的分割点坐标为

$$p(t_i)=\begin{bmatrix} t_i & 1 \end{bmatrix}\begin{bmatrix} -1 & 1 \\ 1 & 0 \end{bmatrix}\begin{Bmatrix} p_1 \\ p_2 \end{Bmatrix} \tag{5.59}$$

曲线段上节点生成时,首先将其描述为参数曲线。例如,一般的三次参数曲线可表示如下:

$$\begin{cases} x(t)=a_xt^3+b_xt^2+c_xt+d_x \\ y(t)=a_yt^3+b_yt^2+c_yt+d_y \\ z(t)=a_zt^3+b_zt^2+c_zt+d_z \end{cases} \tag{5.60}$$

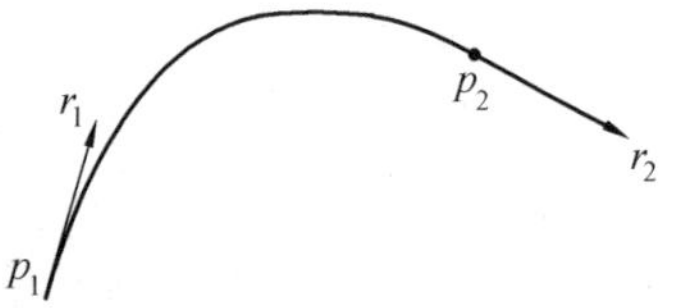

图 5.20　三次 Hermite 曲线段

式中,$0\leqslant t\leqslant 1$。只要计算出分割点参数 t_i,即可由式(5.60)计算得到分割点坐标 $p(t_i)$。图 5.20 表示的三次埃尔米特曲线段,由 p_1,p_2 及切线矢量 r_1 和 r_2 确定(读者可能在其他资料中看到采用的下角标为1和4,那是为了与其他曲线表示方法的下角标一致),对应于式(5.57)的分割点坐标为

$$p(t_i)=T_iM_hG_h \tag{5.61}$$

式中

$$T_i=\begin{bmatrix} t_i^3 & t_i^2 & t_i & 1 \end{bmatrix}$$

称为参数矩阵;

$$M_h=\begin{bmatrix} 2 & -2 & 1 & 1 \\ -3 & 3 & -2 & -1 \\ 0 & 0 & 1 & 0 \\ 1 & 0 & 0 & 0 \end{bmatrix}$$

称为埃尔米特矩阵；

$$G_h = [p_1 \quad p_2 \quad r_1 \quad r_2]^T$$

称为几何矩阵。

由式(5.61) 可以看出，只要已知曲线的参数方程，则能简单地导出分割点坐标的表达式。

(2) 二维区域的剖分

一般的映射网格区域是由三条或四条边定义的。每一条边可以是简单的线段或复合线段(用 C 表示线段)，如图 5.21(a) 所示。这些线段在同一个曲面上，如果没有定义曲面，则应生成一个孔斯曲面片，允许四条边界可以是任意类型的参数曲线。在参数空间中的定义如图 5.21(b)，这样，区域中的任意一点都可以简单地由超限插值确定。

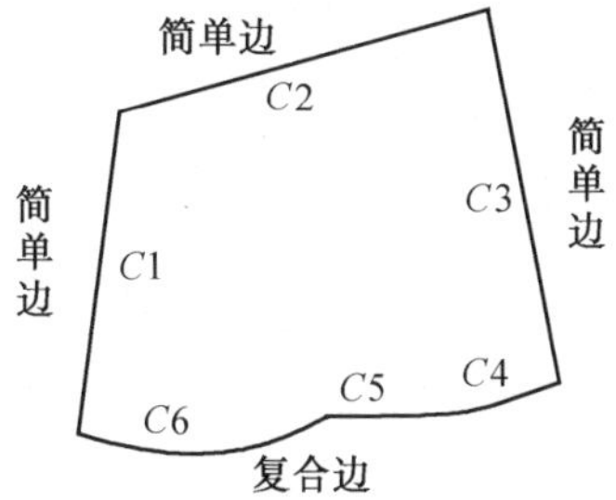

(a) 四条边组成的网格区域

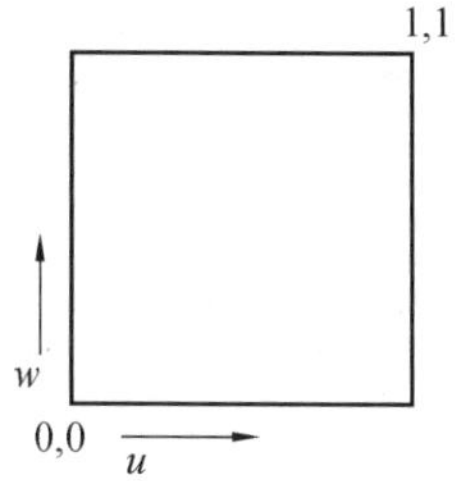

(b) 参数空间

图 5.21　映射网络区域

3. 自由网络生成方法

自由网格剖分适合于全自动过程，自由网格剖分可分为：拓扑分解法、基于栅格法的四叉树和八叉树技术、节点连接方法及几何分解法等。下面仅对前两种方法加以说明。

(1) 拓扑分解法

二维平面区域是由直线或曲线边和顶点构成的封闭域。在剖分中，首先将区域初步分解成一组粗略的三角形单元，或者说分解为一组类似于单元的仅具有三个顶点的区域，此时并不考虑单元真正的尺寸和形状，这些粗略的单元还将要进行进一步的剖分。

1) 对于多连通域，即具有内环的区域，应将其转换为单连通域。先处理距离外环最近的内环，用一条直线连接外环到内环最后的顶点，将其并入外环，再处理下一个内环，直到处理完所有内环为止。当内环或外环为(或有) 曲线段时，应依据一定的判据，按照映射网格生成方法中叙述的方法，对曲线段进行剖分。

2) 然后，利用区域边界的顶点，将区域分割为一组互不相交的粗略的三角形单元。此时应注意这些三角形单元的有效性，即所有三角形的并集应为原区域。具体做法是：每次寻找一个相邻的两条边组成一个三角形，并且这个三角形的边界和内部均不包含区域中其他的顶点和边界。可以证明，至少存在着一个这样的三角形，如图 5.22(a) 所示。这种方法称为环切边界。

3) 粗略的三角形单元生成后，可以利用其他适用于凸区域的网格剖分方法(如映射法) 进

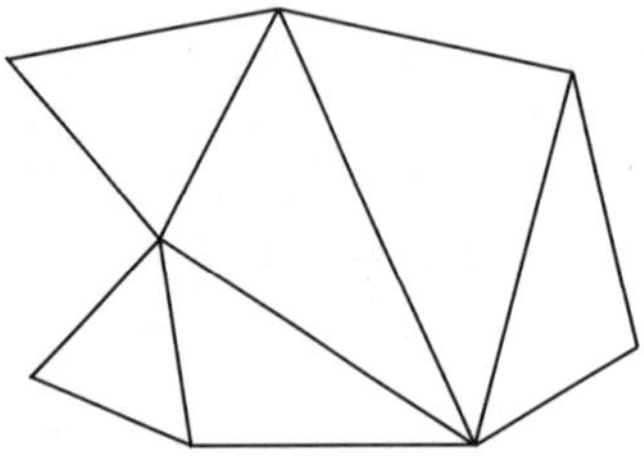

(a) 单元初步剖分

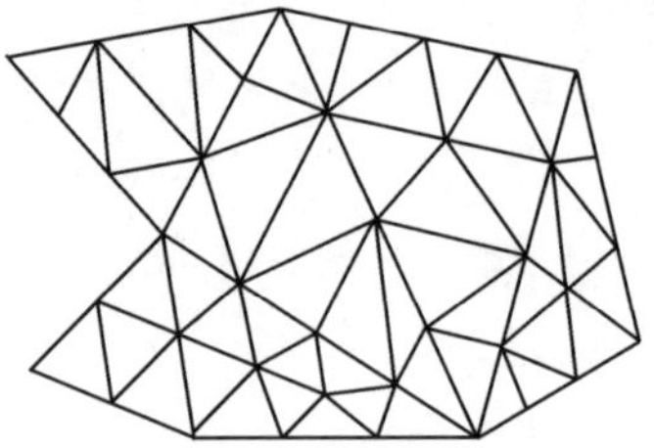

(b) 单元细分

图 5.22　拓扑分解法

行单元细分,如图 5.22(b) 所示。在这一步工作中,与映射网格部分相似,要求保证粗略的三角形单元间节点剖分一致。

拓扑分解法可以推广到三维网格剖分,其方法和二维做法相似。对于具有孔的多面体,可以先将其在孔处切开,处理为没有孔的单连通域;然后选择一个具有三条边与其相连的顶点,从角部切下一个四面体,如果没有仅与三条边相连的顶点,则取一条边,切下一个四面体,直到最后一个四面体被切除。在四面体切除中,必须检查其状态,即没有任何其他顶点或边在被切除四面体的表面上或内部。

(2) 基于栅格的四叉树和八叉树技术

直接的栅格方法是几何造形中单元分解表示模式在有限元网格剖分中的应用。对于二维区域,首先生成一幅网格模板。这个模板可以是矩形或三角形的栅格,如图 5.23(a) 所示。栅格可以看成是一个个单元,对于处于剖分区域以内的单元,予以保留;处于剖分区域以外的单元,则删除之;包含一个顶点或一个边的单元,要视不同情况予以处理,即:对单元进行删除、裁剪、分割和调整相邻单元节点等操作。如图 5.23(b) 所示。

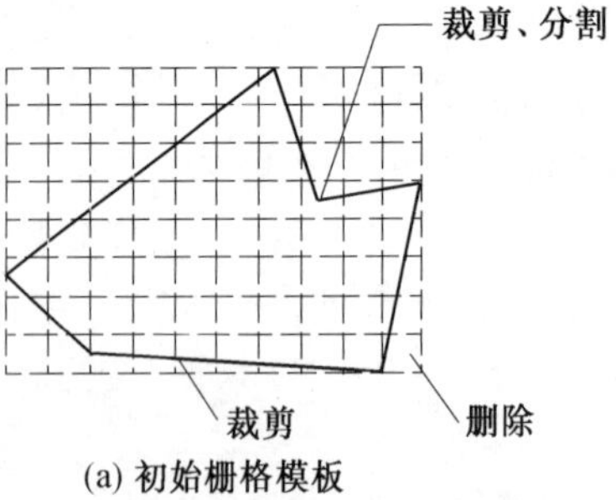

(a) 初始栅格模板

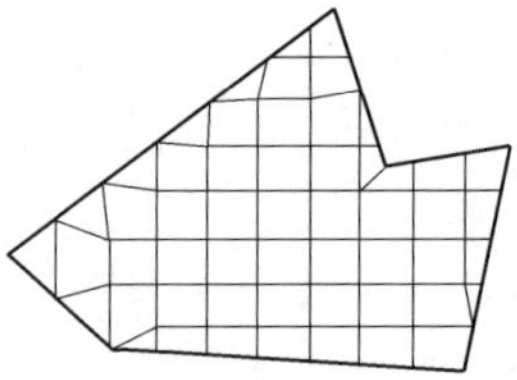

(b) 生成的网格

图 5.23　用栅格法实现网格剖分

当区域边界的某条线段长度过分小于栅格尺寸时,上述方法可能丢掉这条边,导致网格与原区域不符。为解决这一问题,可以在边界上用其他方法进行一层单元剖分,内部区域仍使用栅格,依靠调整节点坐标,形成最后的网格剖分。

四叉树技术是将待剖分的二维区域分解为四分元，四分元有两种：矩形和三角形。如图 5.24 所示。

对于处理于区域内部的四分元一直分解到满足网格剖分密度为止，由于相邻的四分元可能具有不同的尺寸，这时，要实现不同尺寸四分元的过渡，如图 5.25 所示。

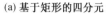

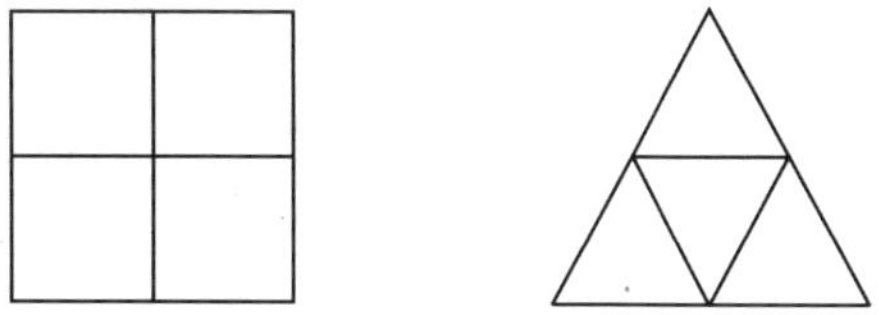

(a) 基于矩形的四分元　(b) 基于三角形的四分元

图 5.24　不同类型的四分元

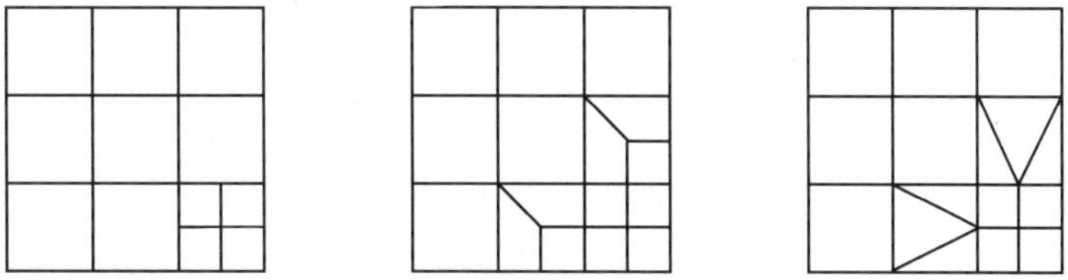

(a) 相邻四分元具有不同尺寸　(b) 用四边形单元实现过渡　(c) 用三角形单元实现过渡

图 5.25　不同尺寸四分元的过渡

无限地分割四分元是难以做到，也是不必要的，这样总会有四分元包含一个顶点或一条边，与栅格法一样，需要对这些四分元进行处理。

三维八叉树技术是将三维区域分解为八分元。八分元有两种：六面体和四面体。具体方法从略。

4. 网格的光滑与松弛

三角形单元的最优形状是等边三角形；四边形单元的最优形状则是正方形。对于三角形剖分，如果一个内部网格节点是具有大于或小于六个单元与其相连，则认为是不规则的，对于四边形单元则应为四个。因此，通常使用的网格具有较少的不规则节点，特别是接近边界的单元要处于临界形状。即使在调整内部节点坐标后，共用一个节点的单元数量控制着最终单元的形状。

(1) 单元的形状性能系数

形状性能系数从某种程度上反映了有限元分析的精度。可以通过三角形单元的形状性能系数 α 来评价单元形状。设有三角形 ABC，对于等边三角形的 $\alpha(ABC)=1$；等腰直角三角形的 $\alpha(ABC)=0.866$；顶角为 30° 的等腰三角形的 $\alpha(ABC)=0.7637$；顶角为 30° 的直角三角形的 $\alpha(ABC)=0.75$。

对于四边形 $ABCD$，可以沿两边对角线将其分为四个三角形，如图 5.26(a) 所示。对于每个三角形，设按 α 数值大小升序排列，则四边形 $ABCD$ 的形状性能系数为

$$\beta = (\alpha_3 \cdot \alpha_4)/(\alpha_1 \cdot \alpha_2)$$

其中 $\alpha_1 \geqslant \alpha_2 \geqslant \alpha_3 \geqslant \alpha_4, \{\alpha_1, \alpha_2, \alpha_3, \alpha_4\} = \{\alpha(ABC), \alpha(ACD), \alpha(ABD), \alpha(BCD)\}$。

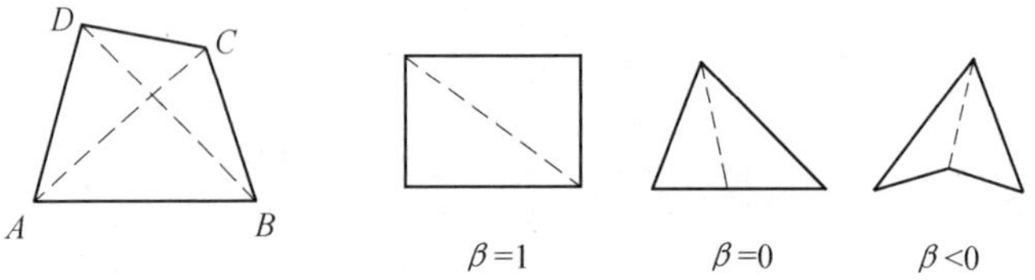

(a) 四边形 $ABCD$　　(b) 典型四边形的 β 值

图 5.26　四边形的形状性能系数

有效的四边形形状性能系数在 0 ~ 1 之间，当四边形为非凸时，形状性能系数小于 0，图 5.26(b) 表示了典型四边形的形状系数值。图中标出了三个四边形的 β 值，其中的 $\beta < 0$ 的四边形是奇异的，是不宜采用的。

(2) 网格的光滑

网格光滑是为了重新定位区域内部节点的坐标，以改善网格的形状。对内部节点 p_i，共用该节点的单元节点为 p_{nj}，p_{nk} 和 p_{nl}(对三角形单元有 $p_{nk} = p_{nl}$)，引入形状因子 $w \in [0,1]$，则有

$$p_i = \frac{1}{N(2 - \omega)} \sum_{n=1}^{N} (p_{nj} + p_{nk} - w \cdot p_{nk}) \tag{5.63}$$

式中 N 为共用节点 p_i 的单元数。$w = 1$ 为四边形单元网格的等参光滑；$w = 0$ 为三角形单元网格的拉普拉斯光滑。一般对所有节点重新定位两次，则网格的规则性会明显改善，提高单元形状性能系数。

网格的光滑使得三角形尽可能等边，且避免了接近 180° 的角。然而网格光滑并不能完全和有效地消除钝角三角形。因为任何连接四条边的内部节点，其周围四个角的均值为 90°，若其中之一小于 90°，则至少有一个其他角为钝角；而连接多于四条边的节点，其周围生成钝角的机会较少。同样，连接边大于 9 或 10 的内部节点周围易出现小于 30° 的角，这也可能导致钝角三角形。由此可见，三角形网格内部节点的连接边应趋于 6，四边形网格内部节点连接边应趋于 4，则能生成近于规则的网格。

(3) 网格的松弛

网格松弛的目的是为了减小单元联接的不规则度。对于三角形网格来说，网格的松弛是比较简单且有效。下面介绍三角形网格的松弛方法。

定义节点的度为连接该节点的边的个数 d_k，定义节点的最优度为 D_k。对于内部节点有 $D_k = 6$，对于边界节点应有 $D_k \leqslant 6$。设边界节点 k 处的内角为 ϕ_k，以 60° 分割可得单元数 $V_k \in [1,6]$

$$
V_k = \begin{cases} 1, 0^\circ < \phi_k \leqslant \alpha_1 \\ 2, \alpha_1 < \phi_k \leqslant \alpha_2 \\ 3, \alpha_2 < \phi_k \leqslant \alpha_3 \\ 4, \alpha_3 < \phi_k \leqslant \alpha_4 \\ 5, \alpha_4 < \phi_k \leqslant \alpha_5 \\ 6, \alpha_5 < \phi_k < 360^\circ \end{cases} \tag{5.64}
$$

式中 $\alpha_i = 60^\circ\sqrt{i(i+1)}$ 是区间(0°,360°)的分点。边界节点的最优度为 $D_k = V_k + 1$。定义每一节点的残度为 $E_k = d_k - D_k$。设网格节点数为 N,整个网格的不规则性以网格全部节点残度的平方和来度量

$$
R = \sum_{k=1}^{N} E_k^2 = \sum_{k=1}^{N} (d_k - D_k)^2 \tag{5.65}
$$

由式(5.65)可见,在网格松弛过程中,应减小节点的正残度和增加节点的负残度,使得不规则度减小。节点的度等于连接该节点的边数,只有通过调整连接节点的边来实现网格松弛,如图5.27所示。从图中可以看出,将 $kmjn$ 的内部剖分边由 kj 改变为 mn 后就显著改善了单元的不规则度。

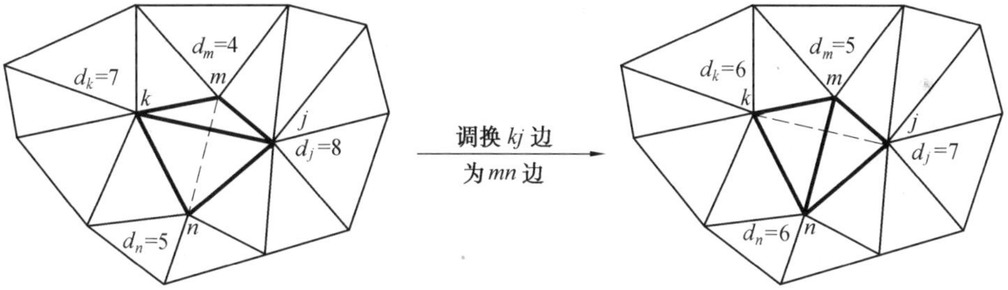

图 5.27　调换边实现网格松弛

二、有限元法的后置处理

后置处理是通过直观的图形来描述有限元分析的结果,以便于对其进行分析、检查和校核。后置处理输出的图形包括网格、静态变形、振型、应力及应变等。

1.网格图

网格图的简单显示可用线框来绘制。例如,四边形单元由四条边显示,六面体单元由十二条边显示等。所以,绘制出单元每条边即绘制出了网格图。当网格节点较多,或采用三维实体单元时,很难看出结构的几何形状,所以有时必须对网格进行消隐处理,使得网格图表达的意义更明确。

消隐处理方法的基本原理是:空间物体各个面在投影平面上投影后产生重叠,这样,某些

面可能被其他面全部或部分遮挡,而变得全部或部分不可见。将相互重叠部分根据边界相交划分为多个子区域,相应物体表面的线段被划分为多个子线段;每个子线段非端点上的任意点可见性即代表该子线段的可见性,通常取子线段的中点来判断。

在有限元网格图消隐中,如果对每条线段和每个面进行上述的运算,则计算量是相当大的。对全为三维实体单元的网格,判断线段和面是否应该参与运算可按如下方法进行:

(1) 从给定节点向任一方向作射线,穿过形体表面的次数若为奇数,则表明该节点处于形体内部,因而与此节点相连的线段及面不必参与运算。这种方法必须基于几何模型,即已知形体的表面。

(2) 若与给定节点相连的每个单元面皆为两个单元的公共面,则与此节点相连的线段和面不必参与运算。

根据有限元模型的特殊性,可以用深度优先的方法来进行消隐处理。根据深度由大到小依次用区域填充的方法绘出每个单元,深度小的单元覆盖了深度大的单元,这样即得到消隐效果。但是,这种方法在某些地方(如单元尺寸相差太大,而单元又是相邻的情况下)会产生不太理想的效果,即产生不正确的消隐。这种方法也不便于直接利用绘图机输出。

2. 节点位移的描述

用结构的变形图来描述节点位移比较直观。变形图可以表示结构在静载下的位移和自由振动的振型。显示变形图与显示网格图的方法相似,所不同的是节点的坐标位置发生了变化,变形后的节点坐标为

$$X = X_0 + \Delta X \tag{5.66a}$$

式中,X_0 为节点坐标,ΔX 为变形量。

一般情况下,变形量相对于结构尺寸很小,致使按式(5.66a)计算得到的坐标值难以反映结构的变形,所以必须将其改为

$$X = X_0 + \alpha\Delta X \tag{5.66b}$$

式中,α 为放大系数。取合适的 α 值,即可得到表达明确的变形图。为了比较变形前与变形后的结构,可将它们重叠显示。

振型图绘制与变形图绘制相似,为了得到动态的视觉效果,可以绘制一组相应的变形图,节点坐标为

$$X_i = X_0 + \alpha\sin\left(\frac{2\pi}{N}i\right)\Delta X \tag{5.67b}$$

式中,N 为显示图幅数,$i = 0,1,\cdots,N-1$,ΔX 为振型向量,但不包括转角。

有时可能关心结构上某些节点的变形数值,这时可以用二维坐标图来表示结构的变形情况。例如,用横坐标表示节点在整体坐标系中的位置,纵坐标表示变形量。

3. 应力图和应变图

应力图和应变图一般较多地采用等值线来描述,并且只需要绘制结构的表面或某一方向

的应力和应变。设最大和最小应力和应变值为 π_{max} 和 π_{min}，等值线数为 $N > 2$，则等应力值或等应变值可以按式(5.68) 确定。

$$\pi_i = (\pi_{max} + \pi^*)Q^{i-1} - \pi^* \quad (i = 1,\cdots,N) \tag{5.68}$$

式中 π 为基准平移值，保证 $\pi_{min} + \pi^* > 0$，Q 为应力降低系数

$$Q = \left(\frac{\pi_{min} + \pi^*}{\pi_{max} + \pi^*}\right)^{\frac{1}{N-1}} \tag{5.69}$$

等值线的绘制方法是：在结构表面或截面上利用插值方法得到离散的数据点，将单元坐标系下的数值，变换到整体坐标系下。确定绘制等值线的值，通过对数据进行搜索、提取，即可得到等值点，用等值线跟踪的办法即可绘出等值线。等值线应该既不相交也不分叉。

三、有限元法前后置处理的应用举例

仿真转台的整体动态分析。

仿真转台是用于飞行器半物理仿真的重要设备，要求精度高。整个转台在载荷作用下，其动态特性(振动频率和各阶振型) 直接影响到转台的仿真精度。因此，对转台的动态特性有严格要求。

1. 转台结构及计算模型

图 5.28 是某型三轴转台的几何模型。它由外框、中框、内框和直立的传动轴及其支座组成。支座是铸铁的，传动轴是钢的。驱动电机通过传动轴带动外框转动。中框安装在外框两个端孔中，它们起到中框的支承和驱动电机基座的作用。中框是双轴同步驱动的。内框又安装在中框内，并可在其中转动。

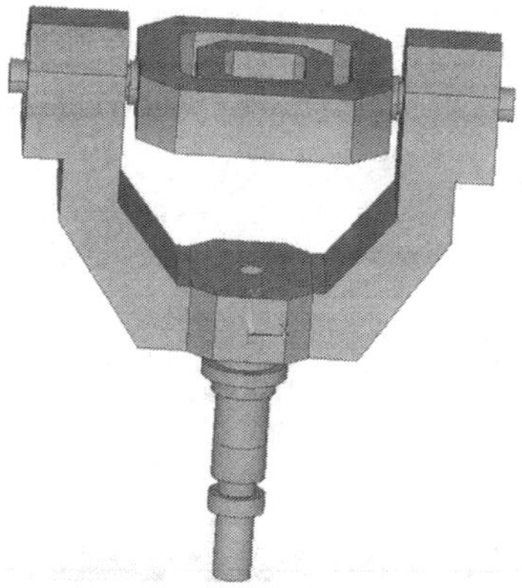

图 5.28　转台的几何模型

由于此转台是由三个可转动的框架组成，所以简称三轴转台。

三个框架的材料都是铸造铝合金的，其弹性模量为 $E = 0.7 \times 10^{11}\text{N/m}^2$，波桑系数为 $\mu = 0.33$，密度 $\rho = 2.7 \times 10^3\text{kg/m}^3$。轴的材料是钢，其弹性模量为 $E = 2.1 \times 10^{11}\text{N/m}^2$，波桑系数为 $\mu = 0.29$，密度 $\rho = 7.8 \times 10^3\text{kg/m}^3$。

由于结构较复杂，不宜采用映射网格剖分，所以采用结构的立体表示模式，用自由网格剖分生成四面体单元。单元剖分如图 5.29 所示。

2. 计算结果

计算结果给出整机的第一阶自然频率(框架系统绕支承轴的扭转频率) 为 50.022Hz，第一

阶振型(振动模态) 如图 5.30 所示。图中不同深度的灰度代表相对振型值(如图中下方的数字所示)。

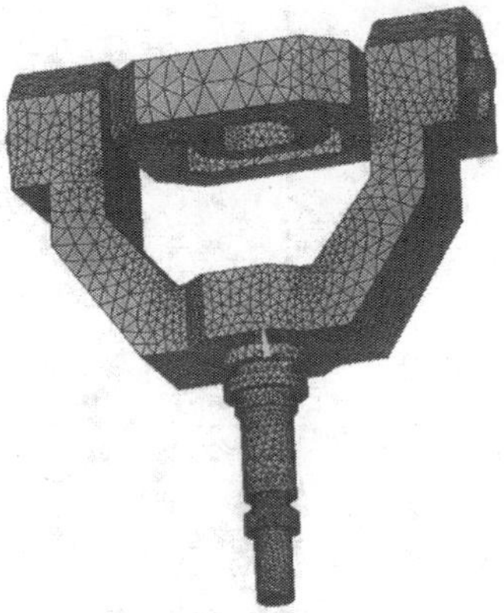

图 5.29　单元网格剖分网

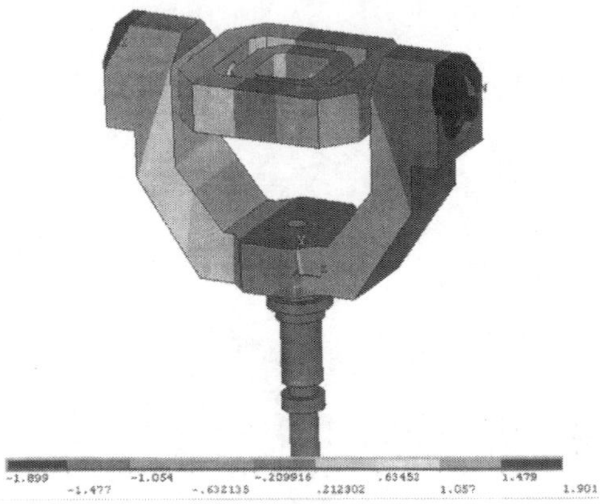

图 5.30　三轴转台整机的各阶振型图

习　　题

1. 简述有限元法的基本思路及其数学基础。它的解题方法是解析性的还是数值性的,为什么?

2. 有限元分析法的解题精度与单元的位移函数或形状函数的设定有直接关系。请说明它们之间存在什么关系;为使它们合理,应满足哪些条件(通过某一种单元的一种位移函数和形状函数形式进行说明)?

3. 单元刚度矩阵在有限元分析法中起什么作用?它的物理意义是什么?

4. 当结构划分出单元后,根据单元刚度矩阵如何组成总体刚度矩阵?如何从物理意义上去理解这种组成方法(可以用两个单元为例)?

5. 有一个机械结构需要采用有限元法进行分析计算,但需要用平面板单元和梁单元对它进行剖分。试说明必须经过哪些具体步骤,才能计算出该结构的静态位移(要求写出每一步的表达式或运算式,但不必进行具体计算)。

6. 用有限元法求解结构的动力问题时,如何建立其动力方程?方程式中出现质量矩阵和阻尼矩阵,试说明它们的物理意义。如何计算它们中各元素的数值?

第六章 优化设计方法

6.1 优化设计概述

现代化的设计工作已不再是过去那种凭借经验或直观判断来确定结构方案，也不是像过去“安全寿命可行设计”方法那样：在满足所提出的要求的前提下，先确定结构方案，再根据安全寿命等准则，对该方案进行强度、刚度等的分析、校核，然后进行修改，以确定结构尺寸。而是借助电子计算机，应用一些精确度较高的力学的数值分析方法(如有限元法等)进行分析计算，并从大量的可行设计方案中寻找出一种最优的设计方案，从而实现用理论设计代替经验设计，用精确计算代替近似计算，用优化设计代替一般的安全寿命的可行性设计。

优化方法不仅用于产品结构的设计、工艺方案的选择，也用于运输路线的确定、商品流通量的调配、产品配方的配比等等。

机械优化设计包括建立优化设计问题的数学模型和选择恰当的优化方法与程序两方面的内容。由于机械优化设计是应用数学方法寻求机械设计的最优方案，所以首先要根据实际的机械设计问题建立相应的数学模型，即用数学形式来描述实际设计问题。在建立数学模型时需要应用专业知识确定设计的限制条件和所追求的目标，确立设计变量之间的相互关系等。机械优化设计问题的数学模型可以是解析式、试验数据或经验公式。虽然它们给出的形式不同，但都是反映设计变量之间数量关系的。

数学模型一旦建立，机械优化设计问题就变成一个数学求解问题。应用数学规划方法的理论，根据数学模型的特点，可以选择适当的优化方法，进而可以选取或自行编制计算机程序，以计算机作为工具求得最佳设计参数。

一、机械优化设计问题示例

在优化设计中，通常是根据分析对象的设计要求，应用有关专业的基础理论和具体技术知识进行推导来建立相应的方程或方程组。对机械类的分析对象来说，主要是根据力学、机械设计基础知识和各专业机械设备的具体知识来推导方程或方程组(动力学问题中多为偏微分或常微分方程组的形式)，这些方程反映结构诸参数之间的内在联系，通过它可以研究各参数对设计对象工作性能的影响。

下面通过几个具体的例子，说明机械优化设计中建立方程组的方法和步骤(公式的推导尽量简略，以减少篇幅)。

例 1 平面四连杆机构的优化设计。

平面四连杆机构的设计主要是根据运动学的要求，确定其几何尺寸，以实现给定的运动规律。

图 6.1 所示是一个曲柄摇杆机构。图中 x_1, x_2, x_3, x_4 分别是曲柄 AB、连杆 BC、摇杆 CD 和机架 AD 的长度。φ 是曲柄输入角，ψ_0 是摇杆输出的起始位置角。这里，规定 φ_0 为摇杆的右极限位置角 ψ_0 时的曲柄起始位置角，它们可以由 x_1, x_2, x_3 和 x_4 确定。通常规定曲柄长度 $x_1 = 1.0$，而在这里 x_4 是给定的，并设 $x_4 = 5.0$，所以只有 x_2 和 x_3 是设计变量。

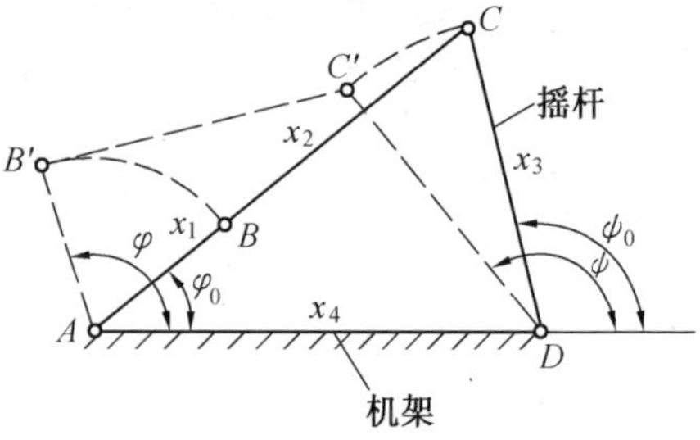

图 6.1 曲柄摇杆机构

设计时，可在给定最大和最小传动角的前提下，当曲柄从 φ_0 位置转到 $\varphi_0 + 90°$ 时，要求摇杆的输出角最优地实现一个给定的运动规律 $f_0(\varphi)$。例如，要求

$$\psi = f_0(\varphi) = \psi_0 + \frac{2}{3\pi}(\varphi - \varphi_0)^2$$

对于这样的设计问题，可以取机构的期望输出角 $\psi = f_0(\varphi)$ 和实际输出角 $\psi_j = f_j(\varphi)$ 的平方误差积分准则作为目标函数，使 $f(x) = \int_{\varphi_0}^{\varphi_0+\frac{\pi}{2}} [\psi - \psi_j]^2 d\varphi$ 最小。

当把输入角 φ 取 s 个点进行数值计算时，它可以化约为 $f(x) = f(x_3, x_4) = \sum_{i=0}^{s} [\psi_i - \psi_{ji}]^2$ 最小。

相应的约束条件有：

(1) 曲柄与机架共线位置时的传动角

最大传动角　$\gamma_{max} \leqslant 135°$

最小传动角　$\gamma_{min} \geqslant 45°$

对本问题可以计算出

$$\gamma_{max} = \arccos\left[\frac{x_2^2 + x_3^2 - 36}{2x_2x_3}\right]$$

$$\gamma_{min} = \arccos\left[\frac{x_2^2 + x_3^2 - 16}{2x_2x_3}\right]$$

所以

$$x_2^2 + x^23_- 2x_2x_3\cos135° - 36 \geqslant 0$$

$$x_2^2 + x^23_- 2x_2x_3\cos45° - 16 \geqslant 0$$

(2) 曲柄存在条件

$$x_2 \geqslant x_1$$

$$x_3 \geqslant x_1$$

$$x_4 \geqslant x_1$$

$$x_2 + x_3 \geqslant x_1 + x_4$$

$$x_4 - x_1 \geqslant x_2 - x_3$$

(3) 边界约束

当 $x_1 = 1.0$ 时，若给定 x_4，则可求出 x_2 和 x_3 的边界值。例如，当 $x_4 = 0.5$ 时，则有曲柄存在条件和边界值限制条件如下

$$x_2 + x_3 - 6 \geqslant 0$$

$$4 - x_2 + x_3 \geqslant 0$$

和

$$1 \leqslant x_2 \leqslant 7$$

$$1 \leqslant x_3 \leqslant 7$$

例 2　齿轮减速器的优化设计。

齿轮减速器是一种应用广泛的传动装置。传统的设计方法虽已较完善，但它们多属校核性质的，即从给定的条件出发，根据经验类比和理论计算，用试凑的方法确定主要参数，然后进行强度、刚度等方面的校核。如不合格，则对某些参数进行修改后，再重复上述过程，直至满足各项要求为止。显然，这种方法不能保证得到最优设计方案。

这里通过一个常见的二级圆柱齿轮减速器（其传动简图如图 6.2 所示），说明在对它进行优化设计时，建立其相应的数学模型的方法。设计时，通常给定传递的功率 P、总传动比 i 和输出的转数 n。要求在满足强度的条件下，使其体积最小，以达到使结构紧凑、质量最小的目的。

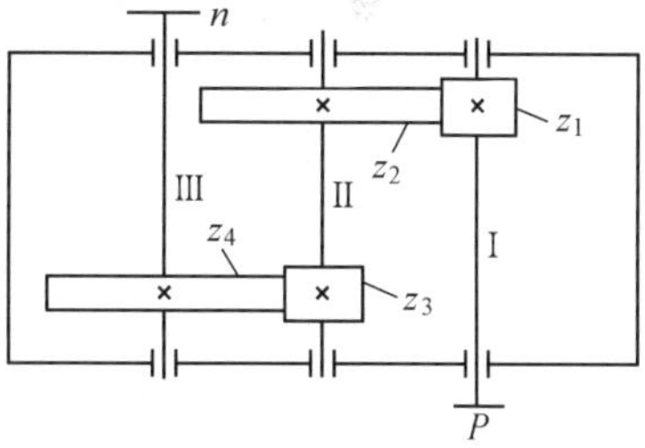

图 6.2　减速器传动简图

从图 6.2 的减速器传动简图中可以看出，它由两对圆柱齿轮传动共四个齿轮组成，它们的齿数分别为 z_1、z_2、z_3 和 z_4，相应的齿数比分别是 $i_{\mathrm{I}} = \dfrac{z_2}{z_1}$ 和 $i_{\mathrm{II}} = \dfrac{z_4}{z_3}$；两组传动齿轮的法面模数分别设为 $m_{n\mathrm{I}}$ 和 $m_{n\mathrm{II}}$；齿轮的螺旋角为 β。在这里 z_1、z_2、z_3、z_4、i_{I}、i_{II}、$m_{n\mathrm{I}}$、$m_{n\mathrm{II}}$ 和 β 都是设计参数。但由于设计时已给定总传动比 i，且有 $i = i_{\mathrm{I}} i_{\mathrm{II}}$，所以 $i_{\mathrm{II}} = \dfrac{i}{i_{\mathrm{I}}}$。从而四个齿轮的齿数只要能确定两个即可。例如，我们可以给定两个小齿轮的齿数 z_1 和 z_3 为设计变量。因此，这个优化设计问题的独立设计变量为：z_1、z_3、$m_{n\mathrm{I}}$、$m_{n\mathrm{II}}$、i_{I} 和 β 六个。可见不是所有的设计参数都是设计变量。

上面提到，设计时要使该减速器的体积最小，这就是本优化设计问题追求的目标函数。它

可以归结为使减速器的总中心距 A 为最小，写成

$$A = \frac{1}{2\cos\beta}[m_{n\mathrm{I}} z_1(1 + i_{\mathrm{I}}) + m_{n\mathrm{II}} z_3(1 + i_{\mathrm{II}})] \to \min \tag{6.1}$$

保证总中心距 A 为最小时应满足的条件是本优化设计问题的约束条件，它们是：齿面的接触强度和齿根的弯曲强度以及中间轴 Ⅱ 上的大齿轮 z_2 不与低速轴 Ⅲ 发生干涉。

(1) 齿面接触强度计算给出

$$\frac{[\sigma_{\mathrm{H}}]^2 \psi m_{n\mathrm{I}}^3 z_1^3 i_{\mathrm{I}}}{6.845 \times 10^6 K_{\mathrm{I}} T_{\mathrm{I}}} - \cos^3\beta \geqslant 0 \tag{6.2a}$$

和

$$\frac{[\sigma_{\mathrm{H}}]^2 \psi m_{n\mathrm{II}}^3 z_3^3 i_{\mathrm{II}}}{6.845 \times 10^6 K_{\mathrm{II}} T_{\mathrm{II}}} - \cos^3\beta \geqslant 0 \tag{6.2b}$$

式中　$[\sigma_{\mathrm{H}}]$—— 许用接触应力；

T_{I}—— 高速轴 Ⅰ 的扭矩；

T_{II}—— 中间轴 Ⅱ 的扭矩；

K_{I}、K_{II}—— 载荷系数；

ψ—— 齿宽系数。

(2) 齿根弯曲强度计算给出

高速级大、小齿轮的齿根弯曲强度条件为

$$\frac{[\sigma_{\mathrm{W}}]_1 \psi Y_1}{3K_{\mathrm{I}} T_{\mathrm{I}}}(1 + i_{\mathrm{I}}) m_{n\mathrm{I}}^3 z_1^2 - \cos^2\beta \geqslant 0 \tag{6.3a}$$

和

$$\frac{[\sigma_{\mathrm{W}}]_2 \psi Y_2}{3K_{\mathrm{I}} T_{\mathrm{I}}}(1 + i_{\mathrm{I}}) m_{n\mathrm{I}}^3 z_1^2 - \cos^2\beta \geqslant 0 \tag{6.3b}$$

低速级大、小齿轮的齿根弯曲强度条件为

$$\frac{[\sigma_{\mathrm{W}}]_3 \psi Y_3}{3K_{\mathrm{II}} T_{\mathrm{II}}}(1 + i_{\mathrm{II}}) m_{n\mathrm{II}}^3 z_3^2 - \cos^2\beta \geqslant 0 \tag{6.3c}$$

$$\frac{[\sigma_{\mathrm{W}}]_4 \psi Y_4}{3K_{\mathrm{II}} T_{\mathrm{II}}}(1 + i_{\mathrm{II}}) m_{n\mathrm{II}}^3 z_3^2 - \cos^2\beta \geqslant 0 \tag{6.3d}$$

式中　$[\sigma_{\mathrm{W}}]_1, [\sigma_{\mathrm{W}}]_2, [\sigma_{\mathrm{W}}]_3$ 和 $[\sigma_{\mathrm{W}}]_4$—— 分别是齿轮 z_1, z_2, z_3 和 z_4 的许用弯曲应力；

Y_1, Y_2, Y_3, Y_4—— 分别是齿轮 z_1, z_2, z_3 和 z_4 的齿形系数。

(3) 根据不干涉条件，有

$$\frac{m_{n\mathrm{II}} z_3(1 + i_{\mathrm{II}})}{2\cos\beta} - \left(m_{n\mathrm{I}} + \frac{m_{n\mathrm{I}} z_1 i_{\mathrm{I}}}{2\cos\beta} + s\right) \geqslant 0$$

式中　s—— 低速轴 Ⅲ 的轴线和中间轴 Ⅱ 上大齿轮 z_2 齿顶间距离。可取 $s = 5\mathrm{mm}$。则得

$$m_{n\mathrm{II}}z_3(1+i_{\mathrm{II}})-2\cos\beta(5+m_{n\mathrm{I}})-m_{n\mathrm{I}}z_1 i_{\mathrm{I}}\geqslant 0 \tag{6.4}$$

(4) 另外,还要考虑传动平稳、轴向力不宜过大、高速级与低速级的大齿轮 z_3 和 z_4 浸油深度大致相同、小齿轮分度圆尺寸不能太小等因素,来建立一些边界约束条件

$$z_i\leqslant x_i\leqslant b_i \tag{6.5}$$

式中,$i=1,2,\cdots,6$(6 是设计变量的个数)。这样,则可写出二级圆柱齿轮减速器优化设计的数学模型如下

$$A=\frac{1}{2\cos\beta}[m_{n\mathrm{I}}z_1(1+i_{\mathrm{I}})+m_{n\mathrm{II}}z_3(1+i_{\mathrm{II}})]\to\min$$

s.t.①

$$\frac{[\sigma_{\mathrm{H}}]^2\psi m_{n\mathrm{I}}^3 z_1^3 i_{\mathrm{I}}}{6.845\times10^6 K_{\mathrm{I}}T_{\mathrm{I}}}-\cos^3\beta\geqslant 0$$

$$\frac{[\sigma_{\mathrm{H}}]^2\psi m_{n\mathrm{II}}^3 z_3^3 i_{\mathrm{II}}}{6.845\times10^6 K_{\mathrm{II}}T_{\mathrm{II}}}-\cos^3\beta\geqslant 0$$

$$\frac{[\sigma_{\mathrm{W}}]_1\psi Y_1}{3K_{\mathrm{I}}T_{\mathrm{I}}}(1+i_{\mathrm{I}})m_{n\mathrm{I}}^3 z_1^2-\cos^2\beta\geqslant 0$$

$$\frac{[\sigma_{\mathrm{W}}]_2\psi Y_2}{3K_{\mathrm{I}}T_{\mathrm{I}}}(1+i_{\mathrm{I}})m_{n\mathrm{I}}^3 z_1^2-\cos^2\beta\geqslant 0$$

$$\frac{[\sigma_{\mathrm{W}}]_3\psi Y_3}{3K_{\mathrm{II}}T_{\mathrm{II}}}(1+i_{\mathrm{II}})m_{n\mathrm{II}}^3 z_3^2-\cos^2\beta\geqslant 0$$

$$\frac{[\sigma_{\mathrm{W}}]_4\psi Y_4}{3K_{\mathrm{II}}T_{\mathrm{II}}}(1+i_{\mathrm{II}})m_{n\mathrm{II}}^3 z_3^2-\cos^2\beta\geqslant 0$$

$$m_{n\mathrm{II}}z_3(1+i_{\mathrm{II}})-2\cos\beta(5+m_{n\mathrm{I}})-m_{n\mathrm{I}}z_1 i_{\mathrm{I}}\geqslant 0$$

$$a_1\leqslant z_1\leqslant b_1$$

$$a_2\leqslant z_3\leqslant b_2$$

$$a_3\leqslant m_{n\mathrm{I}}\leqslant b_3$$

$$a_4\leqslant m_{n\mathrm{II}}\leqslant b_4$$

$$a_5\leqslant i_{\mathrm{I}}\leqslant b_5$$

$$a_6\leqslant\beta\leqslant b_6$$

或简化写成

$$f(\boldsymbol{x})=A=\frac{1}{2\cos\beta}[m_{n\mathrm{I}}z_1(1+i_{\mathrm{I}})+m_{n\mathrm{II}}z_3(1+i_{\mathrm{II}})]\to\min$$

s.t.

$$g_j(\boldsymbol{x})\leqslant 0\quad(j=1,2,\cdots,7)$$

$$x_{i\min}\leqslant x_i\leqslant x_{i\max}\quad(i=1,2,\cdots,6)$$

---

① 即受约束于。

例 3 机床传动系统的优化设计。

这里以一个机床主传动系统为例,说明在优化设计时建立数学模型的方法。

图 6.3(a)、(b) 所示分别是某车床主传动的传动系统图和相应的传动结构图。图中没有画出摩擦离合器,因为它的结构尺寸参数是按现有结构选取的,不需进行优选。由图可知:它共有四个传动组,即在 Ⅰ-Ⅱ 轴间的由 i_{11} 和 i_{12} 组成的第一传动组,Ⅱ-Ⅲ 轴间由 i_{21} 和 i_{22} 组成的第二传动组,Ⅲ-Ⅳ 轴间由 i_{31},i_{32} 和 i_{33} 组成的第三传动组,Ⅳ-Ⅴ 轴间由 i_{41} 和 i_{42} 组成的第四传动组。Ⅳ 轴上的齿轮 z_{41} 是公用齿轮。

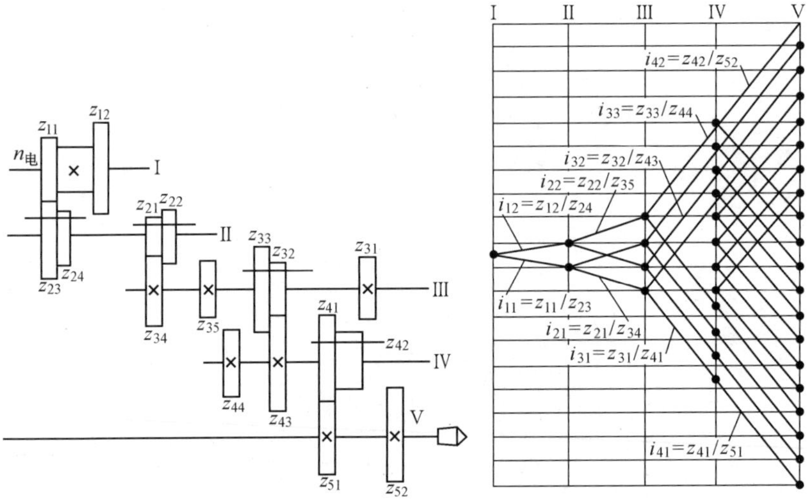

图 6.3 车床的主传动系统

(a) 传动系统图 (b) 传动结构图

各传动组的模数依次为 m_1, m_2, m_3, m_4。

这个传动系统的设计变量有以下三类,即

1) 各传动组的最低传动比,分别是 $i_{11}, i_{21}, i_{32}, i_{41}$。

2) 各传动组的最小主动轮齿数,分别是 $z_{11}, z_{21}, z_{32}, z_{41}$(由于 z_{41} 是公用齿轮,所以 z_{42} 就不是独立的变量)。

3) 各传动组的模数,分别是 m_1, m_2, m_3, m_4。

所以共有 12 个设计变量。

说明一点,当采用变位齿轮时,还要考虑变位齿轮传动副和标准齿轮传动副中心距的差值 ΔA_i。

目标函数取传动路线中各对啮合齿轮中心距之和最小,它可写成

$$f(\boldsymbol{x}) = \sum_{j=1}^{4} \frac{m_j z_{j1}}{2}\left(1 + \frac{1}{i_{j1}}\right) \tag{6.6}$$

约束条件包括：

1）由于结构尺寸引起的齿轮齿数、传动比值、中心距的限制（可以是上限、下限或上下限）。

2）齿轮线速度的限制。

3）齿轮弯曲和接触强度的限制等。

这台车床共有 67 个约束条件，虽然形式各异，但都可统一写成不等式的约束的形式

$$g_j(\boldsymbol{x}) \leqslant 0 \quad (j = 1,2,\cdots)$$

或

$$x_{i\min} \leqslant x_i \leqslant x_{i\max} \quad (i = 1,2,\cdots)$$

这样，问题可归结为：求 $\boldsymbol{x} = [i_{11} \quad i_{21} \quad i_{31} \quad i_{41} \quad z_{11} \quad z_{21} \quad z_{31} \quad z_{41} \quad m_1 \quad m_2 \quad m_3 \quad m_4]^{\mathrm{T}}$ 的值，使

$$f(\boldsymbol{x}) = \sum_{j=1}^{4} \frac{m_j z_{j1}}{2}\left(1 + \frac{1}{i_{j1}}\right) \rightarrow \min$$

s.t.

$$g_j(x) \leqslant 0 \quad (j = 1,2,\cdots)$$

$$x_{i\min} \leqslant x_i \leqslant x_{i\max} \quad (i = 1,2,\cdots)$$

例 4　机床主轴结构的优化设计。

图 6.4 所示是一个机床主轴的典型结构原理图。对于这类问题，目前是采用有限元法，利用状态方程来计算轴端变形 y 和固有频率 ω。

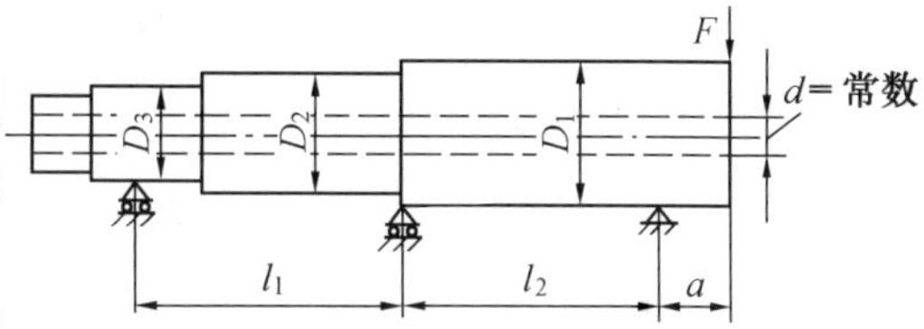

图 6.4　机床主轴的典型结构原理图

优化设计的任务是确定 D_i、l_i 和 a，保证 y 和 ω 在允许限内，使结构的质量最轻。这时，问题归结为：求 D_i, l_i, a 的值，使质量 $f(D_i, L_i) = \rho\pi[\sum(D_i^2 - d^2)l_i + (D_n^2 - d^2)a]$ 为最小，并满足条件

$$y \leqslant [y]$$

$$\omega^2 \geqslant \omega_0^2$$

$$D_{i\min} \leqslant D_i \leqslant D_{i\max} \quad (i = 1,2,\cdots,n)$$

$$l_{i\min} \leqslant l_i \leqslant l_{i\max}$$

$$a_{\min} \leqslant a \leqslant a_{\max}$$

$$N_{\min} \leqslant \frac{l_1}{a} \leqslant N_{\max}$$

式中　ρ—— 材料的密度；

D_i, L_i—— 阶梯形主轴的外径和对应的长度；

D_n—— 与 a 对应的外径。

在主轴结构动力优化设计时，也可取由振型和质量确定的能耗为目标函数。约束条件可以

取激振力频率避开$(1 \pm 20\%)\omega$ 的禁区范围。

例 5 汽车悬挂系统的优化设计。

图6.5所示是5个自由度的汽车悬挂系统。图中的 m_1 是驾驶该车的司机及其座位的质量，它由弹簧 k_1 和阻尼器 δ_1 支持。其他部分，如车体、车轮、车轴等的质量、弹簧和阻尼分别用 m_2, m_4, m_5 和 k_2, k_3 以及 δ_2, δ_3 表示，如图6.5所示。k_4, k_5 和 δ_4, δ_5 表示轮胎的刚度和阻尼系数。车体对其质量中心的惯性矩用 I 表示。L 表示轮距长度。$f_1(t)$ 和 $f_2(t)$ 表示由于道路表面起伏不平引起的前、后轮的位移函数。z_i 是坐标。

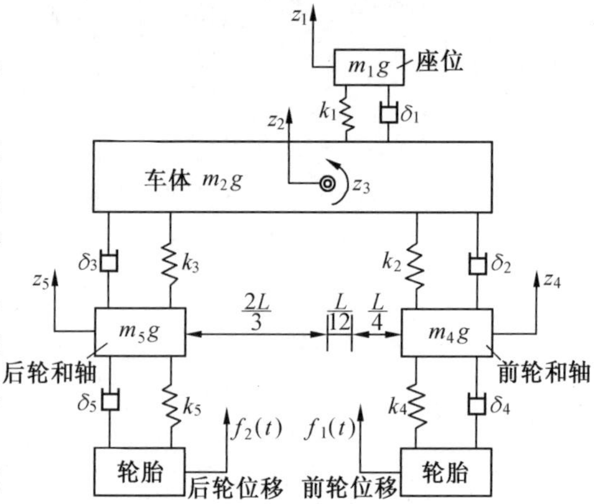

图 6.5 汽车悬挂系统

在汽车结构系统设计中，希望汽车能在不同速度和道路条件下，司机座位的最大加速度为最小，同时还须满足一系列的动态响应和设计变量的约束。设计变量是系统的弹簧常数 k_i 和阻尼系数δ_i。当然司机座位的最大加速度 d 也可以是设计变量。所以，本优化问题的设计变量取为 $k_1, k_2, k_3, \delta_1, \delta_2, \delta_3$ 和 d，即

$$\boldsymbol{x} = [k_1 \quad k_2 \quad k_3 \quad \delta_1 \quad \delta_2 \quad \delta_3 \quad d]^{\mathrm{T}}$$

汽车的运动方程可以根据拉格朗日运动方程导出。拉格朗日运动方程的一般形式是

$$\frac{\mathrm{d}}{\mathrm{d}t}\left(\frac{\partial T}{\partial \dot{z}_i}\right) - \left(\frac{\partial T}{\partial z_i}\right) + \frac{\partial V}{\partial z_i} - F_{Qi} = 0 \quad (i = 1,2,\cdots,5)$$

系统的动能 T 可表示为 $T = \frac{1}{2}(m \times v^2)$，即

$$T = \frac{1}{2}m_1\dot{z}_1^2 + \frac{1}{2}m_2\dot{z}_2^2 + \frac{1}{2}I\dot{z}_3^2 + \frac{1}{2}m_4\dot{z}_4^2 + \frac{1}{2}m_5\dot{z}_5^2 = \frac{1}{2}\sum_{i=1}^{5} m_i\dot{z}_i^2 \quad (m_3 = I)$$

保守力(恢复力)的位能 V 可表示为：$V = \frac{1}{2}(k \times z^2)$。

由于车体与司机座位间的相对位移是 $z_2 - z_1 + \frac{L}{12}z_3$；车体与前、后轮间相对位移分别为 $z_4 - z_2 + \frac{L}{3}z_3$ 和 $z_5 - z_2 + \frac{2L}{3}z_3$；前、后轮与路面间相对位移分别为 $z_4 - f_1(t)$ 和 $z_5 - f_2(t)$。所以有

$$V = \frac{1}{2}k_1\left(z_2 - z_1 + \frac{L}{12}z_3\right)^2 + \frac{1}{2}k_2\left(z_4 - z_2 + \frac{L}{3}z_3\right)^2 + \frac{1}{2}k_3\left(z_5 - z_2 + \frac{2L}{3}z_3\right)^2 + \frac{1}{2}k_4(z_4 - f_1(t))^2 + \frac{1}{2}k_5(z_5 - f_2(t))^2$$

非保守力(阻尼力)F_{Qi} 可以通过下面方法给出。它的虚功是

$$\sum_{i=1}^{5} F_{Qi}\delta z_i = -\delta_1\left(\dot{z}_2-\dot{z}_1+\frac{L}{12}\dot{z}_3\right)\left(\delta z_2-\delta z_1+\frac{L}{12}\delta z_3\right)-\delta_2\left(\dot{z}_4-\dot{z}_2+\frac{L}{3}\dot{z}_3\right)\left(\delta z_4-\delta z_2+\frac{L}{3}\delta z_3\right)-$$

$$\delta_3\left(\dot{z}_5-\dot{z}_2+\frac{2L}{3}\dot{z}_3\right)\left(\delta z_5-\delta z_2+\frac{2L}{3}\delta z_3\right)-\delta_4(\dot{z}_4-\dot{f}_1(t))\delta z_4-\delta_5(\dot{z}_5-\dot{f}_2(t))\delta z_5$$

这样,则当 $i=1$ 时,自

$$\frac{\mathrm{d}}{\mathrm{d}t}\left(\frac{\partial T}{\partial z_1}\right)-\frac{\partial T}{\partial z_1}+\frac{\partial V}{\partial z_1}-F_{Q1}=0$$

有

$$\frac{\mathrm{d}}{\mathrm{d}t}\left(\frac{\partial T}{\partial z_1}\right)=m_1\ddot{z}_1$$

$$\frac{\partial T}{\partial z_1}=0$$

$$\frac{\partial V}{\partial z_1}=k_1z_1-k_1z_2-\frac{L}{12}k_1z_3$$

$$F_{Q1}=\delta_1\dot{z}_1-\delta_2\dot{z}_2-\frac{L}{12}\delta_1\dot{z}_3$$

从而给出

$$M_1\ddot{z}_1+\delta_1\dot{z}_1-\delta_2\dot{z}_2-\frac{L}{12}\delta_1\dot{z}_3+k_1z_1-k_2z_2-\frac{L}{12}k_1z_3=0$$

同样可得 $i=2,3,4,5$ 时的运动方程式。

如果把 $z_1,z_2,\cdots,z_5,\dot{z}_1,\dot{z}_2,\cdots,\dot{z}_5$ 都写成向量 $z=[z_1\quad z_2\quad\cdots\quad z_5\quad \dot{z}_1\quad \dot{z}_2\quad\cdots\quad \dot{z}_5]^{\mathrm{T}}$,则五个运动方程式可统一写成如下的状态方程

$$\boldsymbol{M}\ddot{\boldsymbol{z}}(t)+\boldsymbol{D}\dot{\boldsymbol{z}}(t)+\boldsymbol{K}\boldsymbol{z}(t)=f(t)$$

其中 $f(t)$ 是广义力。

通过变换,也可写成下面的形式

$$\dot{z}(t)=\boldsymbol{M}(\boldsymbol{x})\boldsymbol{z}(t)+\boldsymbol{F}(t) \tag{6.7}$$

式中　$\boldsymbol{M}(\boldsymbol{x})$—— 由质量、刚度系数、阻尼系数及 L 和 I 组成的矩阵,而不是单纯的质量矩阵;

$\boldsymbol{F}(t)$—— 由 m_4、m_5、k_4、k_5、$f_1(t)$、$f_2(t)$ 组成的矩阵。

$$\boldsymbol{z}(t)=[z_1\quad z_2\quad z_3\quad z_4\quad z_5\quad \dot{z}_1\quad \dot{z}_2\quad \dot{z}_3\quad \dot{z}_4\quad \dot{z}_5]^{\mathrm{T}}$$

前、后轮的垂直位移和路面有关,设它们分别为按正弦规律变化的函数 $f_1(t)$ 和 $f_2(t)$,其值可表达成

$$f_1(t)=\begin{cases}v(t) & 0\leqslant t\leqslant t_1\\ 0 & \text{非上述情况}\end{cases} \tag{6.8}$$

$$f_2(t)=f_1(t-t_0)\text{(即比前轮滞后 }t_0\text{)}$$

式中　t_1—— 路面不平的停止时间。

根据运动方程和位移函数 $f_1(t)$、$f_2(t)$，可以建立数学模型。

设计要求是在路面条件下和车速在一定范围内尽量使司机舒适些。因此，设计的目标是通过调整汽车悬挂特征 k 和 δ 等（m 不便于调整，所以不作为设计变量），使司机座位的最大绝对加速度 $\max[\ddot{z}_1(t)]$ 达到最小，即 $f = \max[\ddot{z}_1(t)] \to \min(i = 1,2,\cdots,p)$，其中的 $\ddot{z}_1(t)$ 是对第 i 种道路条件 $f'_1(t)$ 和 $f'_2(t)$ 下的司机座位加速度。当规定最大加速度的上限值为 d（可由设计者选取）时，则 $|\ddot{z}_1^i(t)| \leqslant d_0$ 极端情况下 $|\ddot{z}_1^i(t)| \leqslant \theta_0$（$\theta_0$ 最大允许加速度）。

此外，还应考虑到汽车的运动要受到一定的约束，因而对车体和司机座位（也要考虑其他乘车人员的座位）之间的相对位移；车体与前、后轮间的相对位移以及路面和前、后轮间的相对位移等，即汽车的各组成部件之间的相对位移要规定一个允许值。例如，车体与司机座位间的相对位移规定为

$$\left| z_2^i - z_1^i + \frac{L}{12} z_3^i \right| \leqslant 0$$

等等。

若设函数 $\eta(t)$ 是连续的，则上述约束条件 $\eta(t) \leqslant 0(0 \leqslant t \leqslant \tau)$ 相当于积分约束条件 $\int_0^\tau [\eta(t) + |\eta(t)|]\mathrm{d}t = 0$。所以，对上述的连续函数$[z,(t)\cdots]$形式的约束条件，可以统一写成积分形式

$$\psi_i = \int_0^\tau L_j[t, \boldsymbol{z}(t), \boldsymbol{x}]\mathrm{d}t = 0 \quad (j = 1,2,\cdots,p)$$

其中 L_j 是拉格朗日函数。

设计变量的变化范围

$$x_{j\min} \leqslant x_j \leqslant x_{j\max}$$

可以写成

$$g_s(\boldsymbol{x}) \leqslant 0$$

这样，该优化问题的数学模型是

目标函数

$$f = \max|\ddot{z}_1(t)| \to \min$$

或写成

$$f = d(d \text{ 是 } |\ddot{z}_1^i(t)| \leqslant d \text{ 中的最小者})$$

约束条件

$$\dot{z}(t) = \boldsymbol{M}(\boldsymbol{x})\boldsymbol{z}(t) + \boldsymbol{F}(t) \quad (\text{状态方程的形式})$$

$$\psi_j = \int_0^\tau L_j[t, \boldsymbol{z}(t), \boldsymbol{x}]\mathrm{d}t = 0 \quad (\text{函数约束的形式})$$

$$g_s(\boldsymbol{x}) \leqslant 0$$

例 6 单工序加工时,单件生产率的优化。

在机械加工时,工艺人员常把单件生产率最大,或单件加工的工时最短作为一个追求的目标。现在说明此优化问题数学模型的建立方法。

设 t_p 是生产准备时间;t_m 是加工时间;t_c 是刀具更换时间或嵌入一片不重磨刀片所需的时间。若用 T 表示刀具寿命,则每个工件占用的刀具更换时间为 $t_e = t_c \frac{t_m}{T}$($\frac{t_m}{T}$ 表示刀具切削刃在其寿命期间内平均可以加工的工件数)。这样,则单件生产时间(min/ 件)

$$t = t_p + t_m + t_e = t_p + t_m + t_c \frac{t_m}{T}$$

因而单位时间内生产的工件数,即生产率为

$$q = \frac{1}{t} = \frac{1}{t_p + t_m + t_c \frac{t_m}{T}}$$

刀具寿命 T 和切削速度 v 存在 $vT^n = C$ 的关系,加工时间和切削速度成反比,即有 $t_m = \frac{\lambda}{v}$(λ 是切削加工常数),则有

$$t = t_p + \frac{\lambda}{v} + \frac{t_c \lambda}{C^{\frac{1}{n}}} v^{\frac{1}{n}-1} \tag{6.9}$$

式(6.9) 就是本优化问题的目标函数。

在实际加工中,典型的约束条件有

进给速度约束条件:$s_{\min} \leqslant s \leqslant s_{\max}$

切削速度约束条件:$v_{\min} \leqslant v \leqslant v_{\max}$

表面粗糙度约束条件:$\frac{s^2}{8R} \leqslant Ra_{\max}$(其中的 R 是刀尖半径,$Ra_{\max}$ 是允许的表面粗糙度)或写成:$s \leqslant \sqrt{8RRa_{\max}} = s_a$($s_a$ 是一个常数值)。把它和进给速度约束结合起来,则有约束

$$s_{\min} \leqslant s \leqslant \min(s_{\max}, s_a)$$

功率约束条件:$\frac{F_\gamma h^a s^\beta v}{4\,500} \leqslant P$(其中的 h 是切削深度,F_γ 是切削阻力,P 是电动机功率)。

考虑到约束条件中的变量是 s 和 v,所以宜把目标函数式(6.9) 中的变量也用 s 和 v 表述。这可以通过用 $t_m = \frac{\lambda_0}{sv}$,$\lambda_0 = \lambda_s$($\lambda_0$ 是切削加工常数),$Ts^{\frac{1}{m_0}} v^{\frac{1}{n_0}} = C_0$(其中的 m_0,n_0 和 C_0 均是常数) 来处理。则得单件的生产时间为

$$t = t_p + \frac{\lambda_0}{sv} + t_c \frac{\lambda_0}{C_0} s^{\frac{1}{m_0}-1} v^{\frac{1}{n_0-1}} = t_p + \frac{\lambda_0}{sv} + t_c \frac{\lambda_0}{c_0} s^m v^n$$

或取下述形式

$$t = t_{\mathrm{p}} + \frac{\lambda_0}{sv} + \lambda_0 a s^m v^n \left(其中的\ a = \frac{t_0}{C_0} \right)$$

可以把它改写成

$$\frac{t}{\lambda_0} = \frac{t_p}{\lambda_0} + \frac{1}{sv} + a s^m v^n$$

由于$\frac{t_p}{\lambda_0}$是常值项，可以从目标函数中略去，则本问题的数学模型可以表述为求 s 和 v，使目标函数（单件加工时间 —— 每一个工件的加工时间的分钟数值）

$$f(s, v) = \frac{1}{sv} + a s^m v^n \to \min$$

s.t.

$$v_{\min} \leqslant v \leqslant v_{\max}$$

$$s_{\min} \leqslant s \leqslant \min \ (s_{\max}, s_a)$$

$$\frac{F_\gamma h^a s^\beta v}{4\ 500} \leqslant P$$

例 7 生产计划的优化示例。

某车间生产甲、乙两种产品。生产甲种产品每件需要材料 9 kg、3 个工时，4 kW 电，可获利 60 元。生产乙种产品每件需用材料 4 kg、10 个工时，5 kW 电，可获利 120 元。若每天能供应材料 360 kg，有 300 个工时，能供 200 kW 电，问每天生产甲、乙两种产品各多少件，才能够获得最大的利润。

设每天生产的甲、乙两种产品分别为 x_1, x_2 件，则此问题的数学模型如下

$$f(x_1, x_2) = 60x_1 + 120x_2 \to \max$$

$$9x_1 + 4x_2 \leqslant 360 \quad (材料约束)$$

$$3x_1 + 10x_2 \leqslant 300 \quad (工时约束)$$

$$4x_1 + 5x_2 \leqslant 200 \quad (电力约束)$$

$$x_1 \geqslant 0 \quad x_2 \geqslant 0$$

当然还可以举出一些其他行业的例子。但不管是哪个专业范围内的问题，都可以按照如下的方法和步骤来建立相应的优化设计问题的数学模型：

1) 根据设计要求，应用专业范围内的现行理论和经验等，对优化对象进行分析。必要时，需要对传统设计中的公式进行改进，并尽可能反映该专业范围内的现代技术进步的成果。

2) 对结构诸参数进行分析，以确定设计的原始参数、设计常数和设计变量（说明见本节的“二”）。

3) 根据设计要求，确定并构造目标函数和相应的约束条件，有时要构造多个目标函数。

4) 必要时对数学模型进行规范化，以消除诸组成项间由于量纲不同等原因导致的数量悬殊的影响。

有时不了解结构(或系统)的内部特性,则可建立黑箱(Black box)模型。

二、优化设计问题的数学模型

1.设计变量

一个设计方案可以用一组基本参数的数值来表示。这些基本参数可以是构件长度、截面尺寸、某些点的坐标值等几何量,也可以是质量、惯性矩、力或力矩等物理量,还可以是应力、变形、固有频率、效率等代表工作性能的导出量。但是,对某个具体的优化设计问题,并不是要求对所有的基本参数都用优化方法进行修改调整。例如,对某个机械结构进行优化设计,一些工艺、结构布置等方面的参数,或者某些工作性能的参数,可以根据已有的经验预先取为定值。这样,对这个设计方案来说,它们就成为设计常数。而除此之外的基本参数,则需要在优化设计过程中不断进行修改、调整,一直处于变化的状态,这些基本参数称作设计变量,又叫做优化参数。

设计变量的全体实际上是一组变量,可用一个列向量表示

$$\boldsymbol{x} = [x_1 \quad x_2 \quad \cdots \quad x_n]^{\mathrm{T}}$$

称作设计变量向量。向量中分量的次序完全是任意的,可以根据使用的方便任意选取。例如,在例3中的 i_{ij}, z_{ij}, m_{ij} 相当于 $x_1, x_2, x_3, \cdots, x_{12}$ 为向量 $\boldsymbol{x}$ 中的12个分量;例5中的 $k_1, k_2, k_3, \delta_1, \delta_2, \delta_3$ 和 d 相当于向量 $\boldsymbol{x}$ 的七个分量等等。这些设计变量可以是一些结构尺寸参数,也可以是一些化学成分的含量或电路参数等。一旦规定了这样一种向量的组成,则其中任意一个特定的向量都可以说是一个"设计"。由 n 个设计变量为坐标所组成的实空间称作设计空间。一个"设计",可用设计空间中的一点表示,此点可看成是设计变量向量的端点(始点取在坐标原点),称作设计点。

2.约束条件

设计空间是所有设计方案的集合,但这些设计方案有些是工程上所不能接受的(例如面积取负值等)。如果一个设计满足所有对它提出的要求,就称为可行(或可接受)设计,反之则称为不可行(或不可接受)设计。

一个可行设计必须满足某些设计限制条件,这些限制条件称作约束条件,简称约束。在工程问题中,根据约束的性质可以把它们区分成性能约束和侧面约束两大类。针对性能要求而提出的限制条件称作性能约束。例如,选择某些结构必须满足受力的强度、刚度或稳定性等要求,桁架某点变形不超过给定值。不是针对性能要求,只是对设计变量的取值范围加以限制的约束称作侧面约束。例如,允许选择的尺寸范围,桁架的高在其上下限范围之间的要求就属于侧面约束。侧面约束也称作边界约束。

约束又可按其数学表达形式分成等式约束和不等式约束两种类型。等式约束

$$h(\boldsymbol{x}) = 0$$

要求设计点在 n 维设计空间的约束曲面上,不等式约束

$$g(\boldsymbol{x}) \leqslant 0$$

要求设计点在设计空间中约束曲面 $g(\boldsymbol{x}) = 0$ 的一侧(包括曲面本身)。所以,约束是对设计点在设计空间中的活动范围所加的限制。凡满足所有约束条件的设计点,它在设计空间中的活动范围称作可行域。如满足不等式约束

$$g_j(\boldsymbol{x}) \leqslant 0 \quad (j = 1,2,\cdots,m)$$

的设计点活动范围,它是由 m 个约束曲面

$$g_j(\boldsymbol{x}) = 0 \quad (j = 1,2,\cdots,m)$$

所形成的 n 维子空间(包括边界)。满足两个或更多个 $g_j(\boldsymbol{x}) = 0$ 点的集合称作交集。在三维空间中两个约束的交集是一条空间曲线,三个约束的交集是一个点。在 n 维空间中 r 个不同约束的交集的维数是 $n - r$ 的子空间。等式约束 $h(\boldsymbol{x}) = 0$ 可看成是同时满足 $h(\boldsymbol{x}) \leqslant 0$ 和 $h(\boldsymbol{x}) \geqslant 0$ 两个不等式的约束,代表 $h(\boldsymbol{x}) = 0$ 曲面。

约束函数有的可以表示成显式形式,即反映设计变量之间明显的函数关系,如例 1 中的约束条件,这类约束称作显式约束。有的只能表示成隐式形式,如例 5 中的复杂结构的性能约束函数(变形、应力、频率等),需要通过有限元法或动力学计算求得,机构的运动误差要用数值积分来计算,这类约束称作隐式约束。

3. 目标函数

在所有的可行设计中,有些设计比另一些要"好些",如果确实是这样,则"较好"的设计比"较差"的设计必定具备某些更好的性质。倘若这种性质可以表示成设计变量的一个可计算函数,则我们就可以考虑优化这个函数,以得到"更好"的设计。这个用来使设计得以优化的函数称作目标函数。用它可以评价设计方案的好坏,所以它又被称作评价函数,记作 $f(\boldsymbol{x})$,用以强调它对设计变量的依赖性。目标函数可以是结构质量、体积、功耗、产量、成本或其他性能指标(如变形,应力等)和经济指标等。

建立目标函数是整个优化设计过程中比较重要的问题。当对某一个性能有特定的要求,而这个要求又很难满足时,则若针对这一性能进行优化将会取得满意的效果。但在某些设计问题中,可能存在两个或两个以上需要优化的指标,这将是多目标函数的问题。例如,设计一台机器,期望得到最低的造价和最少的维修费用。

目标函数是 n 维变量的函数,它的函数图像只能在 $n + 1$ 维空间中描述出来。为了在 n 维设计空间中反映目标函数的变化情况,常采用目标函数等值面的方法。目标函数的等值面,其数学表达式为

$$f(\boldsymbol{x}) = c \tag{6.10}$$

(c 为一系列常数),代表一族 n 维超曲面。如在二维设计空间中 $f(x_1, x_2) = c$,代表 $x_1 - x_2$ 设计平面上的一族曲线。

4. 优化问题的数学模型

优化问题的数学模型是实际优化设计问题的数学抽象。在明确设计变量、约束条件、目标

函数之后，优化设计问题就可以表示成一般数学形式。

求设计变量向量 $\boldsymbol{x} = [x_1 \quad x_2 \quad \cdots \quad x_n]^{\mathrm{T}}$ 使

$$f(\boldsymbol{x}) \to \min$$

且满足约束条件

$$h_k(\boldsymbol{x}) = 0 \quad (k = 1,2,\cdots,l) \tag{6.11}$$

$$g_j(\boldsymbol{x}) \leqslant 0 \quad (j = 1,2,\cdots,m)$$

利用可行域概念，可将数学模型的表达进一步简练。设同时满足 $g_j(x) \leqslant 0 \quad (j = 1,2,\cdots,m)$ 和 $h_k(\boldsymbol{x}) = 0 \quad (k = 1,2,\cdots,l)$ 的设计点集合为 R，即 R 为优化问题的可行域，则优化问题的数学模型可简练地写成

求 x 使

$$\min_{x \in R} f(\boldsymbol{x}) \tag{6.12}$$

符号"∈"表示"从属于"。

在实际优化问题中，对目标函数一般有两种要求形式：目标函数极小化 $f(\boldsymbol{x}) \to \min$ 或目标函数级大化 $f(\boldsymbol{x}) \to \max$。由于求 $f(\boldsymbol{x})$ 的极大化与求 $-f(\boldsymbol{x})$ 极小化等价，所以今后优化问题的数学表达一律采用目标函数极小化形式。

优化问题可以从不同的角度进行分类。例如，按其有无约束条件分成无约束优化问题和约束优化问题。也可以按约束函数和目标函数是否同时为线性函数，分成线性规划问题和非线性规划问题。如例 8 的目标函数和约束条件都是线性的，属于线性规划问题；而当目标函数或约束条件中有一个是非线性时，就属于非线性规划问题。还可以按问题规模的大小进行分类，例如，设计变量和约束条件的个数都在 50 以上的属大型，10 个以下的属小型，10 ~ 50 属中型。随着电子计算机容量的增大和运算速度的提高，划分界限将会有所变动。

5. 优化问题的几何解释

无约束优化问题就是在没有限制的条件下，对设计变量求目标函数的极小点。在设计空间内，目标函数是以等值面的形式反映出来的，则无约束优化问题的极小点即为等值面的中心。

约束优化问题是在可行域内对设计变量求目标函数的极小点，此极小点在可行域内或在可行域边界上。用图 6.6 可以说明有约束的二维优化问题极值点所处位置的不同情况。图 6.6(a) 是约束函数和目标函数均为线性函数的情况，等值线为直线，可行域为 n 条直线围成的多角形，则极值点处于多角形的某一顶点上。图 6.6(b) 是约束函数和目标函数均为非线性函数的情况，极值点位于可行域内等值线的中心处，约束对极值点的选取无影响，这时的约束为不起作用约束，约束极值点和无约束极值点相同。图 6.6(c)、(d) 均为约束优化问题极值点处于可行域边界的情况，约束对极值点的位置影响很大。图 6.6(c) 中的约束 $g_1(\boldsymbol{x}) = 0$ 在极值点处是起作用约束，图 6.6(d) 中的约束 $g_2(\boldsymbol{x}) = 0$ 在极值点处是起作用约束，而图 6.6(e) 中的约束 $g_1(\boldsymbol{x}) = 0$ 和 $g_2(\boldsymbol{x}) = 0$ 同时在极值点处为起作用约束。多维问题最优解的几何解释可借助于

二维问题进行想像。

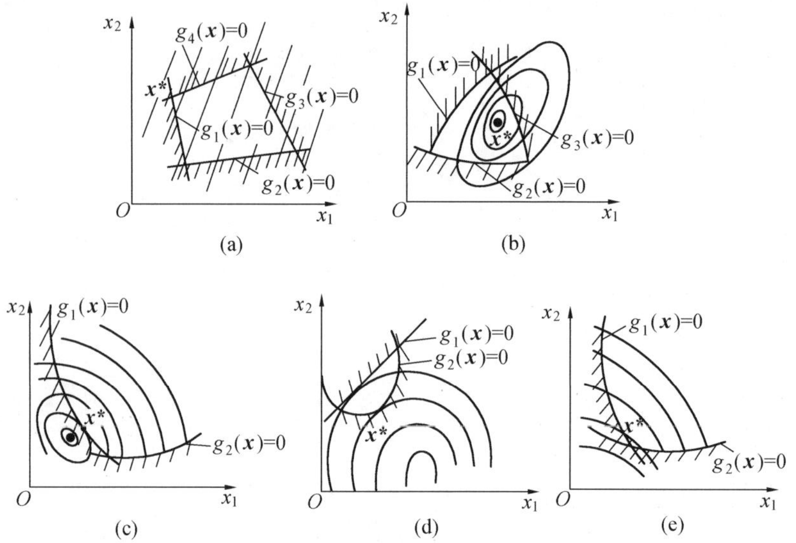

图 6.6 极值点所处位置不同的情况

(a) 极值点处于多角形的某一顶点上;(b) 极值点处于等值线的中心;(c) 极值点处于约束曲线与等值线的切点上 (d) 极值点处于约束曲线与等值线的切点上 (e) 极值点处于两个约束曲线的交点上

三、优化问题的极值条件

在“机械优化设计问题示例”中,我们可以看到,机械优化设计问题一般是非线性规划问题,实质上是多元非线性函数的极小化问题。由此可见,机械优化设计是建立在多元函数的极值理论基础上的。无约束优化问题就是数学上的无条件极值问题,而约束优化问题则是数学上的条件极值问题。微分学中所研究的极值问题仅限于等式条件极值,很少涉及优化设计中经常出现的不等式条件极值。为了便于学习以后各章所列举的优化方法,有必要先对极值理论作概略地介绍,重点讨论等式约束优化问题的极值条件和不等式约束优化问题的极值条件。

1. 多元函数的方向导数与梯度

(1) 方向导数　二元函数 $f(x_1, x_2)$ 在 $\boldsymbol{x}_0(x_{10}, x_{20})$ 点处沿某一方向 $\boldsymbol{d}$ 的变化率如图 6.7 所示,其定义应为

$$\left.\frac{\partial f}{\partial \boldsymbol{d}}\right|_{\boldsymbol{x}_0} = \lim_{\Delta d \to 0} \frac{f(x_{10} + \Delta x_1, x_{20} + \Delta x_2) - f(x_{10}, x_{20})}{\Delta d}$$

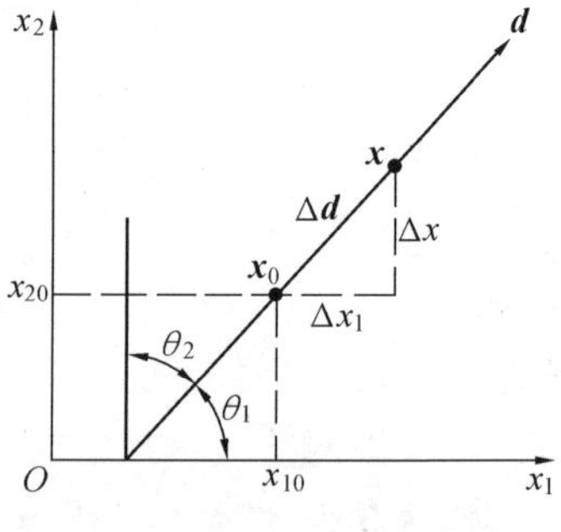

图 6.7 二维空间中的方向

称它为该函数沿此方向的方向导数。据此，偏导数$\left.\frac{\partial f}{\partial x_1}\right|_{\boldsymbol{x}_0}$、$\left.\frac{\partial f}{\partial x_2}\right|_{\boldsymbol{x}_0}$也可看成是函数 $f(x_1, x_2)$ 分别沿 x_1、x_2 坐标轴方向的方向导数。所以方向导数是偏导数概念的推广，偏导数是方向导数的特例。

方向导数与偏导数之间的数量关系是

$$\left.\frac{\partial f}{\partial \boldsymbol{d}}\right|_{\boldsymbol{x}_0} = \left.\frac{\partial f}{\partial x_1}\right|_{\boldsymbol{x}_0} \cos\theta_1 + \left.\frac{\partial f}{\partial x_2}\right|_{\boldsymbol{x}_0} \cos\theta_2$$

依此类推，即可得到 n 元函数$f(x_1, x_2, \cdots, x_n)$ 在 $\boldsymbol{x}_0$ 点处沿 $\boldsymbol{d}$ 方向的方向导数

$$\left.\frac{\partial f}{\partial \boldsymbol{d}}\right|_{\boldsymbol{x}_0} = \left.\frac{\partial f}{\partial x_1}\right|_{\boldsymbol{x}_0} \cos\theta_1 + \left.\frac{\partial f}{\partial x_2}\right|_{\boldsymbol{x}_0} \cos\theta_2 + \cdots + \left.\frac{\partial f}{\partial x_n}\right|_{\boldsymbol{x}_0} \cos\theta_n = \sum_{i=1}^{n} \left.\frac{\partial f}{\partial x_i}\right|_{\boldsymbol{x}_0} \cos\theta_i \tag{6.13}$$

其中的 $\cos\theta_i$ 为 $\boldsymbol{d}$ 方向和坐标轴 x_i 方向之间夹角的余弦。

(2) 二元函数的梯度　考虑到二元函数具有鲜明的几何解释，并且可以象征性地把这样解释推广到多元函数中去，所以梯度概念的引入也先从二元函数入手。二元函数 $f(x_1, x_2)$ 在 $\boldsymbol{x}_0$ 点处的方向导数$\left.\frac{\partial f}{\partial \boldsymbol{d}}\right|_{\boldsymbol{x}_0}$的表达式可改写成下面的形式

$$\left.\frac{\partial f}{\partial \boldsymbol{d}}\right|_{\boldsymbol{x}_0} = \left.\frac{\partial f}{\partial x_1}\right|_{\boldsymbol{x}_0} \cos\theta_1 + \left.\frac{\partial f}{\partial x_2}\right|_{\boldsymbol{x}_0} \cos\theta_2 = \left[\frac{\partial f}{\partial x_1} \quad \frac{\partial f}{\partial x_2}\right]_{\boldsymbol{x}_0} \begin{bmatrix} \cos\theta_1 \\ \cos\theta_2 \end{bmatrix}$$

令

$$\nabla f(\boldsymbol{x}_0) \equiv \begin{bmatrix} \dfrac{\partial f}{\partial x_1} \\ \dfrac{\partial f}{\partial x_2} \end{bmatrix}_{\boldsymbol{x}_0} = \left[\frac{\partial f}{\partial x_1} \quad \frac{\partial f}{\partial x_2}\right]_{\boldsymbol{x}_0}^{\mathrm{T}}$$

并称它为函数 $f(x_1, x_2)$ 在 $\boldsymbol{x}_0$ 点处的梯度。

设

$$\boldsymbol{d} \equiv \begin{bmatrix} \cos\theta_1 \\ \cos\theta_2 \end{bmatrix}$$

为 $\boldsymbol{d}$ 方向单位向量，则有

$$\left.\frac{\partial f}{\partial \boldsymbol{d}}\right|_{\boldsymbol{x}_0} = \nabla f(\boldsymbol{x}_0)^{\mathrm{T}} \boldsymbol{d} = \| \nabla f(\boldsymbol{x}_0) \| \cos(\nabla f, \boldsymbol{d}) \tag{6.14}$$

在 $\boldsymbol{x}_0$ 点处函数沿各方向的方向导数是不同的，它随 $\cos(\nabla f, \boldsymbol{d})$ 变化，即随所取方向的不同而变化。其最大值发生在 $\cos(\nabla f, \boldsymbol{d})$ 取值为1时，也就是当梯度方向和 $\boldsymbol{d}$ 方向重合时其值最大。可见梯度方向是函数值变化最快的方向，而梯度的模就是函数变化率的最大值。

当在 $x_1 - x_2$ 平面内画出 $f(x_1, x_2)$ 的等值线

$$f(x_1, x_2) = c$$

（c 为一系列常数）时，从图6.8可以看出，在 $\boldsymbol{x}_0$ 处等值线的切线方向 $\boldsymbol{d}$ 是函数变化率为零的方向，即有

$$\left.\frac{\partial f}{\partial \boldsymbol{d}}\right|_{\boldsymbol{x}_0} = \|\ \boldsymbol{\nabla} f(\boldsymbol{x}_0)\ \| \cos(\ \boldsymbol{\nabla} f, \boldsymbol{d}) = 0$$

所以 $\cos(\ \boldsymbol{\nabla} f, \boldsymbol{d}) = 0$

可知梯度 $\boldsymbol{\nabla} f(\boldsymbol{x}_0)$ 和切线方向 $\boldsymbol{d}$ 垂直,从而推得梯度方向为等值面的法线方向。梯度 $\boldsymbol{\nabla} f(\boldsymbol{x}_0)$ 方向为函数变化率最大方向,也就是最速上升方向。负梯度 $-\boldsymbol{\nabla} f(\boldsymbol{x}_0)$ 方向为函数变化率取最小值方向,即最速下降方向。与梯度成锐角的方向为函数上升方向,与负梯度成锐角的方向为函数下降方向。

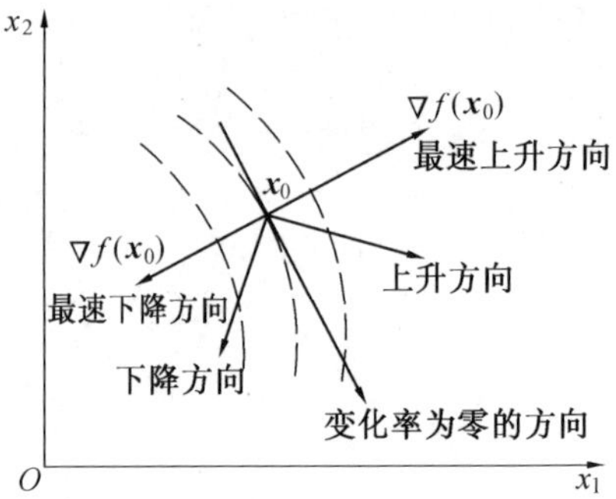

图 6.8　梯度方向与等值线的关系

3) 多元函数的梯度　将二元函数推广到多元函数,则对于函数 $f(x_1, x_2, \cdots, x_n)$ 在 $x_0(x_{10}, x_{20}, \cdots, x_{n0})$ 处的梯度 $\boldsymbol{\nabla} f(\boldsymbol{x}_0)$,可定义为

$$\boldsymbol{\nabla} f(\boldsymbol{x}_0) \equiv \begin{bmatrix} \dfrac{\partial f}{\partial x_1} \\ \dfrac{\partial f}{\partial x_2} \\ \vdots \\ \dfrac{\partial f}{\partial x_n} \end{bmatrix}_{\boldsymbol{x}_0} = \left[\frac{\partial f}{\partial x_1} \quad \frac{\partial f}{\partial x_2} \quad \cdots \quad \frac{\partial f}{\partial x_n}\right]^{\mathrm{T}}_{\boldsymbol{x}_0}$$

对于 $f(x_1, x_2, \cdots, x_n)$ 在 $\boldsymbol{x}_0$ 处沿 $\boldsymbol{d}$ 的方向导数可表示为

$$\left.\frac{\partial f}{\partial \boldsymbol{d}}\right|_{\boldsymbol{x}_0} = \sum_{i=1}^{n} \left.\frac{\partial f}{\partial x_i}\right|_{\boldsymbol{x}_0} \cos\theta_i = \boldsymbol{\nabla} f(\boldsymbol{x}_0)^{\mathrm{T}} \boldsymbol{d} = \|\ \boldsymbol{\nabla} f(\boldsymbol{x}_0)\ \| \cos(\ \boldsymbol{\nabla} f, \boldsymbol{d}) \tag{6.15}$$

函数的梯度方向与函数等值面 $f(\boldsymbol{x}) = c$ 相垂直,也就是和等值面上过 $\boldsymbol{x}_0$ 的一切曲线相垂直,如图 6.9 所示。

2. 多元函数的泰勒展开

多元函数的泰勒(Taylor) 展开在优化方法中十分重要,许多方法及其收敛性证明都是从它出发的。

二元函数 $f(x_1, x_2)$ 在 $\boldsymbol{x}_0(x_{10}, x_{20})$ 点处的泰勒展开式为(推导从略)

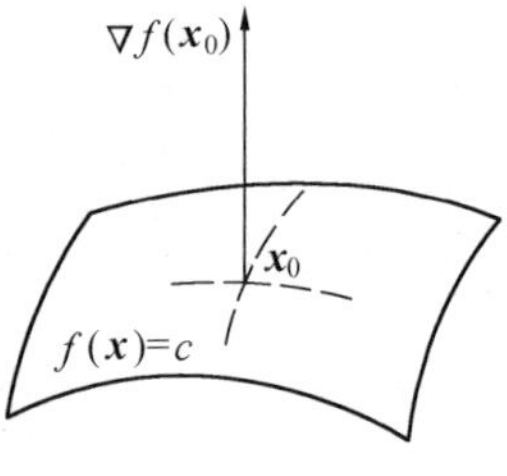

图 6.9　梯度方向与等值面的关系

$$f(\boldsymbol{x}) = f(\boldsymbol{x}_0) + \boldsymbol{\nabla} f(\boldsymbol{x}_0)^{\mathrm{T}} \Delta x + \frac{1}{2} \Delta x^{\mathrm{T}} \boldsymbol{G}(\boldsymbol{x}_0) \Delta \boldsymbol{x} + \cdots \tag{6.16}$$

其中

$$\boldsymbol{G}(\boldsymbol{x}_0) \equiv \begin{bmatrix} \dfrac{\partial^2 f}{\partial x_1^2} & \dfrac{\partial^2 f}{\partial x_1 \partial x_2} \\ \dfrac{\partial^2 f}{\partial x_2 \partial x_1} & \dfrac{\partial^2 f}{\partial x_2^2} \end{bmatrix}, \Delta \boldsymbol{x} \equiv \begin{bmatrix} \Delta x_1 \\ \Delta x_1 \end{bmatrix}$$

$\boldsymbol{G}(\boldsymbol{x}_0)$ 称作函数 $f(x_1,x_2)$ 在 $\boldsymbol{x}_0$ 点处的海赛(Hessian)矩阵,它是由函数 $f(x_1,x_2)$ 在 $\boldsymbol{x}_0$ 处的二阶偏导数所组成的对称方阵。

将二元函数的泰勒展开推广到多元函数时,则 $f(x_1,x_2,\cdots,x_n)$ 在 $\boldsymbol{x}_0$ 点处泰勒展开式的矩阵形式为

$$f(\boldsymbol{x}) = f(\boldsymbol{x}_0) = + \nabla f(\boldsymbol{x}_0)^{\mathrm{T}}\Delta\boldsymbol{x} + \frac{1}{2}\Delta x^{\mathrm{T}}\boldsymbol{G}(\boldsymbol{x}_0)\Delta\boldsymbol{x} + \cdots$$

其中

$$\nabla f(\boldsymbol{x}_0) = \left[\frac{\partial f}{\partial x_1} \quad \frac{\partial f}{\partial x_2} \quad \cdots \quad \frac{\partial f}{\partial x_n}\right]^{\mathrm{T}}_{\boldsymbol{x}_0}$$

为函数 $f(\boldsymbol{x})$ 在 $\boldsymbol{x}_0$ 点处的梯度

$$\boldsymbol{G}(\boldsymbol{x}_0) = \begin{bmatrix} \dfrac{\partial^2 f}{\partial x_1^2} & \dfrac{\partial^2 f}{\partial x_1 \partial x_2} & \cdots & \dfrac{\partial^2 f}{\partial x_1 \partial x_n} \\ \dfrac{\partial^2 f}{\partial x_2 \partial x_1} & \dfrac{\partial^2 f}{\partial x_2^2} & \cdots & \dfrac{\partial^2 f}{\partial x_2 \partial x_n} \\ \vdots & \vdots & \vdots & \vdots \\ \dfrac{\partial^2 f}{\partial x_n \partial x_1} & \dfrac{\partial^2 f}{\partial x_n \partial x_2} & \cdots & \dfrac{\partial^2 f}{\partial x_n^2} \end{bmatrix}_{\boldsymbol{x}_0} \tag{6.17}$$

为函数 $f(\boldsymbol{x})$ 在 $\boldsymbol{x}_0$ 点处的海赛矩阵。

在优化计算中,当某点附近的函数值采用泰勒展开式作近似表达时,研究该点邻域的极值问题需要分析二次型函数是否正定。当对任何非零向量 $\boldsymbol{x}$ 使

$$f(\boldsymbol{x}) = \boldsymbol{x}^{\mathrm{T}}\boldsymbol{G}\boldsymbol{x} > 0$$

即二次型函数正定,$\boldsymbol{G}$ 为正定矩阵。

3. 无约束优化问题的极值条件

无约束优化问题是使目标函数取得极小值,所谓极值条件就是指目标函数取得极小值时极值点所应满足的条件。

对于二元函数 $f(x_1,x_2)$,若在 $\boldsymbol{x}_0(x_{10},x_{20})$ 点处取得极值,其必要条件是

$$\left.\frac{\partial f}{\partial x_1}\right|_{\boldsymbol{x}_0} = \left.\frac{\partial f}{\partial x_2}\right|_{\boldsymbol{x}_0} = 0$$

即

$$\nabla f(\boldsymbol{x}_0) = \boldsymbol{0}(\text{黑体字“}\boldsymbol{0}\text{”代表零向量})$$

为了判断从上述必要条件求得的 $\boldsymbol{x}_0$ 是否是极值点,需要建立极值的充分条件。根据二元函数 $f(x_1,x_2)$ 在 $\boldsymbol{x}_0$ 点处的泰勒展开式,考虑上述极值必要条件,经过分析可得相应的充分条件为

$$\left.\frac{\partial f}{\partial x_1^2}\right|_{\boldsymbol{x}_0} > 0$$

$$\left[\frac{\partial^2 f}{\partial x_1^2}\frac{\partial^2 f}{\partial x_2^2}-\left(\frac{\partial^2 f}{\partial x_1 \partial x_2}\right)^2\right]_{\boldsymbol{x}_0} > 0$$

此条件反映了 $f(x_1,x_2)$ 在 $\boldsymbol{x}_0$ 点处的海赛矩阵 $\boldsymbol{G}(\boldsymbol{x}_0)$ 的各阶主子式均大于零,即

$$\left.\frac{\partial f}{\partial x_1^2}\right|_{\boldsymbol{x}_0} > 0$$

$$|\boldsymbol{G}(\boldsymbol{x}_0)| = \begin{vmatrix} \dfrac{\partial^2 f}{\partial x_1^2} & \dfrac{\partial^2 f}{\partial x_1 \partial x_2} \\ \dfrac{\partial^2 f}{\partial x_2 \partial x_1} & \dfrac{\partial^2 f}{\partial x_2^2} \end{vmatrix}_{\boldsymbol{x}_0} > 0$$

所以,二元函数在某点处取得极值的充分条件是要求在该点处的海赛矩阵为正定。

对于多元函数 $f(x_1,x_2,\cdots,x_n)$,若在 $\boldsymbol{x}^*$ 点处取得极值,则极值的必要条件为

$$\nabla f(\boldsymbol{x}^*) = \left[\frac{\partial f}{\partial x_1} \quad \frac{\partial f}{\partial x_2} \quad \cdots \quad \frac{\partial f}{\partial x_n}\right]_{\boldsymbol{x}^*}^{\mathrm{T}} = \boldsymbol{0} \tag{6.18}$$

极值的充分条件为

$$\boldsymbol{G}(\boldsymbol{x}^*) = \begin{bmatrix} \dfrac{\partial^2 f}{\partial x_1^2} & \dfrac{\partial^2 f}{\partial x_1 \partial x_2} & \cdots & \dfrac{\partial^2 f}{\partial x_1 \partial x_n} \\ \dfrac{\partial^2 f}{\partial x_2 \partial x_1} & \dfrac{\partial^2 f}{\partial x_2^2} & \cdots & \dfrac{\partial^2 f}{\partial x_2 \partial x_n} \\ \vdots & \vdots & \vdots & \vdots \\ \dfrac{\partial^2 f}{\partial x_n \partial x_1} & \dfrac{\partial^2 f}{\partial x_n \partial x_2} & \cdots & \dfrac{\partial^2 f}{\partial x_n^2} \end{bmatrix}_{\boldsymbol{x}^*} \text{正定} \tag{6.19}$$

即要求 $\boldsymbol{G}(\boldsymbol{x}^*)$ 的各阶主子式均大于零

一般说来,多元函数的极值条件在优化方法中仅具有理论意义。因为对于复杂的目标函数,海赛矩阵不易求得,它的正定性就更难判定了。

4.等式约束优化问题的极值条件

求解等式约束优化问题:

$$\min f(\boldsymbol{x})$$

$$\text{s.t.} \qquad h_k(\boldsymbol{x}) = 0 \quad (k = 1,2,\cdots,m)$$

需要导出极值存在的条件,这是求解等式约束优化问题的理论基础。对这一问题在数学上有两种处理方法:消元法(降维法)和拉格朗日乘子法(升维法),现分别予以介绍。

1)消元法　对于 n 维情况

$$\min f(x_1,x_2,\cdots,x_n)$$

$$\text{s.t.} \qquad h_k(x_1,x_2,\cdots,x_n) = 0 \quad (k = 1,2,\cdots,l)$$

由 l 个约束方程将 n 个变量中的前 l 个变量用其余 $n-l$ 个变量表示，即有

$$\begin{aligned} x_1 &= \varphi_1(x_{l+1}, x_{l+2}, \cdots, x_n) \\ x_2 &= \varphi_2(x_{l+1}, x_{l+2}, \cdots, x_n) \\ &\vdots \qquad\qquad \vdots \\ x_l &= \varphi_l(x_{l+1}, x_{l+2}, \cdots, x_n) \end{aligned}$$

将这些函数关系代入到目标函数中，从而得到只含 $x_{l+1}, x_{l+2}, \cdots, x_n$ 共 $n-l$ 个变量的函数 $F(x_{l+1}, x_{l+2}, \cdots, x_n)$，这样就可以利用无约束优化问题的极值条件求解。

消元法虽然看起来很简单，但实际求解困难却很大。因为将 l 个约束方程联立往往求不出解来。即便能求出解，当把它们代入目标函数之后，也会因函数十分复杂而难于处理。所以这种方法作为一种分析方法实用意义不大，而对某些数值迭代方法来说，却有很大的启发意义。

2）拉格朗日乘子法　拉格朗日乘法是求解等式约束优化问题的另一种经典方法，它是通过增加变量将等式约束优化问题变成无约束优化问题。所以又称作升维法。

对于具有 l 个等式约束的 n 维优化问题

$$\min f(\boldsymbol{x})$$

$$\text{s.t.} \qquad h_k(\boldsymbol{x}) = 0 \quad (k = 1, 2, \cdots, l)$$

在极值点 $\boldsymbol{x}^*$ 处有

$$\mathrm{d}f(\boldsymbol{x}^*) = \sum_{i=1}^{n} \frac{\partial f}{\partial x_i}\mathrm{d}x_i = \boldsymbol{\nabla} f(\boldsymbol{x}^*)\mathrm{d}\boldsymbol{x} = 0$$

$$\mathrm{d}h_k(\boldsymbol{x}^*) = \sum_{i=1}^{n} \frac{\partial h_k}{\partial x_i}\mathrm{d}x_i = \boldsymbol{\nabla} h_k(\boldsymbol{x}^*)\mathrm{d}\boldsymbol{x} = 0$$

$$\sum_{i=1}^{n}\left(\frac{\partial f}{\partial x_i} + \lambda_1\frac{\partial h_1}{\partial x_i} + \lambda_2\frac{\partial h_2}{\partial x_i} + \cdots + \lambda_l\frac{\partial h_l}{\partial x_i}\right)\mathrm{d}x_i = 0 \tag{6.20}$$

可以通过其中的 l 个方程

$$\frac{\partial f}{\partial x_i} + \lambda_1\frac{\partial h_1}{\partial x_i} + \lambda_2\frac{\partial h_2}{\partial x_i} + \cdots + \lambda_l\frac{\partial h_l}{\partial x_i} = 0 \tag{6.21}$$

来求解 l 个 $\lambda_1, \lambda_2, \cdots, \lambda_l$，使得 l 个变量的微分 $\mathrm{d}x_1, \mathrm{d}x_2, \cdots, \mathrm{d}x_i$ 的系数为零。这样，式(6.20)的等号左边就只剩下 $n-l$ 个变量的微分 $\mathrm{d}x_{l+1}, \mathrm{d}x_{l+2}, \cdots, \mathrm{d}x_n$ 的项，即它变成

$$\sum_{j=l+1}^{n}\left(\frac{\partial f}{\partial x_j} + \lambda_1\frac{\partial h_1}{\partial x_j} + \lambda_2\frac{\partial h_2}{\partial x_j} + \cdots + \lambda_l\frac{\partial h_l}{\partial x_j}\right)\mathrm{d}x_j = 0 \tag{6.22}$$

但 $\mathrm{d}x_{l+1}, \mathrm{d}x_{l+2}, \cdots, \mathrm{d}x_n$ 应是任意的量，则应有

$$\frac{\partial f}{\partial x_j} + \lambda_1\frac{\partial h_1}{\partial x_j} + \lambda_2\frac{\partial h_2}{\partial x_j} + \cdots + \lambda_l\frac{\partial h_l}{\partial x_j} = 0 \quad (j = l+1, l+2, \cdots, n) \tag{6.23}$$

式(6.21)和式(6.23)及等式约束 $h_k(\boldsymbol{x})(k = 1, 2, \cdots, l)$ 就是点 $\boldsymbol{x}$ 达到约束极值的必要条件。

式(6.21)和式(6.23)可以合并写成

$$\frac{\partial f}{\partial x_i}+\lambda_1\frac{\partial h_1}{\partial x_i}+\lambda_2\frac{\partial h_2}{\partial x_i}+\cdots+\lambda_l\frac{\partial h_l}{\partial x_i}=0\quad(i=1,2,\cdots,n)\tag{6.24}$$

把原来的目标函数 $f(\boldsymbol{x})$ 改造成为如下形式的新的目标函数：

$$F(\boldsymbol{x},\boldsymbol{\lambda})=f(\boldsymbol{x})+\sum_{k=1}^{l}\lambda_k h_k(\boldsymbol{x})\tag{6.25}$$

式中的 $h_k(\boldsymbol{x})$ 就是原目标函数 $f(\boldsymbol{x})$ 的等式约束条件，而待定系数 λ_k 称为拉格朗日乘子，$F(\boldsymbol{x},\boldsymbol{\lambda})$ 称为拉格朗日函数。这样，拉格朗日乘子法可以叙述如下：

把 $F(\boldsymbol{x},\boldsymbol{\lambda})$ 作为一个新的无约束条件的目标函数来求解它的极值点，所得结果就是在满足约束条件 $h_k(\boldsymbol{x})=0(k=1,2,\cdots,l)$ 的原目标函数 $f(\boldsymbol{x})$ 的极值点。自 $F(\boldsymbol{x},\boldsymbol{\lambda})$ 具有极值的必要条件

$$\frac{\partial F}{\partial x_i}=0\quad(i=1,2,\cdots,n)$$

$$\frac{\partial F}{\partial \lambda_k}=h_k(\boldsymbol{x})=0\quad(k=1,2,\cdots,l)$$

可得 $l+n$ 个方程，从而解得 $\boldsymbol{x}=[x_1\quad x_2\quad\cdots\quad x_n]^{\mathrm{T}}$ 和 $\lambda_k(k=1,2,\cdots,l)$ 共 $l+n$ 个未知变量的值。由上述方程组求得的 $\boldsymbol{x}^*=[x_1^*\quad x_2^*\quad\cdots\quad x_n^*]^{\mathrm{T}}$ 是函数 $f(\boldsymbol{x})$ 极值点的坐标值。

按照式(6.24)给出的条件，拉格朗日乘子法也可以用另一种方式表示如下：

$$\boldsymbol{\nabla}F=\boldsymbol{\nabla}f(\boldsymbol{x}^*)+\boldsymbol{\lambda}^{\mathrm{T}}\boldsymbol{\nabla}h(\boldsymbol{x}^*)=\boldsymbol{0}\tag{6.26}$$

式中 $\lambda^{\mathrm{T}}=[\lambda_1\lambda_2\cdots\lambda_l]$

$$\boldsymbol{\nabla}h(\boldsymbol{x}^*)^{\mathrm{T}}=[\boldsymbol{\nabla}h_1(\boldsymbol{x}^*)\quad\boldsymbol{\nabla}h_2(\boldsymbol{x}^*)\quad\cdots\quad\boldsymbol{\nabla}h_l(\boldsymbol{x}^*)]$$

例 用拉格朗日乘子法计算在约束条件 $h(x_1,x_2)=2x_1+3x_2-6=0$ 的情况下，目标函数 $f(x_1,x_2)=4x_1^2+5x_2^2$ 的极值点坐标。

解 改造的目标函数是 $F(\boldsymbol{x},\lambda)=4x_1^2+5x_2^2+\lambda(2x_1+3x_2-6)$，则由 $\frac{\partial F}{\partial x_1}$ 和 $\frac{\partial F}{\partial x_2}$ 等于零两式解得极值点坐标是

$$x_1=-\frac{1}{4}\lambda\quad x_2=-\frac{3}{10}\lambda$$

把它们代入 $\frac{\partial F}{\partial \lambda}=0$（即约束条件 $2x_1+3x_2-6=0$）中去，得 $\lambda=-\frac{30}{7}$，即极值点 $\boldsymbol{x}^*$ 坐标是 $x_1^*=1.071$，$x_2^*=1.286$。

5.不等式约束优化问题的极值条件

在工程上大多数优化问题都可表示为具有不等式约束条件的优化问题。因此研究不等式约束极值条件是很有意义的。受到不等式约束的多元函数极值的必要条件是著名的库恩－塔克(Kuhn－Tucker)条件，它是非线性优化问题的重要理论。

(1) 库恩－塔克条件　对于多元函数不等式的约束优化问题

$$\min f(\boldsymbol{x})$$

s.t. $$g_j(\boldsymbol{x}) \leqslant 0 \quad (j = 1,2,\cdots,m)$$

(其中设计变量向量 $\boldsymbol{x} = [x_1 \quad x_2 \quad \cdots \quad x_i \quad \cdots \quad x_n]^{\mathrm{T}}$ 为 n 维向量,它受有 m 个不等式约束的限制),同样可以应用拉格朗日乘子法推导出相应的极值条件。为此,需要引入 m 个松弛变量 $\bar{\boldsymbol{x}} = [x_{n+1} \quad x_{n+2} \quad \cdots \quad x_{n+m}]^{\mathrm{T}}$,使不等式约束 $g_j(\boldsymbol{x}) \leqslant 0(j = 1,2,\cdots,m)$ 变成等式约束 $g_j(\boldsymbol{x}) + x_{n+j}^2 = 0(j = 1,2,\cdots,m)$,从而组成相应的拉格朗日函数。

$$F(\boldsymbol{x},\bar{\boldsymbol{x}},\boldsymbol{\mu}) = f(\boldsymbol{x}) + \sum_{j=1}^{m}\mu_j(g_j(\boldsymbol{x}) + x_{n+j}^2) \tag{6.27}$$

其中 μ 是对应于不等式约束的拉格朗日乘子向量 $\mu = [\mu_1 \quad \mu_2 \quad \cdots \quad \mu_j \quad \cdots \quad \mu_m]^{\mathrm{T}}$,并有非负的要求,即 $\mu \geqslant 0$。

根据无约束极值条件,可以得到具有不等式约束多元函数极值条件

$$\begin{cases} \dfrac{\partial f(\boldsymbol{x}^*)}{\partial x_i} + \displaystyle\sum_{j=1}^{m}\mu_j \dfrac{\partial g_j(\boldsymbol{x}^*)}{\partial x_i} = 0 \quad (i = 1,2,\cdots,n) \\ \mu_j g_j(\boldsymbol{x}^*) = 0 \quad (j = 1,2,\cdots,m) \\ \mu_j \geqslant 0 \quad (j = 1,2,\cdots,m) \end{cases} \tag{6.28}$$

这就是著名的库恩 - 塔克(Kuhn-Tucker) 条件。

若引入起作用约束的下标集合

$$J(\boldsymbol{x}^*) = \{j \mid g_j(\boldsymbol{x}^*) = 0, j = 1,2,\cdots,m\}$$

库恩 - 塔克条件又可写成如下形式

$$\begin{cases} \dfrac{\partial f(\boldsymbol{x}^*)}{\partial x_i} + \displaystyle\sum_{j\in J}^{m}\mu_j \dfrac{\partial g_j(\boldsymbol{x}^*)}{\partial x_i} = 0 \quad (i = 1,2,\cdots,n) \\ g_j(\boldsymbol{x}^*) = 0 \quad (j \in J) \\ \mu_j \geqslant 0 \quad (j \in J) \end{cases} \tag{6.29}$$

将上式偏微分形式表示为梯度形式,得

$$\nabla f(\boldsymbol{x}^*) + \sum_{j\in J}^{m}\mu_j \nabla g_j(\boldsymbol{x}^*) = 0 \tag{6.30}$$

或 $$-\nabla f(\boldsymbol{x}^*) = \sum_{j\in J}\mu_j \nabla g_i(\boldsymbol{x}^*)$$

它表明库恩 - 塔克条件的几何意义是,在约束极小值点 $\boldsymbol{x}^*$ 处,函数 $f(\boldsymbol{x})$ 的负梯度一定能表示成所有起作用约束在该点梯度(法向量) 的非负线性组合。

下面以二维问题为例,说明其几何意义。

图 6.10 是考虑 $g_1(\boldsymbol{x})$ 和 $g_2(\boldsymbol{x})$ 两个约束都起作用的情况,并考虑在点 $\boldsymbol{x}^k$ 处目标函数的负梯度 $-\nabla f(\boldsymbol{x}^k)$ 时的图形。约束函数的梯度 $\nabla g_1(\boldsymbol{x}^k)$ 和 $\nabla g_2(\boldsymbol{x}^k)$,它们分别垂直于 $g_1(\boldsymbol{x}) = 0$ 和 $g_2(\boldsymbol{x}) = 0$ 二曲面,并形成一个锥形夹角区域。此时可能出现两种情况。

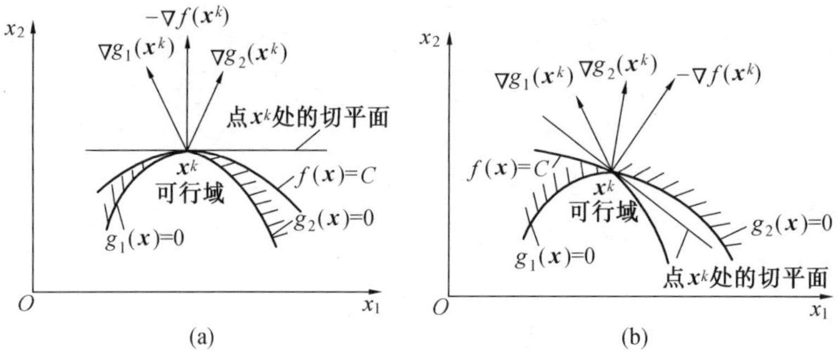

图 6.10　库恩 - 塔克条件的几何意义

(a) 负梯度位于锥角区之内;(b) 负梯度位于锥角之外

第一, $-\nabla f(\boldsymbol{x}^k)$ 落在 $\nabla g_1(\boldsymbol{x}^k)$ 和 $\nabla g_2(\boldsymbol{x}^k)$ 所张成的锥角区外的一侧,如图 6.10(b) 所示。这时,当过点 $\boldsymbol{x}^k$ 做出与 $-\nabla f(\boldsymbol{x}^k)$ 垂直的切平面,并从 $\boldsymbol{x}^k$ 出发向此切平面的 $-\nabla f(\boldsymbol{x}^k)$ 所在一侧移动时,目标函数值可以减小。由于这一侧有一部分区域是可行域(在图中,这样的区域是由 $f(\boldsymbol{x}) = C$ 和 $g_2(\boldsymbol{x}) = 0$ 形成的),结果是既可减小目标函数值,又不破坏约束条件。这说明 $\boldsymbol{x}^k$ 仍可沿约束曲面移动而不致破坏约束条件,且目标函数值还能够得到改变(减小)。所以点 $\boldsymbol{x}^k$ 不是稳定的最优点,即它不是约束最优点或局部极值点。

第二, $-\nabla f$ 落在 ∇g_1 和 ∇g_2 张成的锥角之内,如图 6.10(a) 所示。此时,做出和 $-\nabla f$ 垂直的过 $\boldsymbol{x}^k$ 的目标函数等值面的切平面,把空间分成两个区域。当从 $\boldsymbol{x}^k$ 出发向包含 $-\nabla f$ 的一侧移动时,将可使目标函数值减小。但这一侧的任何一点都不落在可行区域内。显然,此时的点 $\boldsymbol{x}^k$ 就是约束最优点或局部极值点 $\boldsymbol{x}^*$。沿此点再作任何移动都将破坏约束条件,故它是稳定点。

由于 $-\nabla f(\boldsymbol{x}^*)$ 和 $\nabla g_1(\boldsymbol{x}^*)$, $\nabla g_2(\boldsymbol{x}^*)$ 在一个平面内,则前者可看成是后两者的线性组合。又因 $-\nabla f(\boldsymbol{x}^*)$ 处于 $\nabla g_1(\boldsymbol{x}^*)$ 和 $\nabla g_2(\boldsymbol{x}^*)$ 的夹角之间,所以线性组合的系数为正,即有

$$-\nabla f(\boldsymbol{x}^*) = \mu_1 \nabla g_1(\boldsymbol{x}^*) + \mu_2 \nabla g_2(\boldsymbol{x}^*)$$

其中 $\mu_1 > 0, \mu_2 > 0$。

这就是目标函数在两个起作用的约束条件下,使 $\boldsymbol{x}^*$ 成为条件极值点的必要条件。

当约束条件有三个且同时起作用时,则要求 $-\nabla f(\boldsymbol{x}^*)$ 处于 $\nabla g_1(\boldsymbol{x}^*)$、$\nabla g_2(\boldsymbol{x}^*)$ 和 $\nabla g_3(\boldsymbol{x}^*)$ 形成的角锥之内。

对于同时具有等式和不等式约束的优化问题:

$$\begin{aligned} &\min f(\boldsymbol{x}) \\ \text{s.t.}\quad &g_j(\boldsymbol{x}) \leqslant 0 (j = 1,2,\cdots,m) \\ &h_k(\boldsymbol{x}) = 0 (k = 1,2,\cdots,l) \end{aligned}$$

库恩 - 塔克条件可表述为

$$\begin{cases} \dfrac{\partial f}{\partial x_i} + \sum\limits_{j \in J} \mu_j \dfrac{\partial g_j}{\partial x_i} + \sum\limits_{k=1}^{l} \lambda_k \dfrac{\partial h_k}{\partial x_i} = 0 \quad (i = 1,2,\cdots,n) \\ g_j(\boldsymbol{x}) = 0 \quad (j \in J) \\ \mu_j \geqslant 0 \quad (j \in J) \end{cases} \tag{6.31}$$

注意,对应于等式约束的拉格朗日乘子,并没有非负的要求。

(2) 库恩 - 塔克(K - T) 条件应用举例。若给定优化问题的数学模型为

$$f(\boldsymbol{x}) = (x_1 - 2)^2 + x_2^2 \rightarrow \min$$

$$\text{s.t.} \quad g_1(\boldsymbol{x}) = x_1^2 + x_2 - 1 \leqslant 0$$

$$g_2(\boldsymbol{x}) = - x^2 \leqslant 0$$

$$g_3(\boldsymbol{x}) = - x_1 \leqslant 0$$

利用 K - T 条件确定极值点 $\boldsymbol{x}^*$ 。

此问题在设计空间 $x_1 - x_2$ 平面上的图形如图 6.11 所示。它的 K - T 条件可表示为

$$\frac{\partial f(\boldsymbol{x}^*)}{\partial x_i} + \sum_{j \in J} \mu_j \frac{\partial g_j(\boldsymbol{x}^*)}{\partial x_i} = 0 \quad (i = 1,2)$$

$$g_j(\boldsymbol{x}^*) = 0 \quad (j \in J)$$

$$\mu_j \geqslant 0 \quad (j \in J)$$

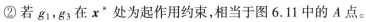

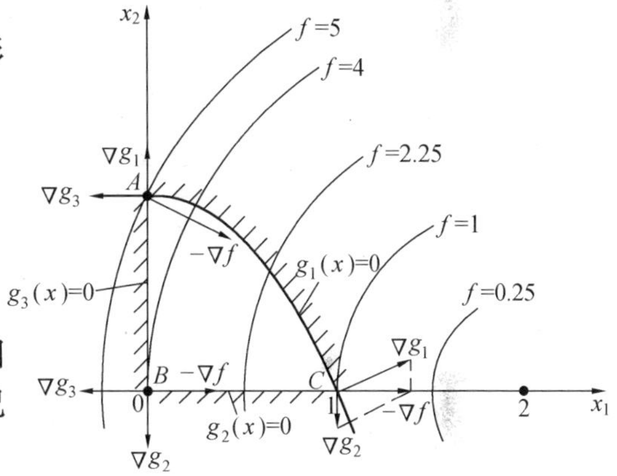

图 6.11　应用库恩 - 塔克条件寻找约束极值点

其中 J 为在 $\boldsymbol{x}^*$ 处起作用约束下标的集合,因 $\boldsymbol{x}^*$ 待求,所以 J 未知,只能根据各种可能情况进行试验。现按八种情况分析如下:

① 若 g_1, g_2, g_3 三个约束都在 $\boldsymbol{x}^*$ 处起作用,这里是三个方程,两个未知数,属矛盾方程组,无解。所以不存在三个起作用约束的极值点。

② 若 g_1, g_3 在 $\boldsymbol{x}^*$ 处为起作用约束,相当于图 6.11 中的 A 点。

$$\mu_1 = -2 < 0$$

$$\mu_2 = -4 < 0$$

不满足非负要求,所以 A 点不是极值点。

③ 若 g_2, g_3 在 $\boldsymbol{x}^*$ 处为起作用约束,相当于图 6.11 中的 B 点。

$$\mu_2 = 0$$

$$\mu_3 = -4 < 0$$

同样不满足非负要求,所以 B 点也不是极值点。

④ 若 g_1, g_2 在 $\boldsymbol{x}^*$ 处为起作用约束,相当于图 6.11 中的 C 点。

$$\mu_1 = 1 \geqslant 0$$

$$\mu_2 = 1 \geqslant 0$$

满足非负要求，这样 C 点满足全部 K－T 条件，所以 C 点为极值点。

因为

$$\nabla f(\boldsymbol{x}^*) = \begin{bmatrix} 2(x_1^* - 2) \\ 2x_2^* \end{bmatrix}_{\substack{x_1^*=1 \\ x_2^*=0}} = \begin{bmatrix} -2 \\ 0 \end{bmatrix}$$

$$\nabla g_1(\boldsymbol{x}^*) = \begin{bmatrix} 2x_1^* \\ 1 \end{bmatrix}_{\substack{x_1^*=1 \\ x_2^*=0}} = \begin{bmatrix} 2 \\ 1 \end{bmatrix}$$

$$\nabla g_2(\boldsymbol{x}^*) = \begin{bmatrix} 0 \\ -1 \end{bmatrix}$$

代入

$$-\nabla f(\boldsymbol{x}^*) = \mu_1 \nabla g_1(\boldsymbol{x}^*) + \nabla g_1(2\boldsymbol{x}^*)$$

得

$$-\begin{bmatrix} -2 \\ 0 \end{bmatrix} = \mu_1 \begin{bmatrix} 2 \\ 1 \end{bmatrix} = \mu_2 \begin{bmatrix} 0 \\ -1 \end{bmatrix}$$

⑤若只有 g_1 一个约束在 $\boldsymbol{x}^*$ 处起作用，从 K－T 条件第一方程组解得 $x_1^* = \dfrac{2}{1+\mu_1}$，$x_2^* = -\dfrac{\mu_1}{2}$。第二个约束在 $\boldsymbol{x}^*$ 处不起作用，有 $g_2(\boldsymbol{x}^*) = -x_2^* < 0$ 即 $x_2^* > 0$。根据 $x_2^* = -\dfrac{\mu_1}{2} > 0$ 有 $\mu_1 < 0$，不满足非负要求，故此点不是极值点。

⑥若只有 g_2 一个约束在 $\boldsymbol{x}^*$ 处起作用，解 K－T 条件方程组，得 $x_1^* = 2, x_2^* = 0, \mu_2 = 0$。此解不满足 $g_1(\boldsymbol{x}^*) < 0$ 的要求，故此点不是极值点。

⑦若只有 g_3 一个约束在 $\boldsymbol{x}^*$ 处起作用，解上方程组，得 $x_1^* = 0, x_2^* = 0, \mu_3 = -4 < 0$。不满足非负要求，故此点不是极值点。

⑧若 g_1, g_2, g_3 在 $\boldsymbol{x}^*$ 处都不起作用，解得 $x_1^* = 2, x_2^* = 0$，此点不满足 $g_1(\boldsymbol{x}^*) < 0$ 要求，故不是极值点。

从上述八种情况的分析可以看出，利用 K－T 条件求极值点往往是很繁琐的，需要确定哪些约束在极值点处起作用。

四、优化设计问题的基本解法

1. 解析解法与数值解法

求解优化问题可以用解析解法，也可以用数值的近似解法。解析解法就是把所研究的对象用数学方程（数学模型）描述出来，然后再用数学解析方法（如微分、变分方法等）求出优化解。但是，在很多情况下，优化设计的数学描述比较复杂，因而不便于甚至不可能用解析方法求解；另外，有时对象本身的机理无法用数学方程描述，而只能通过大量试验数据用插值或拟合方法构造一个近似函数式，再来求其优化解，并通过试验来验证；或直接以数学原理为指导，从任取一点出发通过少量试验(探索性的计算),并根据试验计算结果的比较,逐步改进而求得优化解。这种方法是属于近似的、迭代性质的数值解法。数值解法不仅可用于求复杂函数的优化解,也可以用于处理没有数学解析表达式的优化设计问题。因此,它是实际问题中常用的方法,很受重视。其中具体方法较多,并且目前还在发展。但是,应当指出,对于复杂问题,由于不能把所有参数都完全考虑并表示出来,只能是一个近似的最优化的数学描述。由于它本来就是一种近似,那么,采用近似性质的数值方法对它们进行解算,也就谈不到对问题的精确性有什么影响了。

不管是解析解法,还是数值解法,都分别具有针对无约束条件和有约束条件的具体方法。

可以按照对函数导数计算的要求。把数值方法分为需要计算函数的二阶导数、一阶导数和零阶导数(即只要计算函数值而不需计算其导数)的方法。

2.优化准则法与数学规划法

在机械优化设计中,大致可分为两类设计方法。一类是优化准则法,它是从一个初始设计 $\boldsymbol{x}^k$ 出发(k 不是指数,而是上角标,$\boldsymbol{x}^k$ 是 $\boldsymbol{x}^{(k)}$ 的简写),着眼于在每次迭代中满足的优化条件,按着迭代公式(其中 $\boldsymbol{C}^k$ 为一对角矩阵)

$$\boldsymbol{x}^{k+1} = \boldsymbol{C}^k\boldsymbol{x}^k \tag{6.32}$$

来得到一个改进的 $\boldsymbol{x}^{k+1}$,而无需再考虑目标函数和约束条件的信息状态。

另一类设计方法是数学规划法,它虽然也是从一个初始设计 $\boldsymbol{x}^k$ 出发,对结构进行分析,但是按照如下迭代公式

$$\boldsymbol{x}^{k+1} = \boldsymbol{x}^k + \Delta\boldsymbol{x}^k \tag{6.33}$$

得到一个改进的设计 $\boldsymbol{x}^{k+1}$。

在这类方法中,许多算法是沿着某个搜索方向 $\boldsymbol{d}^k$ 以适当步长 α_k 的方式实现对 $\boldsymbol{x}^k$ 的修改,以获得 $\Delta\boldsymbol{x}^k$ 的值。此时式(6.33)可写成

$$\boldsymbol{x}^{k+1} = \boldsymbol{x}^k + \alpha_k\boldsymbol{d}^k \tag{6.34}$$

而它的搜索方向 $\boldsymbol{d}^k$ 是根据几何概念和数学原理,由目标函数和约束条件的局部信息状态形成的。也有一些算法是采用直接逼近的迭代方式获得 $\boldsymbol{x}^k$ 的修改量 $\Delta\boldsymbol{x}^k$ 的。

在数学规划法中,采用式(6.34),即 $\boldsymbol{x}^{k+1} = \boldsymbol{x}^k + \alpha_k\boldsymbol{d}^k$ 进行迭代运算时,求 n 维函数 $f(\boldsymbol{x}) = f(x_1, x_2, \cdots, x_n)$ 的极值点的具体算法可以简述如下:

首先,选定初始设计点 $\boldsymbol{x}^0$,从 $\boldsymbol{x}^0$ 出发沿某一规定方向 $\boldsymbol{d}^0$ 求函数 $f(\boldsymbol{x})$ 的极值点,设此点为 $\boldsymbol{x}^1$;然后,再从 $\boldsymbol{x}^1$ 出发沿某一规定方向 $\boldsymbol{d}^1$ 求函数 $f(\boldsymbol{x})$ 的极值点,设此点为 $\boldsymbol{x}^2$。如此继续,如图6.12所示。一般地说,从点 $\boldsymbol{x}$ 出发,沿某一规定方向 $\boldsymbol{d}^k$ 求函数 $f(\boldsymbol{x}^k)$ 的极值点 $\boldsymbol{x}^k$($k = 1,2,\cdots,n$)。这样的搜索过程就组成求 n 维函数 $f(\boldsymbol{x})$ 极值(优化值)的基本过程。它实际上是通过一系列(n 个)的一维搜索过程来完成的。其中的每一次一维搜索过程都可以统一叙述为:在过点 $\boldsymbol{x}^k$ 沿 $\boldsymbol{d}^k$ 方向上,求一元函数 $f(\boldsymbol{x}^{k+1}) = f(\boldsymbol{x}^k + \alpha_k\boldsymbol{d}^k)$ 的极值点的问题。既然是在过点 $\boldsymbol{x}^k$ 沿 $\boldsymbol{d}^k$ 方向上求 $f(\boldsymbol{x}^k + \alpha_k\boldsymbol{d}^k)$ 的极值点,那么这里只有 α_k 是惟一的变量。因为无论 α_k 取什么值,点

$x^{k+1} = x^k + \alpha_k d^k$ 总是位于过x^k点的d^k方向上。所以这个问题就是以 α_k 为变量的一元函数$\varphi(\alpha_k)$求极值的问题。这种一元函数求极值的过程可简称为一维搜索过程，它是确定 α_k 的值使$f(x^k + \alpha_k d^k)$取极值的过程。所以，数学规划法的核心一是建立搜索方向 d^k，二是计算最佳步长 α_k。

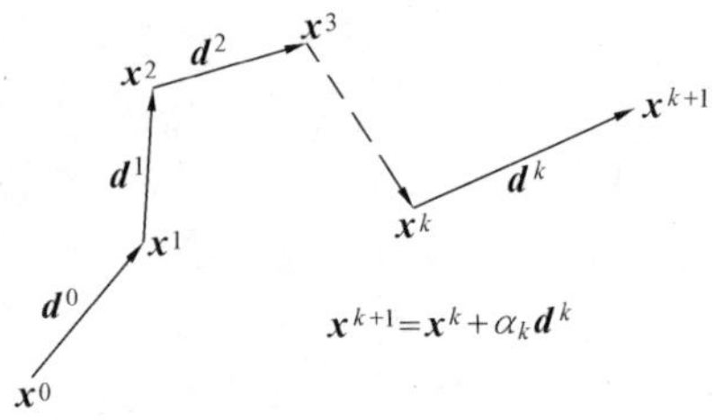

图 6.12　寻求极值点的搜索过程

3. 迭代终止条件

由于数值迭代是逐步逼近最优点而获得近似解的，所以要考虑优化问题的收敛性及迭代过程的终止条件。

收敛性是指某种迭代程序产生的序列$\{x^k(k = 0,1,\cdots)\}$收敛于

$$\lim_{k\to\infty} x^{k+1} = x^*$$

点列$\{x^k\}$收敛的必要和充分条件是：对于任意指定的实数 $\varepsilon > 0$，都存在一个只与 ε 有关而与 x 无关的自然数N，使得当两自然数 $m, p > N$ 时，满足

$$\| x^m - x^p \| \leqslant \varepsilon$$

或

$$\sqrt{\sum_{i=1}^{n}(x_i^m - x_i^p)^2} \leqslant \varepsilon$$

或

$$| x_i^m - x_i^p | \leqslant \varepsilon_i = \frac{\varepsilon}{\sqrt{n}}$$

根据这个收敛条件，可以确定迭代终止准则，一般采用以下几种迭代终止准则：

(1) 当相邻两设计点的移动距离已达到充分小时。若用向量模计算它的长度，则

$$\| x^{k+1} x^k \| \leqslant \varepsilon_1$$

或用 x^{k+1} 和 x^k 的坐标轴分量之差表示为

$$| x_i^{k+1} - x_i^k | \leqslant \varepsilon_2 \quad (i = 1,2,\cdots,n)$$

(2) 当函数值的下降量已达到充分小时。即

$$| f(x^{k+1}) - f(x^k) | \leqslant \varepsilon_3$$

或用其相对值

$$\left| \frac{f(x^{k+1}) - f(x^k)}{f(x^k)} \right| \leqslant \varepsilon_4$$

(3) 当某次迭代点的目标函数梯度已达到充分小时，即

$$\| \nabla f(x^k) \| \leqslant \varepsilon_5$$

采用哪种收敛准则，可视具体问题而定。可以取 $\varepsilon_i \leqslant 10^{-2} \sim 10^{-3}(i = 1,\cdots,5)$

一般地说，采用优化准则法进行设计时，由于对其设计的修改较大，所以迭代的收敛速度较快，迭代次数平均为十多次，且与其结构的大小无关。因此可用于大型、复杂机械的优化设计，特别是需要利用有限元法进行性能约束计算时较为合适。但是，数学规划法在数学方面有一定的理论基础，它已经发展成为应用数学的一个重要分支。其计算结果的可信程度较高，精

确程度也好些。它是优化方法的基础，而且目前优化准则法和数学规划法的解题思路和手段实质上也很相似。所以，必须对数学规划法有系统的了解。当然，也没有必要对其中类型繁多的具体方法都进行叙述。这里只着重介绍某些典型的和目前看来比较有效的方法，以期了解一些重要优化方法的思路和实质，达到启发思路、举一反三的目的。

6.2　无约束优化问题的解法

一、概述

6.1 节所列举的机械优化设计问题，都是在一定的限制条件下追求某一指标为最小，所以它们都属于约束优化问题。但是，也有些实际问题，其数学模型本身就是一个无约束优化问题，或者除了在非常接近最终极小点的情况下，都可以按无约束问题来处理。研究无约束优化问题的另一个原因是，通过熟悉它的解法可以为研究约束优化问题打下良好的基础。第三个原因是，约束优化问题的求解可以通过一系列无约束优化方法来达到。所以无约束优化问题的解法是优化设计方法的基本组成部分，也是优化方法的基础。

无约束优化问题是：求 n 维设计变量

$$\boldsymbol{x} = [x_1 \quad x_2 \quad \cdots \quad x_n]^{\mathrm{T}}$$

使目标函数 $f(\boldsymbol{x}) \to \min$，而对 $\boldsymbol{x}$ 没有任何限制条件。

对于无约束优化问题的求解，可以直接就用 6.1.3 讲述的极值条件来确定极值点位置。这就是把求函数极值的问题变成求解方程

$$\nabla f = \boldsymbol{0} \tag{6.35}$$

的问题。

这是一个含有 n 个未知量，n 个方程的方程组，并且一般是非线性的。除了一些特殊情况外，一般说来非线性方程组的求解与求无约束极值一样也是一个困难问题，甚至前者比后者更困难。对于非线性方程组，一般是很难用解析方法求解的，需要采用数值计算方法逐步求出非线性联立方程组的解。但是，与其用数值计算方法求解非线性方程组，倒不如用数值计算方法直接求解无约束极值问题。因此，本节将介绍求解无约束优化问题常用的数值解法。

数值计算方法最常用的是搜索方法，其基本思想是从给定的初始点 $\boldsymbol{x}^0$ 出发，沿某一搜索方向 $\boldsymbol{d}^0$ 进行搜索，确定最佳步长 α_0 使函数值沿方向 $\boldsymbol{d}^0$ 下降最大。依此方式按下述公式不断进行，形成迭代的下降算法

$$\boldsymbol{x}^{k+1} = \boldsymbol{x}^k + \alpha_k \boldsymbol{d}^k \quad (k = 0,1,2,\cdots) \tag{6.36}$$

各种无约束优化方法的区别就在于确定其搜索方向 $\boldsymbol{d}^k$ 的方法不同。所以，搜索方向的构成问题乃是无约束优化方法的关键。

图 6.13 是按迭代式(6.36) 对无约束优化问题进行极小值计算的算法的粗框图。其中一个

框是形成 $\boldsymbol{d}$ 的,另一框是确定 α 的。显然,对不同的形成 $\boldsymbol{d}$ 和确定 α 的算法,只要改变这两框中的内容即可。

根据构成搜索方向所使用的信息性质的不同,无约束优化方法可以分为两类。一类是利用目标函数的一阶或二阶导数的无约束优化方法,如最速下降法、共轭梯度法、牛顿法及变尺度法等。另一类是只利用目标函数值的无约束优化方法,如坐标轮换法,单形替换法及鲍威尔(Powell)法等。

本节将分别讨论上述两类无约束优化方法。

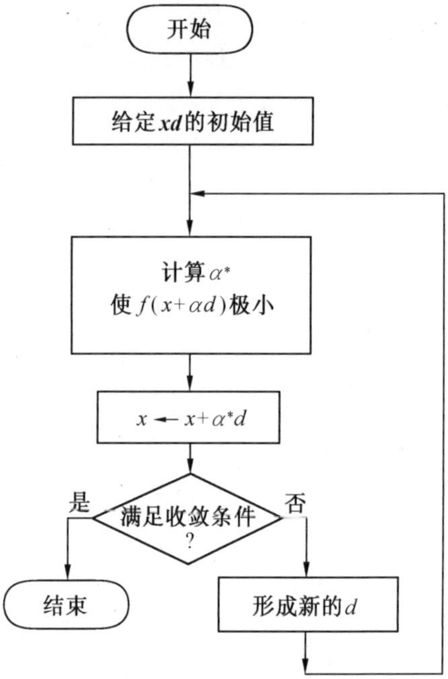

图 6.13　无约束极小化算法的粗框图

二、一维搜索方法

当采用数学规划法寻求多元函数 $f(\boldsymbol{x})$ 的极值点 $\boldsymbol{x}^*$ 时,一般要进行一系列如下格式的迭代计算

$$\boldsymbol{x}^{k+1} = \boldsymbol{x}^k + \alpha_k \boldsymbol{d}^k \quad (k = 0,1,2,\cdots)$$

其中 $\boldsymbol{d}^k$ 为第 $k+1$ 次迭代的搜索方向,α_k 为沿 $\boldsymbol{d}^k$ 搜索的最佳步长因子(通常也称作最佳步长。严格地说,只有在 $\|\boldsymbol{d}^k\| = 1$ 的条件下,最佳步长 $\|\alpha_k \boldsymbol{d}^k\|$ 才等于最佳步长因子 α_k)。当方向 $\boldsymbol{d}^k$ 给定,求最佳步长 α_k 就是求一元函数

$$f(\boldsymbol{x}^{k+1}) = f(\boldsymbol{x}^k + \alpha_k \boldsymbol{d}^k) = \varphi(\alpha_k)$$

的极值问题,它称作一维搜索。而求多元函数极值点,需要进行一系列的一维搜索。可见一维搜索是优化搜索方法的基础。

求解一元函数 $\varphi(\alpha)$ 的极小点 α^*,可采用解析解法,即利用一元函数的极值条件 $\varphi'(\alpha^*) = 0$ 求 α^*。

解析解法的缺点是需要进行求导计算。对于函数关系复杂、求导困难或无法求导的情况,使用解析法将是非常不便的。所以在优化设计中,求解最佳步长因子 α^* 主要采用数值解法,即利用计算机通过反复迭代计算求得最佳步长因子的近似值。数值解法的基本思路是:先确定 α^* 所在的搜索区间,然后根据区间消去法原理不断缩小此区间,从而获得 α^* 的数值近似解。

1. 搜索区间的确定与区间消去法原理

欲求一元函数 $f(\alpha)$ 的极小点 α^*(为书写简便,这里仍用同一符号 f 表示相应的一元函数),必须先确定 α^* 所在的区间。

(1) 确定搜索区间的外推法　在一维搜索时,我们假设函数 $f(\alpha)$ 具有如图 6.14 所示的单谷性,即在所考虑的区间内部,函数 $f(\alpha)$ 有惟一的极小点 α^*。为了确定极小点 α^* 所在的区间 $[a,b]$,应使函数 $f(\alpha)$ 在 $[a,b]$ 区间里形成"高 — 低 — 高"趋势。

为此，从 $\alpha = 0$ 开始，以初始步长 h_0 向前试探。如果函数值上升，则步长变号，即改变试探方向。如果函数值下降，则维持原来的试探方向，并将步长加倍。区间的始点、中间点依次沿试探方向移动一步。此过程一直进行到函数值再次上升时为止，即可找到搜索区间的终点。最后得到的三点即为搜索区间的始点、中间点和终点，形成函数值的“高 — 低 — 高”趋势。

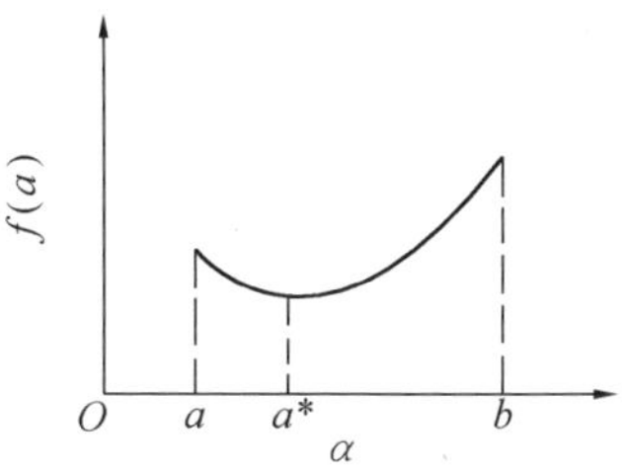

图 6.14　具有单谷性的函数

图 6.15 表示沿 α 的正向试探。每走一步都将区间的始点、中间点沿试探方向移动一步（进行换名）。经过三步最后确定搜索区间 $[\alpha_1, \alpha_3]$，并且得到区间始点、中间点和终点 $\alpha_1 < \alpha_2 < \alpha_3$ 所对应的函数值 $y_1 > y_2 < y_3$。

图 6.16 所表示的情况是，开始是沿 α 的正方向试探，但由于函数值上升而改变了试探方向，最后得到始点，中间点和终点 $\alpha_1 > \alpha_2 > \alpha_3$ 及它们的对应函数值 $y_1 > y_2 < y_3$，从而形成单谷区间 $[\alpha_3, \alpha_1]$ 为一维搜索区间。

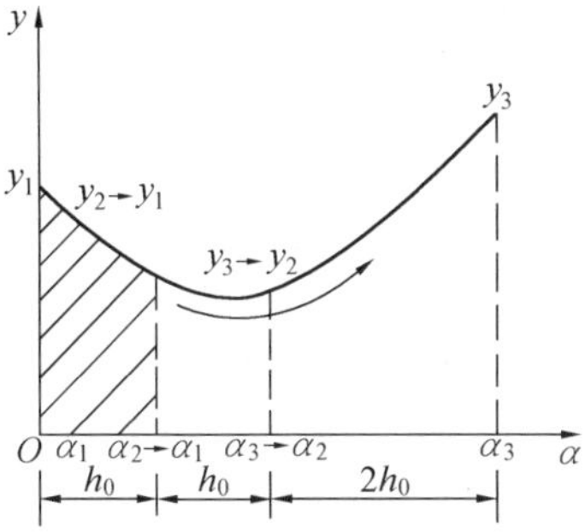

图 6.15　正向搜索的外推法

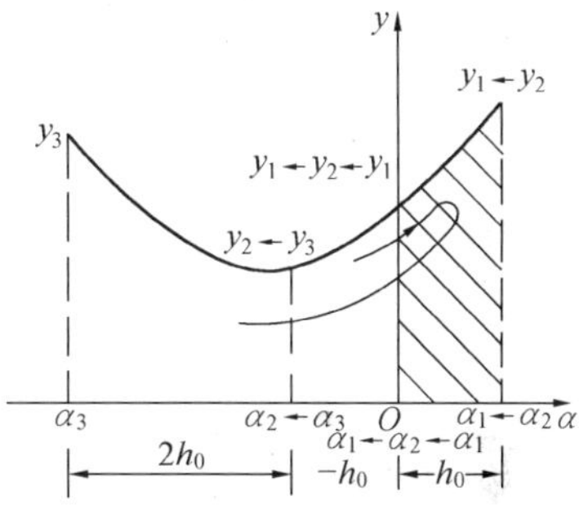

图 6.16　反向搜索的外推法

（2）区间消去法原理　搜索区间 $[a, b]$ 确定之后，采用区间消去法逐步缩短搜索区间，从而找到极小点的数值近似解。假定在搜索区间 $[a, b]$ 内任取两点 a_1, b_1，且 $a_1 < b_1$，并计算函数值 $f(a_1), f(b_1)$。于是将有下列三种可能情形：

1）$f(a_1) < f(b_1)$，如图 6.17(a) 所示。由于函数为单谷，所以极小点必在区间 $[a, b_1]$ 内。

2）$f(a_1) > f(b_1)$，如图 6.17(b) 所示。同理，极小点应在区间 $[a_1, b]$ 内。

3）$f(a_1) = f(b_1)$，如图 6.17(c) 所示，这时极小点应在 $[a_1, b_1]$ 内。

为了避免多计算函数值，可以把前面三种情形改为下列两种情形：

① 若 $f(a_1) < f(b_1)$，则取 $[a, b_1]$ 为缩短后的搜索区间。

② 若 $f(a_1) \geqslant f(b_1)$，则取 $[a_1, b]$ 为缩短后的搜索区间。

（3）一维搜索方法的分类　从上述的分析中可知，为了每次缩短区间，只需要在区间内再插入一点并计算其函数值。然而，对于插入点的位置，是可以用不同的方法来确定的。这样就形成了不同的一维搜索方法。概括起来，可将一维搜索方法分成两大类。一类称作试探法。这类方

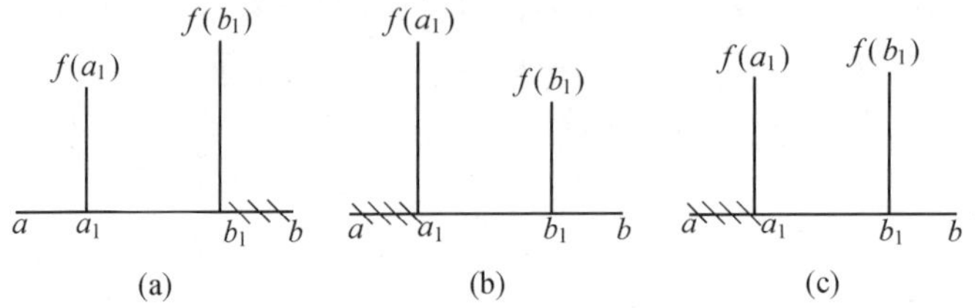

图 6.17　区间消去法原理

(a)$f(a_1) < f(b_1)$　(b)$f(a_1) > f(b_1)$　(c)$f(a_1) = f(b_1)$

法是按某种给定的规律来确定区间内插入点的位置。此点位置的确定仅仅按照区间缩短如何加快，而不顾及函数值的分布关系。属于试探法一维搜索的有黄金分割法，裴波纳契(Fibonacci)法等。另一类一维搜索方法称作插值法或函数逼近法。这类方法是根据某些点处的某些信息，如函数值、一阶导数、二阶导数等，构造一个插值函数来逼近原来函数，用插值函数的极小点作为区间的插入点。属于插值法一维搜索的有二次插值法、三次插值法等。以下我们分别讨论这两类一维搜索方法。

2. 一维搜索的试探方法

在实际计算中，最常用的一维搜索试探方法是黄金分割法，又称作 0.618 法。这里，我们通过介绍黄金分割法来反映一维搜索试探方法的基本思想。

黄金分割法适用于$[a,b]$区间上的任何单谷函数求极小值问题。对函数除要求“单谷”外不作其他要求，甚至可以不连续。因此，这种方法的适应面相当广。黄金分割法也是建立在区间消去法原理基础上的试探方法，即在搜索区间$[a,b]$内适当插入两点α_1、α_2，并计算其函数值。α_1、α_2将区间分成三段。应用函数的单谷性质，通过函数值大小的比较，删去其中一段，使搜索区间得以缩短。然后再在保留下来的区间上作同样的处置，如此迭代下去，使搜索区间无限缩小，从而得到极小点的数值近似解。

黄金分割法要求插入点α_1、α_2的位置相对于区间$[a,b]$两端点具有对称性，即

$$\alpha_1 = b - \lambda(b-a)$$
$$\alpha_2 = a + \lambda(b-a) \tag{6.37}$$

其中λ为待定常数。

除对称要求外，黄金分割法还要求在保留下来的区间内再插入一点所形成的区间新三段，与原来区间的三段具有相同的比例分布。设原区间$[a,b]$长度为 1 如图 6.18 所示，保留下来的区间$[a,\alpha_2]$长度为λ，区间缩短率为λ。为了保持相同的比例分布，新插入点α_3应在$\lambda(1-\lambda)$位置上，α_1在原区间的$1-\lambda$位置应相当于在保留区间的λ^2位置。故有

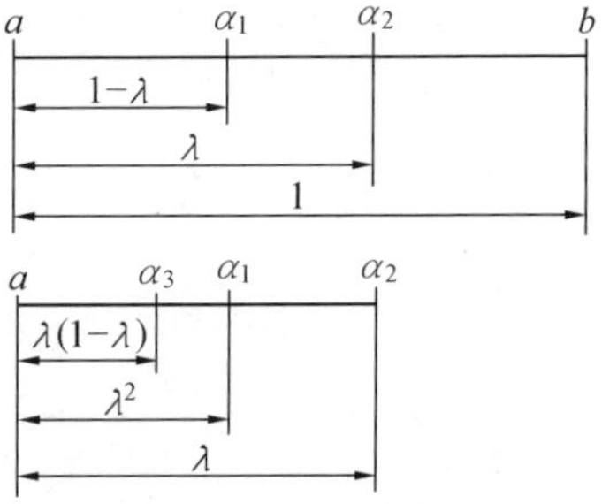

图 6.18　黄金分割法

$$1 - \lambda = \lambda^2$$
$$\lambda^2 + \lambda - 1 = 0$$

取方程正数解,得

$$\lambda = \frac{\sqrt{5} - 1}{2} \approx 0.618$$

若保留下来的区间为$[a,b]$,根据插入点的对称性,也能推得同样的 λ 值。所谓“黄金分割” 是指将一线段分成两段的方法,使整段长与较长段的长度比值等于较长段与较短段长度的比值,即

$$1 : \lambda = \lambda : (1 - \lambda)$$

同样算得 $\lambda \approx 0.618$。可见黄金分割法能使相邻两次搜索区间都具有相同的缩短率0.618,所以黄金分割法又被称作 0.618 法。

黄金分割法的搜索过程是:

1) 给出初始搜索区间$[a,b]$及收敛精度 ε,将 λ 赋以 0.618。

2) 按坐标点计算公式(6.37) 计算 α_1 和 α_2,并计算其对应的函数值 $f(\alpha_1)$,$f(\alpha_2)$。

3) 根据区间消去法原理缩短搜索区间。为了能用原来的坐标点计算公式,需进行区间名称的代换,并在保留区间中计算一个新的试验点及其函数值。

4) 检查区间是否缩短到足够小和函数值收敛到足够近,如果条件不满足则返回到步骤 2。

5) 如果条件满足,则取最后两试验点的平均值作为极小点的数值近似解。

例　对函数 $f(\alpha) = \alpha^2 + 2\alpha$,当给定搜索区间 $-3 \leqslant \alpha \leqslant 5$ 时,试用黄金分割法求极小点 α^*。

解　表 6.1 列出前五次迭代的结果。

假定,经过 5 次迭代后已满足收敛精度要求,则得

$$\alpha^* = \frac{1}{2}(a + b) = \frac{1}{2} \times (-1.386 - 0.665) = -1.0255$$

表 6.1　黄金分割法的搜索过程

迭代序号	a	α_1	α_2	b	y_1	比较	y_2
0	-3	0.056	1.944	5	0.115	<	7.667
1	-3	-1.111	0.056	1.944	-0.987	<	0.115
2	-3	-1.832	-1.111	0.056	-0.306	>	-0.987
3	-1.832	-1.111	-0.665	0.056	-0.987	<	-0.888
4	-1.832	-1.386	-1.111	-0.665	-0.851	>	-0.987
5	-1.386	-1.111	-0.940	-0.665			

3. 一维搜索的插值方法

假定我们的问题是在某一确定区间内寻求函数的极小点位置，虽然没有函数表达式，但能够给出若干试验点处的函数值。我们可以根据这些点处的函数值，利用插值方法建立函数的某种近似表达式，进而求出函数的极小点，并用它作为原来函数极小点的近似值。这种方法称作插值方法，又称作函数逼近法。

插值方法和试探方法都是利用区间消去法原理将初始搜索区间不断缩短，从而求得极小点的数值近似解。二者不同之处在于试验点位置的确定方法不同。在试探法中试验点位置是由某种给定的规律确定的，它不考虑函数值的分布。例如，黄金分割法是按等比例 0.618 缩短率确定的。而在插值法中，试验点位置是按函数值近似分布的极小点确定的。试探法仅仅利用了试验点函数值大小的比较，而插值法还要利用函数值本身或者其导数信息。由于试探法仅对试验点函数值的大小进行比较，而函数值本身的特性没有得到充分利用，这样即使对一些简单的函数，例如二次函数，也不得不像一般函数那样进行同样多的函数值计算。插值法则是利用函数在已知试验点的值（或导数值）来确定新试验点的位置。当函数具有比较好的解析性质时（例如连续可微性），插值方法比试探方法效果更好。

这里介绍一种用二次函数逼近原来函数的方法，即牛顿法（切线法）。它是利用一点的函数值、一阶导数值和二阶导数值来构造此二次函数的。

对于一维搜索函数 $y = f(\alpha)$，假定已给出极小点的一个较好的近似点 α_0，因为一个连续可微的函数在极小点附近与一个二次函数很接近，所以可在 α_0 点附近用一个二次函数 $\phi(\alpha)$ 来逼近函数 $f(\alpha)$，即在 α_0 点将 $f(\alpha)$ 进行泰勒展开并保留到二次项，有

$$f(\alpha) \approx \phi(\alpha) = f(\alpha_0) + f'(\alpha_0)(\alpha - \alpha_0) + \frac{1}{2}f''(\alpha_0)(\alpha - \alpha_0)^2$$

然后以二次函数 $\phi(\alpha)$ 的极小点作为 $f(\alpha)$ 极小点的一个新近似点 α_1。根据极值必要条件

$$\phi'(\alpha_1) = 0$$

即

$$f'(\alpha_0) + f''(\alpha_0)(\alpha_1 - \alpha_0) = 0$$

得

$$\alpha_1 = \alpha_0 - \frac{f'(\alpha_0)}{f''(\alpha_0)}$$

依此继续下去，可得牛顿法迭代公式

$$\alpha_{k+1} = \alpha_k - \frac{f'(\alpha_k)}{f''(\alpha_k)} \quad (k = 0,1,2,\cdots) \tag{6.38}$$

图 6.19 是对牛顿法所作的几何解释。$f(\alpha)$ 的极小点 α^* 应满足极值必要条件 $f'(\alpha^*) = 0$。所以求 $f(\alpha)$ 的极小点也就是求解 $f'(\alpha) = 0$ 方程的根。图 6.19 中，在 α_0 处用一抛物线 $\phi(\alpha)$ 代替曲线 $f(\alpha)$ 相当于用一斜线 $\phi'(\alpha)$ 代替曲线 $f'(\alpha)$。抛物线顶点 α_1 作为第一个近似点应处于斜线 $\phi'(\alpha)$ 与 α 轴的交点处。这样各个近似点是通过对 $f'(\alpha)$ 作切线求得与 α 轴的交点而找到的，所以牛顿法又称作切线法。

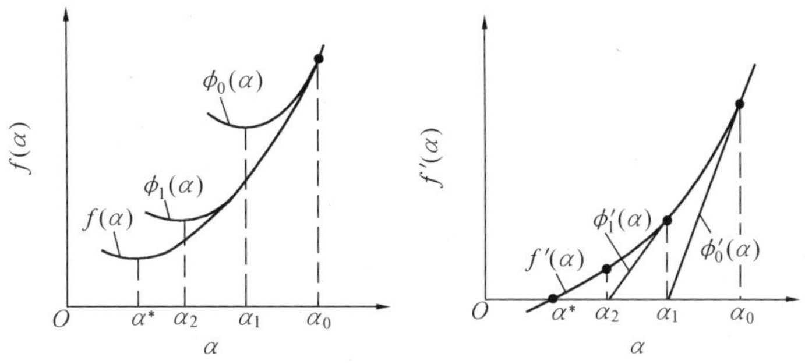

图 6.19　一维搜索的切线法

牛顿法的计算步骤是：

给定初始点 α_0，控制误差 ε，并令 $k=0$。

① 计算 $f'(\alpha_k)$，$f''(\alpha_k)$。

② 求 $\alpha_{k+1}=\alpha_k-\dfrac{f'(\alpha_k)}{f''(\alpha_k)}$

③ 若 $|\alpha_{k+1}-\alpha_k|\leqslant\varepsilon$ 则求得近似解 $\alpha^*=\alpha_{k+1}$，停止计算，否则作 4。

④ 令 $k\Leftarrow k+1$ 转 1。

牛顿法最大的优点是收敛速度快。但是在每一点处都要计算函数的二阶导数，因而增加了每次迭代的工作量。

牛顿法要求初始点选得比较好，否则有可能使极小化序列发散或收敛到非极小点。

另外一种插值方法是二次插值法，它的具体算法可以参考有关资料，例如机械工业出版社出版的《机械优化设计》（孙靖民主编）。

三、最速下降法

优化设计是追求目标函数值 $f(\boldsymbol{x})$ 最小，因此，一个很自然的想法是从某点 $\boldsymbol{x}$ 出发，其搜索方向 $\boldsymbol{d}$ 取该点的负梯度方向 $-\nabla f(\boldsymbol{x})$（最速下降方向），使函数值在该点附近的范围内下降最快。按此规律不断走步，形成以下迭代的算法

$$\boldsymbol{x}^{k+1}=\boldsymbol{x}^k-a_k\nabla f(\boldsymbol{x}^k)\quad(k=0,1,2,\cdots)\tag{6.39}$$

由于最速下降法是以负梯度方向作为搜索方向，所以最速下降法又称为梯度法。

为了使目标函数值沿搜索方向 $-\nabla f(\boldsymbol{x}^k)$ 能够获得最大的下降值，其步长因子 α_k 应取一维搜索的最佳步长。即有

$$f(\boldsymbol{x}^{k+1})=f[\boldsymbol{x}^k-a_k\nabla f(\boldsymbol{x}^k)]=\min_a f[\boldsymbol{x}^k-a\nabla f(\boldsymbol{x}^k)]=\min_a\varphi(\alpha)$$

根据一元函数极值的必要条件和多元复合函数求导公式，得

$$\varphi'(\alpha)=-\{\nabla f[\boldsymbol{x}^k-\alpha_k\nabla f(\boldsymbol{x}^k)]\}^{\mathrm{T}}\nabla f(\boldsymbol{x}^k)=0$$

即 $$[\nabla f(\boldsymbol{x}^{k+1})]^{\mathrm{T}} \nabla f(\boldsymbol{x}^{k}) = 0$$

或写成 $$(\boldsymbol{d}^{k+1})^{\mathrm{T}}\boldsymbol{d}^{k} = 0$$

由此可知，在最速下降法中，相邻两个迭代点上的函数梯度相互垂直。而搜索方向就是负梯度方向，因此相邻两个搜索方向互相垂直。这就是说在最速下降法中，迭代点向函数极小点靠近的过程，走的是曲折的路线。这一次的搜索方向与前一次的搜索方向互相垂直，形成“之”字形的锯齿现象，见图 6.20。从直观上可以看到，在远离极小点的位置，每次迭代可使函数值有较多的下降。可是在接近极小点的位置。由于锯齿现象使每次迭代行进的距离缩短，因而收敛速度减慢。这种情况似乎与“最速下降”的名称相矛盾，其实不然，这是因为梯度是函数的局部性质。从局部上看，在一点附近函数的下降是快的，但从整体上看则走了许多弯路，因此函数的下降并不算快。

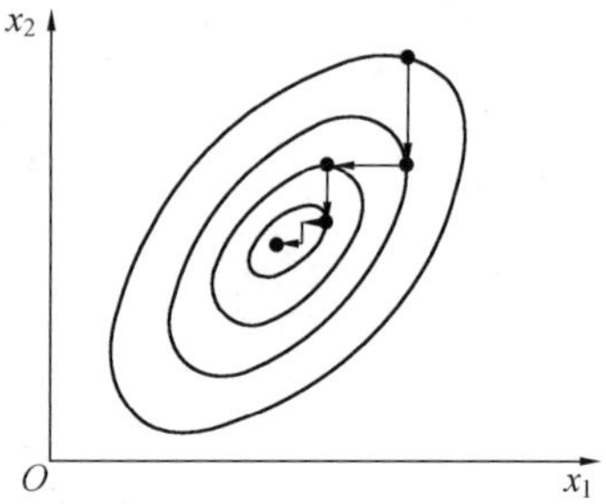

图 6.20　最速下降法的搜索路径

例　求目标函数 $f(\boldsymbol{x}) = x_1^2 + 25x_2^2$ 的极小点。

解　取初始点 $\boldsymbol{x}^0 = [2,2]^{\mathrm{T}}$

则初始点处函数值及梯度分别为

$$f(\boldsymbol{x}^0) = 104$$

$$\nabla f(\boldsymbol{x}^0) = \begin{bmatrix} 2x_1 \\ 50x_2 \end{bmatrix}_{\boldsymbol{x}_0} = \begin{bmatrix} 4 \\ 100 \end{bmatrix}$$

沿负梯度方向进行一维搜索，有

$$\boldsymbol{x}^1 = \boldsymbol{x}^0 - \alpha_0 \nabla f(\boldsymbol{x}^0) = \begin{bmatrix} 2 - 4\alpha_0 \\ 2 - 100\alpha_0 \end{bmatrix}$$

α_0 为一维搜索最佳步长，应满足极值必要条件

$$f(\boldsymbol{x}^1) = \min_{\alpha}\{(2 - 4\alpha)^2 + 25(2 - 100\alpha)^2\} = \min_{\alpha}\varphi(\alpha)$$

$$\varphi'(\alpha) = -8(2 - 4\alpha_0) - 5\,000(2 - 100\alpha_0) = 0$$

从而算出一维搜索最佳步长

$$\alpha_0 = \frac{626}{31\,252} = 0.020\,030\,72$$

及第一次迭代设计点位置和函数值

$$\boldsymbol{x}^1 = \begin{bmatrix} 2 - 4\alpha_0 \\ 2 - 100\alpha_0 \end{bmatrix} = \begin{bmatrix} 1.919\,877 \\ -0.307\,178\,5 \times 10^{-2} \end{bmatrix}$$

$$f(\boldsymbol{x}^1) = 3.686\,164$$

从而完成了最速下降法的第一次迭代。继续作下去，经 10 次迭代后，得到最优解

$$x^* = [0 \quad 0]^T$$
$$f(x^*) = 0$$

这个问题的目标函数 $f(\boldsymbol{x})$ 的等值线为一族椭圆，迭代点从 $\boldsymbol{x}^0$ 走的是一段锯齿形路线，见图 6.21。

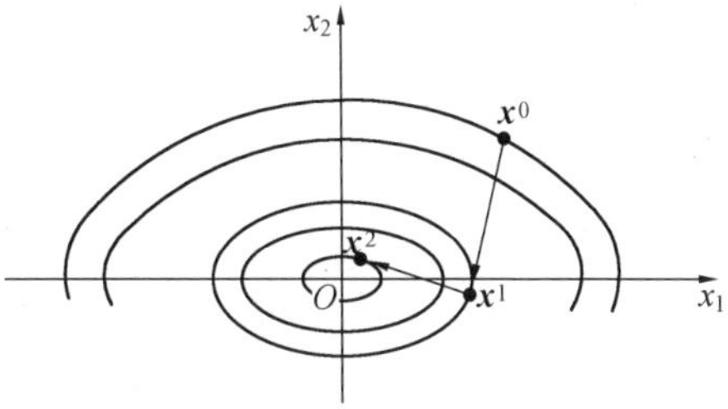

图 6.21　等值线为椭圆的迭代过程

最速下降法算法的程序框图如图 6.22 所示。

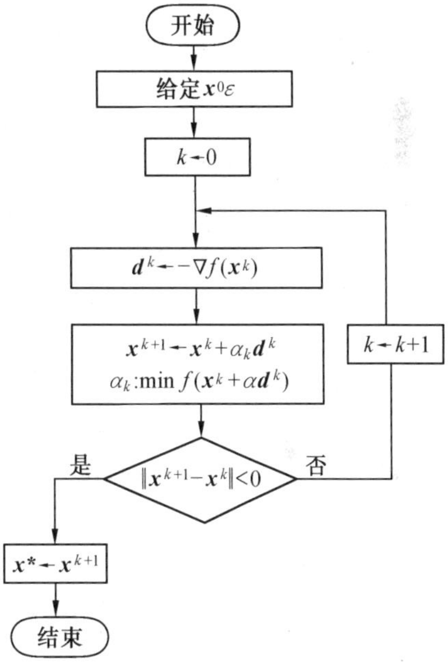

图 6.22　最速下降法的程序框图

最速下降法是一个求解极值问题的古老算法，早在 1947 年就已由柯西(Cauchy) 提出。此法直观、简单。由于它采用了函数的负梯度方向作为下一步的搜索方向，所以收敛速度较慢，越是接近极值点收敛越慢，这是它的主要缺点。应用最速下降法可以使目标函数在开头几步下降很快，所以它可与其他无约束优化方法配合使用。特别是一些更有效的方法都是在对它改进后，或在它的启发下获得的，因此最速下降法仍是许多有约束和无约束优化方法的基础。

四、牛顿型方法

对于多元函数 $f(\boldsymbol{x})$，设 $\boldsymbol{x}^k$ 为 $f(\boldsymbol{x})$ 极小点 $\boldsymbol{x}^*$ 的一个近似点，在 $\boldsymbol{x}^k$ 处将 $f(\boldsymbol{x})$ 进行泰勒展开，保留到二次项，得

$$f(\boldsymbol{x}) \approx \varphi(\boldsymbol{x}) = f(\boldsymbol{x}^k) + \nabla f(\boldsymbol{x}^k)^T(\boldsymbol{x} - \boldsymbol{x}^k) + \frac{1}{2}(\boldsymbol{x} - \boldsymbol{x}^k)^T \nabla^2 f(\boldsymbol{x}^k)(\boldsymbol{x} - \boldsymbol{x}^k)$$

式中　$\nabla^2 f(\boldsymbol{x}^k)$——$f(\boldsymbol{x})$ 在 $(\boldsymbol{x}^k)$ 处的海赛矩阵。

设 $\boldsymbol{x}^{k+1}$ 为 $\varphi(\boldsymbol{x})$ 的极小点，它作为 $f(\boldsymbol{x})$ 极小点 $\boldsymbol{x}^*$ 的下一个近似点，根据极值必要条件

$$\nabla \varphi(\boldsymbol{x}^{k+1}) = \boldsymbol{0}$$

即
$$\nabla f(\boldsymbol{x}^k) + \nabla^2 f(\boldsymbol{x}^k)(\boldsymbol{x}^{k+1} + \boldsymbol{x}^k) = \boldsymbol{0}$$

得
$$\boldsymbol{x}^{k+1} = \boldsymbol{x}^k - [\nabla^2 f(\boldsymbol{x}^k)]^{-1} \nabla f(\boldsymbol{x}^k) \quad (k = 0,1,2,\cdots) \tag{6.40}$$

这就是多元函数求极值的牛顿法迭代公式。

对于二次函数，$f(\boldsymbol{x})$ 的上述泰勒展开式不是近似的，而是精确的。海赛矩阵 $\nabla^2 f(\boldsymbol{x}^k)$ 是一个常矩阵，其中各元素均为常数。因此，无论从任何点出发，只需一步就可找到极小点。因为若某一迭代方法能使二次型函数在有限次迭代内达到极小点，则称此迭代方法是二次收敛的，因此牛顿方法是二次收敛的。

例　用牛顿法求 $f[x_1, x_2] = x_1^2 + 25x_2^2$ 的极小值。

解　取初始点 $\boldsymbol{x}^0 = [2 \quad 2]^T$

代入牛顿法迭代公式,得

$$x^1 = x^0 - [\nabla^2 f(x^0)]^{-1} \nabla f(x^0) = \begin{bmatrix}2\\2\end{bmatrix} - \begin{bmatrix}\frac{1}{2} & 0\\ 0 & \frac{1}{50}\end{bmatrix}\begin{bmatrix}4\\100\end{bmatrix} = \begin{bmatrix}0\\0\end{bmatrix}$$

从而经过一次迭代即求得极小点 $x^* = [0 \quad 0]$ 及函数极小值 $f(x^*) = 0$

从牛顿法迭代公式的推演中可以看到,迭代点的位置是按照极值条件确定的,其中并未含有沿下降方向搜寻的概念。因此对于非二次函数,如果采用上述牛顿法迭代公式,有时会使函数值上升,即出现 $f(x k + 1) > f(x^k)$ 的现象。为此,需对上述牛顿法进行改进,引入数学规划法的搜索概念,提出所谓"阻尼牛顿法"。

如果我们把

$$d^k = -[\nabla^2 f(x^k)]^{-1} \nabla f(x^k)$$

看做是一个搜索方向,称其为牛顿方向,则阻尼牛顿法采取如下的迭代公式

$$x^{k+1} = x^k + \alpha_k d^k = x^k - \alpha_k [\nabla^2 f(x^k)]^{-1} \nabla f(x^k) \quad (k = 0,1,2,\cdots) \tag{6.41}$$

式中 α_k—— 沿牛顿方向进行一维搜索的最佳步长,可称为阻尼因子。

α_k 可通过如下极小化过程求得

$$f(x^{k+1}) = f(x^k + \alpha_k d^k) = \min_{\alpha} f(x^k + \alpha_k d^k)$$

这样,原来的牛顿法就相当于阻尼牛顿法的步长因子 α_k 取成固定值 1 的情况。由于阻尼牛顿法每次迭代都在牛顿方向上进行一维搜索,这就避免了迭代后函数值上升的现象,从而保持了牛顿法二次收敛的特性,而对初始点的选取并没有苛刻的要求。

阻尼牛顿法的计算步骤如下:

1) 给定初始点 x^0,收敛精度 ε,$k \leftarrow 0$。

2) 计算 $\nabla f(x^k)$、$\nabla^2 f(x^k)$、$[\nabla^2 f(x^k)]^{-1}$ 和 $d^k = -[\nabla^2 f(x^k)]^{-1} \nabla f(x^k)$。

3) 求 $x^{k+1} = x^k + \alpha_k d^k$,其中 α_k 为沿 d^k 进行一维搜索的最佳步长。

4) 检查收敛精度。若 $\| x^{k+1} - x^k \| < \varepsilon$ 则 $x^* = x^{k+1}$,停机;否则,置 $k \leftarrow k + 1$,返回到 2 继续进行搜索。阻尼牛顿法程序框图如图 6.23 所示。

牛顿法和阻尼牛顿法统称为牛顿型方法。这类方法的主要缺点是每次迭代都要计算函数的二阶导数矩阵,并对该矩阵求逆。这样工作量很大。特别是矩阵求逆,当维数高时工作量更大。另外从计算机存储方面考虑,牛顿型方法所需的存储量也是很大的。最速下降法的收敛速度比牛顿法慢,而牛顿法又存在上述缺点。针对这些缺点,近年来人们研究了很多改进的算法,如针对最速下降法(梯度法)提出只用梯度信息,但比最速下降法收敛速度快的共轭梯度法;针对牛顿法提出变尺度法等。这将在下几节中予以讨论。

五、共轭方向及共轭方向法

为了克服最速下降法的锯齿现象以提高其收敛速度,发展了一类共轭方向法。由于这类方

法的搜索方向取的是共轭方向,因此先介绍共轭方向的概念和性质。

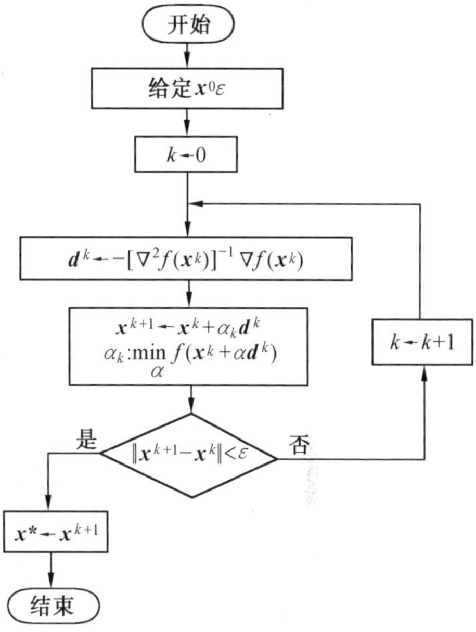

图 6.23　阻尼牛顿法的程序框图

1.共轭方向的概念

共轭方向的概念是在研究二次函数

$$f(\boldsymbol{x}) = \frac{1}{2}\boldsymbol{x}^{\mathrm{T}}\boldsymbol{G}\boldsymbol{x} + \boldsymbol{b}^{\mathrm{T}}\boldsymbol{x} + c \tag{6.42}$$

($\boldsymbol{G}$ 为对称正定矩阵)时引出的。本节和以后几节所介绍的方法有一个共同的特点,就是首先以式(6.42)的二次函数为目标函数给出有关算法,然后再把算法推广到一般的目标函数中去。

为了直观起见,首先考虑二维情况。二元二次函数的等值线为一族椭圆,任选初始点 $\boldsymbol{x}^0$ 沿某个下降方向 $\boldsymbol{d}^0$ 作一维搜索,得 $\boldsymbol{x}^1$

$$\boldsymbol{x}^1 = \boldsymbol{x}^0 + \alpha_k \boldsymbol{d}^0$$

因为 α_0 是沿 $\boldsymbol{d}^0$ 方向搜索的最佳步长,即在 $\boldsymbol{x}^1$ 点处函数 $f(\boldsymbol{x})$ 沿 $\boldsymbol{d}^0$ 方向的方向导数为零。考虑到 $\boldsymbol{x}^1$ 点处方向导数与梯度之间的关系,故有

$$\left.\frac{\partial f}{\partial \boldsymbol{d}^0}\right|_{\boldsymbol{x}^1} = [\nabla f(\boldsymbol{x}^1)]^{\mathrm{T}}\boldsymbol{d}^0 = 0 \tag{6.43}$$

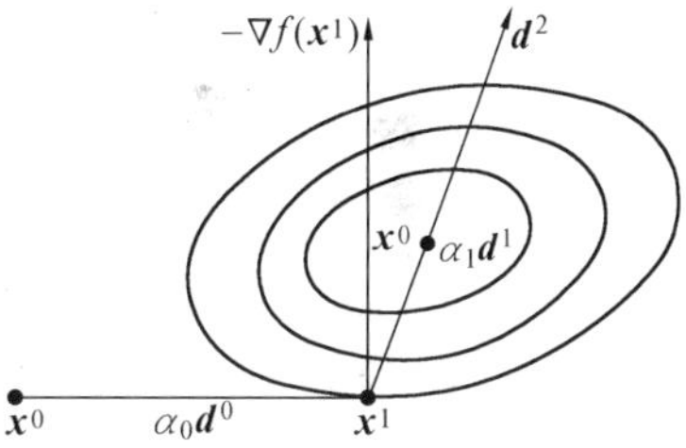

图 6.24　负梯度方向与共轭方向

$\boldsymbol{d}^0$ 与某一等值线相切于 $\boldsymbol{x}^1$ 点。下一次迭代,如果按最速下降法,选择负梯度 $-\nabla f(\boldsymbol{x}^1)$ 方向为搜索方向,则将发生锯齿现象。为了避免锯齿的发生,我们可取下一次的迭代搜索方向 $\boldsymbol{d}^1$ 直指极小点 $\boldsymbol{x}^*$,如图6.24所示。如果能够选定这样的搜索方向,那么对于二元二次函数只需顺次进行 $\boldsymbol{d}^0$、$\boldsymbol{d}^1$ 两次直线搜索就可以求到极小点 $\boldsymbol{x}^*$,即有

$$\boldsymbol{x}^* = \boldsymbol{x}^1 + \alpha_1 \boldsymbol{d}^1$$

式中　α_1——$\boldsymbol{d}^1$ 方向上的最佳步长。

那么这样的 $\boldsymbol{d}^1$ 方向应该满足什么条件呢?对于由式(6.42)所表示的二次函数 $f(\boldsymbol{x})$,有

$$\nabla f(\boldsymbol{x}^1) = \boldsymbol{G}\boldsymbol{x}^1 + \boldsymbol{b}$$

当 $\boldsymbol{x}^1 \neq \boldsymbol{x}^*$ 时,$\alpha_1 \neq 0$,由于 $\boldsymbol{x}^*$ 是函数 $f(\boldsymbol{x})$ 的极小点,应满足极值必要条件,故有

$$\nabla f(\boldsymbol{x}^*) = \boldsymbol{G}\boldsymbol{x}^* + \boldsymbol{b} = \boldsymbol{0}$$

即

$$\nabla f(\boldsymbol{x}^*) = \boldsymbol{G}(\boldsymbol{x}^1 + \alpha_1 \boldsymbol{d}^1) + \boldsymbol{b} = \nabla f(\boldsymbol{x}^1) + \alpha_1 \boldsymbol{G}\boldsymbol{d}^1 = \boldsymbol{0}$$

将等式两边同时左乘$(\boldsymbol{d}^0)^{\mathrm{T}}$,并注意到式(6.43)和 $\alpha_1 \neq 0$ 的条件,得

$$(\boldsymbol{d}^0)^{\mathrm{T}}\boldsymbol{G}\boldsymbol{d}^1 = 0 \tag{6.44}$$

这就是为使 $\boldsymbol{d}^1$ 直指极小点 $\boldsymbol{x}^*$，$\boldsymbol{d}^1$ 所必须满足的条件。满足式(6.44)的两个向量 $\boldsymbol{d}^0$ 和 $\boldsymbol{d}^1$ 称为 $\boldsymbol{G}$ 的共轭向量，或称 $\boldsymbol{d}^0$ 和 $\boldsymbol{d}^1$ 对 $\boldsymbol{G}$ 是共轭方向。

2. 共轭方向的性质

定义　设 $\boldsymbol{G}$ 为 $n \times n$ 对称正定矩阵，若 n 维空间中有 m 个非零向量 $\boldsymbol{d}^0, \boldsymbol{d}^1, \cdots, \boldsymbol{d}^{m+1}$ 满足

$$(\boldsymbol{d}^i)^{\mathrm{T}}\boldsymbol{G}\boldsymbol{d}^j = 0 \quad (i,j = 0,1,2,\cdots,m-1)(i \neq j) \tag{6.45}$$

则称 $\boldsymbol{d}^0, \boldsymbol{d}^1, \cdots, \boldsymbol{d}^{m+1}$ 对 $\boldsymbol{G}$ 共轭，或称它们是 $\boldsymbol{G}$ 的共轭方向。

当 $\boldsymbol{G} = \boldsymbol{I}$(单位矩阵)时，式(6.45)变成

$$(\boldsymbol{d}^i)^{\mathrm{T}}\boldsymbol{d}^j = 0 \quad (i \neq j)$$

即向量 $\boldsymbol{d}^0, \boldsymbol{d}^1, \cdots, \boldsymbol{d}^{m+1}$ 互相正交。由此可见，共轭概念是正交概念的推广，正交是共轭的特例。

性质1　若非零向量系 $\boldsymbol{d}^0, \boldsymbol{d}^1, \cdots, \boldsymbol{d}^{m+1}$ 是对 $\boldsymbol{G}$ 共轭，则这 m 个向量是线性无关的。

性质2　在 n 维空间中互相共轭的非零向量的个数不超过 n。

性质3　从任意初始点 $\boldsymbol{x}^0$ 出发，顺次沿 n 个 $\boldsymbol{G}$ 的共轭方向 $\boldsymbol{d}^0, \boldsymbol{d}^1, \cdots, \boldsymbol{d}^{m+1}$ 进行一维搜索，最多经过 n 次迭代就可以找到由式(6.42)所表示的二次函数 $f(\boldsymbol{x})$ 极小点 $\boldsymbol{x}^*$。此性质表明这种迭代方法具有二次收敛性。

3. 共轭方向法

共轭方向法是建立在共轭方向性质3的基础上的，它提供了求二次函数极小点的原则方法。其步骤是：

1) 选定初始点 $\boldsymbol{x}^0$，下降方向 $\boldsymbol{d}^0$ 和收敛精度 ε，置 $k \leftarrow 0$。

2) 沿 $\boldsymbol{d}^k$ 方向进行一维搜索，得 $\boldsymbol{x}^{x+1} = \boldsymbol{x}^k + \alpha_k \boldsymbol{d}^k$。

3) 判断 $\| \nabla f(\boldsymbol{x}^{k+1}) \| < \varepsilon$ 是否满足，若满足则打印 $\boldsymbol{x}^{k+1}$，停机，否则转4。

4) 提供新的共轭方向 $\boldsymbol{d}^{k+1}$，使 $(\boldsymbol{d}^j)^{\mathrm{T}}\boldsymbol{G}\boldsymbol{d}^{k+1} = 0, j = 0,1,2,\cdots,k$。

5) 置 $k \leftarrow k+1$，转2。

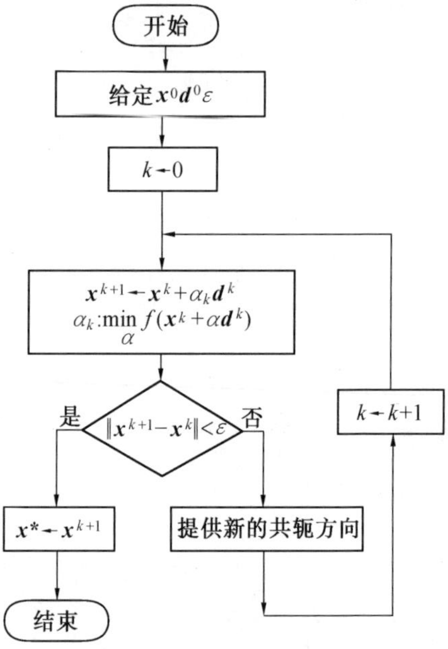

图6.25　共轭方向法的程序框图

提供共轭向量系的方法有许多种，从而形成各种具体的共轭方向法，如共轭梯度法，鲍威尔(Powell)法等。这些方法将在下面几节中予以讨论。

六、共轭梯度法

共轭梯度法是共轭方向法中的一种，因为在该方法中每一个共轭向量都是依赖于迭代点处的负梯度而构造出来的，所以称作共轭梯度法。为了利用梯度求共轭方向，我们首先来研究

共轭方向与梯度之间的关系。

考虑二次函数

$$f(\boldsymbol{x}) = \frac{1}{2}\boldsymbol{x}^{\mathrm{T}}\boldsymbol{G}\boldsymbol{x} + \boldsymbol{b}^{\mathrm{T}}\boldsymbol{x} + c$$

从 $\boldsymbol{x}^k$ 点出发，沿 $\boldsymbol{G}$ 的某一共轭方向 $\boldsymbol{d}^k$ 作一维搜索，到达 $\boldsymbol{x}^{k+1}$ 点，即

$$\boldsymbol{x}^{k+1} = \boldsymbol{x}^k + \alpha_k\boldsymbol{d}^k$$

而在 $\boldsymbol{x}^k$、$\boldsymbol{x}^{k+1}$ 点处的梯度（为了简化，这里用 $\boldsymbol{g}_k$、$\boldsymbol{g}_{k+1}$ 代表函数的梯度）$\boldsymbol{g}_k$、$\boldsymbol{g}_{k+1}$ 分别为

$$\boldsymbol{g}_k = \boldsymbol{G}\boldsymbol{x}^k + \boldsymbol{b}$$

$$\boldsymbol{g}_{k+1} = \boldsymbol{G}\boldsymbol{x}^{k+1} + \boldsymbol{b}$$

所以

$$\boldsymbol{g}_{k+1} - \boldsymbol{g}_k = \boldsymbol{G}(\boldsymbol{x}^{k+1} + \boldsymbol{x}^k) = \alpha_K\boldsymbol{G}\boldsymbol{d}^k \tag{6.46}$$

若 $\boldsymbol{d}^j$ 和 $\boldsymbol{d}^k$ 对 $\boldsymbol{G}$ 是共轭的，则有

$$(\boldsymbol{d}^j)^{\mathrm{T}}\boldsymbol{G}\boldsymbol{d}^k = 0$$

利用式(6.46)对两端前乘$(\boldsymbol{d}^j)^{\mathrm{T}}$，即

$$(\boldsymbol{d}^j)^{\mathrm{T}}(\boldsymbol{g}_{k+1} - \boldsymbol{g}_k) = 0 \tag{6.47}$$

这就是共轭方向与梯度之间的关系。此式表明沿方向 $\boldsymbol{d}^k$ 进行一维搜索，其终点 $\boldsymbol{x}^{k+1}$ 与始点 $\boldsymbol{x}^k$ 的梯度之差 $\boldsymbol{g}_{k+1} - \boldsymbol{g}_k$ 与 $\boldsymbol{d}^k$ 的共轭方向 $\boldsymbol{d}^j$ 正交。共轭梯度法就是利用这个性质做到不必计算矩阵 G 就能求得共轭方向的。此性质的几何说明如图 6.26 所示。

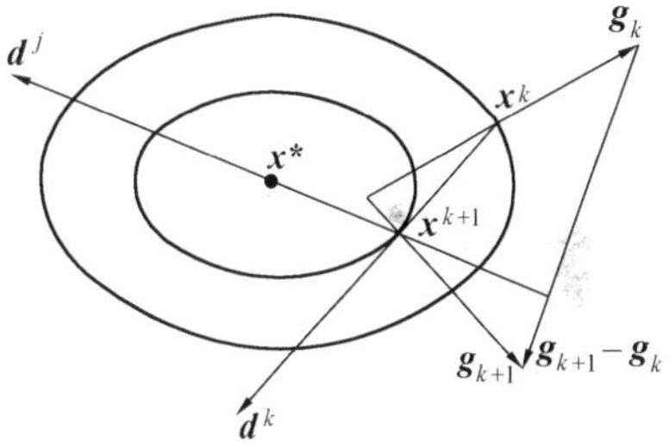

图 6.26　共轭梯度的几何说明

共轭梯度法的计算过程如下：

1) 设初始点 $\boldsymbol{x}^0$，第一个搜索方向取 $\boldsymbol{x}^0$ 点的负梯度 $-\boldsymbol{g}_0$，即

$$\boldsymbol{d}^0 = -\boldsymbol{g}_0 \tag{6.48}$$

沿 $\boldsymbol{d}^0$ 进行一维搜索，得 $\boldsymbol{x}^1 = \boldsymbol{x}^0 + \alpha_0\boldsymbol{d}^0$，并算出 $\boldsymbol{x}^1$ 点处的梯度 $\boldsymbol{g}_1$。$\boldsymbol{x}^1$ 是以 $\boldsymbol{d}^0$ 为切线和某等值曲线的切点。根据梯度和该点等值面的切面相垂直的性质，因此 $\boldsymbol{g}_1$ 和 $\boldsymbol{d}^0$ 正交，有$(\boldsymbol{d}^0)^{\mathrm{T}}\boldsymbol{g}_1 = 0$，从而 $\boldsymbol{g}_1$ 和 $\boldsymbol{g}_0$ 正交，即 $\boldsymbol{g}_1{}^{\mathrm{T}}\boldsymbol{g}_0 = 0$，$\boldsymbol{d}^0$ 和 $\boldsymbol{g}_1$ 组成平面正交系。

2) 在 $\boldsymbol{d}^0$，$\boldsymbol{g}_1$ 所构成的平面正交系中求 $\boldsymbol{d}^0$ 的共轭方向 $\boldsymbol{d}^1$，作为下一步的搜索方向。把 $\boldsymbol{d}^1$ 取成 $-\boldsymbol{g}_1$ 与 $\boldsymbol{d}^0$ 两个方向的线性组合，即

$$\boldsymbol{d}^1 = -\boldsymbol{g}_1 + \beta_0\boldsymbol{d}^0 \tag{6.49}$$

式中　β_0——待定常数，它可以根据共轭方向与梯度的关系求得。

由

$$(\boldsymbol{d}^1)^{\mathrm{T}}(\boldsymbol{g}_1 - \boldsymbol{g}_0) = 0$$

有

$$(-\boldsymbol{g}_1 + \beta_0\boldsymbol{d}^0)^{\mathrm{T}}(\boldsymbol{g}_1 - \boldsymbol{g}_0) = 0$$

将此式展开，考虑到 $\boldsymbol{g}_1{}^{\mathrm{T}}\boldsymbol{d}^0 = 0, \boldsymbol{g}_1{}^{\mathrm{T}}\boldsymbol{g}_0 = 0$，可求得

$$\beta_0 = \frac{\boldsymbol{g}_1{}^{\mathrm{T}}\boldsymbol{g}_1}{\boldsymbol{g}_0{}^{\mathrm{T}}\boldsymbol{g}_0} = \frac{\|\boldsymbol{g}_1\|^2}{\|\boldsymbol{g}_0\|^2} \tag{6.50}$$

$$\boldsymbol{d}^1 = -\boldsymbol{g}_1 + \frac{\|\boldsymbol{g}_1\|^2}{\|\boldsymbol{g}_0\|^2}\boldsymbol{d}^0$$

沿 $\boldsymbol{d}^1$ 方向进行一维搜索，得 $\boldsymbol{x}^2 = \boldsymbol{x}^1 + \alpha_1\boldsymbol{d}^1$，并算出该点梯度 $\boldsymbol{g}_2$，有 $(\boldsymbol{d}^1)^{\mathrm{T}}\boldsymbol{g}_2 = 0$，即

$$(-\boldsymbol{g}_1 + \beta_0\boldsymbol{d}^0)^{\mathrm{T}}\boldsymbol{g}_2 = 0 \tag{6.51}$$

因为 $\boldsymbol{d}^0$ 和 $\boldsymbol{d}^1$ 共轭，根据共轭方向与梯度的关系式(6.47)有

$$(\boldsymbol{d}^0)^{\mathrm{T}}(\boldsymbol{g}_2 - \boldsymbol{g}_1) = 0$$

考虑到 $(\boldsymbol{d}^0)^{\mathrm{T}}\boldsymbol{g}_1 = 0$，因此 $(\boldsymbol{d}^0)^{\mathrm{T}}\boldsymbol{g}_2 = 0$，即 $\boldsymbol{g}_2$ 和 $\boldsymbol{g}_0$ 正交。又根据式(6.51)得 $\boldsymbol{g}_1{}^{\mathrm{T}}\boldsymbol{g}_2 = 0$，即 $\boldsymbol{g}_2$ 又和 $\boldsymbol{g}_1$ 正交。由此可知 $\boldsymbol{g}_0, \boldsymbol{g}_1, \boldsymbol{g}_2$ 构成一个正交系。

3) 在 $\boldsymbol{g}_0, \boldsymbol{g}_1, \boldsymbol{g}_2$ 所构成的正交系中，求与 $\boldsymbol{d}^0$ 及 $\boldsymbol{d}^1$ 均共轭的方向 $\boldsymbol{d}^2$

设
$$\boldsymbol{d}^2 = -\boldsymbol{g}_2 + \gamma_1\boldsymbol{g}_1 + \gamma_0\boldsymbol{g}_0$$

式中 γ_1, γ_0——待定系数。

因为要求 $\boldsymbol{d}^2$ 与 $\boldsymbol{d}^0$ 和 $\boldsymbol{d}^1$ 均共轭，根据式(6.47)共轭方向与梯度的关系，考虑到 $\boldsymbol{g}_0, \boldsymbol{g}_1, \boldsymbol{g}_2$ 相互正交，从而有

$$\gamma_1\boldsymbol{g}_1{}^{\mathrm{T}}\boldsymbol{g}_1 - \gamma_0\boldsymbol{g}_0{}^{\mathrm{T}}\boldsymbol{g}_0 = 0$$

$$-\boldsymbol{g}_2{}^{\mathrm{T}}\boldsymbol{g}_2 - \gamma_0\boldsymbol{g}_1{}^{\mathrm{T}}\boldsymbol{g}_1 = 0$$

设 $\beta_1 = -\gamma_1$，得

$$\beta_1 = -\gamma_1 = \frac{\boldsymbol{g}_2{}^{\mathrm{T}}\boldsymbol{g}_2}{\boldsymbol{g}_1{}^{\mathrm{T}}\boldsymbol{g}_1} = \frac{\|\boldsymbol{g}_2\|^2}{\|\boldsymbol{g}_1\|^2}$$

$$\gamma_0 = \gamma_1\frac{\boldsymbol{g}_1{}^{\mathrm{T}}\boldsymbol{g}_1}{\boldsymbol{g}_0{}^{\mathrm{T}}\boldsymbol{g}_0} = -\beta_1\beta_0$$

因此
$$\boldsymbol{d}^2 = -\boldsymbol{g}_2 + \gamma_1\boldsymbol{g}_1 + \gamma_0\boldsymbol{g}_0 = -\boldsymbol{g}_2 + \beta_1\boldsymbol{d}^1$$

从而得出
$$\boldsymbol{d}^2 = -\boldsymbol{g}_2 + \frac{\|\boldsymbol{g}_2\|^2}{\|\boldsymbol{g}_1\|^2}\boldsymbol{d}^1$$

再沿 $\boldsymbol{d}^2$ 方向继续进行一维搜索，如此继续下去可求得共轭方向的递推公式为

$$\boldsymbol{d}^{k+1} = -\boldsymbol{g}_{k+1} + \frac{\|\boldsymbol{g}_{k+1}\|^2}{\|\boldsymbol{g}_k\|^2}\boldsymbol{d}^k$$

$$(k = 0, 1, 2, \cdots, n-2) \tag{6.52}$$

沿着这些共轭方向一直搜索下去，直到最后迭代点处梯度的模小于给定允许值为止。若目标函数为非二次函数，经 n 次搜索还未达到最优点时，则以最后得到的点作为初始点，重新计算共轭方向，一直到满足精度要求为止。

共轭梯度法的程序框图如图6.27所示。

从共轭梯度法的计算过程可以看出，第一个搜索方向取作负梯度方向，这就是最速下降法。其余各步的搜索方向是将负梯度偏转一个角度，也就是对负梯度进行修正。所以共轭梯度法实质上是对最速下降法进行的一种改进，故它又被称作旋转梯度法。

共轭梯度法的优点是程序简单，存储量少，具有最速下降法的优点，而在收敛速度上比最速下降法快，具有二次收敛性。

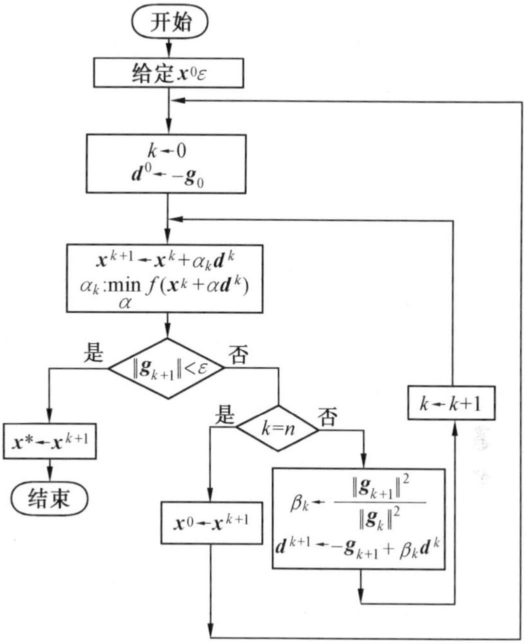

图6.27　共轭梯度法的程序框图

七、变尺度法

对于一般函数$f(x)$，当用牛顿法寻求极小点时，其牛顿迭代公式为

$$x^{k+1}=x^k-\alpha_k G_k^{-1}g_k\quad(k=0,1,2,\cdots)$$

其中$g_k\equiv\nabla f(x^k)$，$G_k\equiv\nabla^2 f(x^k)$

为了避免在迭代公式中计算海赛矩阵的逆阵G_k^{-1}，可用在迭代中逐步建立的变尺度矩阵

$$H_k\equiv H(x^k)$$

来替换G_k^{-1}，即构造一个矩阵序列$\{H_k\}$来逼近海赛逆矩阵序列(G_k^{-1})。每迭代一次，尺度就改变一次，这正是“变尺度”的含义。这样，上式变为

$$x^{k+1}=x^k-\alpha_k H_k g_k\quad(k=0,1,2,\cdots)\tag{6.53}$$

其中α_k是从x^k出发，沿方向$d^k=-H_k g_k$作一维搜索而得到的最佳步长。这个迭代公式代表面很广，例如当$H_k=I$(单位矩阵)时，它就变成最速下降法。以上就是变尺度法的基本思想。

1. 变尺度矩阵的建立

为了使变尺度矩阵H_k确定与G_k^{-1}近似，并具有容易计算的特点，必须对H_k附加某些条件。

1) 为了保证迭代公式具有下降性质，要求$\{H_k\}$中的每一个矩阵都是对称正定的。因为若要求搜索方向$d^k=-H_k g_k$为下降方向，即要求$g_k^{\mathrm T}d^k<0$也就是$-g_k^{\mathrm T}H_k g_k<0$，这样$g_k^{\mathrm T}H_k g_k>0$，即$H_k$应为对称正定。

2) 要求H_k之间的迭代具有简单的形式，显然$H_{k+1}=H_k+E_k$为最简单的形式，其中E_k为校正矩阵。上式称作校正公式。

3) 要求$\{H_k\}$必须满足拟牛顿条件。

所谓拟牛顿条件,可由下面的推导给出。设迭代过程已进行到 $k+1$ 步,$\boldsymbol{x}^{k+1}$、$\boldsymbol{g}_{k+1}$ 均已求出,现在推导 $\boldsymbol{H}_{k+1}$ 所必须满足的条件。当 $f(\boldsymbol{x})$ 为具有正定矩阵 G 的二次函数时,根据泰勒展开可得

$$\boldsymbol{g}_{k+1} = \boldsymbol{g}_k + \boldsymbol{G}(\boldsymbol{x}^{k+1} - \boldsymbol{x}^k)$$

即

$$\boldsymbol{G}^{-1}(\boldsymbol{g}_{k+1} - \boldsymbol{g}_k) = \boldsymbol{x}^{k+1} - \boldsymbol{x}^k$$

因为具有正定海赛矩阵 $\boldsymbol{G}_{k+1}$ 的一般函数,在极小点附近可用二次函数很好地近似,所以我们就联想到如果迫使 $\boldsymbol{H}_{k+1}$ 满足类似于上式的关系

$$\boldsymbol{H}_{k+1}(\boldsymbol{g}_{k+1} - \boldsymbol{g}_k) = \boldsymbol{x}^{k+1} - \boldsymbol{x}^k$$

那么 $\boldsymbol{H}_k$ 就可以很好地近似于 $\boldsymbol{G}_{k+1}^{-1}$。因此,把上面的关系式称作拟牛顿条件(或拟牛顿方程)。为简便起见,记

$$\boldsymbol{y}_k \equiv \boldsymbol{g}_{k+1} - \boldsymbol{g}_k$$

$$\boldsymbol{s}_k \equiv \boldsymbol{x}^{k+1} - \boldsymbol{x}^k$$

则拟牛顿条件可写成

$$\boldsymbol{H}_{k+1}\boldsymbol{y}_k = \boldsymbol{s}_k \tag{6.54}$$

根据上述拟牛顿条件,不通过海赛矩阵求逆就可以构造一个矩阵 $\boldsymbol{H}_{k+1}$ 来逼近海赛矩阵的逆阵 $\boldsymbol{G}_{k+1}^{-1}$,这类方法统称作拟牛顿法。由于变尺度矩阵的建立应用了拟牛顿条件,所以变尺度法也是属于一种拟牛顿法。还可以证明,变尺度法对于具有正定矩阵 $\boldsymbol{G}$ 的二次函数,能产生对 $\boldsymbol{G}$ 共轭的搜索方向,因此变尺度法又可以看成是一种共轭方向法。

2. 变尺度法的一般步骤

对一般多元函数 $f(\boldsymbol{x})$,用变尺度法求极小点 $\boldsymbol{x}^*$,其一般步骤是:

1) 选定初始点 $\boldsymbol{x}^0$ 和收敛精度 ε。

2) 计算 $\boldsymbol{g}_0 = \nabla f(\boldsymbol{x}^0)$,选取初始对称正定矩阵 $\boldsymbol{H}_0$(例如 $\boldsymbol{H}_0 = \boldsymbol{I}$),置 $k \leftarrow 0$。

3) 计算搜索方向 $\boldsymbol{d}^k = -H_k g_k$。

4) 沿 d^k 方向进行一维搜索 $\boldsymbol{x}^{k+1} = \boldsymbol{x}^k + \alpha_k \boldsymbol{d}^k$,计算 $\boldsymbol{g}_{k+1} = \nabla f(\boldsymbol{x}^{k+1})$,$\boldsymbol{s}_k = \boldsymbol{x}^{k+1} - \boldsymbol{x}^k$,$\boldsymbol{y}_k \equiv \boldsymbol{g}_{k+1} - \boldsymbol{g}_k$。

5) 判断是否满足迭代终止准则,若满足则 $\boldsymbol{x}^* = \boldsymbol{x}^{k+1}$,停机,否则转 6。

6) 当迭代 n 次后还没找到极小点时,重置 $\boldsymbol{H}_k$ 为单位矩阵 $\boldsymbol{I}$,并以当前设计点为初始点 $\boldsymbol{x}^0 \leftarrow \boldsymbol{x}^{k+1}$,返回到 2 进行下一轮迭代,否则转到 7。

7) 计算矩阵 $\boldsymbol{H}_{k+1} = \boldsymbol{H}_k + \boldsymbol{E}_k$,置 $k \leftarrow k+1$ 返回到 3。

对于校正矩阵 $\boldsymbol{E}_k$,可由具体的公式来计算,不同的公式对应不同的变尺度法,将在下面进行讨论。但不论哪种变尺度法,$\boldsymbol{E}_k$ 必须满足拟牛顿条件

$$\boldsymbol{H}_{k+1}\boldsymbol{y}_k = \boldsymbol{s}_k$$

即

$$(\boldsymbol{H}_k + \boldsymbol{E}_k)\boldsymbol{y}_k = \boldsymbol{s}_k$$

或
$$E_k y_k = s_k - H_k y_k$$
满足上式的 E_k 有无穷多个，因此上述变尺度法（属于拟牛顿法）构成一族算法。

变尺度法计算程序框图如图 6.28 所示。

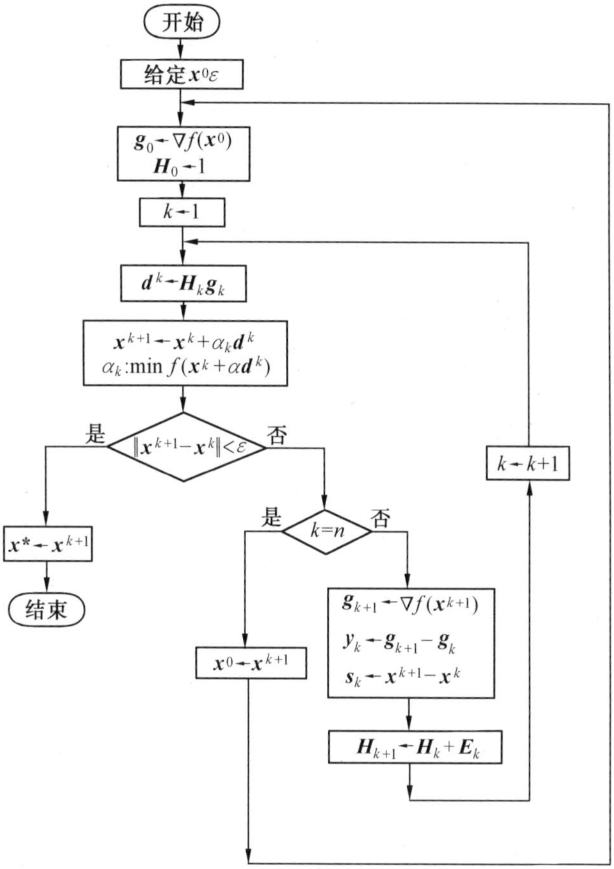

图 6.28　变尺度法的程序框图

3. DFP 算法

在变尺度法中，校正矩阵 E_k 取不同的形式，就形成不同的变尺度法。DFP 算法中的校正矩阵 E_k 取下列形式：
$$E_k = \alpha_k u_k u_k^{\mathrm{T}} + \beta_k v_k v_k^{\mathrm{T}} \tag{6.55}$$
其中 u_k，v_k 是 n 维待定向量，α_k，β_k 是待定常数，u_k，u_k^{T}，v_k，v_k^{T} 都是对称秩一的矩阵，它们可以说是一种最简单的矩阵。

根据校正矩阵 E_k 要满足拟牛顿条件
$$E_k y_k = s_k - E_k y_k$$

则有
$$(\alpha_k \boldsymbol{u}_k \boldsymbol{u}_k^{\mathrm{T}} + \beta_k \boldsymbol{v}_k \boldsymbol{v}_k^{\mathrm{T}}) \boldsymbol{y}_k = \boldsymbol{s}_k - \boldsymbol{H}_k \boldsymbol{y}_k$$
满足上面方程的待定向量 $\boldsymbol{u}_k$ 和 $\boldsymbol{v}_k$ 有多种取法，我们取
$$\alpha_k \boldsymbol{u}_k \boldsymbol{u}_k^{\mathrm{T}} \boldsymbol{y}_k = \boldsymbol{s}_k \quad \beta_k \boldsymbol{v}_k \boldsymbol{v}_k^{\mathrm{T}} \boldsymbol{y}_k = - \boldsymbol{H}_k \boldsymbol{y}_k$$
注意到 $\boldsymbol{u}_k^{\mathrm{T}} \boldsymbol{y}_k$ 和 $\boldsymbol{v}_k^{\mathrm{T}} \boldsymbol{y}_k$ 都是数量，不妨取
$$\boldsymbol{u}_k = \boldsymbol{s}_k, \quad \boldsymbol{v}_k = \boldsymbol{H}_k \boldsymbol{y}_k$$
这样就可以定出
$$\alpha_k = \frac{1}{\boldsymbol{s}_k^{\mathrm{T}} \boldsymbol{y}_k}, \quad \beta_k = -\frac{1}{\boldsymbol{y}_k^{\mathrm{T}} \boldsymbol{H}_k \boldsymbol{y}_k}$$
从而可得 DEP 算法的校正公式
$$\boldsymbol{H}_{k+1} = \boldsymbol{H}_k + \frac{\boldsymbol{s}_k \boldsymbol{s}_k^{\mathrm{T}}}{\boldsymbol{s}_k^{\mathrm{T}} \boldsymbol{y}_k} - \frac{\boldsymbol{H}_k \boldsymbol{y}_k \boldsymbol{y}_k^{\mathrm{T}} \boldsymbol{H}_k}{\boldsymbol{y}_k^{\mathrm{T}} \boldsymbol{H}_k \boldsymbol{y}_k} \quad (k = 0,1,2,\cdots) \tag{6.56}$$

DFP 算法的计算步骤和变尺度法的一般步骤相同，只是具体计算校正矩阵时应按上面公式进行。

当初始矩阵 $\boldsymbol{H}_0$ 选为对称正定矩阵时，DFP 算法将保证以后的迭代矩阵 $\boldsymbol{H}_k$ 都是对称正定的，即使将 DFP 算法施用于非二次函数也是如此，从而保证算法总是下降。这种算法用于高维问题(如 20 个变量以上)，收敛速度快，效果好。DFP 算法是无约束优化方法中最有效的方法之一，因为它不单纯是利用向量传递信息，还采用了矩阵来传递信息。

DFP 算法由于舍入误差和一维搜索不精确，有可能导致 $\boldsymbol{H}_k$ 奇异，而使数值稳定性方面不够理想，所以 1970 年提出更稳定的算法公式，称作 BFGS 算法，其校正公式为
$$\boldsymbol{H}_{k+1} = \boldsymbol{H}_k + \left[\left(1 + \frac{\boldsymbol{y}_k^{\mathrm{T}} \boldsymbol{H}_k \boldsymbol{v}_k}{\boldsymbol{s}_k^{\mathrm{T}} \boldsymbol{y}_k} \right) \boldsymbol{s}_k \boldsymbol{s}_k^{\mathrm{T}} - \boldsymbol{H}_k \boldsymbol{y}_k \boldsymbol{s}_k^{\mathrm{T}} - \boldsymbol{s}_k \boldsymbol{y}_k^{\mathrm{T}} \boldsymbol{H}_k \right] \Big/ \boldsymbol{s}_k^{\mathrm{T}} \boldsymbol{y}_k \tag{6.57}$$

八、坐标轮换法

坐标轮换法是每次搜索只允许一个变量变化，其余变量保持不变，即沿坐标方向轮流进行搜索的寻优方法。它把多变量的优化问题轮流地转化成单变量(其余变量视为常量)的优化问题，因此又称这种方法为变量轮换法。在搜索过程中可以不需要目标函数的导致，只需目标函数值信息。这比前面所讨论的利用目标函数导数信息建立搜索方向的方法要简单得多。

先以二元函数 $f(x_1, x_2)$ 为例说明坐标轮换法的寻优过程，如图 6.29 所示。从初始点 $\boldsymbol{x}_0^0$ 出发，沿第一个坐标方向搜索，即 $\boldsymbol{d}_1^0 = \boldsymbol{e}_1$，得 $\boldsymbol{x}_1^0 = \boldsymbol{x}_0^0 + \alpha_1^0 \boldsymbol{d}_1^0$ 按照一维搜索方法确定最佳步长因子 α_1^0 满足：$\min\limits_{\alpha} f(\boldsymbol{x}_0^0 + \alpha \boldsymbol{d}_1^0)$，然后从 $\boldsymbol{x}_1^0$ 出发沿 $\boldsymbol{d}_2^0 = \boldsymbol{e}_2$ 方向搜索，得 $\boldsymbol{x}_2^0 = \boldsymbol{x}_1^0 + \alpha_2^0 \boldsymbol{d}_2^0$，其中步长因子 α_2^0 满足：$\min\limits_{\alpha} f(\boldsymbol{x}_1^0 + \alpha \boldsymbol{d}_2^0)$ 为一轮($k = 0$) 的终点。检验始、终点间距离是否满足精度要求，即判断 $\| \boldsymbol{x}_2^0 - \boldsymbol{x}_0^0 \| < \varepsilon$ 的条件是否满足。若满足，则 $\boldsymbol{x}^* \leftarrow \boldsymbol{x}_2^0$，否则令 $\boldsymbol{x}_1^0 \leftarrow \boldsymbol{x}_2^0$，重新依次沿坐标方向进行下一轮($k = 1$) 的搜索。

对于 n 个变量的函数，若在第 k 轮沿第 i 个坐标方向 $\boldsymbol{d}_j^k$ 进行搜索，其迭代公式为

$$\boldsymbol{x}_j^k = \boldsymbol{x}_{i-1}^k + \alpha_i^k \boldsymbol{d}_i^k \quad (k = 0,1,2,\cdots, i = 1,\cdots,n) \tag{6.58}$$

其中搜索方向取坐标方向，即 $\boldsymbol{d}_i^k = \boldsymbol{e}_i (i = 1,\cdots,n)$。若 $\|\boldsymbol{x}_n^k - \boldsymbol{x}_0^k\| < \varepsilon$，则 $\boldsymbol{x}^* \leftarrow \boldsymbol{x}_n^k$，否则 $\boldsymbol{x}_0^{k+1} \leftarrow \boldsymbol{x}_n^k$，进行下一轮搜索，一直到满足精度要求为止。

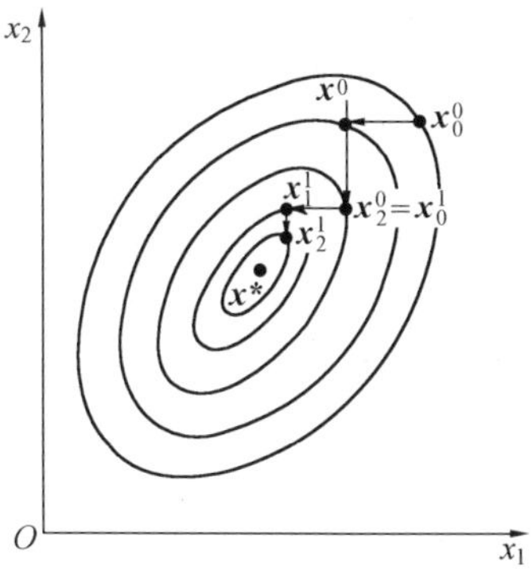

图 6.29　坐标轮换法的搜索过程

这种方法的收敛效果与目标函数等值线的形状有很大关系。如果目标函数为二元二次函数，其等值线为圆或长短轴平行于坐标轴的椭圆时，此法很有效。一般经过两次搜索即可达到最优点，如图 6.30(a) 所示。如果等值线为长短轴不平行于坐标轴的椭圆，则需多次迭代才能达到最优点，如图 6.30(b) 所示。如果等值线出现脊线，本来沿脊线方向一步可达到最优点，但因坐标轮换法总是沿坐标轴方向搜索而不能沿脊线搜索。所以就终止到脊线上而不能找到最优点，如图 6.30(c) 所示。

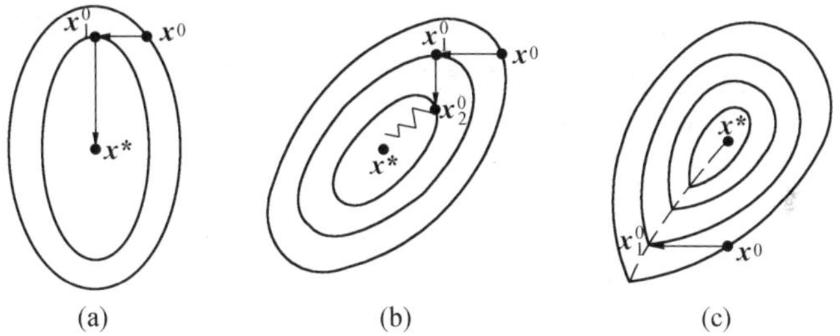

图 6.30　搜索过程的几种情况

(a) 搜索有效；(b) 搜索低效；(c) 搜索无效

从上述分析可以看出，采用坐标轮换法只能轮流沿着坐标方向搜索，尽管也能使函数值步步下降，但要经过多次曲折迂回的路径才能达到极值点；尤其在极值点附近步长很小，收敛很慢，所以坐标轮换法不是一种很好的搜索方法。但是，在坐标轮换法的基础上可以构造出更好的搜索策略，下面讨论的鲍威尔(Powell) 方法就属这种情况。

九、鲍威尔方法

鲍威尔法是直接利用函数值来构造共轭方向的一种共轭方法。这种方法是在研究具有正定矩阵 $\boldsymbol{G}$ 的二次函数

$$f(\boldsymbol{x}) = \frac{1}{2}\boldsymbol{x}^{\mathrm{T}}\boldsymbol{G}\boldsymbol{x} + \boldsymbol{b}^{\mathrm{T}}\boldsymbol{x} + c$$

的极小化问题时形成的。其基本思想是在不用导数的前提下，在迭代中逐次构造 $\boldsymbol{G}$ 的共轭方

向。

1.共轭方向的生成

设 $\boldsymbol{x}^k,\boldsymbol{x}^{k+1}$ 为从不同点出发,沿同一方向 $\boldsymbol{d}^j$ 进行一维搜索而得到的两个极小点,如图 6.31 所示。根据梯度和等值面相垂直的性质,$\boldsymbol{d}^j$ 和 $\boldsymbol{x}^k,\boldsymbol{x}^{k+1}$ 两点处的梯度 $\boldsymbol{g}_k$,$\boldsymbol{g}_{k+1}$ 之间存在关系

$$(\boldsymbol{d}^j)^{\mathrm{T}}\boldsymbol{g}_k = 0 \quad (\boldsymbol{d}^j)^{\mathrm{T}}\boldsymbol{g}_{k+1} = 0$$

另一方面,对于上述二次函数,其 $\boldsymbol{x}^k,\boldsymbol{x}^{k+1}$ 两点处的梯度可表示为

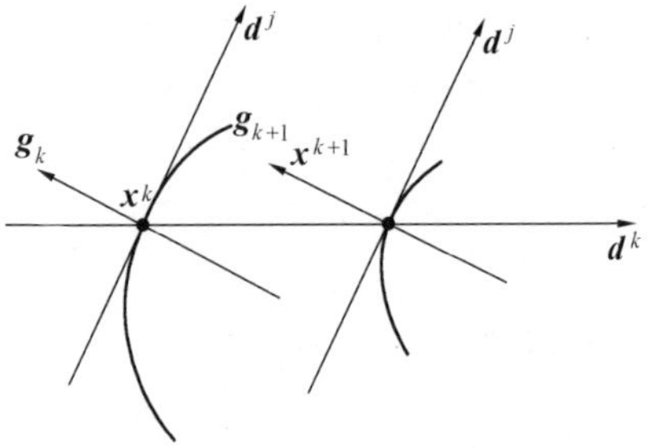

图 6.31 通过一维搜索确定共轭方向

$$\boldsymbol{g}_k = \boldsymbol{G}\boldsymbol{x}^k + \boldsymbol{b}, \quad \boldsymbol{g}_{k+1} = \boldsymbol{G}\boldsymbol{x}^{k+1} + \boldsymbol{b}$$

因而有

$$(\boldsymbol{d}^j)^{\mathrm{T}}(\boldsymbol{g}_{k+1} - \boldsymbol{g}_k) = (\boldsymbol{d}^j)^{\mathrm{T}}\boldsymbol{G}(\boldsymbol{x}^{k+1} - \boldsymbol{x}^k) = 0 \tag{6.59}$$

若取方向 $\boldsymbol{d}^k = \boldsymbol{x}^{k+1} - \boldsymbol{x}^k$,如图 6.31 所示,则 $\boldsymbol{d}^k$ 和 $\boldsymbol{d}^j$ 对 $\boldsymbol{G}$ 共轭。这说明只要沿 $\boldsymbol{d}^j$ 方向分别对函数作两次一维搜索,得到两个极小点 $\boldsymbol{x}^k$ 和 $\boldsymbol{x}^{k+1}$,那么这两点的连线所给出的方向就是与 $\boldsymbol{d}^j$ 一起对 $\boldsymbol{G}$ 共轭的方向。

对于二维问题,$f(\boldsymbol{x})$ 的等值线为一族椭圆,A,B 为沿 x_1 轴方向上的两个极小点,分别处于等值线与 x_1 轴方向的切点上,如图 6.32 所示。根据上述分析,则 A、B 两点的连线 AB 就是与 x_1 轴一起对 $\boldsymbol{G}$ 共轭的方向。沿此共轭方向进行一维搜索就可找到函数 $f(\boldsymbol{x})$ 的极小点 $\boldsymbol{x}^*$。

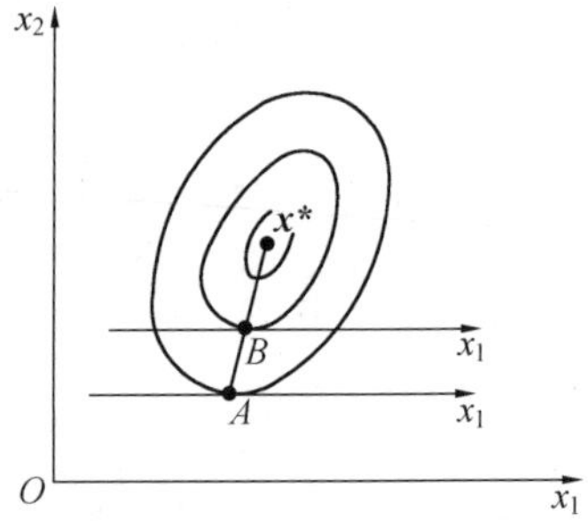

图 6.32 二维情况下的共轭方向

2.基本算法

现在针对二维情况来描述鲍威尔的基本算法,如图 6.33 所示。

1) 任选一初始点 $\boldsymbol{x}^0$,再选两个线性无关的向量,如坐标轴单位向量 $\boldsymbol{e}_1 = [1 \quad 0]^{\mathrm{T}}$ 和 $\boldsymbol{e}_2 = [0 \quad 1]^{\mathrm{T}}$ 作为初始搜索方向。

2) 从 $\boldsymbol{x}^0$ 出发,顺次沿 $\boldsymbol{e}_1,\boldsymbol{e}_2$ 作一维搜索,得点 $\boldsymbol{x}_1^0,\boldsymbol{x}_2^0$,两点连线得一新方向

$$\boldsymbol{d}^1 = \boldsymbol{x}_2^0 - \boldsymbol{x}^0$$

用 $\boldsymbol{d}^1$ 代替 $\boldsymbol{e}_1$ 形成两个线性无关向量 $\boldsymbol{e}_2,\boldsymbol{d}^1$,作为下一轮迭代的搜索方向。再从 $\boldsymbol{x}_2^0$ 出发,沿 $\boldsymbol{d}^1$ 作一维搜索得点 $\boldsymbol{x}_0^1$,作为下一轮迭代的初始点。

3) 从 $\boldsymbol{x}^1$ 出发,顺次沿 $\boldsymbol{e}_2,\boldsymbol{d}^1$ 作一维搜索,得到点 $\boldsymbol{x}_1^1,\boldsymbol{x}_2^1$,两点连线得一新方向

$$\boldsymbol{d}^2 = \boldsymbol{x}_2^1 - \boldsymbol{x}_0^1$$

$\boldsymbol{x}_0^1,\boldsymbol{x}_2^1$ 两点是从不同点 $\boldsymbol{x}^0,\boldsymbol{x}_1^1$ 出发,分别沿 $\boldsymbol{d}^1$ 方向进行一维搜索而得的极小点,因此 $\boldsymbol{x}_0^1,\boldsymbol{x}_2^1$ 两点连线的方向 $\boldsymbol{d}^2$ 同 $\boldsymbol{d}^{1*}$ 一起对 $\boldsymbol{G}$ 共轭。再从 $\boldsymbol{x}_2^1$ 出发,沿 $\boldsymbol{d}^2$ 作一维搜索得点 $\boldsymbol{x}^2$。因为 $\boldsymbol{x}^2$ 相当

于从 $\boldsymbol{x}^0$ 出发分别沿 $\boldsymbol{G}$ 的两个共轭方向 $\boldsymbol{d}^1,\boldsymbol{d}^2$ 进行两次一维搜索而得到的点，所以 $\boldsymbol{x}^2$ 点即是二维问题的极小点 $\boldsymbol{x}^*$。

把二维情况的基本算法扩展到 n 维，则鲍威尔基本算法的要点是：在每一轮迭代中总有一个始点（第一轮的始点是任选的初始点）和 n 个线性独立的搜索方向。从始点出发顺次沿 n 个方向作一维搜索得一终点，由始点和终点决定了一个新的搜索方向。用这个方向替换原来 n 个方向中的一个，于是形成新的搜索方向组。替换的原则是去掉原方向组的第一个方向而将新方向排在原方向的最后。此外规定，从这一轮的搜索终点出发沿新的搜索方向作一维搜索而得到的极小点，作为下一轮迭代的始点。这样就形成算法的循环。因为这种方法在迭代中逐次生成共轭方向，而共轭方向是较好的搜索方向，所以鲍威尔法又称作方向加速法。

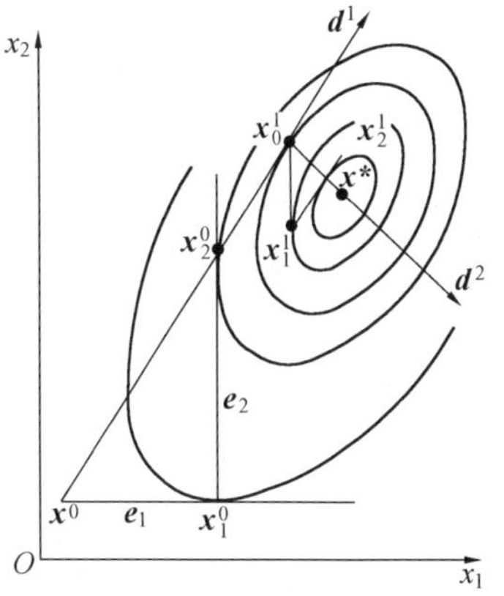

图 6.33　二维情况下的鲍威尔法

上述基本算法仅具有理论意义，不要说对于一般函数，就是对于二次函数，这个算法也可能失效，因为在迭代中的 n 个搜索方向有时会变成线性相关而不能形成共轭方向。这时张不成 n 维空间，可能求不到极小点，所以上述基本算法有待改进。

3. 改进的算法

在鲍威尔基本算法中，每一轮迭代都用连结始点和终点所产生出的搜索方向去替换原向量组中的第一个向量，而不管它的“好坏”，这是产生向量组线性相关的原因所在。因此在改进的算法中首先判断原向量组是否需要替换。如果需要替换，还要进一步判断原向量组中哪个向量最坏，然后再用新产生的向量替换这个最坏的向量，以保证逐次生成共轭方向。

改进算法的具体步骤如下：

1) 给定初始点 $\boldsymbol{x}^0$（记作 $\boldsymbol{x}_0^0$），选取初始方向组，它由 n 个线性无关的向量 $\boldsymbol{d}_1^0,\boldsymbol{d}_2^0,\cdots,\boldsymbol{d}_n^0$（如 n 个坐标轴单位向量 $\boldsymbol{e}_1,\boldsymbol{e}_2,\cdots,\boldsymbol{e}_n$）所组成，置 $k\leftarrow 0$。

2) 从 $\boldsymbol{x}_0^k$ 出发，顺次沿 $\boldsymbol{d}_1^k,\boldsymbol{d}_2^k,\cdots,\boldsymbol{d}_n^k$ 作一维搜索，得 $\boldsymbol{x}_1^k,\boldsymbol{x}_2^k,\cdots,\boldsymbol{x}_n^k$。接着以 $\boldsymbol{x}_n^k$ 为起点，沿方向

$$\boldsymbol{d}_{n+1}^k = \boldsymbol{x}_n^k - \boldsymbol{x}_0^k$$

移动一个 $\boldsymbol{x}_n^k - \boldsymbol{x}_0^k$ 的距离，得到

$$\boldsymbol{x}_{n+1}^k = \boldsymbol{x}_n^k + (\boldsymbol{x}_n^k + \boldsymbol{x}_0^k) = 2\boldsymbol{x}_n^k - \boldsymbol{x}_0^k$$

$\boldsymbol{x}_0^k$、$\boldsymbol{x}_n^k$、$\boldsymbol{x}_{n+1}^k$ 分别称为一轮迭代的始点、终点和反射点。始点、终点和反射点所对应的函数值分别表示为

$$F_0 = f(\boldsymbol{x}_0^k)$$

$$F_2 = f(\boldsymbol{x}_n^k)$$

$$F_3 = f(\boldsymbol{x}_{n+1}^k)$$

同时计算各中间点处的函数值,并记为

$$f_i = f(\boldsymbol{x}_i^k) \quad (i = 0,1,2,\cdots,n) \tag{6.60}$$

因此有 $F_0 = f_0, F_2 = f_n$。

计算 n 个函数值之差 $f_0 - f_1, f_1 - f_2, \cdots, f_{n-1} - f_n$。

记作

$$\Delta_i = f_{i-1} - f_i \quad (i = 1,2,\cdots,n) \tag{6.61}$$

其中最大者记作

$$\Delta_m = \max_{1 \leqslant i \leqslant m} \Delta_i = f_{m-1} - f_m \tag{6.62}$$

3) 根据是否满足判别条件 $F_3 < F_0$ 和 $(F_0 - 2F_2 + F_3)(F_0 - F_2 - \Delta_m)^2 < 0.5\Delta_m(F_0 - F_3)^2$,来确定是否要对原方向组进行替换。

若不满足判别条件,则下轮迭代仍用原方向组,并以 $\boldsymbol{x}_n^k, \boldsymbol{x}_{n+1}^k$ 中函数值小者作为下轮迭代的始点。

若满足上述判别条件,则下轮迭代应对原方向组进行替换,将 $\boldsymbol{d}_{n+1}^k$ 补充到原方向组的最后位置,而除掉 $\boldsymbol{d}_m^k$。即新方向组为 $d_1^k, d_2^k, \cdots, \boldsymbol{d}_{m-1}^k, d_{m-1}^k, \cdots, \boldsymbol{d}_n^k, d_{n+1}^k$ 作为下轮迭代的搜索方向。下轮迭代的始点取为沿 $\boldsymbol{d}_{n+1}^k$ 方向进行一维搜索的极小点 $\boldsymbol{x}_0^{k+1}$。

4) 判断是否满足收敛准则。若满足,则取 $\boldsymbol{x}_0^{k+1}$ 为极小点,否则应置 $k \leftarrow k + 1$,返回 2,继续进行下一轮迭代。

这样重复迭代的结果,后面加进去的向量都彼此对 $\boldsymbol{G}$ 共轭,经 n 轮迭代即可得到一个由 n 个共轭方向所组成的方向组。对于二次函数,最多不超过 n 次就可找到极小点,而对一般函数,往往要超过 n 次才能找到极小点(这里"n"表示设计空间的维数)。

鲍威尔方法是一种有效的共轭方向法,它可以在有限步内找到二次函数的极小点。对于非二次函数只要具有连续二阶导数,用这种方法也是有效的。

十、单形替换法

1.基本原理

函数的导数是函数性态的反映,它对选择搜索方向提供了有用的信息。如最速下降法、共轭梯度法、变尺度法和牛顿法等,都是利用函数一阶或二阶导数信息来建立搜索方向。在不计算导数的情况下,先算出若干点处的函数值,从它们之间的大小关系中也可以看出函数变化的大概趋势,为寻求函数的下降方向提供依据。这里所说的若干点,一般取在单纯形的顶点上。所谓单纯形是指在 n 维空间中具有 $n + 1$ 个顶点的多面体。利用单纯形的顶点,计算其函数值并加以比较,从中确定有利的搜索方向和步长,找到一个较好的点取代单纯形中较差的点,组成新的单纯形来代替原来的单纯形。使新单纯形不断地向目标函数的极小点靠近,直到搜索到极小点为止。这就是单形替换法的基本思想。在线性规划中,有一种"单纯形法",那是因为线性规划问题是在凸多面体顶点集上进行迭代求解。这里是无约束极小化中的单形替换法，利用不断替换单纯形来寻找无约束极小点。虽然二者都用到单纯形，但决不可以把这两种方法混淆起来。为此我们将通常在无约束极小化中所说的单纯形法，称作单形替换法，以避免和线性规划中的单纯形法相混淆。

现以二元函数 $f(x_1,x_2)$ 为例，说明单形替换法的基本原理。

如图6.34所示，在 x_1-x_2 平面上取不在同一直线上的三点 $\boldsymbol{x}_1,\boldsymbol{x}_2,\boldsymbol{x}_3$，以它们为顶点组成一单纯形（三角形）。计算各顶点函数值，设

$$f(\boldsymbol{x}_1) > f(\boldsymbol{x}_2) > f(\boldsymbol{x}_3)$$

这说明 $\boldsymbol{x}_3$ 点最好，$\boldsymbol{x}_1$ 点最差。为了寻找极小点，一般说来，应向最差点的反对称方向进行搜索，即通过 $\boldsymbol{x}_1$ 并穿过 $\boldsymbol{x}_2\boldsymbol{x}_3$ 的中点 $\boldsymbol{x}_4$ 的方向进行搜索。在此方向上取点 $\boldsymbol{x}_5$，使

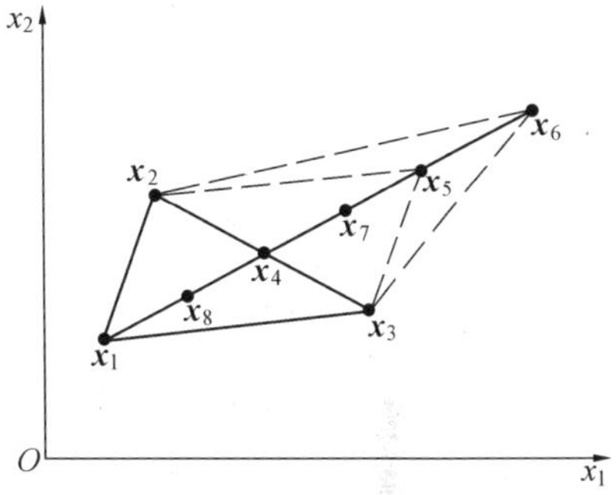

图6.34　单形替换法

$$\boldsymbol{x}_5 = \boldsymbol{x}_4 + (\boldsymbol{x}_4 - \boldsymbol{x}_1) = 2\boldsymbol{x}_4 - \boldsymbol{x}_1 \tag{6.63}$$

$\boldsymbol{x}_5$ 点称作 $\boldsymbol{x}_1$ 点相对于 $\boldsymbol{x}_4$ 点的反射点，计算反射点的函数值 $f(\boldsymbol{x}_5)$，可能出现以下几种情形。

1) $f(\boldsymbol{x}_5) < f(\boldsymbol{x}_3)$　即反射点比最好点还好，说明搜索方向正确，还可以往前迈进一步，也就是可以扩张。这时取扩张点

$$\boldsymbol{x}_6 = \boldsymbol{x}_4 + \alpha(\boldsymbol{x}_4 - \boldsymbol{x}_1) \tag{6.64}$$

式中　α—— 扩张因子，一般取 $\alpha = 1.2 \sim 2.0$。

如果 $f(\boldsymbol{x}_6) < f(\boldsymbol{x}_5)$，说明扩张有利，就以 $\boldsymbol{x}_6$ 代替 $\boldsymbol{x}_1$ 构成新单纯形 $\boldsymbol{x}_2\boldsymbol{x}_3\boldsymbol{x}_6$。否则说明扩张不利，舍弃 $\boldsymbol{x}_6$，仍以 $\boldsymbol{x}_5$ 代替 $\boldsymbol{x}_1$ 构成新单纯形 $\boldsymbol{x}_2\boldsymbol{x}_3\boldsymbol{x}_5$。

2) $f(\boldsymbol{x}_3) \leqslant f(\boldsymbol{x}_5) < f(\boldsymbol{x}_1)$　即反射点比最好点差，但比次差点好，说明反射可行，则以反射点代替最差点，仍构成新单纯形 $\boldsymbol{x}_2\boldsymbol{x}_3\boldsymbol{x}_5$。

3) $f(\boldsymbol{x}_2) \leqslant f(\boldsymbol{x}_5) < f(\boldsymbol{x}_1)$　即反射点比次差点差，但比最差点好，说明 $\boldsymbol{x}_5$ 走得太远，应缩回一些，即收缩。这时取收缩点

$$\boldsymbol{x}_7 = \boldsymbol{x}_4 + \beta(\boldsymbol{x}_5 - \boldsymbol{x}_4) \tag{6.65}$$

式中　β—— 收缩因子，常取成0.5。

如果 $f(\boldsymbol{x}_7) < f(\boldsymbol{x}_1)$，则用 $\boldsymbol{x}_7$ 代替 $\boldsymbol{x}_1$ 构成新单纯形 $\boldsymbol{x}_2\boldsymbol{x}_3\boldsymbol{x}_7$，否则 $\boldsymbol{x}_7$ 不用。

4) $f(\boldsymbol{x}_5) \geqslant f(\boldsymbol{x}_1)$，即反射点比最差点还差，这时应收缩得更多一些，即将新点收缩在 $\boldsymbol{x}_1\boldsymbol{x}_4$ 之间，取收缩点

$$\boldsymbol{x}_8 = \boldsymbol{x}_4 - \beta(\boldsymbol{x}_4 - \boldsymbol{x}_1) = \boldsymbol{x}_4 + \beta(\boldsymbol{x}_1 - \boldsymbol{x}_4) \tag{6.66}$$

如果 $f(\boldsymbol{x}_8) < f(\boldsymbol{x}_1)$，则用 $\boldsymbol{x}_8$ 代替 $\boldsymbol{x}_1$ 构成新单纯形 $\boldsymbol{x}_2\boldsymbol{x}_3\boldsymbol{x}_8$，否则 $\boldsymbol{x}_8$ 不用。

5) $f(\boldsymbol{x}) > f(\boldsymbol{x}_1)$,即若 $\boldsymbol{x}_1\boldsymbol{x}_4$ 方向上的所有点都比最差点差,则说明不能沿此方向搜索。这时应以 $\boldsymbol{x}_3$ 为中心缩边,使顶点 $\boldsymbol{x}_1,\boldsymbol{x}_2$ 向 $\boldsymbol{x}_3$ 移近一半距离,得新单纯形 $\boldsymbol{x}_3\boldsymbol{x}_9\boldsymbol{x}_{10}$,如图 6.35 所示,在此基础上进行寻优。

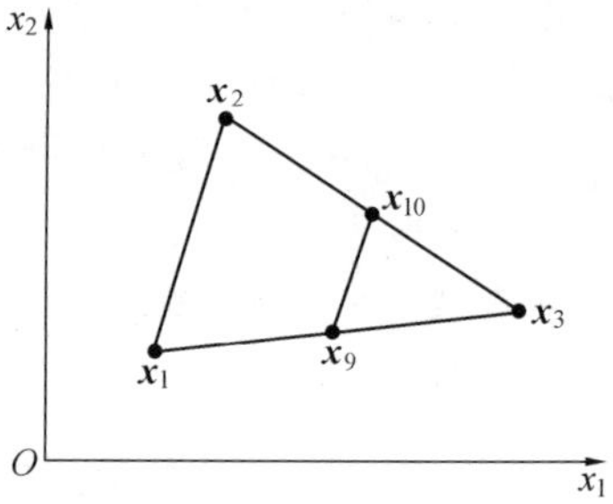

图 6.35　缩边方向的几何表示

以上说明,可以通过反射、扩张、收缩和缩边等方式得到一个新单纯形,其中至少有一个顶点的函数值比原单纯形要小。

2. 计算步骤

将上述对二元函数的处置方法扩展应用到多元函数 $f(\boldsymbol{x})$ 中,其计算步骤如下:

1) 构造初始单纯形。选初始点 $\boldsymbol{x}_0$,从 $\boldsymbol{x}_0$ 出发沿各坐标轴方向走步长 h,得 n 个顶点 $\boldsymbol{x}_i(i=1,2,\cdots,n)$ 与 $\boldsymbol{x}_0$ 构成初始单纯形。这样可以保证此单纯形各棱是 n 个线性无关的向量。否则就会使搜索范围局限在某个较低维的空间内,有可能找不到极小点。

2) 计算各顶点函数值

$$f_i = f(\boldsymbol{x}_i) \quad (i = 0,1,2,\cdots,n)$$

3) 比较函数值的大小,确定最好点 $\boldsymbol{x}_{\mathrm{L}}$,最差点 $\boldsymbol{x}_{\mathrm{H}}$ 和次差点 $\boldsymbol{x}_{\mathrm{G}}$,即有

$$f_{\mathrm{L}} = f(\boldsymbol{x}_{\mathrm{L}}) = \min_i f_i \quad (i = 0,1,2,\cdots,n)$$

$$f_{\mathrm{H}} = f(\boldsymbol{x}_{\mathrm{H}}) = \max_i f_i \quad (i = 0,1,2,\cdots,n)$$

$$f_{\mathrm{G}} = f(\boldsymbol{x}_{\mathrm{G}}) = \max_i f_i \quad (i = 0,1,2,\cdots,h-1,h+1,\cdots,n)$$

4) 检验是否满足收敛准则

$$\left|\frac{f_{\mathrm{H}} - f_{\mathrm{L}}}{f_{\mathrm{L}}}\right| < \varepsilon$$

如满足,则 $\boldsymbol{x}^* = \boldsymbol{x}_{\mathrm{L}}$,停机,否则转 5。

5) 计算除 $\boldsymbol{x}_{\mathrm{H}}$ 点之外各点的"重心" $\boldsymbol{x}_{n+1}$

$$\boldsymbol{x}_{n+1} = \frac{1}{n}\left(\sum_{i=0}^{n}\boldsymbol{x}_i - \boldsymbol{x}_{\mathrm{H}}\right) \tag{6.67}$$

反射点

$$\boldsymbol{x}_{n+2} = 2\boldsymbol{x}_{n+1} - \boldsymbol{x}_{\mathrm{H}} \tag{6.68}$$

当 $f_{\mathrm{L}} \leqslant f_{n+2} < f_{\mathrm{G}}$ 时,以 $\boldsymbol{x}_{n+2}$ 代替 $\boldsymbol{x}_{\mathrm{H}}$,$f_{n+2}$ 代替 f_{H},构成一新单纯形,然后返回到 3。

6) 扩张:当 $f_{n+2} < f_{\mathrm{L}}$ 时,取扩张点

$$\boldsymbol{x}_{n+3} = \boldsymbol{x}_{n+1} + \alpha(\boldsymbol{x}_{n+2} - \boldsymbol{x}_{n+1}) \tag{6.69}$$

并计算其函数值 $f_{n+3} = f(\boldsymbol{x}_{n+3})$。若 $f_{n+3} < f_{n+2}$ 则以 $\boldsymbol{x}_{n+3}$ 代替 $\boldsymbol{x}_{\mathrm{H}}$,$f_{n+3}$ 代替 f_{H},形成一新单纯形;否则以 $\boldsymbol{x}_{n+2}$ 代替 $\boldsymbol{x}_{\mathrm{H}}$,$f_{n+2}$ 代替 f_{H} 形成新单纯形,然后返回到 3。

7) 收缩:当 $f_{n+2} \geqslant f_{\mathrm{G}}$ 时则需收缩。如果 $f_{n+2} < f_{\mathrm{H}}$,则取收缩点

$$\boldsymbol{x}_{n+4} = \boldsymbol{x}_{n+1} + \beta(\boldsymbol{x}_{n+2} - \boldsymbol{x}_{n+1}) \tag{6.70}$$

并计算其函数值 $f_{n+4}=f(\boldsymbol{x}_{n+4})$，否则在上式中以 $\boldsymbol{x}_{\mathrm{H}}$ 代替 $\boldsymbol{x}_{n+2}$，计算收缩点 $\boldsymbol{x}_{n+4}$ 及其函数值 f_{n+4}。如果 $f_{n+4}<f_{\mathrm{H}}$，则以 $\boldsymbol{x}_{n+4}$ 代替 $\boldsymbol{x}_{\mathrm{H}}$，$f_{n+4}$ 代替 f_{H}，得新单纯形，返回到3，否则转8。

8) 缩边：将单纯形缩边，可将各向量

$$\boldsymbol{x}_i-\boldsymbol{x}_{\mathrm{L}}\quad (i=0,1,2,\cdots,n)$$

的长度都缩小一半，即

$$\boldsymbol{x}_i=\boldsymbol{x}_{\mathrm{L}}-\frac{1}{2}(\boldsymbol{x}_i-\boldsymbol{x}_{\mathrm{L}})=\frac{1}{2}(\boldsymbol{x}_i+\boldsymbol{x}_{\mathrm{L}})\quad (i=0,1,2,\cdots,n)$$

并返回到2。

现将几种主要的无约束优化方法搜索方向之间的相互联系，以列表的形式进行综合比较如表6.2。

表6.2　无约束优化方法搜索方向之间的相互联系

d^k及其修正因子 / 方法	搜索方向 d^k	函数梯度 g_k 的修正因子	所用目标函数信息
梯度法	$d^k=-g_k$	1(单位阵)	一阶导数
牛顿法	$d^k=-G_k^{-1}g_k$	G_k^{-1}(海赛矩阵的逆阵)	二阶导数
共轭梯度法	$d^k=-Q_kg_k$	$Q_k=\left[1-\dfrac{g_k^{\mathrm{T}}d^{k-1}}{g_{k-1}^{\mathrm{T}}g_{k-1}}\right]$	一阶导数
变尺度法	$d^k=-H_kg_k$	$H_k=H_{k-1}+\Delta H_k$	一阶导数，使 $H_i\approx G_k^{-1}$
单形替换法	d^k 是最差点和最好点与次好点中点的连线	它是零阶方法	函数值

6.3　约束优化问题的解法

一、概述

机械优化设计中的问题，大多数属于约束优化设计问题，其数学模型为

$$\begin{aligned}&\min f(\boldsymbol{x})=f(x_1,x_2,\cdots,x_n)\\ \text{s.t.}\quad &g_j(\boldsymbol{x})=g_j(x_1,x_2,\cdots,x_n)\leqslant 0\quad (j=1,2,\cdots,m)\\ &h_k(\boldsymbol{x})=h_k(x_1,x_2,\cdots,x_n)=0\quad (k=1,2,\cdots,l)\end{aligned}\tag{6.71}$$

求解式(6.71)的方法称为约束优化方法。根据求解方式的不同，可分为直接解法，间接解法等。

直接解法通常适用于仅含不等式约束的问题，它的基本思路(见图6.36)是在 m 个不等式约束条件所确定的可行域内，选择一个初始点 $\boldsymbol{x}^0$，然后决定可行搜索方向 $\boldsymbol{d}$，且以适当的步长 α，沿 $\boldsymbol{d}$ 方向进行搜索，得到一个使目标函数值下降的可行的新点 $\boldsymbol{x}^1$，即完成一次迭代。再以新点为起点，重复上述搜索过程，满足收敛条件后，迭代终止。每次迭代计算均按以下基本迭代格

式进行

$$\boldsymbol{x}^{k+1} = \boldsymbol{x}^k + \alpha_k \boldsymbol{d}^x \quad (k = 1,2,\cdots) \tag{6.72}$$

式中　α_k—— 步长；

$\boldsymbol{d}^x$—— 可行搜索方向。

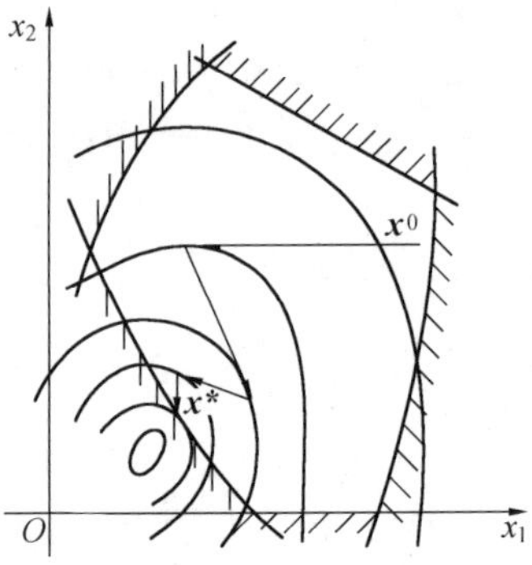

图 6.36　直接解法的搜索路线

所谓可行搜索方向是指，当设计点沿该方向作微量移动时，目标函数值将下降，且不会越出可行域。产生可行搜索方向的方法将由直接解法中的各种算法决定。

直接解法的原理简单，方法实用。其特点是：

1) 由于整个求解过程在可行域内进行，因此，迭代计算不论何时终止，都可以获得一个比初始点好的设计点。

2) 若目标函数为凸函数，可行域为凸集，则可保证获得全域最优解。否则，因存在多个局部最优解，当选择的初始点不相同时，可能搜索到不同的局部最优解。为此，常在可行域内选择几个差别较大的初始点分别进行计算，以便从求得的多个局部最优解中选择更好的最优解。

3) 要求可行域为有界的非空集，即在有界可行域内存在满足全部约束条件的点，且目标函数有定义。

间接解法有不同的求解策略，其中一种解法的基本思路是将约束优化问题中的约束函数进行特殊的加权处理后，和目标函数结合起来，构成一个新的目标函数，即将原约束优化问题转化成为一个或一系列的无约束优化问题。再对新的目标函数进行无约束优化计算，从而间接地搜索到原约束问题的最优解。

间接解法的基本迭代过程是，首先将式(6.71)所示的约束优化问题转化成新的无约束目标函数

$$\phi(\boldsymbol{x}, \mu_1, \mu_2) = f(\boldsymbol{x}) + \sum_{j=1}^{m} \mu_1 G[g_j(\boldsymbol{x})] + \sum_{k=1}^{l} \mu_2 H[h_k(\boldsymbol{x})] \tag{6.73}$$

式中　$\phi(\boldsymbol{x}, \mu_1, \mu_2)$—— 转换后的新目标函数；

μ_1、μ_2—— 加权因子；

$\sum_{j=1}^{m} \mu_1 G[g_j(\boldsymbol{x})], \sum_{k=1}^{l} \mu_2 H[h_k(\boldsymbol{x})]$—— 分别为约束函数 $g_j(\boldsymbol{x})$，$h_k(\boldsymbol{x})$ 经过加权处理后构成的某种形式的复合函数或泛函数。

然后对 $\phi(\boldsymbol{x}, \mu_1, \mu_2)$ 进行无约束极小化计算。由于在新目标函数中包含了各种约束条件，在求极值的过程中还改变加权因子的大小，因此可以不断地调整设计点，使其逐步逼近约束边界，从而间接地求得原约束问题的最优解。图 6.37 所示的框图表示了这一基本迭代过程。

间接解法是目前在机械优化设计中得到广泛应用的一种有效方法。其特点是：

1) 由于无约束优化方法的研究日趋成熟，已经研究出不少有效的无约束最优化方法和程

序，使得间接解法有了可靠的基础。目前，这类算法的计算效率和数值计算的稳定性也都有较大的提高。

2）可以有效地处理具有等式约束的约束优化问题。

3）间接解法存在的主要问题是，选取加权因子较为困难。加权因子选取不当，不但影响收敛速度和计算精度，甚至会导致计算失败。

求解约束优化设计问题的方法很多，本节将着重介绍属于直接解法的随机方向法、复合形法、可行方向法、广义简约梯度法，属于间接解法的惩罚函数法和增广乘子法。另外，还将对约束优化方法的另一类解法 —— 二次规划法等作简要介绍。

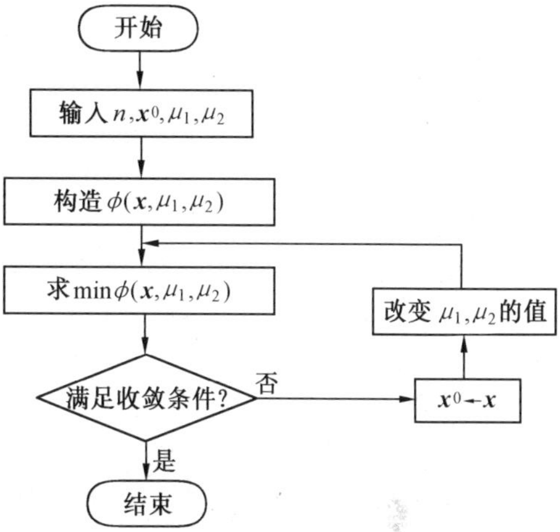

图 6.37　间接解法框图

二、随机方向法

随机方法是一种原理简单的直接解法。它的基本思路（见图 6.38）是在可行域内选择一个初始点，利用随机数的概率特性，产生若干个随机方向，并从中选择一个能使目标函数值下降最快的随机方向作为可行搜索方向，记作 $\boldsymbol{d}$。从初始点 $\boldsymbol{x}^0$ 出发，沿 $\boldsymbol{d}$ 方向以一定的步长进行搜索，得到新点 $\boldsymbol{x}$，新点 $\boldsymbol{x}$ 应满足约束条件：$g_j(\boldsymbol{x}) \leqslant 0(j = 1,2,\cdots,m)$，且 $f(\boldsymbol{x}) < f(\boldsymbol{x}^0)$，至此完成一次迭代。然后，将起始点移至 $\boldsymbol{x}$，即令 $\boldsymbol{x}^0 \leftarrow \boldsymbol{x}$。重复以上过程，经过若干次迭代计算后，最终取得约束最优解。

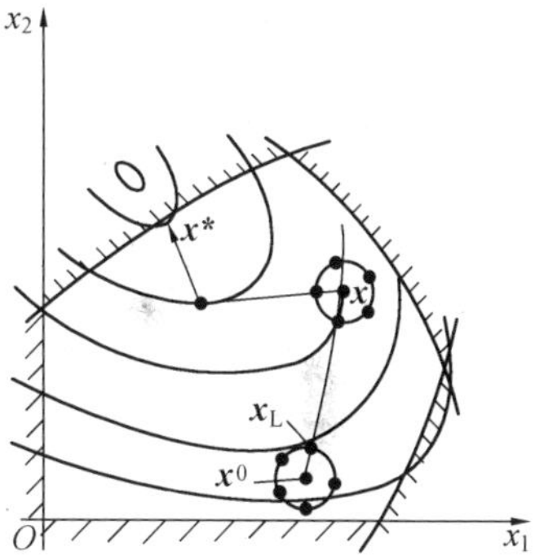

图 6.38　随机方向法的算法原理

随机方向法的优点是对目标函数的性态无特殊要求，程序设计简单，使用方便。由于可行搜索方向是从许多随机方向中选择的使目标函数下降最快的方向，加之步长还可以灵活变动，所以此算法的收敛速度比较快。若能取得一个较好的初始点，迭代次数可以大大减少。它是求解小型的机械优化设计问题的一种十分有效的算法。

1. 随机数的产生

在随机方法中，为产生可行的初始点及随机方向，需要用到大量的(0,1)和(－1,1)区间内均匀分布的随机数。在计算机内，随机数通常是按一定的数学模型进行计算后得到的。这样得到的随机数称伪随机数，它的特点是产生速度快，计算机内存占用少，并且有较好的概率统计特性。产生伪随机数的方法很多，下面仅介绍一种常用的产生伪随机数的数学模型。

首先令 $r_1 = 2^{35}, r_2 = 2^{36}, r_3 = 2^{37}$，取 $r = 2\ 657\ 863$（r 为小于 r_1 的正奇数），然后按以下步骤计算

令 $r \leftarrow 5r$

若 $r \geqslant r_3$,则 $r \leftarrow r - r_3$;

若 $r \geqslant r_2$,则 $r \leftarrow r - r_2$;

若 $r \geqslant r_1$,则 $r \leftarrow r - r_1$;

则

$$q = r/r_1 \tag{6.74}$$

q 即为(0,1) 区间内的伪随机数。利用 q,容易求得任意区间(a,b) 内的伪随机数,其计算公式为

$$x = a + q(b - a) \tag{6.75}$$

2.初始点的选择

随机方向法的初始点 x^0 必须是一个可行点,即满足全部不等式约束条件:$g_i(\boldsymbol{x}) \leqslant 0(i = 1,2,\cdots,m)$ 的点。当约束条件较为复杂,用人工不易选择可行初始点时,可用随机选择的方法来产生。其计算步骤如下:

1) 输入设计变量的下限值和上限值,即

$$a_i \leqslant x_i \leqslant b_i(i = 1,2,\cdots,n)$$

2) 在区间(0,1) 内产生 n 个伪随机数 $q_i(i = 1,2,\cdots,n)$。

3) 计算随机点 $\boldsymbol{x}$ 的各分量

$$x_i = a_i + q_i(b_i - a_i)(i = 1,2,\cdots,n) \tag{6.76}$$

4) 判别随机点 $\boldsymbol{x}$ 是否可行,若随机点 $\boldsymbol{x}$ 为可行点,则取初始点 $\boldsymbol{x}^0 \leftarrow \boldsymbol{x}$;若随机点 $\boldsymbol{x}$ 为非可行点,则转步骤 2) 重新计算,直到产生的随机点是可行点为止。

3.可行搜索方向的产生

在随机方向法中,产生可行搜索方向的方法是从 $\boldsymbol{k}(\boldsymbol{k} \geqslant \boldsymbol{n})$ 个随机方向中,选取一个较好的方向。其计算步骤为:

1) 在$(-1,1)$ 区间内产生伪随机数 $\boldsymbol{r}_i^j(\boldsymbol{i} = 1,2,\cdots,\boldsymbol{n};\boldsymbol{j} = 1,2,\cdots,\boldsymbol{k})$,按下式计算随机单位向量 $\mathbf{e}^j$

$$\mathbf{e}^j = \frac{1}{\left[\sum_{i=1}^{n}(r_i^j)\right]^{\frac{1}{2}}}\begin{bmatrix} r_1^j \\ r_2^j \\ \vdots \\ r_n^j \end{bmatrix}(j = 1,2,\cdots,k) \tag{6.77}$$

2) 取一试验步长 α_0,按下式计算 k 个随机点

$$\boldsymbol{x}^j = \boldsymbol{x}^0 + \alpha_0 \boldsymbol{e}^j(j = 1,2,\cdots,k) \tag{6.78}$$

显然,k 个随机点分布在以初始点$\boldsymbol{x}^0$ 为中心,以试验步长 α_0 为半径的超球面上。

3) 检验 k 个随机点$\boldsymbol{x}^j(j = 1,2,\cdots,k)$ 是否为可行点,除去非可行点,计算余下的可行随机点的目标函数值,比较其大小,选出目标函数值最小的点 $\boldsymbol{e}_{\mathrm{L}}$。

4) 比较 $\boldsymbol{x}_L$ 和 $\boldsymbol{x}^0$ 两点的目标函数值,若 $f(\boldsymbol{x}_L) < f(\boldsymbol{x}^0)$,则取 $\boldsymbol{x}_L$ 和 $\boldsymbol{x}^0$ 的连线方向作为可行搜索方向;若 $f(\boldsymbol{x}_L) \geqslant f(\boldsymbol{x}^0)$,则将步长 α_0 缩小,转步骤 1) 重新计算,直至 $f(\boldsymbol{x}_L) < f(\boldsymbol{x}^0)$ 为止。如果 α_0 缩小到很小(例如,$\alpha_0 \leqslant 10^{-6}$),仍然找不到一个 $\boldsymbol{x}_L$ 使 $f(\boldsymbol{x}_L) < f(\boldsymbol{x}^0)$,则说明 $\boldsymbol{x}^0$ 是一个局部极小点,此时可更换初始点,转步骤 1)。

综上所述,产生可行搜索方向的条件可概括为,当 $\boldsymbol{x}_L$ 点满足

$$\begin{cases} g_i(\boldsymbol{x}_L) \leqslant 0 \quad (j = 1,2,\cdots,m) \\ f(\boldsymbol{x}_L) = \min\{f(\boldsymbol{x}^j) \mid_{j=1,2,\cdots,k}\} \\ f(\boldsymbol{x}_L) < f(\boldsymbol{x}^0) \end{cases} \tag{6.79}$$

则可行搜索方向为

$$\boldsymbol{x}_L - \boldsymbol{x}^0 \tag{6.80}$$

4. 搜索步长的确定

可行搜索方向 $\boldsymbol{d}$ 确定后,初始点移至 $\boldsymbol{x}_L$ 点,即 $\boldsymbol{x}^0 \leftarrow \boldsymbol{x}_L$,从 $\boldsymbol{x}^0$ 点出发沿 $\boldsymbol{d}$ 方向进行搜索,所用的步长 α 一般按加速步长法来确定。所谓加速步长法是指依次迭代的步长按一定的比例递增的方法。各次迭代的步长按下式计算

$$\alpha = \tau\alpha \tag{6.81}$$

式中　τ—— 步长加速系数,可取 $\tau = 1.3$;

　　　α—— 步长,初始步长取 $\alpha = \alpha_0$。

三、复合形法简介

复合形法是求解约束优化问题的一种重要的直接解法。它的基本思路(见图 6.39) 是在可行域内构造一个具有 k 个顶点的初始复合形。对该复合形各顶点的目标函数值进行比较,找到目标函数值最大的顶点(称最坏点),然后按一定的法则求出目标函数值有所下降的可行的新点,并用此点代替最坏点,构成新的复合形,复合形的形状每改变一次,就向最优点移动一步,直至逼近最优点。

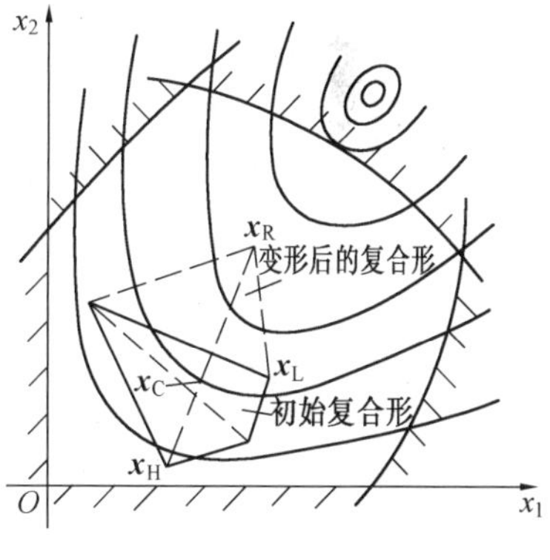

图 6.39　复合形法的算法原理

由于复合形的形状不必保持规则的图形,对目标函数及约束函数的性状又无特殊要求,因此该法的适应性较强,在机械优化设计中得到广泛应用。

1. 初始复合形的形成

复合形法是在可行域内直接搜索最优点,因此,要求初始复合形在可行域内生成,即复合形 k 个顶点必须都是可行点。

下面仅说明一种方法。

首先由设计者选定一个可行点,其余的$(k-1)$个可行点用随机法产生。各顶点按下式计算

$$\boldsymbol{x}_j = \boldsymbol{a} + r_j(\boldsymbol{b} - \boldsymbol{a})(j = 1,2,\cdots,k) \tag{6.82}$$

式中 $\boldsymbol{x}_j$—— 复合形中的第 j 个顶点;

$\boldsymbol{a}$、$\boldsymbol{b}$—— 设计变量的下限和上限;

r_j—— 在(0,1)区间内的伪随机数。

用式(6.82)计算得到的$(k-1)$个随机点不一定都在可行域内,因此要设法将非可行点移到可行域内。通常采用的方法是,求出已经在可行域内的 L 个顶点的点心 $\boldsymbol{x}_c$。

$$\boldsymbol{x}_c = \frac{1}{L}\sum_{j=1}^{L}\boldsymbol{x}_j \tag{6.83}$$

然后将非可行点向中心点移动,即

$$\boldsymbol{x}_{\mathrm{L}+1} = \boldsymbol{x}_c + 0.5(\boldsymbol{x}_{\mathrm{L}+1} - \boldsymbol{x}_c) \tag{6.84}$$

若 $\boldsymbol{x}_{\mathrm{L}+1}$ 仍为不可行点,则利用上式,使其继续向中心点移动。显然,只要中心点可行,$\boldsymbol{x}_{\mathrm{L}+1}$ 点一定可以移到可行域内。随机产生的$(k-1)$个点经过这样的处理后,全部成为可行点,并构成初始复合形。

2. 复合形法的搜索方法

在可行域内生成初始复合形后,将采用不同的搜索方法来改变其形状,使复合形逐步向约束最优点趋近。改变复合形形状的步骤和方法与6.2节的单形替换法相似,它包括以下几步,即:反射、扩张、收缩和压缩(具体算法请参考有关资料)。

四、可行方向法

约束优化问题的直接解法中,可行方向是最大的一类,它也是求解大型约束优化问题的主要方法之一。这种方法的基本原理是在可行域内选择一个初始点 $\boldsymbol{x}^0$,当确定了一个可行方向 $\boldsymbol{d}$ 和适当的步长后,按下式

$$\boldsymbol{x}^{k+1} = \boldsymbol{x}^k + \alpha d^k \quad (k = 1,2,\cdots) \tag{6.85}$$

进行迭代计算。在不断调整可行方向的过程中,使迭代点逐步逼近约束最优点。

1. 可行方向法的搜索策略

可行方向法的第一步迭代都是从可行的初始点 $\boldsymbol{x}^0$ 出发,沿 $\boldsymbol{x}^0$ 点的负梯度方向 $\boldsymbol{d}^0 = -\nabla f(\boldsymbol{x}^0)$,将初始点移动到某一个约束面(只有一个起作用的约束时)上或约束面的交集(有几个起作用的约束时)上。然后根据约束函数和目标函数的不同性状,分别采用以下几种策略继续搜索。

第一种情况见图6.40,在约束面上的迭代点 $\boldsymbol{x}^k$ 处,产生一个可行方向 $\boldsymbol{d}^k$,沿此方向作一维最优化搜索,所得到的新点 $\boldsymbol{x}$ 在可行域内,即令 $\boldsymbol{x}^{k+1} = \boldsymbol{x}$,再沿 $\boldsymbol{x}^{k+1}$ 点的负梯度方向 $\boldsymbol{d}^{k+1} = -\nabla f(\boldsymbol{x}^{k+1})$ 继续搜索。

第二种情况见图6.41,沿可行方向 $\boldsymbol{d}^k$ 作一维最优化搜索,所得到的新点 $\boldsymbol{x}$ 在可行域外,则设法将 $\boldsymbol{x}$ 点移动到约束面上,即取 $\boldsymbol{d}^k$ 和约束面的交点作为新的迭代点 $\boldsymbol{x}^{k+1}$。

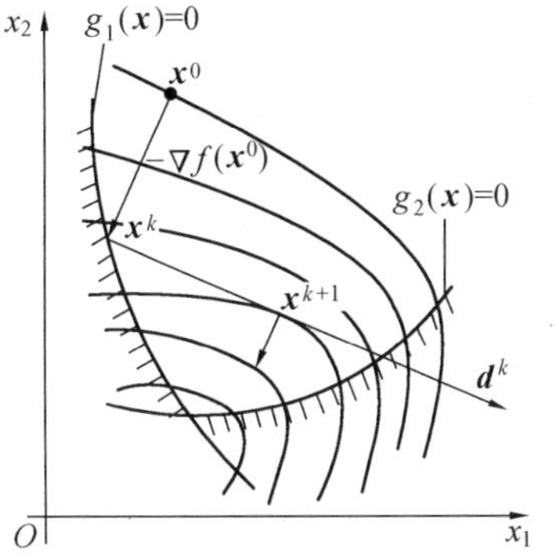

图 6.40　新点在可行域内的情况

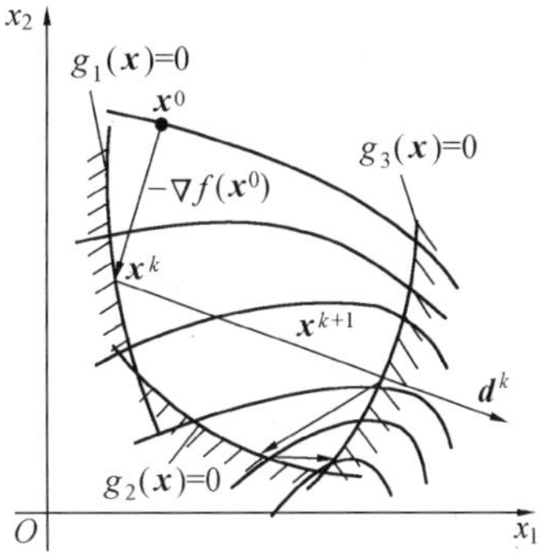

图 6.41　新点在可行域外的情况

第三种情况是沿约束面搜索。对于只具有线性约束条件的非线性规划问题(见图 6.42),从 $\boldsymbol{x}^k$ 点出发,沿约束面移动,在有限的几步内即可搜索到约束最优点;对于非线性约束函数(见图 6.43),沿约束面移动将会进入非可行域,使问题变得复杂得多。此时,需将进入非可行域的新点 $\boldsymbol{x}$ 设法调整到约束面上,然后才能进行下一次迭代。调整的方法是先规定约束面容差 δ,建立新的约束边界(如图 6.43 上的虚线所示),然后将已离开约束面的 $\boldsymbol{x}$ 点,沿起作用约束函数的负梯度方向 $-\nabla g(\boldsymbol{x})$ 返回到约束面上。其计算公式为

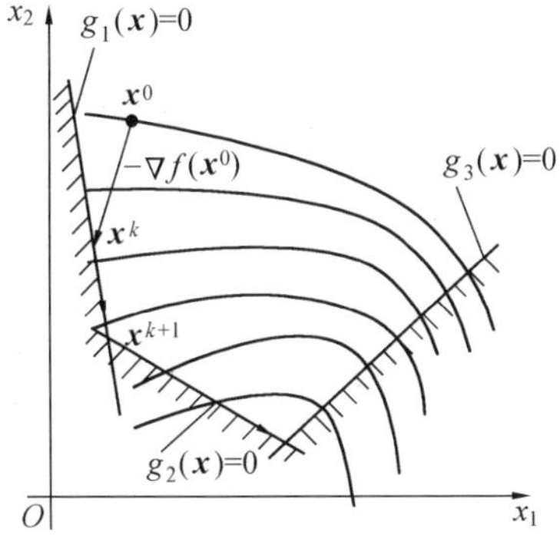

图 6.42　沿线性约束面的搜索

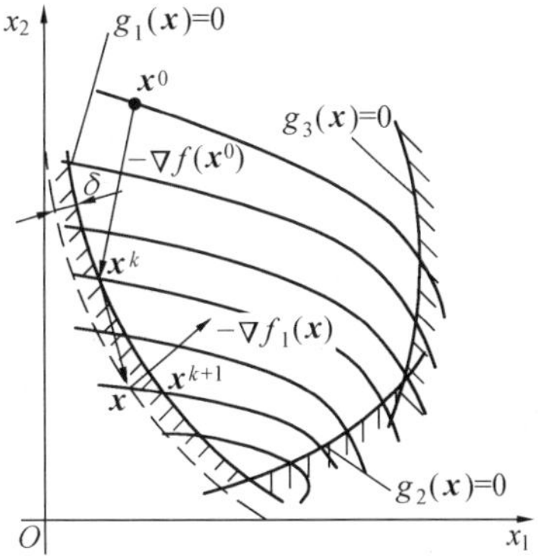

图 6.43　沿非线性约束面的搜索

$$\boldsymbol{x}^{k+1} = \boldsymbol{x} + \alpha_t \nabla g(\boldsymbol{x}) \tag{6.86}$$

式中的 α_t 称为调整步长,可用试探法决定,或用下式估算

$$\alpha_t = \left| \frac{g(\boldsymbol{x})}{[\nabla g(\boldsymbol{x})]^{\mathrm{T}} \nabla g(\boldsymbol{x})} \right| \tag{6.87}$$

2. 产生可行方向的条件

可行方向是指沿该方向作微小移动后，所得到的新点是可行点，且目标函数值有所下降。显然，可行方向应满足可行和下降两个条件。

1) 可行条件　方向的可行条件是指沿该方向作微小移动后，所得到的新点为可行点。如图 6.44(a)，若 $\boldsymbol{x}^k$ 点在一个约束面上，过 $\boldsymbol{x}^k$ 点作约束面 $g(\boldsymbol{x})=0$ 的切线 τ，显然满足可行条件的方向 $\boldsymbol{d}^k$ 应与起作用约束函数在 $\boldsymbol{x}^k$ 点的梯度 $\nabla g(\boldsymbol{x}^k)$ 的夹角大于或等于 90°。用向量关系式可表示为

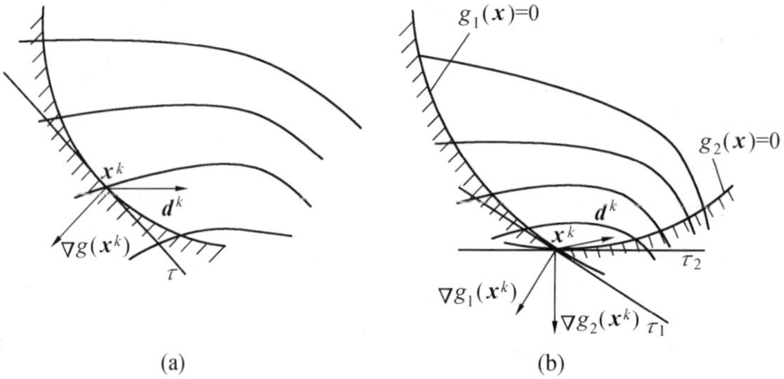

图 6.44　方向的可行条件

(a) 一个起作用的约束；(b) 两个起作用的约束

$$[\nabla g(\boldsymbol{x}^k)]^{\mathrm{T}}\boldsymbol{d}^k \leqslant 0 \tag{6.88}$$

若 $\boldsymbol{x}^k$ 点在 J 个约束面的交集上，如图 6.44(b) 所示，为保证方向 $\boldsymbol{d}^k$ 可行，要求 $\boldsymbol{d}^k$ 和 J 个约束函数在 $\boldsymbol{x}^k$ 点的梯度 $\nabla g_j(\boldsymbol{x}^k)(j=1,2,\cdots,J)$ 的夹角均大于等于 90°。其向量关系可表示为

$$[\nabla g_j(\boldsymbol{x}^k)]^{\mathrm{T}}\boldsymbol{d}^k \leqslant 0 \quad (j=1,2,\cdots,J) \tag{6.89}$$

2) 下降条件　方向的下降条件是指沿该方向作微小移动后，所得新点的目标函数值是下降的。如图 6.45 所示，满足下降条件的方向 $\boldsymbol{d}^k$ 应和目标函数在 $\boldsymbol{x}^k$ 点的梯度 $\nabla f(\boldsymbol{x}^k)$ 的夹角大于 90°。其向量关系可表示为

$$[\nabla f(\boldsymbol{x}^k)]^{\mathrm{T}}\boldsymbol{d}^k < 0 \tag{6.90}$$

满足可行和下降条件，即式(6.89、(6.90) 同时成立的方向称可行方向。如图 6.46 所示，它位于约束曲面在 $\boldsymbol{x}^k$ 点的切线和目标函数等值线在 $\boldsymbol{x}^k$ 点的切线所围成的扇形区内，该扇形区称为可行下降方向区。

综上所述，当 $\boldsymbol{x}^k$ 点位于 J 个起作用的约束面上时，满足

$$\begin{cases}[\nabla g_j(\boldsymbol{x}^k)]^{\mathrm{T}}\boldsymbol{d}^k \leqslant 0 \quad (j=1,2,\cdots,J)\\ [\nabla f(\boldsymbol{x}^k)]^{\mathrm{T}}\boldsymbol{d}^k < 0\end{cases} \tag{6.91}$$

的方向 $\boldsymbol{d}^k$ 称可行方向。

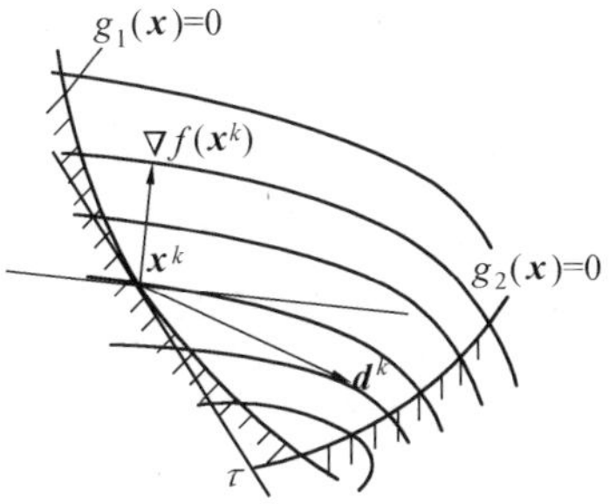

图 6.45　方向的下降条件

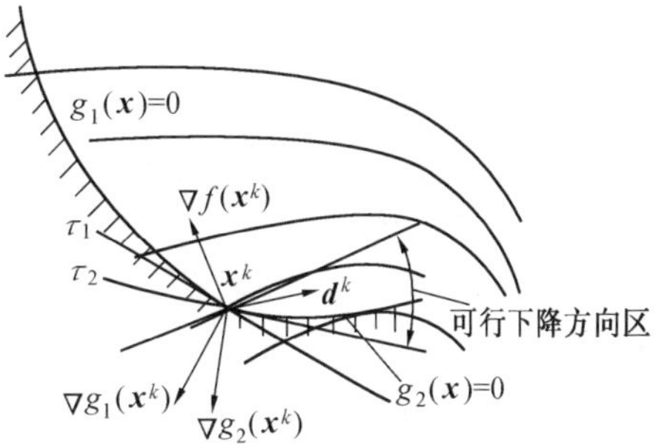

图 6.46　可行下降方向区

3. 可行方向的产生方法

如上所述，满足可行、下降条件的方向位于可行下降扇形区内，在扇形区内寻找一个最有利的方向作为本次迭代的搜索方向，其方法主要有优选方向法和梯度投影法两种。

(1) 优选方向法　在由式(6.91)构成的可行下降扇形区内选择任一方向 $\boldsymbol{d}$ 进行搜索，可得到一个目标函数值下降的可行点。现在的问题是如何在可行下降扇形区内选择一个能使目标函数下降最快的方向作为本次迭代的方向。显然，这是一个以搜索方向 $\boldsymbol{d}$ 为设计变量的约束优化问题，这个新的约束优化问题的数学模型可写成

$$\begin{aligned} &\min[\nabla f(\boldsymbol{x}^k)]^{\mathrm{T}}\boldsymbol{d} \\ \text{s.t.}\quad &[\nabla g_j(\boldsymbol{x}^k)]^{\mathrm{T}}\boldsymbol{d}^k \leqslant 0 \quad (j=1,2,\cdots,J) \\ &[\nabla f(\boldsymbol{x}^k)]^{\mathrm{T}}\boldsymbol{d} < 0 \\ &\| d \| \leqslant 1 \end{aligned} \tag{6.92}$$

由于$\nabla f(\boldsymbol{x}^k)$和$\nabla g_j(\boldsymbol{x}^k)(j=1,2,\cdots,J)$为定值，上述各函数均为设计变量 $\boldsymbol{d}$ 的线性函数，因此式(6.92)为一个线性规划问题。用线性规划法求解后，求得的最优解 $\boldsymbol{d}^*$ 即为本次迭代的可行方向，即 $\boldsymbol{d}^k=\boldsymbol{d}^*$。

(2) 梯度投影法　当 $\boldsymbol{x}^k$ 点目标函数的负梯度方向 $-\nabla f(\boldsymbol{x}^k)$ 不满足可行条件时，可将 $-\nabla f(\boldsymbol{x}^k)$ 方向投影到约束面(或约束面的交集)上，得到投影向量 $\boldsymbol{d}^k$，从图 6.47 中可看出，该设影向量显然满足方向的可行和下降条件。梯度投影法就是取该方向作为本次迭代的可行方向。可行方向的计算公式为

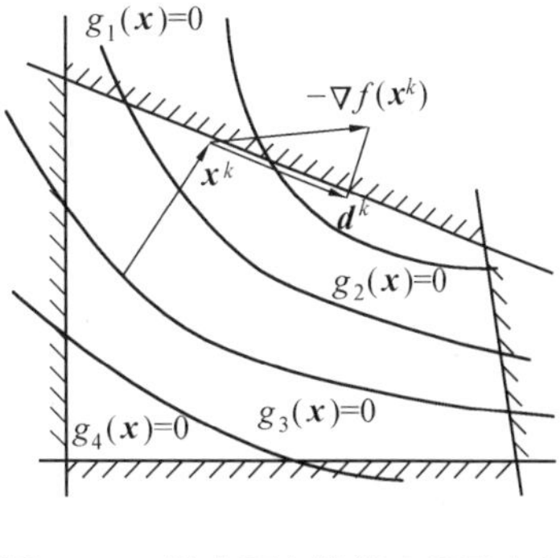

图 6.47　约束面上的梯度投影方向

$$\boldsymbol{d}^k=-P\nabla f(\boldsymbol{x}^k)/\| P\nabla f(\boldsymbol{x}^k)\| \tag{6.93}$$

式中　$\nabla f(\boldsymbol{x}^k)$——$\boldsymbol{x}^k$ 点的目标函数梯度；

　　P——投影算子，为 $n\times n$ 阶矩阵，其计算公式为

$$P = I - G[G^{\mathrm{T}}G]^{-1}G^{\mathrm{T}} \tag{6.94}$$

式中　I—— 单位矩阵，$n \times n$ 阶矩阵；

G—— 起作用约束函数的梯度矩阵，$n \times J$ 阶矩阵；

$$G = [\nabla g_1(\boldsymbol{x}^k), \nabla g_2(\boldsymbol{x}^k), \cdots, \nabla g_J(\boldsymbol{x}^k)]$$

式中　J—— 起作用的约束函数个数。

4. 步长的确定

可行方向 $\boldsymbol{d}^k$ 确定后，按下式计算新的迭代点

$$\boldsymbol{x}^{k+1} = \boldsymbol{x}^k + \alpha_k \boldsymbol{d}^k \tag{6.95}$$

由于目标函数及约束函数的性状不同，步长 α_k 的确定方法也不同，不论是用何种方法，都应使新的迭代点 $\boldsymbol{x}^{k+1}$ 为可行点，且目标函数具有最大的下降量。确定步长 α_k 的常用方法有以下两种：

1) 取最优步长　如图 6.48 所示，从 $\boldsymbol{x}^k$ 点出发，沿 $\boldsymbol{d}^k$ 方向进行一维最优化搜索，取得最优步长 α^*，计算新点 $\boldsymbol{x}$ 的值

$$\boldsymbol{x} = \boldsymbol{x}^k + \alpha^* \boldsymbol{d}^k$$

若新点 $\boldsymbol{x}$ 为可行点，则本次迭代的步长取 $\alpha_k = \alpha^*$。

2) α_k 取到约束边界的最大步长　如图 6.49 所示，从 $\boldsymbol{x}^k$ 点沿 $\boldsymbol{d}^k$ 方向进行一维最优化搜索，得到的新点 $\boldsymbol{x}$ 为不可行点，根据可行方向法的搜索策略，应改变步长，使新点 $\boldsymbol{x}$ 返回到约束面上来。使新点 $\boldsymbol{x}$ 恰好位于约束面上的步长称为最大步长，记作 α_M。则本次迭代的步长取 $\alpha_k = \alpha_M$。

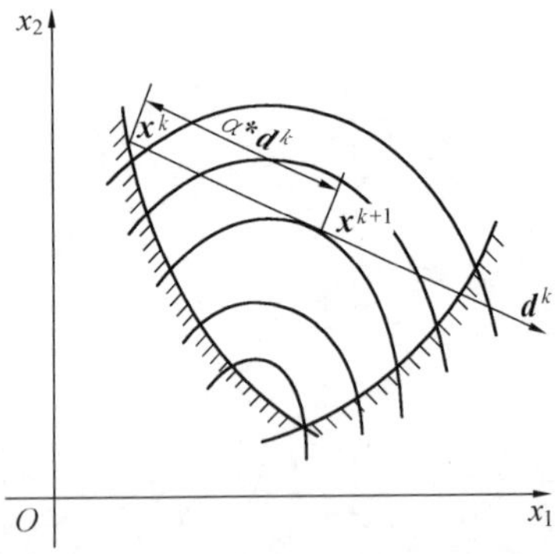

图 6.48　按最优步长新点确定

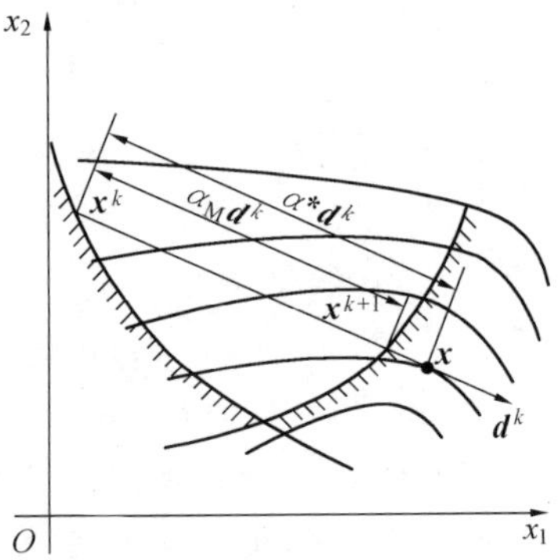

图 6.49　按最大步长确定新点

5. 收敛条件

按可行方向法的原理，将设计点调整到约束面上后，需要判断迭代是否收敛，即判断该迭代点是否为约束最优点。常用的收敛条件有以下两种：

1) 设计点 $\boldsymbol{x}^k$ 及约束允差满足

$$\begin{cases} |[\nabla f(\boldsymbol{x}^k)]^{\mathrm{T}}\boldsymbol{d}^k| \leqslant \varepsilon \\ \delta \leqslant \varepsilon_2 \end{cases} \tag{6.96}$$

条件时,迭代收敛。

2) 设计点 $\boldsymbol{x}^k$ 满足库恩 - 塔克条件

$$\begin{cases} [\nabla f(\boldsymbol{x}^k) + \sum_{j=1}^{j} \lambda_j \nabla g_j(\boldsymbol{x}^k) = 0 \\ \lambda_j \geqslant 0 \quad (j = 1,2,\cdots,J) \end{cases} \tag{6.97}$$

时,迭代收敛。

6. 可行方向法的计算步骤

1) 在可行域内选择一个初始点 $\boldsymbol{x}^0$,给出约束允差 δ 及收敛精度值 ε。

2) 令迭代次数 $k = 0$,第一次迭代的搜索方向取 $\boldsymbol{d}^0 = -\nabla f(\boldsymbol{x}^0)$。

3) 估算试验步长 α_t,计算试验点 $\boldsymbol{x}_t$。

4) 若试验点 $\boldsymbol{x}_t$ 满足 $-\delta \leqslant g_j(\boldsymbol{x}_t) \leqslant 0$,$\boldsymbol{x}_t$ 点必位于第 j 个约束面上,则转步骤 6);若试验点 $\boldsymbol{x}_t$ 位于可行域内,则加大试验步长 α_t,重新计算新的试验点,直至 $\boldsymbol{x}_t$ 越出可出域,再转步骤 5);若试验点位于非可行域,则直接转步骤 5)。

5) 确定约束违反量最大的约束函数 $g_k(\boldsymbol{x}_t)$。用插值法计算调整步长 α_t 返回到约束面上,则完成一次迭代。再令 $k = k + 1$,$\boldsymbol{x}^k = \boldsymbol{x}_t$,转下步。

6) 在新的设计点 $\boldsymbol{x}^k$ 处产生新的可行方向 $\boldsymbol{d}^k$。

7) 若 $\boldsymbol{x}^k$ 点满足收敛条件,则计算终止。约束最优解为 $\boldsymbol{x}^* = \boldsymbol{x}^k$,$f(\boldsymbol{x}^*) = f(\boldsymbol{x}^k)$。否则,改变允差 δ 的值,即令

$$\delta^k = \begin{cases} \delta^k & \text{当}[\nabla f(\boldsymbol{x}^k)]^{\mathrm{T}}\boldsymbol{d}^k > \varepsilon \text{ 时} \\ 0.5\delta^k & \text{当}[\nabla f(\boldsymbol{x}^k)]^{\mathrm{T}}\boldsymbol{d}^k \leqslant \varepsilon \text{ 时} \end{cases} \tag{6.98}$$

再转步骤 2)。

五、惩罚函数法

惩罚函数法是一种使用很广泛,很有效的间接解法。它的基本原理是将约束优化问题

$$\begin{cases} \min f(\boldsymbol{x}) \\ \text{s.t.}\ g_j(\boldsymbol{x}) \leqslant 0 \quad (j = 1,2,\cdots,m) \\ h_k(\boldsymbol{x}) = 0 \quad (k = 1,2,\cdots,l) \end{cases}$$

中的不等式和等式约束函数经过加权转化后,和原目标函数结合成新的目标函数 —— 惩罚函数

$$\phi(\boldsymbol{x},r_1,r_2) = f(\boldsymbol{x}) + r_1\sum_{j=1}^{m} G[g_i(\boldsymbol{x})] + r_2\sum_{k=1}^{l} H[h_k(\boldsymbol{x})] \tag{6.99}$$

求解该新目标函数的无约束极小值，以期得到原问题的约束最优解。为此，按一定的法则改变加权因子 r_1 和 r_2 的值，构成一系列的无约束优化问题，求得一系列的无约束最优解，并不断地逼近原约束优化问题的最优解。因此惩罚函数法又称序列无约束极小化方法，常称 SUMT 法。

式(6.99) 中的 $r_1\sum_{j=1}^{m}G[g_i(\boldsymbol{x})]$ 和 $r_2\sum_{k=1}^{l}H[h_k(\boldsymbol{x})]$ 称为加权转化项。根据它们在惩罚函数中的作用，又分别称为障碍项和惩罚项。障碍项的作用是当迭代点在可行域内时，在迭代过程中将阻止迭代点越出可行域。惩罚项的作用是当迭代点在非可行域或不满足等式约束条件时，在迭代过程中将迫使迭代点逼近约束边界或等式约束曲面。

根据迭代过程是否在可行域内进行，惩罚函数法又可分为内点惩罚函数法，外点惩罚函数法和混合惩罚函数法三种。

1. 内点惩罚函数法

内点惩罚函数法简称内点法，这种方法将新目标函数定义于可行域内，序列迭代点在可行域内逐步逼近约束边界上的最优点。内点法只能用来求解具有不等式约束的优化问题。

对于只具有不等式约束的优化问题

$$\begin{cases}\min f(\boldsymbol{x})\\ \text{s.t. } g_j(\boldsymbol{x})\leqslant 0 \quad (j=1,2,\cdots,m)\end{cases}$$

转化后的惩罚函数形式为

$$\phi(\boldsymbol{x},r)=f(\boldsymbol{x})-\sum_{j=1}^{m}\frac{1}{g_j(\boldsymbol{x})} \tag{6.100}$$

或

$$\phi(\boldsymbol{x},r)=f(\boldsymbol{x})-\sum_{j=1}^{m}\ln[-g_j(\boldsymbol{x})] \tag{6.101}$$

式中　r—— 惩罚因子，它是由大到小且趋近于 0 的数列，即 $r^0>r^1>r^2\cdots\to 0$;

$\sum_{j=1}^{m}\frac{1}{g_j(\boldsymbol{x})}$ 或 $\sum_{j=1}^{m}\ln[-g_j(\boldsymbol{x})]$—— 障碍项。

由于内点法的迭代过程在可行域内进行，障碍项的作用是阻止迭代点越出可行域。由障碍项的函数形式可知，当迭代点靠近某一约束边界时，其值趋近于 0，而障碍项的值陡然增加，并趋近于无穷大，好象在可行域的边界上筑起了一道“围墙”，使迭代点始终不能越出可行域。显然，只有当惩罚因子 $r\to 0$ 时，才能求得在约束边界上的最优解。下面用一简例来说明内点法的基本原理。

例　用内点法求问题

$$\min f(\boldsymbol{x})=x_1^2+x_2^2$$
$$\text{s.t.}\qquad g(\boldsymbol{x})=1-x_1\leqslant 0$$

的约束最优解。

解　如图 6.50 所示，该问题的约束最优点为 $\boldsymbol{x}^*=[0\quad 1]^{\mathrm{T}}$，它是目标函数等值线，即

$x_1^2+x_2^2=1$ 的圆和约束函数，即 $1-x_1=0$ 的直线的切点，最优值为 $f(\boldsymbol{x}^*)=1$。

用内点法求解该问题时，首先按式(6.101)构造内点惩罚函数

$$\phi(\boldsymbol{x},r)=x_1^2+x_2^2-r\ln(x_1-1)$$

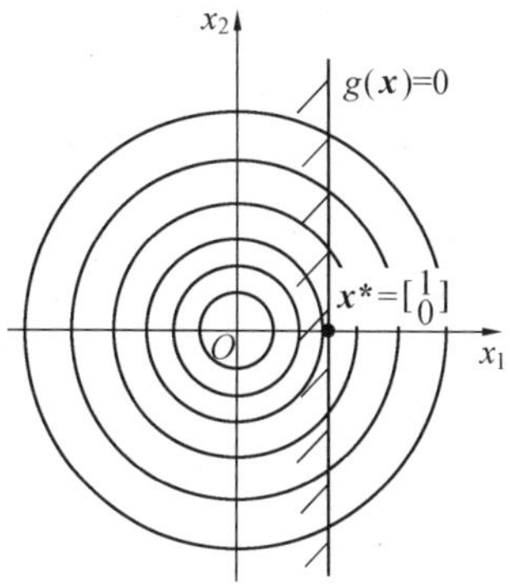

图 6.50　例题图解

对于任意给定的惩罚因子 $r(r>0)$，函数 $\phi(\boldsymbol{x},r)$ 为凸函数。用解析法求函数 $\phi(\boldsymbol{x},r)$ 的极小值，即令 $\nabla\phi(\boldsymbol{x},r)=0$，得方程组

$$\begin{cases}\dfrac{\partial\phi}{\partial x_1}=2x_1-\dfrac{1}{x_1-1}=0\\[2mm]\dfrac{\partial\phi}{\partial x_2}=2x_2=0\end{cases}$$

联立求解得

$$\begin{cases}x_1(r)=\dfrac{1\pm\sqrt{1+2r}}{2}\\[2mm]x_2(r)=0\end{cases}$$

当 $x_1(r)=\dfrac{1\pm\sqrt{1+2r}}{2}$ 时不满足约束条件 $g(x)=1-x_1\leqslant 0$，应舍去。无约束极值点为

$$x_1^*(r)=\frac{1\pm\sqrt{1+2r}}{2}$$

$$x_1^*(r)=0$$

当 $r=4$ 时，$\boldsymbol{x}^*(r)=[2\quad 0]^{\mathrm{T}}$，$f(\boldsymbol{x}^*(r))=4$

当 $r=1.2$ 时，$\boldsymbol{x}^*(r)=[1.422\quad 0]^{\mathrm{T}}$，$f(\boldsymbol{x}^*(r))=2.022$

当 $r=0.36$ 时，$\boldsymbol{x}^*(r)=[1.156\quad 0]^{\mathrm{T}}$，$f(\boldsymbol{x}^*(r))=1.136$

当 $r=0$ 时，$\boldsymbol{x}^*(r)=[1\quad 0]^{\mathrm{T}}$，$f(\boldsymbol{x}^*(r))=1$

由计算可知，当逐步减小 r 值，直至趋近于 0 时，$\boldsymbol{x}^*(r)$ 逼近原问题的约束最优解。

当 $r=4,1.26,0.36$ 时，惩罚函数 $\phi(\boldsymbol{x},r)$ 的等值线图分别如图 6.51(a)，(b)，(c) 所示。从图中可清楚地看出，当 r 逐渐减小时，无约束极值点 $\boldsymbol{x}^*(r)$ 的序列，将在可行域内逐步逼近最优点。

下面介绍内点法中初始点 $\boldsymbol{x}^0$ 惩罚因子的初值 r^0 及其缩减系数 c 等重要参数的选取和收敛条件的确定等问题。

1）初始点 $\boldsymbol{x}^0$ 的选取　使用内点法时，初始点 $\boldsymbol{x}^0$ 应选择一个离约束边界较远的可行点。若 $\boldsymbol{x}^0$ 太靠近某一约束边界，构造的惩罚函数可能由于障碍项的值很大而变得畸形，使求解无约束优化问题发生困难。程序设计时，一般都考虑使程序具有人工输入和计算机自动生成可行初始点的两种功能，由使用者选用。计算机自动生成可行初始点的常用方法是利用随机数生成设

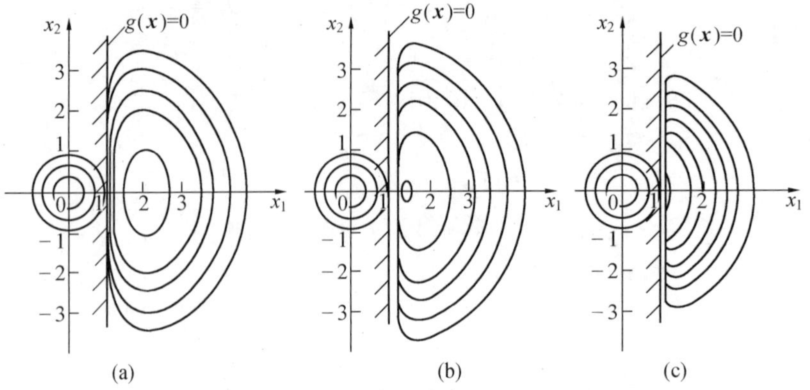

图 6.51　内点惩罚函数物的极小点向最优点逼近

(a) $r=4, \boldsymbol{x}^*(r)=\begin{bmatrix}2\\0\end{bmatrix}$；(b) $r=1.2, \boldsymbol{x}^*(r)=\begin{bmatrix}1.422\\0\end{bmatrix}$；(c) $r=0.36, \boldsymbol{x}^*(r)=\begin{bmatrix}1.156\\0\end{bmatrix}$

计点，该方法已在本章介绍过。

2) 惩罚因子初值 r^0 的选取　惩罚因子的初值 r^0 的选取应适当，否则会影响迭代计算的正常进行。一般来说，r^0 太大，将增加迭代次数；r^0 太小，会使惩罚函数的性态变坏，甚至难以收敛到极值点。由于问题函数的多样化，使得 r^0 的取值相当困难，目前还无一定的有效方法。对于不同的问题，都要经过多次试算，才能决定一个适当的 r^0。

3) 惩罚因子缩减系数 c 的选取　在构造序列惩罚函数时，惩罚因子 r 是一个逐次递减到 0 的数列，相邻两次迭代的惩罚因子的关系为

$$r^k = cr^{k-1} \quad (k = 1,2,\cdots) \tag{6.102}$$

式中的 c 称为惩罚因子的缩减系数，c 为小于 1 的正数。一般的看法是，c 值的大小在迭代过程中不起决定性作用，通常的取值范围在 0.1 ~ 0.7 之间。

4) 收敛条件　内点法的收敛条件为

$$\left|\frac{\phi[\boldsymbol{x}^*(r^k), r^k] - \phi[\boldsymbol{x}^*(r^{k-1}), r^{k-1}]}{\phi[\boldsymbol{x}^*(r^{k-1}), r^{k-1}]}\right| \leqslant \varepsilon_1 \tag{6.103}$$

$$\| \boldsymbol{x}^*(r^k) - \boldsymbol{x}^*(r^{k-1}) \| \leqslant \varepsilon_2 \tag{6.104}$$

前式说明相邻两次迭代的惩罚函数的值相对变化量充分小，后式说明相邻两次迭代的无约束极小点已充分接近。满足收敛条件的无约束极小点 $\boldsymbol{x}^*(r^k)$ 已逼近原问题的约束最优点，迭代终点。原约束问题的最优解为

$$\boldsymbol{x}^* = \boldsymbol{x}^*(r^k), f(\boldsymbol{x}^*) = f(\boldsymbol{x}^*(r^k))$$

内点法的计算步骤为：

① 选取可行的初始点 $\boldsymbol{x}^0$，惩罚因子的初值 r^0，缩减系数 c 以及收敛精度 $\varepsilon_1, \varepsilon_2$。令迭代次数 $k = 0$。

② 构造惩罚函数 $\phi(\boldsymbol{x},r)$，选择适当的无约束优化方法，求函数 $\phi(\boldsymbol{x},r)$ 的无约束极值，得 $\boldsymbol{x}^*(r^k)$ 点。

③ 用式(6.103、104)判别迭代是否收敛，若满足收敛条件，迭代终止。约束最优解为 $\boldsymbol{x}^* = \boldsymbol{x}^*(r^k)$，$f(\boldsymbol{x}^*) = f(\boldsymbol{x}^*(r^k))$；否则令 $r^{k+1} = cr^k, \boldsymbol{x}^0 = \boldsymbol{x}^*(r^k), k = k+1$ 转步骤 2)。

内点法的程序框见图 6.52。

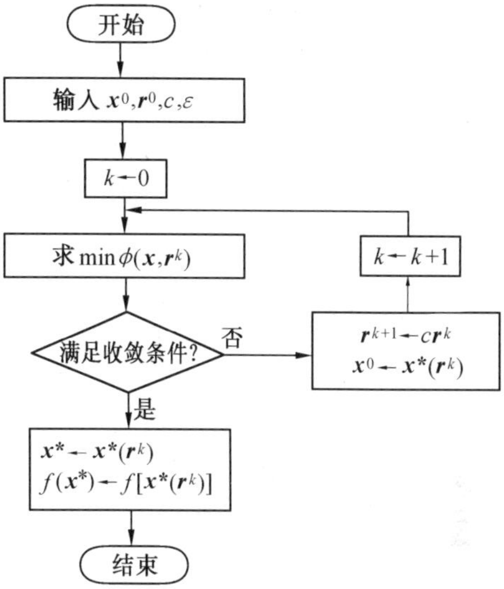

图 6.52　内点法程序框图

2. 外点惩罚函数法

外点惩罚函数法简称外点法。这种方法和内点法相反，新目标函数定义在可行域之外，序列迭代点从可行域之外逐渐逼近约束边界上的最优点。外点法可以用来求解含不等式和等式约束的优化问题。

对于约束优化问题

$$\begin{cases} \min f(\boldsymbol{x}) \\ \text{s.t.}\ g_j(\boldsymbol{x}) \leqslant 0 \quad (j = 1,2,\cdots,m) \\ h_k(\boldsymbol{x}) = 0 \quad (k = 1,2,\cdots,l) \end{cases}$$

转化后的外点惩罚函数的形式为

$$\phi(\boldsymbol{x},r) = f(\boldsymbol{x}) + r\sum_{j=1}^{m}\{\max[0,g_j(\boldsymbol{x})]\}^2 + r\sum_{k=1}^{l}[h_k(\boldsymbol{x})]^2 \tag{6.105}$$

式中　r—— 惩罚因子，它是由小到大，且趋近于 ∞ 的数列，即 $r^0 < r^1 < r^2 \cdots \to \infty$；

$\sum_{j=1}^{m}\{\max[0,g_j(\boldsymbol{x})]\}^2$，$\sum_{k=1}^{l}[h_k(\boldsymbol{x})]^2$—— 分别为对应于不等式约束和等式约束函数的惩罚项。

由于外点法的迭代过程在可行域之外进行。惩罚项的作用是迫使迭代点逼近约束边界或等式约束曲面。由惩罚项的形式可知，当迭代点 $\boldsymbol{x}$ 不可行时，惩罚项的值大于 0。使得惩罚函数 $\phi(\boldsymbol{x},r)$ 大于原目标函数，这可看成是对迭代点不满足约束条件的一种惩罚。当迭代点离约束边界愈远，惩罚项的值愈大，这种惩罚愈重。但当迭代点不断接近约束边界和等式约束曲面时，惩罚项的值减小，且趋近于 0，惩罚项的作用逐渐消失，迭代点也就趋近于约束边界上的最优点了。

下面仍用一简例来说明外点法的基本原理。

例　用外点法求问题

$$\min f(\boldsymbol{x}) = x_1^2 + x_2^2$$
$$\text{s.t.}\quad g(x) = 1 - x_1 < 0$$

的约束最优解。

解　前面已用内点法求解过这一问题，其约束最优解为 $\boldsymbol{x}^* = [1 \quad 0]^{\mathrm{T}}, f(\boldsymbol{x}^*) = 1$。用外点法求解时，首先按式(6.105)构造外点惩罚函数

$$\phi(\boldsymbol{x}, r) = x_1^2 + x_2^2 + r(1 - x_1)^2$$

对于任意给定的惩罚因子 $r(r > 0)$，函数 $\phi(\boldsymbol{x}, r)$ 为凸函数。用解析法求 $\phi(\boldsymbol{x}, r)$ 的无约束极小值，即令 $\nabla\phi(\boldsymbol{x}, r) = 0$，得方程组

$$\begin{cases} \dfrac{\partial\phi}{\partial x_1} = 2x_1 - 2r(1 - x_1) = 0 \\ \dfrac{\partial\phi}{\partial x_2} = 2x_2 = 0 \end{cases}$$

联立求解得

$$x_1^*(r) = \frac{r}{1 + r}$$

$$x_2^*(r) = 0$$

当 $r = 0.3$ 时，$\boldsymbol{x}^*(r) = [0.231 \quad 1]^{\mathrm{T}}, f(\boldsymbol{x}^*(r)) = 0.053$

当 $r = 1.5$ 时，$\boldsymbol{x}^*(r) = [0.6 \quad 0]^{\mathrm{T}}, f(\boldsymbol{x}^*(r)) = 0.36$

当 $r = 7.5$ 时，$\boldsymbol{x}^*(r) = [0.882 \quad 0]^{\mathrm{T}}, f(\boldsymbol{x}^*(r)) = 0.78$

当 $r \to \infty$ 时，$\boldsymbol{x}^*(r) = [1 \quad 0], f(\boldsymbol{x}^*(r)) = 1$

由计算可知，当逐渐增大 r 值，直到趋近于 ∞ 时，$\boldsymbol{x}^*(r)$ 逼近原约束问题的最优解。

当 $r = 0.3, 1.5, 7.5$ 时，惩罚函数 $\phi(\boldsymbol{x}, r)$ 的等值线图分别示于图 6.53(a)，(b)，(c)。从图中可清楚地看出，当 r 逐渐增大时，无约束极值点 $\boldsymbol{x}^*(r)$ 的序列，将在可行域之外逐步逼近约束最优点。

外点法的惩罚因子按下式递增

$$r^k = cr^{k-1} \tag{6.106}$$

式中　c——递增系数，通常取 $c = 5 \sim 10$。

与内点法相反，惩罚因子的初值 r^0 若取相当大的值，会使 $\phi(\boldsymbol{x}, r)$ 的等值线变形或偏心，求 $\phi(\boldsymbol{x}, r)$ 的极值将发生困难，但 r^0 取得过小，势必增加迭代次数。所以在外点法中，r^0 的合理取值也是很重要的。许多计算表明，取 $r^0 = 1, c = 10$ 常常可以取得满意的结果。有时也按下面的经验公式来计算 r^0 值

$$r^0 = \max\{r_j^0\} \quad (j = 1, 2, \cdots, m) \tag{6.107}$$

式中

$$r_j^0 = \frac{0.02}{mg_j(\boldsymbol{x}^0)f(\boldsymbol{x}^0)} \quad (j = 1, 2, \cdots, m)$$

外点法的收敛条件和内点法相同，其计算步骤、程序框图也与内点法相近。

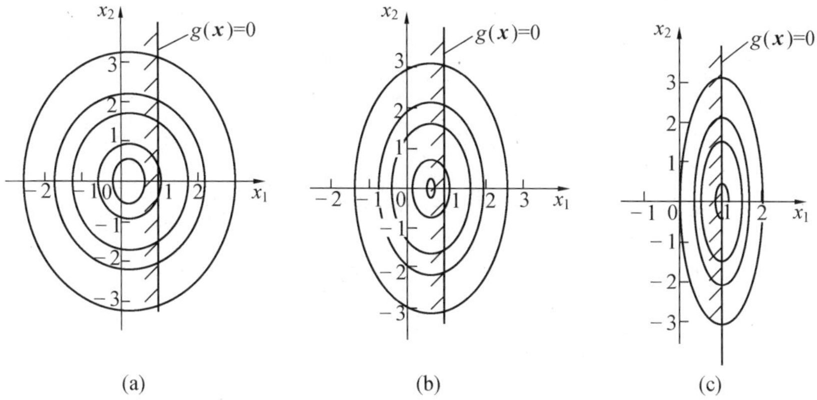

图 6.53　外点惩罚函数的极小点向约束最优点逼近

(a) $r=0.3, \boldsymbol{x}^*(r)=\begin{bmatrix}0.231\\0\end{bmatrix}$; (b) $r=1.5, \boldsymbol{x}^*(r)=\begin{bmatrix}0.6\\0\end{bmatrix}$; (c) $r=7.5, \boldsymbol{x}^*(r)=\begin{bmatrix}0.882\\0\end{bmatrix}$

3.混合惩罚函数法

混合惩罚函数法简称混合法,这种方法是把内点法和外点法结合起来,用来求解同时具有等式约束和不等式约束函数的优化问题。

对于约束优化问题

$$\begin{cases}\min f(\boldsymbol{x})\\ \text{s.t.}\ g_j(\boldsymbol{x})\leqslant 0 \quad (j=1,2,\cdots,m)\\ \qquad h_k(\boldsymbol{x})=0 \quad (k=1,2,\cdots,l)\end{cases}$$

转化后的混合惩罚函数的形式为

$$\phi(\boldsymbol{x},r)=f(\boldsymbol{x})-r\sum_{j=1}^{m}\frac{1}{g_j(\boldsymbol{x})}+\frac{1}{\sqrt{r}}\sum_{k=1}^{l}[h_k(\boldsymbol{x})]^2 \tag{6.108}$$

式中　$r\sum\limits_{j=1}^{m}\dfrac{1}{g_j(\boldsymbol{x})}$——障碍项,惩罚因子 r 按内点法选取,取 $r^0>r^1>r^2\cdots\to 0$

$\dfrac{1}{\sqrt{r}}\sum\limits_{k=1}^{l}[h_k(\boldsymbol{x})]^2$——惩罚项,惩罚因子为$\dfrac{1}{\sqrt{r}}$,当 $r\to 0$ 时,$\dfrac{1}{\sqrt{r}}\to\infty$ 满足外点法对惩罚因子的要求。

混合法具有内点法的求解特点,即迭代过程在可行域内进行,因而初始点 $\boldsymbol{x}^0$,惩罚因子的初值 r^0 均可参考内点法选取。计算步骤及程序框图也与内点法相近。

六、增广乘子法

前节所述的惩罚函数法原理简单,算法易行,适用范围广,并且可以和各种有效的无约束最优化方法结合起来,因此得到广泛应用。但是,惩罚函数也存在不少问题,从理论上讲,只有

当 $r \to \infty$(外点法)或 $r \to 0$(内点法)时,算法才能收敛,因此序列迭代过程收敛较慢。另外,当惩罚因子的初值 r^0 取得不合适时,惩罚函数可能变得病态,使无约束最优化计算发生困难。

近年来提出的增广乘子法在计算过程中数值稳定性,计算效率上都超过惩罚函数法。目前,增广乘子法在理论上得到了总结提高,在算法上也积累了不少经验,使得这种方法日益完善。

虽然在 6.1 节中已经介绍了拉格朗日乘子法,但为了讨论的方便,这里再简单回顾一下拉格朗日乘子法,然后再着重介绍具有等式约束和不等式约束的增广乘子法的算法原理和步骤。

1. 拉格朗日乘子法

拉格朗日乘子法是一种古典的求约束极值的间接解法。它是将具有等式约束的优化问题

$$\begin{cases} \min f(\boldsymbol{x}) \\ \text{s.t.}\ h_p(\boldsymbol{x}) = 0 \end{cases}$$

转化成拉格朗日函数

$$L(\boldsymbol{x},\boldsymbol{\lambda}) = f(\boldsymbol{x}) + \sum_{p=1}^{l} \lambda_p h_p(\boldsymbol{x})$$

用解析法求解上式,即令$\nabla L(\boldsymbol{x},\boldsymbol{\lambda}) = 0$,可求得函数 $L(\boldsymbol{x},\boldsymbol{\lambda})$ 的极值。在函数 $L(\boldsymbol{x},\boldsymbol{\lambda})$ 中,$\lambda = [\lambda_1 \quad \lambda_2 \quad \cdots \quad \lambda_n]^{\mathrm{T}}$ 称为拉格朗日乘子,也是变量,因此可以列出$(n+l)$个方程

$$\begin{cases} \dfrac{\partial L}{\partial x_i} = 0 \quad (i = 1,2,\cdots,n) \\ \dfrac{\partial L}{\partial \lambda_p} = 0 \quad (p = 1,2,\cdots,l) \end{cases}$$

联立求解后,可得 $n+l$ 个变量:$\boldsymbol{x}^* = [x_1^* \quad x_2^* \quad \cdots \quad x_n^*]^{\mathrm{T}}$,$\boldsymbol{\lambda}^* = [\lambda_1^* \quad \lambda_2^* \quad \cdots \quad \lambda_l^*]^{\mathrm{T}}$。其中 $\boldsymbol{x}^*$ 为极值点,$\boldsymbol{\lambda}^*$ 为相应的拉格朗日乘子向量。

用拉格朗日乘子法求解,看起来似乎很简单,实际上这种方法存在着许多问题,例如对于非凸问题容易失败;对于大型的非线性优化问题,需求解高次联立方程组,其数值解法几乎和求解优化问题同样困难;此外,还必须分离出方程组的重根。因此,拉格朗日乘子法用来求解一般的约束优化问题不是一种有效的方法。

2. 等式约束的增广乘子法

1) 基本原理　对于含等式约束的优化问题

$$\begin{cases} \min f(\boldsymbol{x}) \\ \text{s.t.}\ h_P(\boldsymbol{x}) = 0 \quad (p = 1,2,\cdots,l) \end{cases}$$

构造拉格朗日函数

$$L(\boldsymbol{x},\boldsymbol{\lambda}) = f(\boldsymbol{x}) + \sum_{p=1}^{l} \lambda_p h_p(\boldsymbol{x}) \tag{6.109}$$

当令$\nabla L(\boldsymbol{x},\boldsymbol{\lambda}) = 0$时,可得原问题的极值点 $\boldsymbol{x}^*$ 以及相应的拉格朗日乘子向量 $\boldsymbol{\lambda}^*$。若构造外

点惩罚函数

$$\phi(\boldsymbol{x},r) = f(\boldsymbol{x}) + \frac{r}{2}\sum_{p=1}^{l}[h_p(\boldsymbol{x})]^2$$

当 $r \to \infty$ 时，对函数 $\phi(\boldsymbol{x},r)$ 进行序列极小化，可求得原问题的极值点 $\boldsymbol{x}^*$，且 $h_p(\boldsymbol{x}^*) = 0(p = 1,2,\cdots,l)$。

前已述及，用拉格朗日乘子法求解约束优化问题往往失败，而用惩罚函数法求解，又因要求 $r \to \infty$ 而使计算效率低。为此，将这两种方法结合起来，即构造惩罚函数的拉格朗日函数

$$M(\boldsymbol{x},\boldsymbol{\lambda},r) = f(\boldsymbol{x}) + \frac{r}{2}\sum_{p=1}^{l}[h_p(\boldsymbol{x})]^2 + \sum_{p=1}^{l}\lambda_p h_p(\boldsymbol{x}) = L(\boldsymbol{x},\boldsymbol{\lambda}) + \frac{r}{2}\sum_{p=1}^{l}[h_p(\boldsymbol{x})]^2 \tag{6.110}$$

若令 $\nabla M(\boldsymbol{x},\boldsymbol{\lambda},r) = \nabla L(\boldsymbol{x},\boldsymbol{\lambda}) + r\sum\limits_{p=1}^{l}h_p(\boldsymbol{x})\nabla h_p(\boldsymbol{x}) = 0$

求得约束极值点 $\boldsymbol{x}^*$，且使 $h_p(\boldsymbol{x}^*) = 0(p = 1,2,\cdots,l)$。所以，不论 r 取何值，式(6.110)与原问题有相同的极值点 $\boldsymbol{x}^*$，与式(6.109)有相同的拉格朗日乘子向量 $\boldsymbol{\lambda}^*$。

式(6.110)称增广乘子函数，或称增广惩罚函数，式中的 r 仍称惩罚因子。

既然式(6.109、110)有相同的 $\boldsymbol{x}^*$ 和 $\boldsymbol{\lambda}^*$，仍然要考虑由式(6.110)表示的增广乘子函数的主要原因是，这两类函数的二阶导数矩阵，即海赛矩阵的性质不同。一般地说，式(6.109)所表示的拉格朗日函数 $L(\boldsymbol{x},\boldsymbol{\lambda})$ 的海赛矩阵

$$G(\boldsymbol{x},\boldsymbol{\lambda}) = \left[\frac{\partial^2 L}{\partial x_i \partial x_j}\right] \quad (i,j = 1,2,\cdots,n) \tag{6.111}$$

并不是正定的，而式(6.110)所表示的增广乘子函数 $M(\boldsymbol{x},\boldsymbol{\lambda},r)$ 的海赛矩阵

$$G(\boldsymbol{x},\boldsymbol{\lambda},r) = \left[\frac{\partial^2 M}{\partial x_i \partial x_j}\right] = G(\boldsymbol{x},\boldsymbol{\lambda}) + r\left[\sum_{p=1}^{l}\frac{\partial h_p}{\partial x_i}\frac{\partial h_p}{\partial x_j}\right] \quad (i,j = 1,2,\cdots,n) \tag{6.112}$$

必定存在一个 r'，对于一切满足 $r \geqslant r'$ 的值总是正定的。

为了求得 λ^*，只需求函数 $M(\boldsymbol{\lambda})$ 的极大值。求函数 $M(\boldsymbol{\lambda})$ 极大值的方法不同，将会得到不同的乘子迭代公式。目前常采用近似的牛顿法求解，得到的乘子迭代公式为

$$\lambda_p^{k+1} = \lambda_p^k + rh_p(\boldsymbol{x}^k) \quad (p = 1,2,\cdots,l) \tag{6.113}$$

2) 参数选择　增广乘子法中的乘子向量 $\boldsymbol{\lambda}$，惩罚因子 r，设计变量的初值都是重要参数。下面分别介绍选择这些参数的一般方法。

① 在没有其他信息的情况下，初始乘子向量取零向量，即 $\boldsymbol{\lambda}^0 = 0$，显然，这时增广乘子函数和外点惩罚函数的形式相同。也就是说，第一次迭代计算是用外点法进行的。从第二次迭代开始，乘子向量按式(6.113)校正。

② 惩罚因子的初值 r^0 可按外点法选取。以后的迭代计算，惩罚因子按下式递增

$$r^{k+1} = \begin{cases}\beta r^k，当 \ \| h(\boldsymbol{x}^k) \| / \| h(\boldsymbol{x}^{k+1}) \| > \delta \\ r^k，当 \ \| h(\boldsymbol{x}^k) \| / \| h(\boldsymbol{x}^{k+1}) \| \leqslant \delta\end{cases} \tag{6.114}$$

式中　β——惩罚因子递增系数，取 $\beta = 10$;

　　　δ——判别数，取 $\delta = 0.25$。

惩罚因子的递增公式可以这样来理解：开始迭代时，因 r 不可能取很大的值，只能在迭代过程中根据每次求得的无约束极值点 $\boldsymbol{x}^k$ 趋近于约束面的情况来决定。当 $\boldsymbol{x}^k$ 离约束面很远，即 $\| h(\boldsymbol{x}^k) \|$ 的值很大时，则增大 r 值，以加大惩罚项的作用，迫使迭代点更快地逼近约束面。当 $\boldsymbol{x}^k$ 已接近约束面，即 $\| h(\boldsymbol{x}) \|$ 明显减小时，则不再增加 r 值了。

惩罚因子也可以用简单的递增公式计算

$$r^{k+1} = \beta r^k \tag{6.115}$$

这一公式形式上和外点法所用的公式相同，但实质上不同。因为增广乘子法并不要求 $r \to \infty$。事实上，当 r 增加到一定值时，$\boldsymbol{\lambda}$ 已趋近于 $\boldsymbol{\lambda}^*$，从而增广乘子函数的极值点也逼近原问题的约束最优点了。用式(6.115)计算 r^{k+1} 时，一般取 $\beta = 2 \sim 4$，以免因 r 增加太快，使乘子迭代不能充分发挥作用。

③ 设计变量的初值 $\boldsymbol{x}^0$ 也按外点法选取，以后的迭代初始点都取上次迭代的无约束极值点，以提高计算效率。

3）计算步骤

① 选取设计变量的初值 $\boldsymbol{x}^0$，惩罚因子初值 r^0，增长系数 β，判别数 δ，收敛精度 ε，并令 $\boldsymbol{\lambda}_p^0 = 0 (p = 1,2,\cdots,l)$，迭代次数 $k = 0$。

② 按式(6.100)构造增广乘子函数 $M(\boldsymbol{x},\boldsymbol{\lambda},r)$，并求 $\min M(\boldsymbol{x},\boldsymbol{\lambda},r)$，得无约束最优解 $\boldsymbol{x}^k = \boldsymbol{x}^*(\lambda^k, r^k)$。

③ 计算 $\| h(\boldsymbol{x}) \| = \{ \sum_{p=1}^{l} [h_p(\boldsymbol{x}^k)] \}^{\frac{1}{2}}$。

④ 按式(6.113)校正乘子向量，求 λ^{k+1}。

⑤ 如果 $\| h(\boldsymbol{x}) \| \leqslant \varepsilon$，迭代终止。约束最优解为 $\boldsymbol{x}^* = \boldsymbol{x}^k, \boldsymbol{\lambda}^* = \boldsymbol{\lambda}^{k+1}$；否则转下步。

⑥ 按式(6.114)或式(6.115)计算惩罚因子 r^{k+1}，再令 $k = k + 1$，转步骤2)。

3. 不等式约束的增广乘子法

对于含不等式约束的优化问题

$$\begin{cases} \min f(\boldsymbol{x}) \\ \text{s.t.}\ g_j(\boldsymbol{x}) \leqslant 0 \quad (j = 1,2,\cdots,m) \end{cases}$$

引进松弛变量 $\boldsymbol{z} = [z_1 z_2 \cdots z_m]^{\mathrm{T}}$，并且令

$$g_j(\boldsymbol{x},\boldsymbol{z}) = g_j(\boldsymbol{x}) + z_j^2 \quad (j = 1,2,\cdots,m)$$

于是，原问题转化成等式约束的优化问题

$$\begin{cases} \min f(\boldsymbol{x}) \\ \text{s.t.}\ g_j(\boldsymbol{x},\boldsymbol{z}) \leqslant 0 \quad (j = 1,2,\cdots,m) \end{cases} \tag{6.116}$$

这样就可以采用等式约束的增广乘子法来求解了。取定一个足够大的 $r(r > r')$ 后,式(6.116)的增广乘子函数的形式为

$$M(\boldsymbol{x},z,\boldsymbol{\lambda}) = f(\boldsymbol{x}) + \sum_{j=1}^{m} \lambda_j g_j(\boldsymbol{x},z) + \frac{r}{2}\sum_{j=1}^{m}[g_j(\boldsymbol{x},z)]^2 \tag{6.117}$$

并对一组乘子向量 $\boldsymbol{\lambda}^*$(初始乘子向量仍取零向量)求 $\min M(\boldsymbol{x},z,\boldsymbol{\lambda})$,得 $\boldsymbol{x}^k = \boldsymbol{x}^*(\lambda^k)$,$z^k = z^*(\boldsymbol{\lambda}^k)$。再按式(6.113)计算新的乘子向量

$$\lambda_j^{k+1} = \lambda_j^k + rg_j^1(\boldsymbol{x},z) = \lambda_j^k + r[g_j(\boldsymbol{x}) + z_j^2](j = 1,2,\cdots,m) \tag{6.118}$$

将增广乘子函数的极小化和乘子迭代交替进行,直至 $\boldsymbol{x}$、z 和 $\boldsymbol{\lambda}$ 分别趋近于 $\boldsymbol{x}^*$、z^* 和 $\boldsymbol{\lambda}^*$。

虽然从理论上讲,这个计算过程和仅含等式约束的情况没有什么两样,但由于增加了松弛变量 z,使原来的 n 维极值问题扩充成 $n+m$ 维问题,势必增加计算量和求解的困难,有必要将计算加以简化。

将式(6.117)所示的增广乘子函数改写成

$$M(\boldsymbol{x},z,\boldsymbol{\lambda}) = f(\boldsymbol{x}) + \sum_{j=1}^{m} \lambda_j(g_j(\boldsymbol{x}) + z_j^2) + \frac{r}{2}\sum_{j=1}^{m}[g_j(\boldsymbol{x}) + z_j^2]^2 \tag{6.119}$$

利用解析法求函数 $M(\boldsymbol{x},z,\boldsymbol{\lambda})$ 关于 z 的极值,即令 $\nabla_z M(\boldsymbol{x},z,\boldsymbol{\lambda}) = 0$,可得

$$z_j[\lambda_j + r(g_j(\boldsymbol{x}) + z_j^2]^2 = 0$$

若 $\lambda_j + rg_j(\boldsymbol{x}) \geqslant 0$,则 $z_j^2 = 0$;

若 $\lambda_j + rg_j(\boldsymbol{x}) < 0$,则 $z_j^2 = -\left[\frac{1}{r}\lambda_j + g_j(\boldsymbol{x})\right]$

于是,可得

$$z_j^2 = \frac{1}{r}\{\max[0, -(\lambda_j + rg_i(\boldsymbol{x}))]\} \quad (j = 1,2,\cdots,m) \tag{6.120}$$

将式(6.120)代入式(6.119),得

$$M(\boldsymbol{x},\boldsymbol{\lambda}) = f(\boldsymbol{x}) + \frac{1}{2r}\sum_{j=1}^{m}\{\max[0,\lambda_j + rg_j(\boldsymbol{x})]^2 - \lambda_j^2\} \tag{6.121}$$

这就是不等式约束优化问题的增广乘子函数,它与式(6.119)的不同之处在于松弛变量 z 已经完全消失了。实际计算时,仍然只要对给定的 $\boldsymbol{\lambda}$ 及 r,求关于 $\boldsymbol{x}$ 的无约束极值 $\min M(\boldsymbol{x})$。将式(6.118)代入式(6.112),得到乘子迭代公式

$$\lambda_j^{k+1} = \max\{0,\lambda_j^k + rg_j(\boldsymbol{x})\} \quad (j = 1,2,\cdots,m) \tag{6.122}$$

对于同时具有等式约束和不等式约束的优化问题

$$\begin{cases} \min f(\boldsymbol{x}) \\ \text{s.t. } g_j(\boldsymbol{x}) \leqslant 0 \quad (j = 1,2,\cdots,m) \\ h_p(\boldsymbol{x}) = 0 \quad (p = 1,2,\cdots,l) \end{cases}$$

构造的增广乘子函数的形式为

$$M(\boldsymbol{x},\boldsymbol{\lambda},r) = f(\boldsymbol{x}) + \frac{1}{2r}\sum_{j=1}^{m}\{\max[0,\lambda_{1j} + rg_j(\boldsymbol{x})]^2 - \lambda_{1j}^2\} + \sum_{p=1}^{l}\lambda_{2p}h_p(\boldsymbol{x}) + \frac{r}{2}\sum_{p=1}^{l}[h_p(\boldsymbol{x})]^2 \tag{6.123}$$

式中　λ_{1j}—— 不等式约束函数的乘子向量；

λ_{2p}—— 等式约束函数的乘子向量。

λ_{1j} 和 λ_{2p} 的校正公式为

$$\begin{cases} \lambda_{1j}^{k+1} = \max[0, \lambda_{1j}^{k} + rg_j(\boldsymbol{x})] \\ (j = 1,2,\cdots,m) \\ \lambda_{2p}^{k+1} = \lambda_{2p}^{k} + rh_p(\boldsymbol{x})] \\ (p = 1,2,\cdots,l) \end{cases} \tag{6.124}$$

算法的收敛条件可视乘子向量是否稳定不变来决定，如果前后两次迭代的乘子向量之差充分小，则认为迭代已经收敛。

增广乘子法的程序框图见图 6.54。

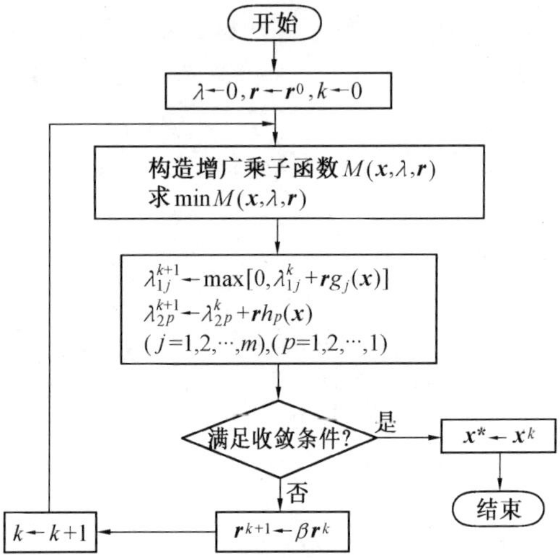

图 6.54　增广乘子法框图

七、广义简约梯度法

广义简约梯度法也称 GRG 法。它是简约梯度法推广到求解具有非线性约束的优化问题的一种新方法。这种方法是目前求解一般非线性优化问题的最有效的算法之一。

1. 简约梯度法

为了说明广义简约梯度法的算法原理，首先介绍简约梯度法。简约梯度法仅用来求解具有线性等式约束的优化问题，其数学模型为

$$\begin{cases} \min f(\boldsymbol{x}) \\ \text{s.t. } h_j(\boldsymbol{x}) = 0 \quad (j = 1,2,\cdots,m) \\ x_i \geqslant 0 \quad (i = 1,2,\cdots,n) \end{cases} \tag{6.125}$$

式(6.125) 中的线性等式约束也可写成向量形式

$$h(\boldsymbol{x}) = \boldsymbol{Ax} - \boldsymbol{b} = \boldsymbol{0} \tag{6.126}$$

式中　$\boldsymbol{A}$——$m \times n$ 维常数矩阵，即变量的系数矩阵，且 $m \leqslant n$；

$\boldsymbol{b}$——m 维常数向量。

算法的基本思想是设法处理约束函数，将原问题转化成仅具有变量边界约束的优化问题，然后求解。为此将设计变量 $\boldsymbol{x}$ 分为两部分，等式约束函数的系数矩阵 A 也作相应的划分，即

$$\boldsymbol{x} = (\boldsymbol{x}_E, \boldsymbol{x}_F) \tag{6.127}$$

$$A = (A_E, A_F) \tag{6.128}$$

式中　$\boldsymbol{x}_E$—— 基变量，m 维向量；

$\boldsymbol{x}_F$—— 非基变量，$n - m$ 维向量；

A_E—— 矩阵 A 中相应于 $\boldsymbol{x}_E$ 的系数矩阵，$m \times m$ 维矩阵；

A_F—— 矩阵 A 中相应于 $\boldsymbol{x}_F$ 的系数矩阵，$m \times (n-m)$ 维矩阵。

于是，原问题的线性等式约束函数可改写如下形式

$$h(\boldsymbol{x}) = \boldsymbol{A}\boldsymbol{x} - \boldsymbol{b} = [A_E \quad A_F]\begin{bmatrix}\boldsymbol{x}_E \\ \boldsymbol{x}_F\end{bmatrix} - \boldsymbol{b} = A_E\boldsymbol{x}_E + A_F\boldsymbol{x}_F - \boldsymbol{b} = \boldsymbol{0} \tag{6.129}$$

基变量 $\boldsymbol{x}_E$ 可利用上式表示为非基变量 $\boldsymbol{x}_F$ 的函数，若 A_E 非奇异，则

$$\boldsymbol{x}_E = \boldsymbol{x}_E(\boldsymbol{x}_F) = A_E^{-1}(\boldsymbol{b} - A_F\boldsymbol{x}_F) \tag{6.130}$$

原问题的目标函数转化为

$$f(\boldsymbol{x}) = f(\boldsymbol{x}_E, \boldsymbol{x}_F) = f(\boldsymbol{x}_E(\boldsymbol{x}_F), \boldsymbol{x}_F) = F(\boldsymbol{x}_F) \tag{6.131}$$

原问题转化为具有 $(n-m)$ 个设计变量和变量非负约束的优化问题，即

$$\begin{cases} \min f(\boldsymbol{x}_F) \\ \text{s.t.}\ \boldsymbol{x}_F \geqslant \boldsymbol{0} \end{cases} \tag{6.132}$$

转化后的问题称简约问题，可利用梯度法求解。$F(\boldsymbol{x}_F)$ 的梯度 $\nabla F(\boldsymbol{x}_F)$ 称为简约梯度，用下式计算

$$\frac{\partial F(\boldsymbol{x}_F)}{\partial x_{F_i}} = \frac{\partial f(\boldsymbol{x})}{\partial x_{F_i}} + \sum_{j=1}^{m} \frac{\partial f}{\partial x_{E_j}} \frac{\partial x_{E_j}}{\partial x_{F_i}} \quad (i = 1,2,\cdots,n-m) \tag{6.133}$$

其矩阵形式为

$$\nabla F(\boldsymbol{x}_F) = \nabla_{x_F} f(\boldsymbol{x}) + \nabla_{x_F} \boldsymbol{x}_E \nabla_{x_E} f(\boldsymbol{x}) \tag{6.134}$$

由式(6.128)可得

$$\nabla_{x_F} \boldsymbol{x}_E = \frac{\partial \boldsymbol{x}_E}{\partial \boldsymbol{x}_F} = -A_E^{-1}A_F \tag{6.135}$$

于是简约梯度可表示成

$$\nabla F(\boldsymbol{x}_F) = \nabla_{x_F} f(\boldsymbol{x}) - [A_E^{-1}A_F]\nabla_{x_E} f(\boldsymbol{x}) \tag{6.136}$$

若取负简约梯度为搜索方向，则

$$\boldsymbol{x}_F^{k+1} = \boldsymbol{x}_F^k - \alpha_k \nabla F(\boldsymbol{x}_F) \tag{6.137}$$

式中　α_k—— 步长，一般取 $\alpha_k > 0$。

当 $x_{F_i}^k = 0, \nabla F(\boldsymbol{x}_F^k) > 0$ 时，$x_{F_i}^k < 0$，即破坏了设计变量非负的约束。因此搜索方向不能直接取负简约梯度，而应按下式选取

$$\boldsymbol{d}_F^k = \begin{cases} 0 & \text{当 } \boldsymbol{x}_F^k = ,\text{且} \nabla F(\boldsymbol{x}_F^k) > \boldsymbol{0} \\ -\nabla F(\boldsymbol{x}_F) & \text{其余} \end{cases} \tag{6.138}$$

步长 α_k 可通过沿搜索方向 $\boldsymbol{d}_F^k$ 进行一维搜索求得。为保证设计变量的非负约束，当 $\boldsymbol{x}_{F_i}^k < 0$ 时，一维搜索只能在区间 $(0, \alpha_{\max})$ 内进行。$\alpha_{\max}$ 按下式计算

$$\alpha_{\max} = \min\left\{\frac{-x_{F_i}^k}{d_{F_i}^k}\middle| i = 1,2,\cdots,n-m\right\} \tag{6.139}$$

于是 $\boldsymbol{x}_F^{k+1}$ 代入式(6.130),可求得基变量 $\boldsymbol{x}_E^{k+1}$,即

$$\boldsymbol{x}_E^{k+1} = A_E^{-1}(\boldsymbol{b} - A_F\boldsymbol{x}_F^{k+1}) \tag{6.140}$$

则 $\boldsymbol{x}^{k+1} = (\boldsymbol{x}_E^{k+1}, \boldsymbol{x}_F^{k+1})$,完成一次迭代。

2.广义简约梯度法

广义简约梯度法可以用来求解具有非线性等式约束和变量界限约束的优化问题,数学模型为

$$\begin{cases} \min f(\boldsymbol{x}) \\ \text{s.t.}\ h_j(\boldsymbol{x}) = 0 \quad (j = 1,2,\cdots,m) \\ a_i \leqslant x_i \leqslant b_i \quad (i = 1,2,\cdots,n) \end{cases} \tag{6.141}$$

式中的 a_i、$b_i(i = 1,2,\cdots,n)$ 为变量的下界和上界值。

同简约梯度法相似,将设计变量和界限约束分成两部分

$$\begin{aligned} \boldsymbol{x} &= (\boldsymbol{x}_E, \boldsymbol{x}_F) \\ \boldsymbol{a} &= (\boldsymbol{a}_E, \boldsymbol{a}_F) \\ \boldsymbol{b} &= (\boldsymbol{b}_E, \boldsymbol{b}_F) \end{aligned} \tag{6.142}$$

原问题转化成简约问题

$$\begin{Bmatrix} \min F(\boldsymbol{x}_F) \\ \text{s.t.}\ \boldsymbol{a}_F \leqslant \boldsymbol{x}_F \leqslant \boldsymbol{b}_F \end{Bmatrix}$$

其简约梯度仍用式(6.134)计算

$$\nabla F(\boldsymbol{x}_F) = \nabla_{x_F} f(\boldsymbol{x}) + \nabla_{x_F} \boldsymbol{x}_E \nabla_{x_E} f(\boldsymbol{x})$$

由于等式约束是非线性函数,$\nabla_{x_F} \boldsymbol{x}_E$ 不可能直接计算出,但可设法消去。考虑到容许解 $\boldsymbol{x}$ 附近有

$$\frac{\partial h_i(\boldsymbol{x})}{\partial x_{F_i}} + \sum_{j=1}^{m} \frac{\partial h_j(\boldsymbol{x})}{\partial x_{E_j}} \frac{\partial x_{E_i}(\boldsymbol{x}_F)}{\partial x_{F_i}} = 0$$

即

$$\frac{\partial h_i(\boldsymbol{x})}{\partial x_{F_i}} + \left[\frac{\partial x_{E_1}(\boldsymbol{x}_F)}{\partial x_{F_i}}, \frac{\partial x_{E_2}(\boldsymbol{x}_F)}{\partial x_{F_i}}, \cdots, \frac{\partial x_{E_m}(\boldsymbol{x}_F)}{\partial x_{F_i}}\right] \times \begin{bmatrix} \dfrac{\partial h_j(\boldsymbol{x})}{\partial x_{E_1}} \\ \dfrac{\partial h_j(\boldsymbol{x})}{\partial x_{E_2}} \\ \vdots \\ \dfrac{\partial h_j(\boldsymbol{x})}{\partial x_{E_m}} \end{bmatrix} = 0$$

$$(i = 1,2,\cdots,n-m;j = 1,2,\cdots,m)$$

写成矩阵形式

$$\nabla_{x_F} h_j(\boldsymbol{x}) + \nabla_{x_F} \boldsymbol{x}_E(\boldsymbol{x}_F)\nabla_{x_E} h(\boldsymbol{x}) = \boldsymbol{0}$$

式中$\nabla_{x_E} h_j(\boldsymbol{x}) = \left[\dfrac{\partial h_j(\boldsymbol{x})}{\partial x_{E_1}} \quad \dfrac{\partial h_j(\boldsymbol{x})}{\partial x_{E_2}} \quad \dfrac{\partial h_j(\boldsymbol{x})}{\partial x_{E_m}}\right]^{\mathrm{T}} \quad (j = 1,2,\cdots,m)$

为 $m \times m$ 阶矩阵，称基简约矩阵，非奇异时，则有

$$\nabla_{x_F} \boldsymbol{x}_E(\boldsymbol{x}_F) = -\nabla_{x_F} h(\boldsymbol{x})(\nabla_{x_E} h(\boldsymbol{x}))^{-1}$$

代入式(6.134)，$f(\boldsymbol{x})$ 关于 $\boldsymbol{x}_F$ 的简约梯度为

$$\nabla_{x_F} F(\boldsymbol{x}_F) = \nabla_{x_F} f(\boldsymbol{x}) - \nabla_{x_F} f(\boldsymbol{x}) - \nabla_{x_F} h(\boldsymbol{x})(\nabla_{x_E} h(\boldsymbol{x}))^{-1} \times \nabla_{x_E} f(\boldsymbol{x}) \tag{6.143}$$

为满足变量的边界约束，搜索方向不能直接取负简约梯度，而按下式选取

$$\boldsymbol{d}_F = \begin{cases} \boldsymbol{0} & \text{若 } x_{F_j}^k = a_{F_j}\text{，且}\nabla x_{F_j} F(\boldsymbol{x}_F^k) > 0; \\ & \text{若 } x_{F_j}^k = b_{F_j}\text{，且}\nabla x_{F_j} F(\boldsymbol{x}_F^k) < 0; \\ -\nabla_{x_F} F(\boldsymbol{x}_F^k) & \text{其余} \end{cases} \tag{6.144}$$

对于非线性等式约束，当沿 $\boldsymbol{d}_F^k$ 进行一维搜索时，通常难以保证 $h(\boldsymbol{x}_E,\boldsymbol{x}_F) = 0$ 的条件，因此不再采用一维搜索方法，而是沿 $\boldsymbol{d}_F^k$ 方向选取一适当步长α_k，计算 $\boldsymbol{x}_F^{k+1} = \boldsymbol{x}_F^k + \alpha_k \boldsymbol{d}_F^k$，且保证 $\boldsymbol{a}_F \leqslant \boldsymbol{x}_F^{k+1} \leqslant \boldsymbol{b}_F$，然后，将 $\boldsymbol{x}_F^{k+1}$ 代入非线性方程组

$$h(\boldsymbol{x}_E^{k+1},\boldsymbol{x}_F^{k+1}) = 0$$

用牛顿法解出 $\boldsymbol{x}_E^{k+1}$。

若 $\boldsymbol{x}_E^{k+1}$ 及$\boldsymbol{x}_F^{k+1}$ 使得

$$f(\boldsymbol{x}_E^{k+1},\boldsymbol{x}_F^{k+1}) < f(\boldsymbol{x}_E^k,\boldsymbol{x}_F^k) \tag{6.145}$$

且

$$\boldsymbol{a}_E \leqslant \boldsymbol{x}_E^{k+1} \leqslant \boldsymbol{b}_E$$

则所求得的 $\boldsymbol{x}^{k+1} = (\boldsymbol{x}_E^{k+1},\boldsymbol{x}_F^{k+1})$ 可作为本次迭代的新点，否则应缩小步长 α_k，求出新的 $\boldsymbol{x}_F^{k+1}$，重复以上步骤直至满足式(6.145) 为止。

解非线性方程组一般用牛顿法，其迭代公式为

$$\boldsymbol{x}_E^{\bar{k}+1} = \boldsymbol{x}_E^{\bar{k}} - (\nabla_{x_F}(\boldsymbol{x}_E^{\bar{k}},\boldsymbol{x}_F^{k+1}))^{-1} h(\boldsymbol{x}_E^{\bar{k}},\boldsymbol{x}_F^{k+1}) \tag{6.146}$$

为减少计算工作量，常用$(\nabla_{x_E} h(\boldsymbol{x}^0))^{-1}$ 来替代$(\nabla_{x_F} h(\boldsymbol{x}_E^{\bar{k}},\boldsymbol{x}_F^{k+1}))^{-1}$，则牛顿迭代公式简化为

$$\boldsymbol{x}_E^{\bar{k}+1} = \boldsymbol{x}_E^{\bar{k}} - (\nabla_{x_F} h(\boldsymbol{x}^0))^{-1} h(\boldsymbol{x}_E^{\bar{k}},\boldsymbol{x}_F^{k+1}) \tag{6.147}$$

式中　$\bar{k}$—— 牛顿法的迭代次数。

广义简约梯度法的迭代步骤可归纳如下：

1) 选择一个可行初始点或称基本容许解 $\boldsymbol{x}^k = \boldsymbol{x}^0$，并将设计变量分成两部分，即使 $\boldsymbol{x} = (\boldsymbol{x}_E^k,\boldsymbol{x}_F^k)$，给定允许误差 ε。

2) 按式(6.134) 求目标函数的简约梯度$\nabla_{x_F} F(\boldsymbol{x}_F^k)$，按式(6.144) 计算搜索方向 $\boldsymbol{d}_F^k$，如果

$\| \boldsymbol{d}_F^k \| \leqslant \varepsilon$ 则迭代终止;否则转下一步。

3) 取步长 $\alpha_k > 0$,计算

$$\boldsymbol{x}_F^{k+1} = \boldsymbol{x}_F^k + \alpha_k \boldsymbol{d}_F^k$$

如果 $\boldsymbol{a}_F \leqslant \boldsymbol{x}_F^{k+1} \leqslant \boldsymbol{b}_F$ 成立,则转下一步,否则取 $\alpha_k \leftarrow \frac{1}{2}\alpha_k$,重新计算 $\boldsymbol{x}_F^{k+1}$,直至满足 $\boldsymbol{a}_F \leqslant \boldsymbol{x}_F^{k+1} \leqslant \boldsymbol{b}_F$ 后转下一步。

4) 解非线性方程组

$$h(\boldsymbol{x}_E^{k+1}, \boldsymbol{x}_F^{k+1}) = 0$$

求得 $\boldsymbol{x}_E^{k+1}$,若 $\boldsymbol{x}_E^{k+1}$、$\boldsymbol{x}_F^{k+1}$ 满足式(6.145),则本次迭代结束,本次迭代的终点为 $\boldsymbol{x}^{k+1}(\boldsymbol{x}_E^{k+1}, \boldsymbol{x}_F^{k+1})$,转 2) 继续计算,否则取 $\alpha_k \leftarrow \frac{1}{2}\alpha_k$,转步骤 3) 重新计算。

3. 不等式约束函数的处理和换基问题

(1) 不等式约束函数的处理方法　用广义简约梯度法求解具有不等式约束函数的优化问题时,需引进新变量,将不等式约束函数转化成等式约束函数,即将该问题转化成与式(6.141)相同的形式,然后按前述方法求解。

例如,具有 l 个不等式约束函数的优化问题

$$\begin{cases} \min f(\boldsymbol{x}) \\ \text{s.t. } g_j(\boldsymbol{x}) \leqslant 0 \quad (j = 1,2,\cdots,l) \\ \quad h_k(\boldsymbol{x}) = 0 \quad (k = 1,2,\cdots,m) \end{cases}$$

引进 l 个新变量,称为松弛变量,记作 $x_{n+j}(j = 1,2,\cdots,l)$,原不等式约束函数改写成

$$g_j(\boldsymbol{x}) - x_{n+j} = 0 \quad (j = 1,2,\cdots,l)$$

则原问题可写成与式(6.141)相同的形式

$$\begin{cases} \min f(x_1, x_2, \cdots, x_n, x_{n+1}, x_{n+2}, \cdots, x_{n+l}) \\ \text{s.t. } h_k(\boldsymbol{x}) = 0 \quad (k = 1,2,\cdots,m) \\ \quad h_{m+j}(\boldsymbol{x}) = g_i(\boldsymbol{x}) - x_{n+j} \quad (j = 1,2,\cdots,l) \end{cases}$$

即为具有 $n + l$ 个设计变量,$m + l$ 个等式约束函数的优化问题。

(2) 基变量的选择和换基问题　按广义简约梯度法原理,首先应将设计变量分成基变量和非基变量,即 $\boldsymbol{x} = (\boldsymbol{x}_E, \boldsymbol{x}_F)$,对于只具有等式约束函数的问题,应在 n 个设计变量中选择 m 个变量作为基变量,对于具有不等式约束函数的问题,应在 $n + l$ 个变量中选择 $m + l$ 个变量作为基变量(l 为松弛变量数),其余的变量为非基变量。

为了使基变量的变化尽量少,应选择远离其边界的变量为基变量。同时,为了保证基简约矩阵非奇异及求逆计算的稳定,要求基简约矩阵的主元不能太小以及同列中的其他元素与主元之比不能太大。

在迭代过程中,若某一基变量等于0,或等于边界值时,应更换基变量,即选择一非基变量

来代替该基变量。

八、二次规划法

二次规划法的基本原理是将原问题转化为一系列二次规划子问题。求解子问题，得到本次迭代的搜索方向，沿搜索方向寻优，最终逼近问题的最优点，因此这种方法又称序列二次规划法。另外，算法是利用拟牛顿法（变尺度法）来近似构造海赛矩阵，以建立二次规划子问题，故又可称约束变尺度法，这种方法被认为是目前最先进的非线性规划计算方法。

原问题的数学模型为

$$\begin{cases} \min f(\boldsymbol{x}) \\ \text{s.t.}\ h(\boldsymbol{x}) = 0 \end{cases}$$

相对应的拉格朗日函数为

$$L(\boldsymbol{x},\boldsymbol{\lambda}) = f(\boldsymbol{x}) + \lambda^{\mathrm{T}} h(\boldsymbol{x})$$

在 $\boldsymbol{x}^k$ 点作泰勒展开，取二次近似表达式

$$L(\boldsymbol{x}^{k+1},\boldsymbol{\lambda}^{k+1}) = L(\boldsymbol{x}^k,\boldsymbol{\lambda}^k) + [\nabla LL(\boldsymbol{x}^k,\boldsymbol{\lambda}^k)]^{\mathrm{T}}(\boldsymbol{x}^{k+1} - \boldsymbol{x}^k) + \frac{1}{2}(\boldsymbol{x}^{k+1} - \boldsymbol{x}^k)H^k(\boldsymbol{x}^{k+1} - \boldsymbol{x}^k) \tag{6.148}$$

式中　H^k——海赛矩阵，$H^k = \nabla^2 L(\boldsymbol{x}^k,\boldsymbol{\lambda}^k)$。该矩阵一般用拟牛顿法中的变尺度矩阵 B^k 来代替。

令

$$\boldsymbol{d}^k = \boldsymbol{x}^{k+1} - \boldsymbol{x}^k \tag{6.149}$$

拉格朗日函数的一阶导数为

$$\nabla L(\boldsymbol{x}^k,\boldsymbol{\lambda}^k) = \nabla f(\boldsymbol{x}^k) + (\nabla h(\boldsymbol{x}^k))^{\mathrm{T}}\boldsymbol{\lambda}^k \tag{6.150}$$

将式(6.149、150)代入式(6.148)，得

$$\begin{aligned} L(\boldsymbol{x}^{k+1},\boldsymbol{\lambda}^{k+1}) = {} & f(\boldsymbol{x}^k) + (\boldsymbol{\lambda}^k)^{\mathrm{T}}h(\boldsymbol{x}^k) + (\nabla f(\boldsymbol{x}^k) + (\nabla h(\boldsymbol{x}^k))^{\mathrm{T}}\boldsymbol{\lambda}^k)^{\mathrm{T}}\boldsymbol{d}^k + \frac{1}{2}(\boldsymbol{d}^k)^{\mathrm{T}}B^k\boldsymbol{d}^k = \\ & f(\boldsymbol{x}^k) + (\boldsymbol{\lambda}^k)^{\mathrm{T}}(h(\boldsymbol{x}^k) + (\nabla h(\boldsymbol{x}^k)\boldsymbol{d}^k) + (\nabla f(\boldsymbol{x}^k))^{\mathrm{T}}\boldsymbol{d}^k + \frac{1}{2}(\boldsymbol{d}^k)^{\mathrm{T}}B^k\boldsymbol{d}^k \end{aligned} \tag{6.151}$$

将等式约束函数 $h(\boldsymbol{x}) = 0$ 在 $\boldsymbol{x}^k$ 作泰勒展开，取线性近似式

$$h(\boldsymbol{x}^{k+1}) = h(\boldsymbol{x}^k) + \nabla(\boldsymbol{x}^k)^{\mathrm{T}}(\boldsymbol{x}^{k+1} - \boldsymbol{x}^k) = h(\boldsymbol{x}^k) + \nabla h(\boldsymbol{x}^k)^{\mathrm{T}}\boldsymbol{d}^k = 0 \tag{6.152}$$

代入式(6.151)，并略去常数项，则构成二次规划子问题

$$\begin{aligned} \min QP(\boldsymbol{d}) &= [\nabla f(\boldsymbol{x})]^{\mathrm{T}}\boldsymbol{d} + \frac{1}{2}\boldsymbol{d}^{\mathrm{T}}B\boldsymbol{d} \\ \text{s.t.}\quad & h(\boldsymbol{x}) + \nabla h(\boldsymbol{x})^{\mathrm{T}}\boldsymbol{d} = 0 \end{aligned} \tag{6.153}$$

求解上述二次规划子问题，得到的 d^k 就是搜索方向。沿搜索方向进行一维搜索确定步长 α_k，然后按

$$x^{k+1} = x^k + \alpha_k d^k$$

的格式进行迭代,最终得到原问题的最优解。

对于具有不等式约束的非线性规划问题。

$$\begin{cases} \min f(\boldsymbol{x}) \\ \text{s.t.}\ h(\boldsymbol{x}) = 0 \\ g(\boldsymbol{x}) \leqslant 0 \end{cases}$$

仍可用同样的推导方法,得到相应的二次规划子问题

$$\min QP(\boldsymbol{d}) = [\nabla f(\boldsymbol{x})]^{\mathrm{T}}\boldsymbol{d} + \frac{1}{2}\boldsymbol{d}^{\mathrm{T}}B\boldsymbol{d}$$

$$\text{s.t.}\quad h(\boldsymbol{x}) + \nabla h(\boldsymbol{x})^{\mathrm{T}}\boldsymbol{d} = 0$$

$$G(\boldsymbol{x}) + \nabla G(\boldsymbol{x})^{\mathrm{T}}\boldsymbol{d} \leqslant 0$$

求解时,在每次迭代中应对不等式约束进行判断,保留其中的起作用约束,除掉不起作用的约束,将起作用的约束纳入等式约束中。这样,其中不等式约束的子问题和只具有等式约束的子问题保持了一致。当然,变尺度矩阵 B^k 也应包含起作用的不等式约束的信息。

二次规划法的迭代步骤如下:

1) 给定初始值 $\boldsymbol{x}$、$\boldsymbol{\lambda}^0$,令 $B^0 = I$(单位矩阵)。

2) 计算原问题的函数值、梯度值,构造二次规划子问题。

3) 求解二次规划子问题,确定新的乘子向量 $\boldsymbol{\lambda}^k$ 和搜索方向 $\boldsymbol{d}^k$。

4) 沿 $\boldsymbol{d}^k$ 进行一维搜索,确定步长 α_k,得到新的近似极小点:$\boldsymbol{x}^{k+1} = \boldsymbol{x}^k + \alpha_k\boldsymbol{d}^k$。

5) 满足收敛精度

$$\left|\frac{f(\boldsymbol{x}^{k+1}) - f(\boldsymbol{x}^k)}{f(\boldsymbol{x}^k)}\right| \leqslant \varepsilon$$

则停止计算。否则转下步。

6) 采用拟牛顿公式(如 BFGS 公式)对 B^k 进行修正得到 B^{k+1},返回 2)。

九、结构优化方法简介

在工程结构设计中,通常要在保证性能约束条件下,满足结构体积尽量小以减轻重量或节约材料。结构优化设计问题可归结为:

$$\min_{x \in R} f(x)$$

$$\text{s.t.}\quad g_j(x) \leqslant 0 \quad (j = 1,2,\cdots,m) \tag{6.154}$$

在结构优化设计时,性能约束一般是取结构固有频率禁区约束、振型约束、结构变形或许用应力约束。在求解上述问题时,需要进行结构在给定设计点 x^k 上的性能分析,一般都要用到目标函数和约束函数的导数信息进行敏度分析。

式(6.154)所表述的优化问题,虽然可以应用前述的数学规划类方法求解,它们的稳定性好,但是需要多次对约束函数和目标函数进行求导计算。因此,发展了以准则法思想为基础的优化准则法。对于结构优化来说,它是一种收敛速度快,求解目标函数和约束函数次数少的一种方法。下面先对准则法思想作一扼要的说明。

准则法思想是由"满应力设计"和"同步失效准则"原则,且主要是针对桁架结构的最轻设计发展起来的。它们不同于用数学原理求极值的数学规划法,而是直接从结构力学出发,以满应力为准则进行设计的。

对于一个由 n 个杆件组成的桁架,若杆件截面积是 A_i,杆长是 l_i,则桁架体积为 $f(A)=\sum_{i=1}^{n}A_il_i$。根据满应力要求,有

$$\frac{S_i}{[\sigma_i]}=A_i$$

式中$[\sigma_i]$为许用应力,S_i 为轴力。则显然可以写成如下形式的优化问题。

$$\min f(A)=\sum_{i=1}^{n}A_il_i$$

$$\text{s.t.}\quad h_i(A)=-A_i+\frac{S_i}{[\sigma_i]}=0$$

$$A_i\geqslant 0$$

由于 n 个约束都是等式约束,可以唯一确定 n 个设计变量A_i。设每一设计点 A_i^k,则显然有

$$A_i^{k+1}=A_i^k\frac{\sigma_i^k}{[\sigma_i]}=C_i^kA_i^k$$

式中　$C_i^k=\dfrac{\sigma_i^k}{[\sigma_i]}$ 称作应力比。

以上计算过程就是以满应力为准则的优化设计过程。

如果把每一根杆件的应力达到其许用值看作整个桁架的一种可能的破坏形式,那么满应力设计就是同步失效设计。这两种方法实际上是以一个准则来代替原来的优化设计问题。这种方法的特点是不考虑目标函数值的一种设计方法。

1.优化准则法

优化准则法是基于库恩－塔克(K－T)条件演变而来的。

对于包含性能约束和侧面(或尺寸)约束的结构优化问题:

$$\begin{aligned}&\min f(x)\\ \text{s.t.}\quad &z_j\leqslant[z_j]\quad(j=1,2,\cdots,m)\text{(性能约束)}\\ &x_{i\min}\leqslant x_i\leqslant x_{i\max}\quad(i=1,2,\cdots,n)\text{(侧面约束)}\end{aligned}$$

它的K－T条件可表示为

$$\frac{\partial f}{\partial x_i}+\sum_{j=J}\lambda_j\frac{\partial z_i}{\partial x_i}=0$$

$$z_j = [z_j] \quad (j \in J \text{ 意即仅取起作用的约束})$$

$$\lambda_j \geqslant 0 \quad (j \in J)$$

为了将其转化为 $x_i^{k+1} = C_i^k A_i^k$ 的迭代形式，上述条件可写成

$$x_i = \left[\alpha - \frac{1-\alpha}{\dfrac{\partial f}{\partial x_i}} \sum_{j=J} \lambda_j \frac{\partial z_i}{\partial x_i} \right] x_i = C_i x_i$$

其中的方括号内数值为 C_i。式中的 α 为松弛因子，$|\alpha| < 1$。乘子 λ_j 由性能约束以迭代形式确定。更详细和具体的推导和计算，请参考文献[17]。在该文献中，还有关于对图 6.4 所示机床主轴结构采用优化准则方法、数学规划方法以及有限元 —— 优化设计等三种方法的计算举例。

2.形状优化方法

结构形状优化在工程设计中应用广泛，如受扭轴的截面形状、过渡曲线形状、板壳结构的孔洞形状及三维实体形状优化等。在形状优化中边界形状描述、敏度分析及自适应形状优化具有十分重要的地位。

要实施形状优化模型，必须使用形状设计变量对边界形状作合理有效的描述，称之为形状优化设计几何建模。早期形状优化常采用节点坐标来描述边界形状，因其缺点甚多现已基本不采用。现常用的有参数化方法、设计元法、微分几何法。参数化方法是将几何形状变量用一些特征参数(如圆弧半径等)来表示。设计元法是对边界的某一待优化的区域或单元采用某种映射函数，如 Bazier 曲线(面)、B 样条等，使形状变量映射得到边界几何形状，这里的形状变量为控制点位置。微分几何方法则是在 Frenet 标架下给出几何形状变量与边界形状的映射关系，这里的形状变量为曲线或曲面的曲率及弧长。

形状优化敏度计算可分为两大类：① 使用离散有限元模型；② 使用连续结构弹性模型，利用结构形状变化的连续介质力学中的物质导数法(Material Derivative Method)。上述两类方法的差别不在于是否进行结构离散化，而在于何时离散。

形状优化中，边界处有限元网络的形状和密度对优化结果有着重要影响；形状的改变会使网格产生严重的几何扭曲，大大降低分析的精度。仅在迭代中加密网格不能避免这种扭曲，甚至会产生形状振荡现象。为此需将自适应网格重划分技术及自适应分析技术与形状优化相结合，即采用自适应形状优化方法。在自适应形状优化中，对由优化算法确定的设计点进行结构分析并估计误差，根据指定的误差精度对单元重划分并细化，然后再进行结构分析。反复进行上述误差估计及单元重划分过程直至满足指定的精度为止。由于结构重分析时的计算量太大，实际应用时，对某一设计方法一般仅进行一次自适应网络划分。

形状优化通常只需对结构一小部分形状进行优化，这时用子结构技术会更有效。在敏度计算方面，子结构可缩短计算时间。

形状优化实例：汽轮机叶片的单背弧叶型优化设计。为提高自振频率减小动应力，取叶片自振频率为优化目标，取背弧中间两控制点权因子作为设计变量，取叶片最大静应力、出口气

流角和叶栅损失作为约束，采用内点罚函数法进行叶片形状优化。经 9 次数值迭代，其自振频率迭代变化过程如图 6.55 所示，叶片的优化结果型线如图 6.56 所示。自振频率由叶片标准型线的 421Hz 提高到 517Hz，从而达到减小动应力的效果。

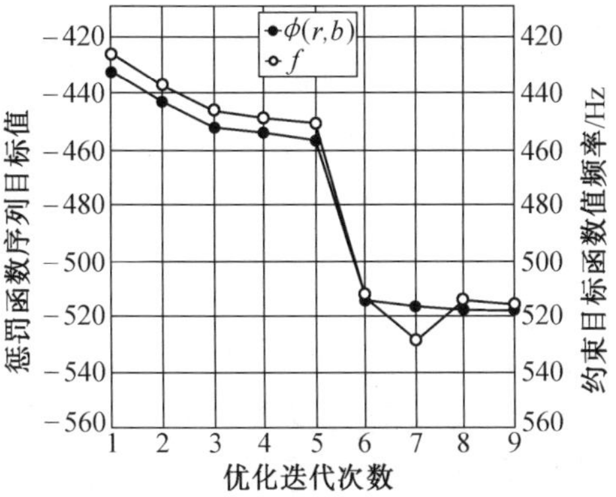

图 6.55　优化目标函数随迭代次数变化曲线

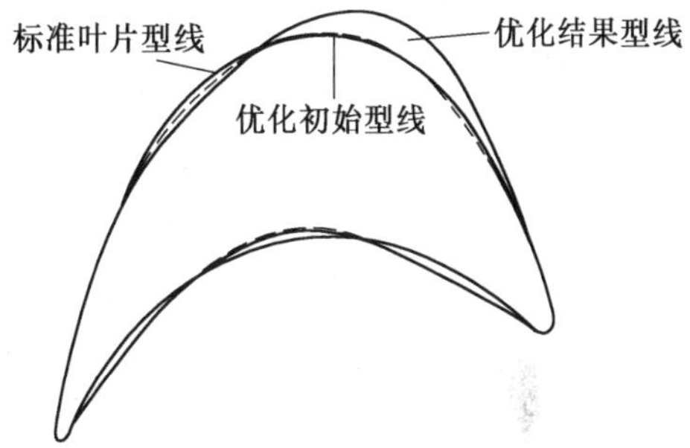

图 6.56　优化结果与 30HQ－1 标准型线

从前述机械优化问题示例中可看出，它们的数学模型类型各异，其目标函数和约束函数为非线性的或线性的，约束条件有等式的和不等式的，它们的不同组合给出不同类别的数学模型。数学模型类别不同，求解方法也随之各异。表 6.3 给出不同类别数学模型宜采用的数学规划法类别简表。

表 6.3　数学模型与数学规划法类别对应表

数学模型类别		宜采用的求解方法及搜索格式
目标函数	约束函数	
线性	线性	线性规划法中的修正单纯形法，试探性的求解不定方程组
非线性	非线性	SUMT 法，乘子类法，GRG 法，$x^{k+1}=x^k+\alpha_k d^k$
	线性	直接方法，按 $x^{k+1}=x^k+\alpha_k d^k$ 格式搜索求解，或把目标函数线性化，采用线性规划法中的修正单纯形求解
非次函数	非线性	二次规划法，先就二次规划方程组求解 d 和λ，再按 $x^{k+1}=x^k+\alpha_k d^k$ 格式搜索求解

求解非线性规划问题可概括为如下三种迭代格式：

1) $x^{k+1}=x^k+\alpha_k d^k$　（搜索格式）

2) $x^{k+1}=x^k+\Delta x_k$　（替换格式）

2) $x^{k+1}=c^k x_k$　（收敛格式）

前两种属于数学规划类方法，后一种属于优化准则方法。

虽然求解非线性规划问题的算法很多，而且仍有可能出现新的算法，但为了理清思路，便于分析和掌握,我们把现有的一些有效算法的思路和策略归纳如下。

总的策略:一是在可行域内直接搜索最优设计点:二是把非线性问题转化为线性问题,采用线性规划方法求解;三是把约束问题转化为无约束问题,采用无约束方法求解。具体方法是:

1) 直接方法　以约束条件为界面,形成一个解的可行域,在可行域范围内直接采用无约束优化方法求解。如可行方向法和梯度投影法(它适用于约束是线性函数的问题)等。

2) 线性逼近法　把非线性函数在现行点线性化,采用较成熟的线性规划方法,如修正单纯形法求解。

3) 间接方法　先把约束问题转化为无约束问题,再采用无约束优化方法求解。这种方法可以分为两类:

① 降维方法　利用 m 个约束条件提供的方程组消去 n 个变量中的 m 个,从而把 n 维优化问题转化为 $n-m$ 维的无约束优化问题求解。简约梯度法就是用梯度法求解线性等式约束优化问题的一种方法;而广义简约梯度法(GRG 法)是用梯度法求解非线性等式约束和侧面约束的非线性规划问题的一种方法。它们可以称为“约束变量的无约束优化方法”。

② 升维方法　对约束函数进行加权处理,使约束优化问题转化为增广的无约束优化问题。由于引入了未知的加权因子,所以这个新生成的增广无约束优化问题的变量数目增加了。因此,我们称它们为“升维方法”。这类方法的基础是古典的拉格朗日乘子法(约束函数是等式时的极值条件)。属于这类方法的有:SUMT 法,乘子类方法,二次规划迭代法以及优化准则法等。

目前比较常用的、有效的解非线性规划问题的方法多属“转化”策略的方法,尤其是其中的升维方法。现将它们的数学模型表述、增广的无约束优化问题的目标函数或转化的方程组以及求解方法和格式列表如下(表 6.4)。

十、遗传算法简介

近年来,发展了一种模拟生物进化的优化方法,称为“遗传算法(Geneticalgorithm—GA)”。它是在 1975 年由美国教授 J.Holland 提出的一种人工智能方法。是在计算机上按生物进化过程进行模拟的一种搜索寻优算法。

我们在介绍随机方向法时,提到了可以通过计算机产生的一个随机数列做为一个可行的初始方向(一个向量),然后按一定条件在搜索空间内对函数进行寻优。类似地,按照遗传算法的思路,它是把函数的搜索空间看成是一个映射的遗传空间,而把在此空间进行寻优搜索的可行解看成是由一个向量染色体(个体)组成的集合(群体)。染色体(chromosome)是由基因(gene)(元素)组成的向量。

在遗传算法中,目标函数被转化成对应各个个体的适应度(fitness)。适应度是根据预定的目标函数对每个个体(染色体)进行评价的一个表述,可用 F 表示,它反映了个体对目标适应的概率。相应的第 i 个个体的适应度用 F_1 表示,它可用来表示各个个体的适应性能,并据此指导寻优搜索。F_1 值越大,说明其性能越好。计算开始时,就是要从随机产生的一系列染色体(个体)中选择那些适应度高(性能好)的染色体(个体)组成初始的寻优群体(初始可行解),称为“种群”(reproduction)。

表 6.4 约束优化问题升维的间接解法公式对照表

方法	数学模型表述	增广的无约束问题的目标函数或转化的方程组	求解方法和格式
拉格朗日乘子法	$f(x)\to\min$ $\text{s.t.}(x)=0$	$F(x,\lambda)=f(x)+\lambda^{\mathrm{T}}h(x)$	求解极值条件提供的方程组
SUMT 法(混合罚函数法)	$f(x)\to\min$ $\text{s.t.}\ h_j(x)=0$ $(i=1\sim l)$ $g_j(x)\leqslant 0(j=1\sim m)$	$F(x,r)=f(x)-r_k\sum_{j=1}^{m}\frac{1}{g_j(x)}+$ $\frac{1}{\sqrt{r_k}}\sum_{i=1}^{l}[h_i(x)]$	$x^{k+1}=x^k+\alpha_k d^k$
乘子类方法	$f(x)\to\min$ $\text{s.t.}\ h_i(x)=0$ $(i=1\sim l)$	$F(x,\lambda,r)=f(x)+\sum_{j=1}^{l}\lambda_j h_j(x)+$ $\frac{1}{\sqrt{r_k}}\sum_{j=1}^{l}[h_j(x)]^2$	$x^{k+1}=x^k+\alpha_k d^k$ $\lambda^{k+1}=\lambda^k+M(x^k)$ $r_{k+1}=r_k$
	$f(x)\to\min$ $\text{s.t.}\ g_j(x)\leqslant 0$ $(j=1\sim m)$	$F(x,\lambda,r)=f(x)+\frac{1}{r_j}\sum_{j=1}^{l}\{[\max(0,\lambda_j+$ $r_j g_j(x))]^2-\lambda_j^2\}$	
二次规划迭代法	$f(x)\to\min$ $\text{s.t.}\ h_i(x)=0$	$\min(d^k)^{\mathrm{T}}\nabla f(x^k)+\frac{1}{2}(d^k)^{\mathrm{T}}B_k d^k$ $\text{s.t.}\ h(x^k)+(d^k)^{\mathrm{T}}\nabla h(x^k)=0$	利用极值条件求得搜索方向 d^k,选取适当的搜索函数进行 $x^{k+1}=x^k+\alpha_k d^k$ 格式的求解
	$f(x)\to\min$ $\text{s.t.}\ h_i(x)=0$ $g(x)\leqslant 0$	$\min(d^k)^{\mathrm{T}}\nabla f(x^k)+\frac{1}{2}(d^k)^{\mathrm{T}}B_k d^k$ $\text{s.t.}\ h(x^k)+(d^k)^{\mathrm{T}}\nabla h(x^k)=0$ $g(x^k)+(d^k)^{\mathrm{T}}\nabla g(x^k)\leqslant 0$	
优化准则法	$f(x)\to\min$ $\text{s.t.}\ g_i(x)=0$ $j=1,2,\cdots,m$	K - T 条件给出的方程组 $\nabla f(x)+\lambda^{\mathrm{T}}\nabla g(x)=0$ $g(x)=0$ 或写成 $\frac{\partial f(x)}{\partial x_i}+\sum_{j=J}\lambda_j\frac{\partial g_j(x)}{\partial x_i}=0$ $g_j(x)=0(j\in J)$	$x^{k+1}=c^k x^k$ 其中的 $c^k=\alpha-\frac{1-\alpha}{\frac{\partial f(x^k)}{\partial x_i}}\times$ $\sum_{j=J}\lambda_j^k\frac{\partial g(x^k)}{\partial x_i}$

遗传算法先把优化问题的一组基本可行解(染色体)用二进制(或十进制)的字符串进行编码,例如二进制的字符串 001101 和 100111 就可分别表示两个染色体。其中的一位或几位字

符的组合称为一个基因(元素)。这两个染色体就可表示二维遗传空间的两个可行解,可作为二维遗传空间中的一个寻优的初始点(种群)。当然,维数越高,要求遗传空间内染色体的群体个数越多,即和它的维数相应。而且,遗传空间内的可行解会有多种组合,它们组成了可行解的空间。改变染色体中某个基因所处的位置,例如,把 001101 和 100111 中的后三位字符(基因组)进行交换,即得 001111 和 100101 的另外两个染色体(可行解),它可以作为遗传空间中的一组新的寻优试探点。这种基因交换称为“杂交”或“交叉”(crossover),它体现了自然界信息交换的思想。通过这样不断杂交和不断选择适应度好的染色体的过程,可以实现从一个染色体种群(可行解)向另一个更优的种群的转换。或者说,通过杂交可以使一个染色体种群向另一个比上一代更优秀的种群(可行解)进化。从而可以实现在遗传空间内进行大范围的寻优,直到满意终止为止。如:是否达到了稳定的极值,或已找到某个较优的染色体,或者是已稳定于某个适应度值等。

当然,我们这里所列的两个字符串 001101 和 100111 所代表的染色体,需要从计算机产生的随机数列进行选择,择其优秀者组成寻优的初始点。这一步称为“选择”(selection)。

为了提高遗传算法搜索全局最优解的能力,还须扩大基因组合,这就是“变异”(mutation)。变异过程是对某一染色体字符串的某个基因或基因组在繁殖过程中实现 $1 \to 0$ 或 $0 \to 1$ 的转变,以确保染色体群体中遗传基因的多样性,保证搜索能在尽可能大的空间中进行,避免丢失搜索中有用的遗传信息而导致“过早收敛”,陷入局部解,从而提高优化解的质量。

为了对字符串所代表的染色体有一个具体概念,下面用一个简单数值例子予以说明。某设计变量值是 $x = 3.14$,则可取8位字符串表示它的一个解。可以取前三位代表整数,后5位代表小数。例如 $01101100 = 3.12$。它仅代表计算机随机给出的一个个体(染色体)。当然,此值与最优设计有误差,需要改变染色体结构。因为这里的整数已是3,但小数有较大误差,所以需要改变字符串的后5位字符串中进行基因交换和变异处理,使代表0.12的字符串逐渐向0.14“进化”。可以定义一个允许的误差,例如取 $\varepsilon = 0.000\,1$,作为寻优的终止条件。

通过上面的简单介绍,可知遗传算法是由选择、杂交和变异三个过程组成的。

还可以看出,遗传算法和前述多种优化方法的区别在于:

① 遗传算法是多点搜索,而不是单点寻优;

② 遗传算法直接利用从目标函数转化成的适应函数,而不采用导数等信息;

③ 遗传算法采用编码方法而不是参数本身;

④ 遗传算法是以概率原则指导搜索,而不是确定性的转化原则。

目前,遗传算法还存在一些问题,主要是计算时要求种群规模较大(一般为 50 ~ 100),耗费机时太多,一般多用于系统优化的问题。其次是在求解过程中,有时会发生过早收敛于局部优化解。为此需要对选择、杂交和变异三个过程进行仔细分析研究。与传统方法相比,遗传算法比较适合于求解不连续、多峰、高维具有凹凸性的问题。而对于低维、连续、单峰等简单问题,遗传算法不能显示其优越性。具体算法请参阅相关文献资料。

习　　题

1. 用牛顿法求函数

$$f(x_1,x_2) = (x_1 - 2)^4 + (x_1 - 2x_2)^2$$

的极小点坐标(迭代二次)。

2. 分析比较牛顿法、阻尼牛顿法、共轭梯度法、变尺度法和鲍威尔法的特点。找出前四种方法的相互联系。

3. 已知约束优化问题

$$\min f(\boldsymbol{x}) = (x_1 - 2)^2 + (x_2 - 1)^2$$

$$\text{s.t.} \quad g_1(\boldsymbol{x}) = -x_1^2 - x_2 \geqslant 0$$

$$g_2(\boldsymbol{x}) = -x_1 - x_2 + 2 \geqslant 0$$

试从第 k 次的迭代点 $\boldsymbol{x}^{(k)} = [-1,2]^{\mathrm{T}}$ 出发,沿由 $[-1 \quad 1]^{\mathrm{T}}$ 区间的随机数 0.562 和 -0.254 所确定的方向进行搜索,完成一次迭代,获取一个新的迭代点 $\boldsymbol{x}^{(k+1)}$。请作图画出目标函数的等值线、可行域和本次迭代的搜索路线。

4. 用内点罚函数法求下面问题的最优解

$$\min f(\boldsymbol{x}) = x_1^2 + x_2^2 - 2x + 1$$

$$\text{s.t.} \quad g(\boldsymbol{x}) = 3 - x_2 \leqslant 0$$

5. 说明简约梯度法的算法原理以及广义简约梯度(GRG)法与它的区别。

6. 分析说明等式约束和不等式约束的增广乘子法的解题思路及其具体方法。

第七章　动态分析设计法

对一个实际的工程系统或机械设备,不仅要考虑它的静态特性,更重要的是要知道它的动态特性。系统或设备都是在多变的输入或干扰信号作用的动态条件下工作的,所以它们的响应经常是处于由一个过渡状态变化到另一个新的过渡状态的过程之中,平衡状态只是相对而言的。

为了便于分析,通常把系统或设备看成是一个其内部情况不明的黑箱,通过外部观察,根据其功能对黑箱和周围不同的信息联系进行分析,求出它们的动态特性参数,然后进一步寻求它们的机理和结构。这种方法可称为“外部求内法”,是“黑箱法”的一种。

对系统或设备的黑箱模型,可以用不同的方法求它的动态特性。如有限元分析方法、模型试验方法、DDS 算法及系统动态分析设计法中的传递函数法等。

用“黑箱法”进行分析,首先是建立对象的数学模型。所谓数学模型就是描述系统或设备变量之间关系的数学表达式。复域中的传递函数和频域中的频率特性以及时域中的微分特性都是常用的数学模型。本章将通过系统或设备的数学模型来具体讨论动态分析方法中的传递函数分析方法和模态分析方法。

7.1　传递函数分析法

“传递函数”是动态分析设计法研究的中心内容。因为利用传递函数不必求解微分方程就可研究初始条件为零的系统在输入信号作用下的动态过程,同时还可研究系统参数变化或结构参数变化对动态过程的影响,因而使分析和研究过程大为简化。另一方面,还可以把对系统性能的要求转化为系统传递函数的要求,把系统的各种特性用数学模型有机地结合在一起,使综合设计易于实现。

一、传递函数的基本概念

系统微分方程的一般形式为:

$$a_n\frac{\mathrm{d}^n y(t)}{\mathrm{d}t^n}+a_{n-1}\frac{\mathrm{d}^{n-1}y(t)}{\mathrm{d}t^{n-1}}+\cdots+a_1\frac{\mathrm{d}y(t)}{\mathrm{d}t}+a_0y(t)=$$

$$b_m\frac{\mathrm{d}^m x(t)}{\mathrm{d}t^m}+b_{m-1}\frac{\mathrm{d}^{m-1}x(t)}{\mathrm{d}t^{m-1}}+\cdots+b_1\frac{\mathrm{d}x(t)}{\mathrm{d}t}+b_0x(t) \tag{7.1}$$

式中,$x(t)$,$y(t)$ 分别为输入量和输出量。

对式(7.1)进行拉氏变换，根据微分定理，当初始条件为零时可得拉氏变换后的代数方程为：

$$[a_n s^n + a_{n-1} s^{n-1} + \cdots + a_1 s + a_0] y(s) = [b_m s^m + b_{m-1} s^{m-1} + \cdots + b_1 s + b_0] x(s) \tag{7.2}$$

从式(7.2)可得：

$$W(s) = \frac{y(s)}{x(s)} = \frac{b_m s^m + b_{m-1} s^{m-1} + \cdots + b_1 s + b_0}{a_n s^n + a_{n-1} s^{n-1} + \cdots + a_1 s + a_0} \tag{7.3}$$

式中，$W(s)$ 是微分方程在初始条件为零时输出量的拉氏变换与输入量的拉氏变换之比，称为系统的传递函数。这里的 s 是复变数，称为拉氏算子。

利用式(7.3)，我们得到三类处理问题的数学模式。

1) 当系统或设备本身的特性参数和输入情况已知，求系统或设备的输出响应时，利用下式进行求解，即

$$y(s) = W(s) \cdot x(s) \tag{7.4}$$

2) 当系统或设备本身的特性参数和输出响应已知，求系统或设备的输入情况时，利用下式进行求解，即

$$x(s) = \frac{y(s)}{W(s)} \tag{7.5}$$

3) 当系统或设备的输入和输出已知，求系统或设备本身的特性参数时，就可直接利用式(7.3)进行求解。

根据系统的传递函数，通过一定的代数运算和拉氏反变换，求出系统的时域的微分方程式并直接求解，便可得到系统的稳态响应和瞬态响应，从而知道系统的性能。

系统的传递函数 $W(s)$ 是复变量 s 的函数，经因式分解后常可写成

$$W(s) = K\frac{(s - z_1)(s - z_2)\cdots(s - z_m)}{(s - p_1)(s - p_2)\cdots(s - p_n)} \tag{7.6}$$

式中，$z_1, z_2, \cdots, z_m$ 是 $W(s)$ 的分子多项式方程等于零时的根，称为系统的零点。$p_1, p_2, \cdots, p_n$ 是 $W(s)$ 的分母多项式方程等于零时的根，称为系统的极点。

当系统的输入信号一定时，系统响应 $y(t)$ 的曲线形状由传递函数的零点和极点来决定。这样在分析系统或设备的动态特性时，不用解微分方程，只要通过系统的零点和极点就能知道系统或设备的性能。反之，如果知道系统或设备的性能，就能知道对系统零点和极点的要求。

传递函数是动态分析中的一个重要概念。但在利用传递函数分析系统时，必须注意它的适用范围和局限性。它只适用于线性系统且初始条件等于零的情况，即适用于求输出响应中只包含零初始条件这种情况的解。当初始条件不为零时，为求得系统总的特性，必须考虑非零初始条件对输出的影响。同时，系统的传递函数只反映了所研究的"黑箱"对输入和输出的影响，而未反映出"黑箱"内各变量之间的关系以及它们的变化情况。为了能对系统或设备的性能进行

更深入的分析和研究,“传递函数法”必须和实验以及其他的动态分析方法相结合。

二、典型环节及其传递函数

利用传递函数研究系统和设备时,可以按照传递函数的构成形式对组成系统的元件进行分类。分类后的元件称为典型环节。系统或复杂设备的传递函数由一个或多个典型环节组成。对于线性系统,其典型环节有:比例环节、积分环节、惯性环节、振荡环节、微分环节和延迟环节等。下面将分别说明这些典型环节的时域特性和复域特性。其中,时域特性包括微分方程,复域特性包括传递函数和零极点。

1. 比例环节

比例环节的输出量和输入量成比例关系。时域中用代数方程表示为

$$y(t) = kx(t) \qquad t \geqslant 0$$

相应的传递函数为:

$$W(s) = \frac{y(s)}{x(s)} = k$$

其中的 k 就是比例函数或传递函数。

分压器、无变形无间隙的齿轮传动和电流放大器都是比例环节的实例。比例环节又称为无惯性环节或放大环节。

2. 惯性环节

表示惯性环节输出量和输入量关系的微分方程为

$$T\frac{\mathrm{d}y(t)}{\mathrm{d}t} + y(t) = kx(t) \qquad t \geqslant 0$$

相应的传递函数为

$$W(s) = \frac{y(s)}{x(s)} = \frac{k}{Ts + 1}$$

其中的 k 为比例系数,T 为时间系数。

惯性环节在 s 平面上有一个极点 $-\frac{1}{T}$。图 7.1 为惯性环节的两个实例。

3. 微分环节

按传递函数的不同,微分环节有三种,即纯微分环节、一阶微分环节和二阶微分环节。它们的微分方程式分别为

$$y(t) = k\frac{\mathrm{d}x(t)}{\mathrm{d}t} \qquad t \geqslant 0$$

$$y(t) = k\left[\tau\frac{\mathrm{d}x(t)}{\mathrm{d}t} + x(t)\right] \qquad t \geqslant 0$$

$$y(t) = k\left[\tau^2\frac{\mathrm{d}^2x(t)}{\mathrm{d}t^2} + 2\xi\tau\frac{\mathrm{d}x(t)}{\mathrm{d}t} + x(t)\right] \qquad t \geqslant 0 \quad (0 < \xi < 1)$$

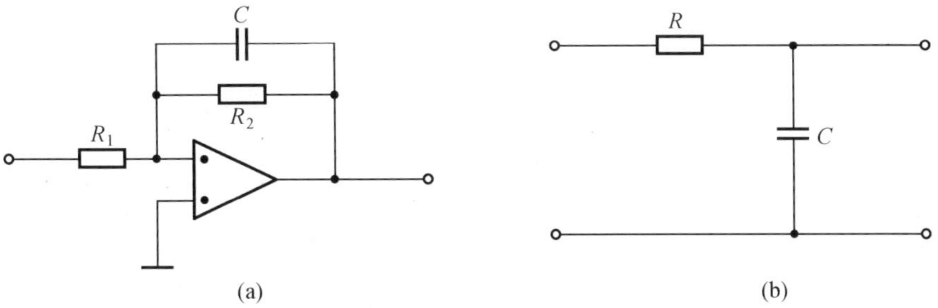

图 7.1　惯性环节实例

上式中，ξ 为系统阻尼比。相应的传递函数分别为

$$W(s) = ks$$
$$W(s) = k(\tau s + 1)$$
$$W(s) = k(\tau^2 s^2 + 2\xi\tau s + 1) \qquad (0 < \xi < 1)$$

可以看出，这些微分环节的传递函数没有极点，只有零点。纯微分环节的零点为零，一阶微分环节和二阶微分环节的零点分别为实数和一对共轭复数。

对于实际系统和设备，由于惯性的存在，很难用前面讲述的理想的微分方程来描述，一般采用下式来代替一阶微分环节的微分方程：

$$W(s) = \frac{k(Ts + 1)}{kTs + 1} \tag{7.7}$$

式(7.7)的右端是微分环节的传递函数与惯性环节的传递函数的乘积，所以该表达式对应的环节称为具有惯性的微分环节。

4. 积分环节

在积分环节里，输入量和输出量呈积分的关系，它在时域中的关系式为

$$y(t) = k \cdot \int x(t)\mathrm{d}t \qquad t \geqslant 0$$

相应的传递函数为：

$$W(s) = \frac{y(s)}{x(s)} = \frac{k}{s}$$

它有一个极点，是零值极点，并且是 s 平面上的原点。电动机在不考虑惯性的情况下输出转角 θ 和电枢电压之间的关系可用积分环节来表示。

5. 振荡环节

振荡环节输出量和输入量的关系在时域中的微分方程式为

$$T \cdot \frac{\mathrm{d}^2 y(t)}{\mathrm{d}t^2} + \tau \frac{\mathrm{d}y(t)}{\mathrm{d}t} + ky(t) = x(t)$$

相应的传递函数为

$$W(s) = \frac{1}{Ts^2 + \tau\xi Ts + 1}$$

其中，ξ 为系统阻尼比，$\xi = \frac{1}{2\sqrt{kT}}$。当 $\xi \geqslant 1$ 时，传递函数的两个极点为一对实数；当 $0 < \xi < 1$ 时，传递函数两个极点的值为一对共轭复数：

$$p_{1,2} = -\frac{1}{T}(\xi \pm \sqrt{\xi^2 - 1}) \tag{7.8}$$

当机械系统具有质量、阻尼和刚度等元件时，其动态性能可用一个振荡环节的传递函数来描述。

6. 延时环节

延时环节又叫滞后环节，它的输出信号是输入信号经过一个延迟时间 τ 后，又完全地复现。该环节的输出量和输入量在时域中的方程式为

$$y(t) = x(t - \tau)$$

τ 为延迟时间。

相应的传递函数为

$$W(s) = \frac{y(s)}{x(s)} = e^{-\tau s}$$

在研究典型环节的传递函数时，应明确环节是根据数学模型来区分的。一个系统或设备可能包括一个或几个典型环节。系统或设备的传递函数就是在典型环节的基础上求得的。

三、传递函数结构图及其等效变换

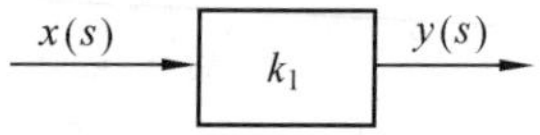

图 7.2　电位器的结构图

若把系统或设备的传递函数写进方框里，则输入量、输出量的拉氏变换和传递函数的关系 $y(s) = W(s) \cdot x(s)$ 就可以在方框图中表现出来。这种方框图称为传递函数结构图。图 7.2 是电位器的传递函数结构图。这是一个比例环节，图中的 k_1 为比例环节的传递函数。

如果已经知道系统的组成和各组成部分的传递函数，就可以画出各部分的结构图。把它们联接在一起，则构成了整个系统的传递函数结构图。

传递函数结构图也是系统在复域中的数学模型。结构图的变换相当于在结构图上进行数学方程的运算。一个复杂的系统可以由典型环节的串联、并联或反馈等形式组成。因此，整个系统的传递函数则要依靠对结构图的等效变换来求出。在复域中，对一些变量在结构图中进行运算，比起在时域中进行运算更为简单。所以，结构图及其运算，即结构图的等效变换是分析系统或求出系统传递函数的有效工具。

结构图的变换必须遵循的规则是变换前后的数学关系保持不变。因此，结构图的变换是一种等效变换。

常用的变换方式可以归纳为两类，一是环节的合并，另一类是信号分支点或相加点的移

动。

1. 环节的合并

图 7.3 是一个单元结构图，$x(s)$、$y(s)$ 分别为输入量和输出量，$W(s)$ 为传递函数。单元结构图在系统中可以用串联、并联或反馈三种形式进行联接。下面分别说明它们的合并算法。

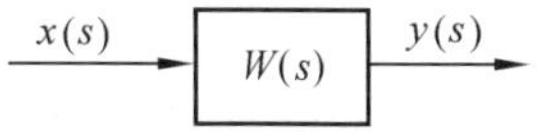

图 7.3　单元结构图

串联环节如图 7.4 所示，其中第一个环节的输出量为第二个环节的输入量，第二个环节的输出量为第三个环节的输入量。各环节输入和输出的信号以及传递函数之间的关系为

$$x_2(s) = W_1(s) \cdot x(s)$$

$$x_3(s) = W_2(s) \cdot x_2(s)$$

$$y(s) = W_3(s) \cdot x_3(s)$$

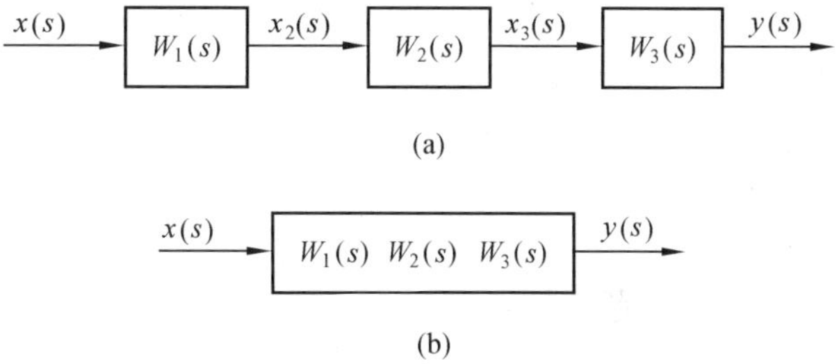

图 7.4　串联环节的合并

将上面三个方程合并，消去中间变量 $x_2(s)$、$x_3(s)$ 就可得到系统的输出量和输入量的关系

$$y(s) = W(s) \cdot x(s) = W_1(s) \cdot W_2(s) \cdot W_3(s) \cdot x(s)$$

相应的传递函数为

$$W(s) = W_1(s) \cdot W_2(s) \cdot W_3(s)$$

并联环节如图 7.5(a) 所示。其中三个环节的输入信号是一样的，都是 $x(s)$，输出量各为 $y_1(s)$，$y_2(s)$，$y_3(s)$，总输出为三者相加。各环节间具有如下的关系

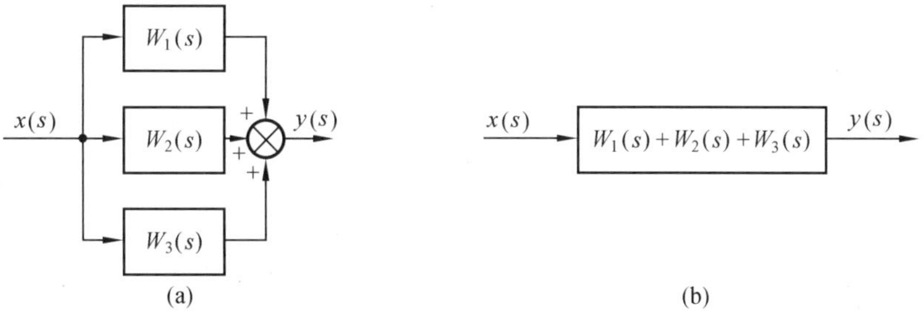

图 7.5　并联环节的合并

$$y_1(s) = W_1(s) \cdot x(s)$$

$$y_2(s) = W_2(s) \cdot x(s)$$

$$y_3(s) = W_3(s) \cdot x(s)$$

合并后可得

$$y(s) = y_1(s) + y_2(s) + y_3(s) = [W_1(s) + W_2(s) + W_3(s)]x(s)$$

因此，传递函数 $W(s)$ 为

$$W(s)=W_1(s)+W_2(s)+W_3(s)$$

相应的变换后的结构图如图 7.5(b) 所示。

当把上述串联、并联环节的等效变换推广到多个环节上时,则有:串联环节的等效传递函数等于各个环节的传递函数之乘积;并联环节的等效传递函数等于各个环节的传递函数之和。

单位反馈环节的联接如图 7.6(a) 所示。它是某一环节的输出信号直接回输到输入端,并和原来的输入信号相比较,所得差值作为新输入信号加到该环节的输入端。图中原来的输入信号为 $x(s)$,输出信号为 $y(s)$,反馈以后该环节的输入信号为 $x_1(s)$。输出、输入及反馈信号之间的数学关系为

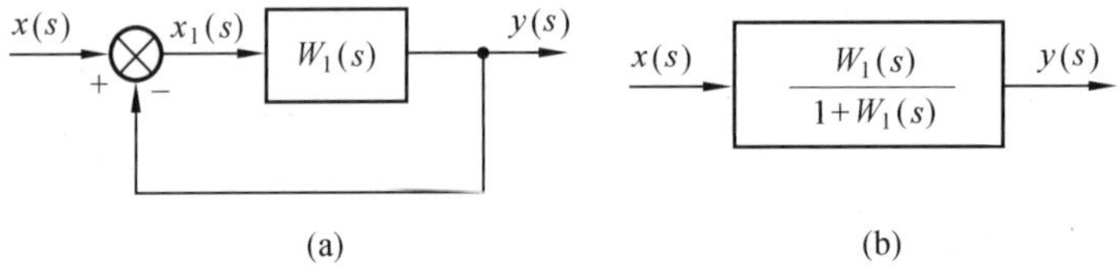

图 7.6　单位反馈环节的变换

$$y(s)=W_1(s)x_1(s)\qquad x_1(s)=x(s)-y(s)$$

消去中间变量 $x_1(s)$,可得加入单位反馈后输入 $y(s)$ 和输入 $x(s)$ 的关系式

$$y(s)=\frac{W_1(s)}{1+W_1(s)}x(s)$$

等效的传递函数为

$$W(s)=\frac{W_1(s)}{1+W_1(s)}$$

等效变换后的结构图如图 7.6(b) 所示。

如果反馈回路中具有传递函数为 $H(s)$ 的环节(称为反馈环节),则等效传递函数为

$$W(s)=\frac{W_1(s)}{1+W_1(s)H(s)}$$

2. 信号分支点和相加点的移动

上述三种联接环节的等效变换方式均能简化结构图。但在一般系统的结构图中,这三种环节有时交叉在一起而无法直接利用上述等效变换方式。因此,需要移动分支点和相加点,以消除各联接环节之间的交叉。

信号分支点的移动有两种情况。一是从环节的输入端移到输出端(信号分支点的后移),如图 7.7 所示;另一种则是从环节的输出端移到输入端(信号分支点的前移),如图 7.8 所示。结构图的等效变换是根据输出信号在分支点移动之后仍能保持等效关系的原则进行的。

信号相加点的移动也有两种情况。一是相加点从环节的输入端移到输出端(信号相加点后移),如图 7.9 所示。另一种是相加点从环节的输出端移到输入端(信号相加点前移),如图 7.10

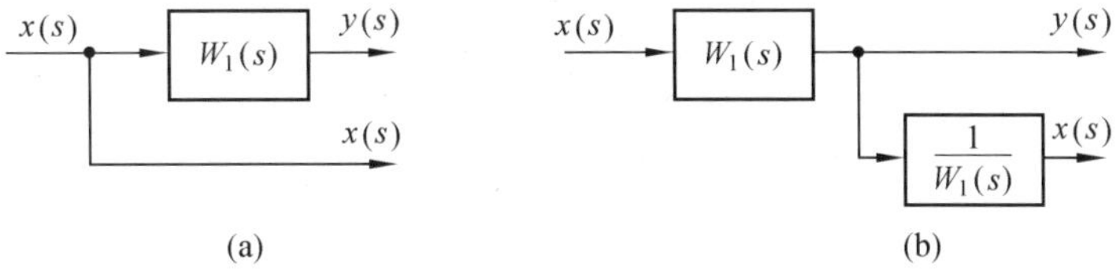

图 7.7　信号分支的后移

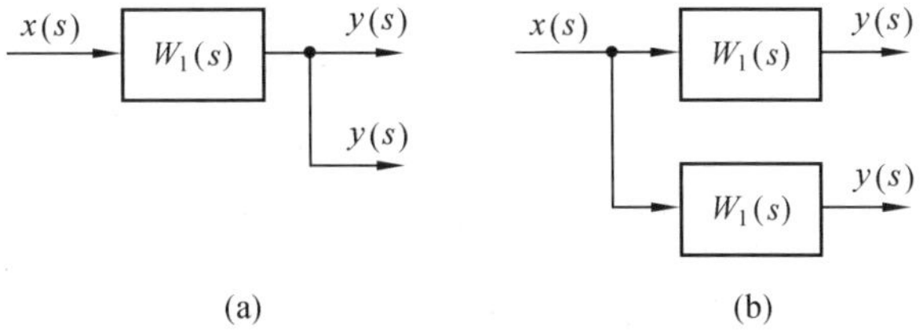

图 7.8　信号分支点的前移

所示。结构图的等效变换是根据输出信号在相加点前移或后移后仍保持等效关系的原则进行的。

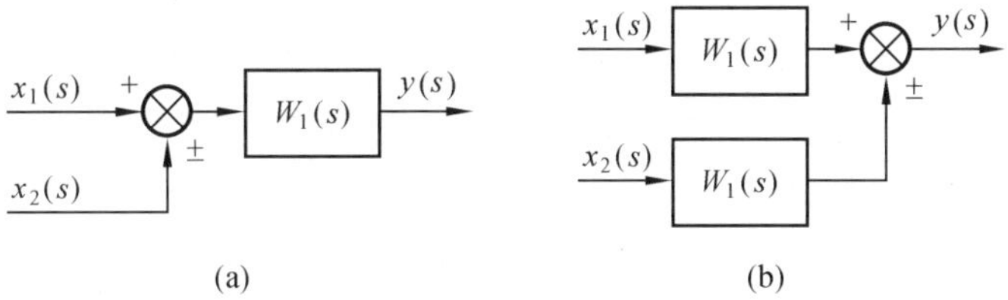

图 7.9　信号相加点的后移

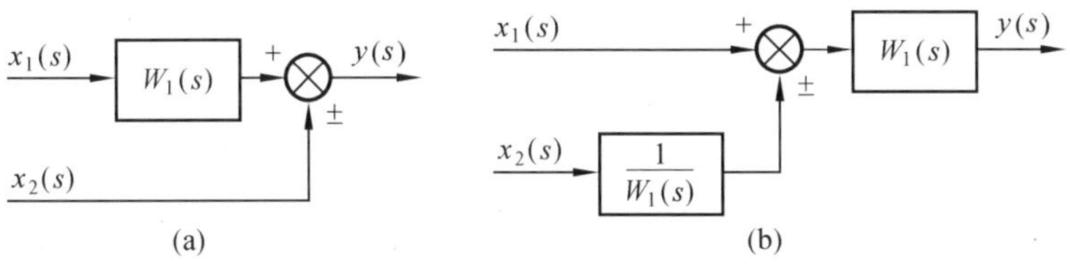

图 7.10　信号相加点的前移

结构图及其等效变换的应用是多方面的。下面通过一个例子说明它在求取系统的传递函数和分析系统方面的应用情况。

3.示例

例 7.1　图 7.11 是一个数控机床的进给伺服系统的原理简图，用直流伺服电机驱动，试讨论该系统的传递函数。

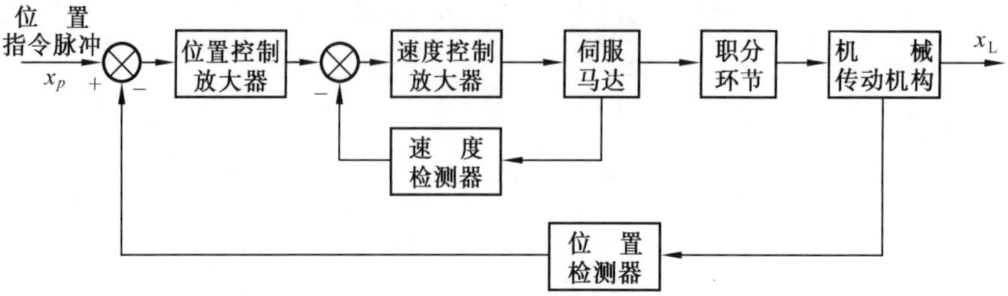

图 7.11 进给伺服系统的原理简图

该系统的输出量为工作台的进给 x_L，输入量为位置指令脉冲 x_p。系统由位置控制放大器、速度控制放大器、伺服马达、丝杠螺母机构和机械传动机构组成。速度检测器和位置检测器起校正作用。对于位置控制放大器、速度控制放大器、速度检测器和位置检测器，由于它们只是使信号的强弱发生变化，可以看做比例环节。设它们的比例系数分别为 k_1, k_a, k_f, k_p。电动机把电信号变为转动的转角，可以看做积分环节。

从总体来讲，这是一个环节较多的复杂系统，为了不同的研究目的，可以在一定条件下进行简化。

(1) 当系统各环节都是理想的，即没有惯性，没有阻尼，刚性为无穷大时，可简化为一阶系统。它适合于进行理论分析和从本质上研究系统的特性，其结构图如图 7.12 所示。图中 k_m 为伺服马达输出速度和电枢电压关系的比例系数，k_2 为机械传动环节的比例系数。

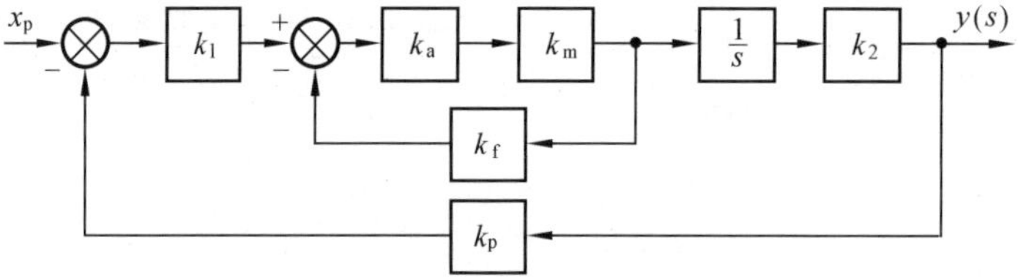

图 7.12 一阶系统的结构图

由结构图的等效变换可以得到该系统的传递函数为

$$W(s) = \frac{k_1 k_a k_m k_2}{(1 + k_a k_m k_f)s + k_1 k_a k_m k_2 k_p} \tag{7.9}$$

(2) 当该系统的机械传动装置的刚度非常大，或者惯性非常小，即机械传动装置的固有频率远大于马达的固有频率时，进给系统的频率特性就决定于速度环节的频率特性。这时，伺服马达速度的输出就要考虑惯量、阻尼以及转矩等的影响。

速度输出环节的传递函数为

$$W_m(s) = \frac{k_1}{R_m J_r s + (R_m f_r + k_t k_m)}$$

其中的 J_r 和 f_r 分别为折算到马达轴上的总惯量和阻尼系数；k_t 是电机的转矩系数；R_m 是伺服

放大器和电枢回路的阻抗。

在这种情况下，该系统被简化成如图 7.13 所示的二阶系统的方框图，它适用于大惯量直流伺服电机驱动的中、小型数控机床伺服系统。

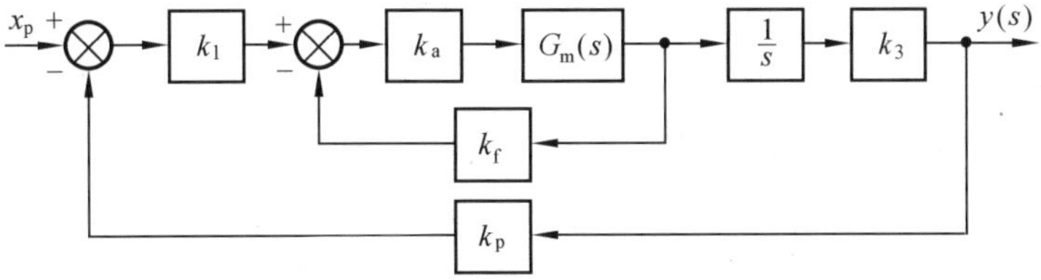

图 7.13　二阶系统的结构图

由结构图的等效变换可以得到该系统的传递函数为

$$W(s) = \frac{W_n^2}{(s^2 + 2\xi W_n s + w_n^2)k_p} \tag{7.10}$$

其中的

$$W_n = \sqrt{\frac{k_1 k_a k_t k_z k_p}{R_m J_r}}$$

$$\xi = \frac{R_m J_r + k_t k_m + k_a k_t k_f}{2\sqrt{k_1 k_a k_t k_z k_p k_m J_r}}$$

3) 当机械传动装置的固有频率远低于马达的固有频率时，机械传动装置的时间特性是主要的。因此，就必须考虑传动装置的刚度、粘性阻尼系数和转动惯量等。此时，转角输出机构的传递函数为

$$W(s) = \frac{k_1 k_2}{J_L s^2 + f_L s + k_L}$$

其中的 k_L、f_L 和 J_L 分别为机械传动装置的刚度、粘性阻尼系数和转动惯量。

在这种情况下，该系统被简化成如图 7.14 所示的三阶系统的方框图，它适用于小惯量直流伺服电机驱动的中、小型数控机床和大惯量直流伺服电机或液压马达驱动的大型数控机床的进给伺服系统。

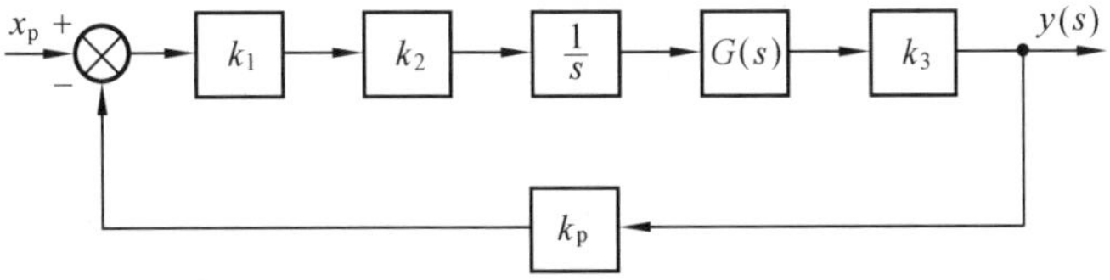

图 7.14　三阶系统的结构图

由结构图的等效变换可以得到该系统的传递函数为

$$W(s)=\frac{k_s\omega_n^2}{s(s^2+2\xi\omega_n s+\omega_n^2)} \tag{7.11}$$

式中，$\omega_n=\sqrt{\frac{k_L}{J_L}}$ 是机械传动装置的固有频率；

$\xi=\frac{f_L}{2\sqrt{k_L J_L}}$ 是机械传动装置的阻尼比；

$k_s=k_1k_2k_3k_p$ 是系统的开环增益。

7.2 模态分析方法

为了求解大型多自由度复杂结构的动态特性，通常需要建立一个复杂的运动微分方程组。从数学观点讲，这样的方程组是完全可以求解的，但实际上由于运算过程相当繁冗，因而难于应用，尤其是当方程组内部存在耦合时，运算工作更为繁重。

应用传递函数进行系统或设备的动态特性分析虽然方便，但首先需要有相应的传递函数。而在许多情况下，求不出相应的传递函数。

为了解决这样一些问题，可以采用模态分析法。

将一个多自由度振动系统的固有特性，用一系列所谓模态参量来表达，这些参量的关系就形成了系统的传递函数。一个具有 n 个自由度的振动系统，将有一个 n 阶的传递函数矩阵。用实验和其他数据处理(如有限元方法)手段找出该系统特有的模态参量或传递函数，并用以对系统的动态性能进行分析、预测、评价和优化，这种处理问题的方法就叫做模态分析法。下面仅就机械结构的模态分析方法做些简单介绍。

一、模态坐标与模态参数

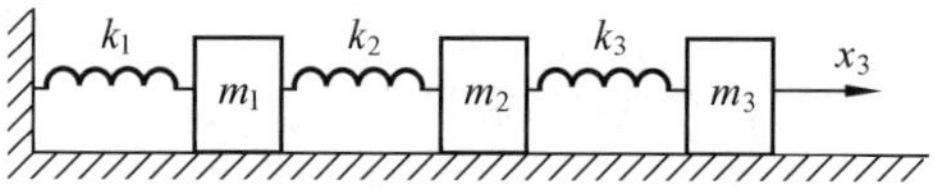

图 7.15 系统振动简图

设有一个无阻尼三自由度系统如图 7.15 所示。选取质量的平衡位置为位移的计算零点。根据质点偏离平衡位置的幅度和方向来计算位移，可得该系统自由振动的微分方程式为：

$$\begin{bmatrix} m_1 & 0 & 0 \\ 0 & m_2 & 0 \\ 0 & 0 & m_3 \end{bmatrix}\begin{Bmatrix} \ddot{x}_1 \\ \ddot{x}_2 \\ \ddot{x}_3 \end{Bmatrix}+\begin{bmatrix} k_1+k_2 & -k_2 & 0 \\ -k_2 & k_2+k_3 & -k_3 \\ 0 & -k_3 & k_3 \end{bmatrix}\begin{Bmatrix} x_1 \\ x_2 \\ x_3 \end{Bmatrix}=\begin{Bmatrix} 0 \\ 0 \\ 0 \end{Bmatrix}$$

式中，x_1,x_2,x_3 称为各质点位移的物理坐标，$[x_1 \quad x_2 \quad x_3]^T$ 称为物理坐标向量。

在一般情况下，一个无阻尼 n 自由度系统自由振动的微分方程为

$$[M]\{\ddot{X}\}+[K]\{X\}=\{0\} \tag{7.12}$$

式中,$[M]$ 为系统的 n 阶质量矩阵;$[K]$ 为系统的 n 阶刚度矩阵;$\{X\}$ 为系统的物理坐标列阵。

为解式(7.12),可令

$$\{X\} = \{\Phi\}e^{j\omega t} \tag{7.13}$$

代入式(7.12)后,得

$$(-\omega^2[M] + [K])\{\Phi\} = \{0\} \tag{7.13a}$$

上式有解的条件为

$$\det(-\omega^2[M] + [K]) = 0 \tag{7.14}$$

式(7.14)称为系统的特征方程。由特征方程可以解得一组特征值:$\omega_1^2,\omega_2^2,\cdots,\omega_n^2$。$\omega_1,\omega_2,\cdots,\omega_n$ 称为系统的固有频率。对应于这些固有频率,可得系统的固有振型:$\{\Phi_1\},\{\Phi_2\},\cdots,\{\Phi_n\}$。将 r 阶固有频率 ω_r 和 r 阶固有振型 $\{\Phi_r\}$ 代入式(7.13a),得

$$-\omega_r^2[M]\{\Phi_r\} + [K]\{\Phi_r\} = \{0\} \tag{7.15}$$

用 $\{\Phi_s\}^{\mathrm{T}}$ 左乘上式,则得

$$-\omega_r^2\{\Phi_s\}^{\mathrm{T}}[M]\{\Phi_r\} + \{\Phi_s\}^{\mathrm{T}}[K]\{\Phi_r\} = \{0\} \tag{7.15a}$$

同样,对于 s 阶固有频率和固有振型,有

$$-\omega_s^2\{\Phi_r\}^{\mathrm{T}}[M]\{\Phi_s\} + \{\Phi_r\}^{\mathrm{T}}[K]\{\Phi_s\} = \{0\} \tag{7.15b}$$

由于刚度矩阵和质量矩阵的对称性,有

$$[M]^{\mathrm{T}} = [M] \qquad [K]^{\mathrm{T}} = [K]$$

因此有

$$\{\Phi_r\}^{\mathrm{T}}[M]\{\Phi_s\} = \{\Phi_s\}^{\mathrm{T}}[M]\{\Phi_r\}$$

$$\{\Phi_r\}^{\mathrm{T}}[K]\{\Phi_s\} = \{\Phi_s\}^{\mathrm{T}}[K]\{\Phi_r\}$$

由此,式(7.15b)可写成

$$-\omega_s^2\{\Phi_s\}^{\mathrm{T}}[M]\{\Phi_r\} + \{\Phi_s\}^{\mathrm{T}}[K]\{\Phi_r\} = \{0\} \tag{7.15c}$$

由式(7.15c)减去式(7.15a)可得

$$(\omega_r^2 - \omega_s^2)\{\Phi_s\}^{\mathrm{T}}[M]\{\Phi_r\} = \{0\} \tag{7.16}$$

当 $r \neq s$ 时,一般 $\omega_r^2 \neq \omega_s^2$,因而应有

$$\{\Phi_s\}^{\mathrm{T}}[M]\{\Phi_r\} = 0 \quad (r \neq s) \tag{7.16a}$$

将式(7.16a)代入式(7.15c)可得

$$\{\Phi_s\}^{\mathrm{T}}[K]\{\Phi_r\} = 0 \quad (r \neq s) \tag{7.16b}$$

式(7.16a)和式(7.16b)分别称为不同阶固有振型之间对于质量矩阵和刚度矩阵的正交性。

当 $r = s$ 时,由式(7.15a)可得

$$-\omega_r^2\{\Phi_r\}^{\mathrm{T}}[M]\{\Phi_r\} + \{\Phi_r\}^{\mathrm{T}}[K]\{\Phi_r\} = \{0\}$$

令

$$\{\Phi_r\}^{\mathrm{T}}[M]\{\Phi_r\} = m_r$$

$$\{\Phi_r\}^{\mathrm{T}}[K]\{\Phi_r\} = k_r$$

m_r，k_r 分别为无阻尼自由振动时该系统的 r 阶模态质量和模态刚度。固有振型 $\{\Phi_r\}$ 和固有频率 ω_r 称为系统无阻尼自由振动时的 r 阶模态振型和模态频率。

分别令 $r = 1,2,\cdots,n$ 进行上面的计算，于是，对于 n 自由度系统，得到无阻尼自由振动的 n 阶模态参量矩阵；模态质量矩阵 $[m]$、模态刚度矩阵 $[k]$、模态振型矩阵 $[\Phi]$ 以及模态频率矩阵 $[\omega]$。

现在我们进一步研究在外力 $\{F(t)\}$ 作用下的响应问题。此时系统振动的微分方程为

$$[M]\{\ddot{X}\} + [K]\{X\} = \{F(t)\} \tag{7.17}$$

由上面的分析可知，模态振型对 $[M]$ 和 $[K]$ 都具有正交性，因此若将模态振型组成的矩阵作为线性变换矩阵，对系统的原方程进行坐标变换，便可以使质量矩阵和刚度矩阵同时对角化。因此，为解式(7.17)，可令

$$\{F(t)\} = \{F\}e^{j\omega t}$$
$$\{X\} = \{X\}e^{j\omega t} \tag{7.18}$$

将 $\{X\}$ 作如下分解

$$\{X\} = q_1\{\Phi_1\} + q_2\{\Phi_2\} + \cdots + q_n\{\Phi_n\} = \sum_{r=1}^{n}\{\Phi_r\} = [\Phi]\{q\} \tag{7.19}$$

式中，q_r 称为模态坐标，$\{\Phi\}$ 则为模态振型列阵，或称为模态振型向量。式(7.19)是在进行模态坐标变换，把原来属于物理坐标系统中的坐标向量 $\{X\}$ 转换到以 $\{\Phi_1\}$，$\{\Phi_2\}$，$\cdots$，$\{\Phi_n\}$ 为基向量的新坐标系统中去，获得的物理坐标系统与模态坐标的关系表达式。其中 $\{q\}$ 称为模态坐标向量。

将式(7.18)和式(7.19)代入式(7.17)，得

$$([K] - \omega^2[M])[\Phi]\{q\} = \{F\} \tag{7.20}$$

用 $[\Phi_r]^{\mathrm{T}}$ 左乘式(7.20)的两端，根据模态振型对质量矩阵和刚度矩阵的正交性，则有

$$(k_r - \omega^2 m_r)\{q_r\} = \{\Phi_r\}^{\mathrm{T}}\{F\} \tag{7.21}$$

在数学模型上存在耦合现象，会导致解题的困难。通过以上处理，矩阵 $[K]$ 和 $[M]$ 都变为无耦合的对称形矩阵。因此，式(7.20)成为变量之间相互独立的解耦方程组，其中每一个方程式只有一个变量，如式(7.21)中就只有一个变量 q_r，因而可以对它们分别求解。这一过程称为解耦过程。

从式(7.21)可以求得模态坐标为

$$q_r = \frac{\{\Phi_r\}^{\mathrm{T}}\{F\}}{k_r - \omega^2 m_r} \quad (r = 1,2,\cdots,n) \tag{7.21a}$$

上述的 n 组 m_r、k_r、ω_r、q_r、$\{\Phi_r\}$ 等称为模态参数或模态参量。

在求得模态坐标 q_r 以后，由式(7.19)可以求出系统在物理坐标下的响应。将式(7.21a)代入式(7.19)，则得

$$\{X\} = \sum_{r=1}^{n} \frac{\{\Phi_r\}^{\mathrm{T}}\{F\}\{\Phi_r\}}{k_r - \omega^2 m_r} \tag{7.21b}$$

上述分析无阻尼系统的方法，不难推广到具有比例粘性阻尼的情况。这时系统的运动方程为

$$[M]\{\ddot{X}\} + [C]\{\dot{X}\} + [K]\{X\} = \{F(t)\} \tag{7.22}$$

式中　$[C] = \alpha[M] + \beta[K]$

α 和 β 为比例系数。

对式(7.22)进行坐标变换，并利用模态之间的正交性，可得

$$\{\Phi_s\}^{\mathrm{T}}[C]\{\Phi_r\} = 0 \quad (r \neq s) \qquad \{\Phi_r\}^{\mathrm{T}}[C]\{\Phi_r\} = c_r \quad (r = s)$$

最后可以推得比例阻尼情况下的 r 阶模态坐标为

$$q_r = \frac{\{\Phi_r\}^{\mathrm{T}}\{F\}}{k_r - \omega^2 m_r + \mathrm{j}\omega c_r} \quad (r = 1,2,\cdots,n) \tag{7.22a}$$

式中，c_r 称为 r 阶模态阻尼。

将式(7.22a)代入式(7.19)，就可求得比例阻尼系统的位移为

$$\{X\} = \sum_{r=1}^{n} \frac{\{\Phi_r\}^{\mathrm{T}}\{F\}\{\Phi_r\}}{k_r - \omega^2 m_r + \mathrm{j}\omega c_r} \tag{7.22b}$$

应当特别加以说明的是，以上得出的模态振型 $\{\Phi_r\} = \{\Phi_{1r}\Phi_{2r}\cdots\Phi_{nr}\}^{\mathrm{T}}$ 是一组实数的幅值比，称之为实模态振型。与实模态振型相联系的所有模态参量，都称为实模态参量。在实模态下，对于比例阻尼的情况，阻尼矩阵可以用实模态振型矩阵作坐标转换的运算，使其对角化；而对于非比例阻尼的情况，采用无阻尼的固有振型模态矩阵作坐标转换却不能使阻尼矩阵对角化。这时，需要采用复模态振型向量作为基向量来进行坐标转换，才能使系统方程解除耦合。下面，我们以结构阻尼的情况为例来进行说明。

对于结构阻尼，可以把它作为一种刚度影响来考虑，并令

$$[K^*] = [K] + \mathrm{j}[D]$$

式中，$[K^*]$ 称为复模态刚度矩阵。

相应地，系统的运动方程可以写成

$$[M]\{\ddot{X}\} + [K^*]\{X\} = \{F(t)\} \tag{7.23}$$

令 $\{F(t)\} = \{F\}e^{\mathrm{j}pt}$，$\{X\} = \{X\}e^{\mathrm{j}pt}$ 代入上式后可得

$$[-p^2[M] + ([K] + \mathrm{j}[D])]\{X\} = \{F\} \tag{7.24}$$

在外力 $\{F\} = \{0\}$ 时，上式变为

$$[-p^2[M] + ([K] + \mathrm{j}[D])]\{X\} = \{0\} \tag{7.25}$$

当 $[D]$ 是对称矩阵，但既不与 $[M]$ 成比例，也不与 $[K]$ 成比例时，不能用系统的无阻尼固有模态的正交特性使式(7.24)解耦，而应根据式(7.25)求取有阻尼状态下的振型。这时求得的振型列阵的各元素之间存在相位差，称为复模态振型。利用复模态振型之间的正交特性，方

能使式(7.24)解耦。

利用式(7.25)有解的条件

$$\det[-p^2[M]+([K]+\mathrm{j}[D])]=0$$

可得 n 个复特征值 $p_1^2,p_2^2,\cdots,p_n^2$ 和 n 个复模态振型 $\{\Phi_1\},\{\Phi_2\},\cdots,\{\Phi_n\}$。同样,可以证明存在由下面两式表达的正交特性:

$$\{\Phi_r\}^{\mathrm{T}}[M]\{\Phi_s\}=\begin{cases}0 & (s\neq r)\\ m_r & (s=r)\end{cases} \tag{7.26}$$

$$\{\Phi_r\}^{\mathrm{T}}([K]+\mathrm{j}[D])\{\Phi_s\}=\begin{cases}0 & (s\neq r)\\ k_r(1+\mathrm{j}g_r) & (s=r)\end{cases}$$

并且有

$$\{\Phi_r\}^{\mathrm{T}}[-p^2[M]+([K]+\mathrm{j}[D])]\{\Phi_r\}=0$$

再结合式(7.26),可得

$$p^2=\frac{k_r}{m_r}(1+\mathrm{j}g_r)=\omega_r^2(1+\mathrm{j}g_r)$$

参照式(7.19),可以写出:

$$\{X\}=q_1\{\Phi_1\}+q_2\{\Phi_2\}+\cdots+q_n\{\Phi_n\}=\sum_{r=1}^{n}q_r\{\Phi_r\}=[\Phi]\{q\} \tag{7.27}$$

把它代入式(7.24),左乘以 $\{\Phi_r\}^{\mathrm{T}}$,并利用式(7.26),可得模态坐标

$$q_r=\frac{\{\Phi_r\}^{\mathrm{T}}\{F\}}{k_r(1+\mathrm{j}g_r)-p^2m_r} \tag{7.28}$$

再把式(7.28)代回式(7.27),可得位移

$$\{X\}=\sum_{r=1}^{n}\frac{\{\Phi_r\}^{\mathrm{T}}\{F\}\{\Phi_r\}}{k_r(1+\mathrm{j}g_r)-p^2m_r} \tag{7.29}$$

在这种情况下,系统有 n 组模态参量:

$$m_r,k_r,\omega_r,g_r,\{\Phi_r\}\qquad (r=1,2,\cdots,n)$$

若以 m_r 为振型参考基准,则上述参数中的 $\{\Phi_r\}$ 是复数列阵,其他均为实数。

二、频域传递函数

前面,我们得到了实模态情况下的位移 $\{X\}$,即

$$\{X\}=\sum_{r=1}^{n}q_r\{\Phi_r\}$$

令

$$F^{(r)}=\{\Phi_r\}^{\mathrm{T}}\{F\},\ Y^{(r)}=\frac{q_r}{F^{(r)}}=\frac{1}{k_r-\omega^2m_r+\mathrm{j}\omega c_r} \tag{7.30}$$

$F^{(r)}$ 是 $\{F\}$ 在 $\{\Phi_r\}$ 上所做的功，可看做是广义力，或称为 r 阶模态力；$Y^{(r)}$ 可称为模态导纳。于是位移 $\{X\}$ 可表示为

$$\{X\} = \sum_{r=1}^{n} Y^{(r)} F^{(r)} \{\Phi_r\} = \sum_{r=1}^{n} Y^{(r)} F^{(r)} [\Phi_{1r}\Phi_{2r}\cdots\Phi_{nr}]^{\mathrm{T}} \tag{7.31}$$

$\{X\}$ 中的任一元素 x_i 为

$$x_i = \sum_{r=1}^{n} Y^{(r)} F^{(r)} \Phi_{ir} = \sum_{r=1}^{n} Y^{(r)} \Phi_{ir} \sum_{j=1}^{n} \Phi_{jr} F_j = \sum_{j=1}^{n} (\sum_{r=1}^{n} Y^{(r)} \Phi_{ir} \Phi_{jr}) F_j$$

令

$$W_{ij} = \sum_{r=1}^{n} Y^{(r)} \Phi_{ir} \Phi_{jr}$$

则

$$x_i = \sum_{j=1}^{n} W_{ij} F_j = [W_{i1} W_{i2} \cdots W_{in}][F_1 F_2 \cdots F_n]^{\mathrm{T}}$$

在上式中，若只有 $F_j \neq 0$，其余各力皆为零，则

$$x_i = W_{ij} \cdot F_j$$

$$W_{ij} = \frac{x_i}{F_j} = \sum_{r=1}^{n} \frac{\Phi_{ir}\Phi_{jr}}{k_r - \omega^2 m_r + \mathrm{j}\omega c_r} \tag{7.32}$$

W_{ij} 的物理意义是：在 j 点作用有力时，在 i 点产生的位移。这样 W_{ij} 应称为动柔度，实际上它就是该系统中 ij 环节的“传递函数”。当然，在实际测量中，F_j 和 x_i 都是频率 ω 的函数，W_{ij} 也是 ω 的函数。因此，按照数学概念，这样的 W_{ij} 应称为频响函数或频域传递函数。

利用 W_{ij}，式(7.31) 可以写成

$$\{X\} = \begin{bmatrix} W_{11} & W_{12} & \cdots & W_{1n} \\ W_{21} & W_{22} & \cdots & W_{2n} \\ \cdots & \cdots & \cdots & \cdots \\ W_{n1} & W_{n2} & \cdots & W_{nn} \end{bmatrix} [F_1 F_2 \cdots F_n]^{\mathrm{T}} = [W][F] \tag{7.33}$$

式中，$[W]$ 称为传递函数矩阵。它是对称矩阵 $W_{ij} = W_{ji}$。

式(7.32) 也可写成

$$W_{ij} = \sum_{r=1}^{n} \frac{\Phi_{ir}\Phi_{jr}/m_r}{-\omega^2 + \omega_r^2 + \mathrm{j}2\xi_r\omega\omega_r} = \sum_{r=1}^{n} \frac{\Phi_{ir}\Phi_{jr}}{k_r} (\frac{1}{1 - (\omega/\omega_r)^2 + \mathrm{j}2\xi_r(\omega/\omega_r)}) \tag{7.34}$$

其中的 $\omega_r = \sqrt{\dfrac{k_r}{m_r}}$；$\xi_r = \dfrac{c_r}{2\sqrt{k_r m_r}} = \dfrac{c_r}{2\omega_r m_r}$。$\omega_r$ 和 ξ_r 分别是第 r 阶主模态 $\{\Phi_r\}$ 中的第 i 个元素，即结构以第 r 阶固有频率 ω_r 振动时第 i 个点的振幅。这样，就用 ω_r，ξ_r，m_r，k_r，Φ_{ir} 等五个模态参数表述了结构的动态响应（传递函数）或动力学模型。

由式(7.33) 和式(7.34) 可见，如若只需求取固有频率和模态阻尼比，则只要有一个传递函数就足够了。而若要求取模态振型，则应求出传递函数矩阵中的某一行或某一列。

前面已经提到，模态振型是一组幅值比，是反映各点之间幅值相对大小的一种表达方式。为了测量运算的方便，通常取一个基准值，定为1，并由此来确定各点幅值的相对数值。这个过程称为振型规格化。通常任选以下三种中的一种作为基准值：

1）取传递函数矩阵[W]中的对角线成分或取受激振力处的位移作为振型的基准值；

2）取 m_r 为振型的衡量标准，此时传递函数的形式变为

$$W_{ij} = \sum_{r=1}^{n} \frac{\Phi_{ir}\Phi_{jr}}{-\omega^2 + \omega_r^2 + j2\xi_r\omega\omega_r}$$

在这种情况下，$\{\Phi_r\}$ 是一组有量纲的确定值；

3）取 $\sqrt{\Phi_{1r}^2 + \Phi_{2r}^2 + \cdots + \Phi_{nr}^2} = 1$，该式的意义即为取 $\{\Phi_r\}$ 为单位向量；$\{\Phi_r\}^{\mathrm{T}}\{\Phi_r\} = 1$。

基准值一经选定，各模态参数便成为确定的量了。对1）和3）两种情况，模态振型是无量纲的，但模态刚度和模态质量都保持原有的量纲。传递函数不但有量纲，而且它的幅值与相位都不随上述基准值的变动而变动。

以上的讨论也适用于复模态的情况。当系统中存在结构阻尼时，相应的传递函数为

$$W_{ij} = \sum_{r=1}^{n} \frac{\Phi_{ir}\Phi_{jr}}{k_r[1 + jg_r] - \omega^2 m_r} = \sum_{r=1}^{n} \frac{\Phi_{ir}\Phi_{jr}/k_r}{1 - (\omega/\omega_r)^2 + jg_r} \tag{7.35}$$

此时可取 g_r 为基准值，即定 $g_r = 1$。此外，在实模态下1）和3）两种基准值的选取办法对复模态情况下仍然适用。

三、模态参数识别方法

对一个多自由度系统，如果通过动态测量得到准确的传递函数曲线，则根据此曲线能够识别系统的各阶模态参数。但是，由于试验的测量误差以及离散数据处理造成的误差，所得到的传递函数的曲线也包含了一定的偏差。在靠近曲线的峰值处和极值处，这种偏差可能更为严重，并对所识别的参数的准确性有直接的影响。因此，参数识别的最大问题在于如何找到最佳的或最接近真实的传递函数曲线。

对式(7.34)，令 $\frac{1}{k_e}\frac{\Phi_{ir}\Phi_{jr}}{k_r}$，$\bar{\omega} = \frac{\omega}{\omega_r}$，并用 $1 - (\omega/\omega_r)^2 - j2\xi_r(\omega/\omega_r)$ 乘等式右边的分子和分母，则该式变为

$$W_{ij} = \sum_{r=1}^{n} \frac{1}{k_e}\left[\frac{1 - \bar{\omega}_r^2}{(1 - \bar{\omega}_r^2)^2 + (2\xi_r\bar{\omega}_r)^2} - j\frac{2\xi_r\bar{\omega}_r}{(1 - \bar{\omega}_r^2)^2 + (2\xi_r\bar{\omega}_r)^2}\right] \tag{7.36}$$

如果系统或设备各阶固有频率相离较远，因而各阶模态的重叠影响较小，在这种情况下，各阶固有频率附近，系统的传递函数特性类似于一个单自由度系统。因此，式(7.36)可写成不同的第 r 阶振动的传递函数。

$$W_{ij,r} = \frac{1}{k_e}\left[\frac{1 - \bar{\omega}_r^2}{(1 - \bar{\omega}_r^2)^2 + (2\xi_r\bar{\omega}_r)^2} - j\frac{2\xi_r\bar{\omega}_r}{(1 - \bar{\omega}_r^2)^2 + (2\xi_r\bar{\omega}_r)^2}\right] \tag{7.37}$$

它的实部和虚部分别为：

$$W_{ij,r}^{R} = \frac{1}{k_e}\frac{1-\bar{\omega}_r^2}{(1-\bar{\omega}_r^2)^2+(2\xi_r\bar{\omega}_r)^2}$$

$$W_{ij,r}^{I} = \frac{1}{k_e}\frac{2\xi_r\bar{\omega}_r}{(1-\bar{\omega}_r^2)^2+(2\xi_r\bar{\omega}_r)^2} \tag{7.38}$$

式(7.37)用矢量表示为

$$W_{ij,r} = W_{ij,r}^{R} + \mathrm{j}W_{ij,r}^{I} = |W_{ij,r}|\mathrm{e}^{\mathrm{j}\Phi'} \tag{7.39}$$

前面讲过，传递函数是 ω 的函数。若令 ω 由 0 变到 ∞，则矢量的矢端在平面内移动形成了矢端轨迹图，称之为奈奎斯特图。

在式(7.38)中，将 $W_{ij,r}^{R}$ 和 $W_{ij,r}^{I}$ 中 $\bar{\omega}_r$ 消掉，可得矢端图的轨迹方程为

$$(W_{ij,r}^{R})^2 + (W_{ij,r}^{I} + \frac{1}{4\xi_r k_e\bar{\omega}_r})^2 = (\frac{1}{4\xi_r k_e\bar{\omega}_r})^2 \tag{7.40}$$

上式是半径为 $\frac{1}{4\xi_r k_e\bar{\omega}_r}$，圆心为 $(0, -\frac{1}{4\xi_r k_e\bar{\omega}_r)^2})$ 的圆的方程式。相应的圆如图 7.16 所示。该圆又称导纳圆。但是，由于其圆心的位置和半径都是 ω 的函数，因而就整体来说，它并不是一个圆。

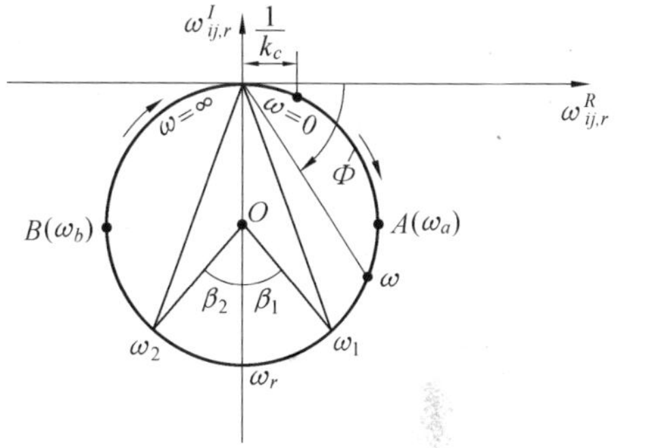

图 7.16　奈奎斯特图及其特殊点

从图 7.16 中可以看到，当 $\Phi' = -90°$ 时，$W_{ij,r}^{R} = 0$，振型由 $W_{ij,r}^{I}$ 来确定，此时 $\omega/\omega_r = 1$，各元素达到了各自的极值。对于 A、B 两点，相应的相角分别为 $-45°$ 及 $-135°$，该两点的矢量模均为 $\frac{1}{2\sqrt{2}\xi_r k_e\bar{\omega}_r}$，因此，这两点对应于幅频曲线的半功率点。

此外，如果在导纳圆上按相等的频率增量 $\Delta\omega$ 逐步标出 ω 值，则在谐振处相邻两点之间的距离 $\mathrm{d}s$ 为最大。

实验得到的奈奎斯特图，往往不是很理想的圆。应注意在谐振点附近取得尽可能多的实验数据，并根据这些数据，做出一个拟合圆来。在得到拟合圆之后，即可按以下步骤求出系统的动态参数。

1) 确定共振频率　实际系统的奈奎斯特图，其共振频率可能不落在与虚轴相交的弧上。这时，可根据“谐振点处相距两个等 $\Delta\omega$ 点之间的距离 $\mathrm{d}s$ 最大”的原则来确定 ω_r。

2) 确定模态阻尼比 ξ_r　因为 A、B 两点对应于半功率点，因此，由 A、B 两点的频率 ω_a、ω_b 即可确定 ξ_r：

$$\xi_r = \frac{1}{2}\frac{\omega_b^2 - \omega_a^2}{\omega_b^2 + \omega_a^2}$$

但有时 A、B 两点不易确定,这时最好利用谐振点附近两点的频率来确定模态阻尼比 ξ_r:

$$\xi_r = \frac{\omega_2^2 - \omega_1^2}{2\omega_r^2} \cdot \frac{1}{\mathrm{tg}\frac{1}{2}\beta_1 + \mathrm{tg}\frac{1}{2}\beta_2}$$

3) 确定 k_r　因为在 $\omega = \omega_r$ 处,导纳圆的直径等于 $1/(2\xi_r k_e)$,在求得 ξ_r 后,即可根据导纳圆的直径确定 k_r。

4) 确定模态质量 m_r 和模态刚度 k_r　由式(7.32)两边同乘以 jω,则有

$$\frac{\mathrm{j}\omega x_i}{F_j} = \frac{V_i}{F_j} = \sum_{r=1}^{n}\frac{\Phi_{ir}\Phi_{jr}}{c_r + \mathrm{j}(\omega m_r - k_r/\omega)} \tag{7.41}$$

在 r 阶固有频率 ω_r 附近,并且忽略邻接模态的影响时,可近似地认为

$$\frac{V_i}{F_j} = \frac{\Phi_{ir}\Phi_{jr}}{c_r + \mathrm{j}(\omega m_r - k_r/\omega)} \tag{7.42a}$$

或

$$\frac{F_j}{V_i} = \frac{c_r + \mathrm{j}(\omega m_r - k_r/\omega)}{\Phi_{ir}\Phi_{jr}} = \frac{c_r}{\Phi_{ir}\Phi_{jr}} + \mathrm{j}\frac{\omega m_r - k_r/\omega}{\Phi_{ir}\Phi_{jr}} \tag{7.42b}$$

若取激振点处的位移为振型基准值,则应取 $\Phi_{ir} = 1$,于是可得

$$\frac{V_i}{F_i} = \frac{1}{c_r + \mathrm{j}(\omega m_r - k_r/\omega)} \tag{7.42c}$$

和

$$\frac{F_i}{V_i} = c_r + \mathrm{j}(\omega m_r - \frac{k_r}{\omega}) \tag{7.42d}$$

式(7.42c)的奈氏图也是一个导纳圆,其直径为 $1/c_r$。因此,画出该导纳圆之后,由其直径的倒数即可求出 c_r,并且 c_r 就是式(7.42d)的实部,即

$$R_e(\frac{V_i}{F_i}) = c_r \tag{7.43a}$$

而式(7.42d)的虚部为

$$I_m(\frac{F_i}{V_i}) = m_r\omega - \frac{k_r}{\omega} \tag{7.43b}$$

由式(7.43b),可用最小二乘法求 m_r 和 k_r:

$$\sum_{l=1}^{n} E_i^2 = \sum_{l=1}^{n}\{m_r\omega_l - \frac{k_r}{\omega_l} - I_m(\frac{F}{V})_l\}^2$$

式中 l 表示测得曲线上的数据点。根据

$$\frac{\partial \sum_{l=1}^{n} E_i^2}{\partial m_r} = 0 \qquad \frac{\partial \sum_{l=1}^{n} E_i^2}{\partial k_r} = 0$$

可得

$$\begin{Bmatrix} m_r \\ k_r \end{Bmatrix} = \begin{bmatrix} \sum_{l=1}^{n} \omega_l^2 & -n \\ -n & \sum_{l=1}^{n} \frac{1}{\omega_l} \end{bmatrix}^{-1} \begin{Bmatrix} \sum_{l=1}^{n} I_m(\frac{F}{V})_l \cdot \omega_l \\ -\sum_{l=1}^{n} \frac{I_m(\frac{F}{V})_l}{\omega_l} \end{Bmatrix}$$

式中 n 为实验时的取值个数。

5) 确定固有模态振型　根据同样的道理，可知式(7.42b) 的实部为

$$R_e(\frac{F_j}{C_i}) = \frac{c_r}{\Phi_{ir}\Phi_{jr}} = \frac{c_r}{\Phi_{jr}} \tag{7.43c}$$

并且，该实部等于由式(7.42a) 所画出的导纳圆的直径的倒数，由此可以求出 Φ_{jr}。因此，只要将各点传递函数$\frac{V_i}{F_j}$的导纳圆都画出来，则可根据导纳圆的半径比求得固有模态振型

$$[1 \quad \Phi_{2r} \quad \Phi_{3r} \quad \cdots \quad \Phi_{nr}]^{\mathrm{T}}$$

以上所分析的是实模态的情况，而实际机械结构中的振动模态常常是复模态。现在研究具有结构阻尼的复模态情况。由式(7.29) 我们知道位移$\{X\}$为

$$\{X\} = \sum_{r=1}^{n} \frac{\{\Phi_r\}^{\mathrm{T}}\{F\}\{\Phi_r\}}{-\omega^2 m_r + k_r(1 + \mathrm{j}g_r)} \tag{7.44}$$

设$\{F\} = [0\cdots0 \quad F_j \quad 0\cdots0]^{\mathrm{T}}$，代入上式得

$$\{X\} = \sum_{r=1}^{n} \frac{\Phi_{jr}F_j\{\Phi_r\}}{-\omega^2 m_r + k_r(1 + \mathrm{j}g_r)}$$

$$x_i = \sum_{r=1}^{n} \frac{\Phi_{ir}\Phi_{jr}F_j}{-\omega^2 m_r + k_r(1 + \mathrm{j}g_r)}$$

由此得到传递函数的表达式为

$$\frac{x_i}{F_j} = \sum_{r=1}^{n} \frac{\Phi_{ir}\Phi_{jr}}{-\omega^2 m_r + k_r(1 + jg_r)} = \sum_{r=1}^{n} \frac{\Phi_{ir}\Phi_{jr}}{m_r\omega_r^2(1 - \bar{\omega}_r^2 + \mathrm{j}g_r)} \tag{7.45}$$

式中，Φ_{ir}、Φ_{jr} 为复变量。令

$$\Phi_{ir}\Phi_{jr}/\omega_r^2 m_r = U_{ijr} - V_{ijr} = R_{ijr}\mathrm{e}^{-\mathrm{j}\Phi_{ijr}}$$

则式(7.45) 可写成

$$\frac{x_i}{F_j} = \sum_{r=1}^{n} \frac{R_{ijr}\mathrm{e}^{-\mathrm{j}\Phi_{ijr}}}{1 - \bar{\omega}_r^2 + \mathrm{j}g_r)} \tag{7.46}$$

当 ω 在 ω_r 附近变化时，可以近似地认为传递函数只由 r 阶模态参数确定，即

$$\frac{x_i}{F_j} = \frac{R_{ijr}\mathrm{e}^{-\mathrm{j}\Phi_{ijr}}}{1 - \bar{\omega}_r^2 + \mathrm{j}g_r)} \tag{7.47}$$

在这种情况下，有四个模态参数，即 $\bar{\omega}_r, g_r, R_{ijr}, \Phi_{irj}$。

下面我们来看式(7.47) 的奈奎斯特图。该式由两个因子相乘，即

$$\frac{1}{1 - \bar{\omega}_r^2 + \mathrm{j}g_r} \cdot R_{ijr}\mathrm{e}^{-\mathrm{j}\Phi_{ijr}}$$

第一个因子的奈奎斯特图是一个圆：

$$x^2 + (y + \frac{1}{2g_r})^2 = (\frac{1}{2g_r})^2$$

该圆的中心在$(0, -1/2g_r)$，直径为 $1/g$，虚部幅值最大的点在虚轴上，该点处 $\bar{\omega}_r = 1$，见图(7.17a)。

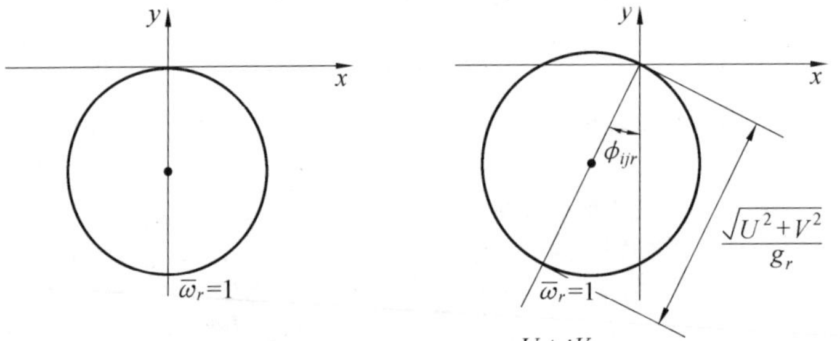

(a) $\frac{1}{1-\bar{\omega}_r^2+\mathrm{j}g_r}$ 的矢端轨迹　(b) $\frac{U+\mathrm{j}V}{1-\bar{\omega}_r^2+\mathrm{j}g_r}$ 的矢端轨迹

图 7.17　复模态情况下的奈奎斯特图

第二个因子即分子的影响有两个：① 使圆的直径放大 $R_{irj} = \sqrt{U_{irj}^2 + V_{ijr}^2}$ 倍；② 使整个圆绕坐标原点旋转了 Φ_{ijr} 角，如图 7.17(b) 所示。

如果我们根据实测结果得到了图 7.17(b) 所示的圆，也就是找出了该圆的圆心及半径，那么就可以：① 由过坐标原点的直径与圆的交点处的频率 ω_r 来确定固有频率ω_0，因为此处 $\bar{\omega}_r = \omega_r/\omega_0 = 1$；② 由该直径与虚轴的夹角来确定 Φ_{ijr}；③ $R_{iir} = \sqrt{U_{iir}^2 + V_{iir}^2}$ 为模态振型的基准值，则可由 x_i/F_i 模态圆的直径来确定 g_r；④ 由 x_i/F_j 的导纳圆的直径与 x_i/F_i 的导纳圆的直径来确定 R_{ijr}。

通过以上的分析计算，我们求出了确定结构动态响应的五个模态参数，利用它们可以建立结构的动力学模型。但是，按上述作法，需要测出每一阶模态的有关数据，工作量很大。同时，对于其中的高阶模态，无法用通常的实验设备和手段求解。

虽然机械结构在理论上是一个无限多自由度的系统，但实际上它的动态特性主要是由少数低阶模态所确定，即只要采用这些低阶模态就可以相当精确地表达它的动态特性。因此，分

析时只要通过实验和计算的办法确定少量的几阶主要模态，然后就可分析计算它们对整个系统的影响，而不必求出全部的模态参数。

前面讨论的方法，适用于各阶固有频率间频率数值相差很大、阻尼较小、各阶模态间重叠较小的情况。在这种情况下，求取某一阶的模态参数时，在该阶固有频率附近进行传递函数的曲线拟合，可以忽略其他模态的存在。而在各阶固有频率之间某一频段中有若干固有频率相距较近，或阻尼较大的情况下，邻接模态间的动态特性重叠较多。这时，在求取某一阶模态参数时，就不能不考虑其他各阶模态参数对所求频段传递函数的影响。为此，可以引入修正质量项和修正刚度项。

在实模态小阻尼的情况下，考虑邻近模态的影响后，传递函数的表达式为

$$\frac{x_i}{F_j} = \frac{\Phi_{ir}\Phi_{jr}}{k_r - \omega^2 m_r + \mathrm{j}\omega c_r} + R + \mathrm{j}I \tag{7.48}$$

修正项使导纳圆产生一个平移，如图 7.18 所示。当导纳圆上的频率和所研究的系统或设备的固有频率重合时，导纳的虚部最大。因而在圆的最下部，即虚部最大处的那一点的频率就是固有频率。

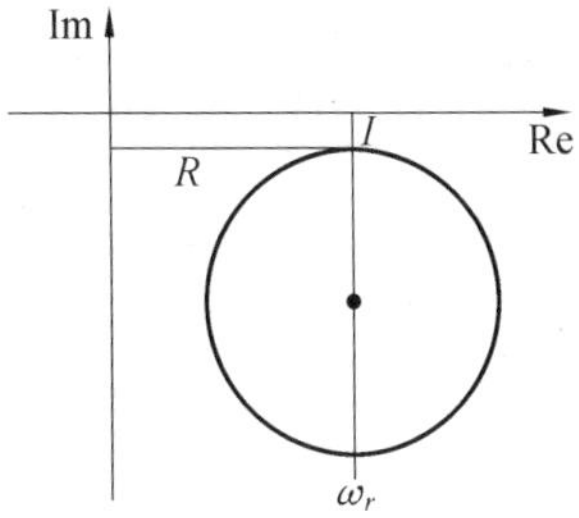

图 7.18　考虑修正项后的奈氏图

对于复模态系统，引入修正项后系统的传递函数为

$$\frac{x_i}{F_j} = \frac{U_{ijr} + \mathrm{j}V_{ijr}}{1 - \bar{\omega}_r^2 + \mathrm{j}g_r} + R + \mathrm{j}I$$

修正项使导纳圆既发生移动又发生转动，使固有频率 ω_r 将不在导纳圆的最下部，而应在 $\frac{\partial^2 \Phi}{\partial \omega^2}$ 的最大处。确定了导纳圆，找到了 ω_r 所对应的点之后，通过该点的直径与虚轴之间的夹角即为 Φ_{ijr}（顺时针为正值）：

$$\Phi_{ijr} = \mathrm{tg}^{-1}\frac{V_{ijr}}{U_{ijr}}$$

取 $R_{iir} = \sqrt{U_{iir}^2 + V_{iir}^2}$ 为模态振型幅值的基准值，则 x_i/F_i 的轨迹圆的半径为 $1/2g_r$，由此可以确定 g_r。由各点的传递函数轨迹圆的直径长度比确定模态振型的幅值比，结合 Φ_{ijr} 即可确定复模态振型。并且，一旦确定了导纳圆，$R + \mathrm{j}I$ 也随之确定。并据此求得修正项。

为了在多自由度的情况下更精确地求取某一阶的模态参数，只引入修正质量项和修正刚度项是不够的，为了做传递函数的拟合，还必须同时考虑适当多的邻近模态。

在实际工作中，对结构动态特性影响最大的是对应于固有频率在某一定频率范围内的那些模态。低于和高于这个频率范围内的低阶模态和高阶模态，其影响则是比较小的。如果考虑的频率范围足够宽，则低阶和高阶模态的影响可以忽略不计。必要时，处在扩展频段前面的各阶模态，以修正质量项来考虑其影响；而在该频段以后的各阶模态，则以修正刚度项来考虑其影响。在图 7.19 中，$\omega_{n1} < \omega_r < \omega_{n2}$ 为起主要作用的频带。

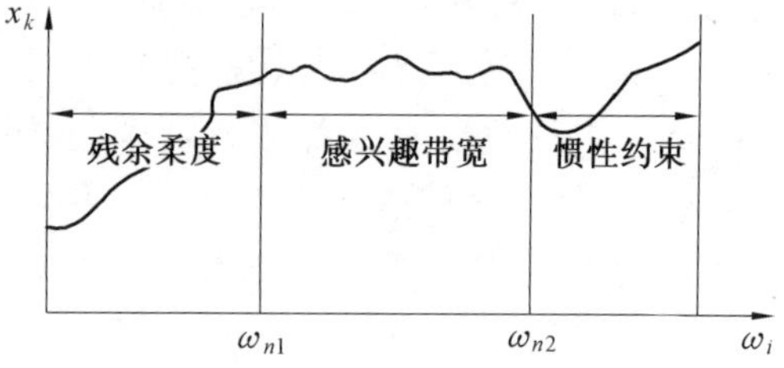

图 7.19　位移和频率关系图

在实模态的情况下，考虑多个模态的传递函数表达式为

$$\frac{x_i}{F_j} = -\frac{Y_{ij}}{\omega^2} + \sum_{r=1}^{n} \frac{\Phi_{ir}\Phi_{jr}/m_r}{\omega_r^2 - \omega^2 + j2\xi_r\omega_r\omega} + z_{ij} \tag{7.49}$$

模态参数为：$\Phi_{ir}\Phi_{jr}/m_r, \omega_r, \xi_r, Y_{ij}, z_{ij}(r = 1,2,\cdots,n; i,j = 1,2,\cdots,n)$

在复模态的情况下，考虑多个模态的传递函数表达式为

$$\frac{x_i}{F_j} = -\frac{Y_{ij}}{\omega^2} + \sum_{r=1}^{n} \frac{\Phi_{ir}\Phi_{jr}/m_r}{\omega_r^2 - \omega^2 + jg_r\omega_r^2} + z_{ij} \quad (r = 1,2,\cdots,n; i,j = 1,2,\cdots,n) \tag{7.50}$$

模态参数为：$\Phi_{ir}\Phi_{jr}/m_r, \omega_r, \xi_r, Y_{ij}, z_{ij}$。以上各式中，$n$ 为待求的模态数。

对于多模态曲线，运用最小二乘法的有关公式进行模态参数的计算。例如对于结构阻尼，首先采用图解法得到 ω_r 和 g_r 的初始值；而模态参数中的 $Y_{ij}, \Phi_{ij}, m_r, z_{ij}$ 是线性项，在 ω_r 和 g_r 给定的情况下，可以用最小二乘法直接求出；然后，利用求出的 $Y_{ij}, \Phi_{ij}\Phi_{jr}/m_r$，和 z_{ij} 反回去经过迭代算出最佳的 ω_r 和 g_r；最后再用最小二乘法算出其余的模态参数。

四、结构物理参数的确定

确定物理参数对于改进结构性能是很重要的。通常，所能识别的模态总是有限的，因而确定的物理参数的阶数也是有限的。如果测试的测点数和求得的模态数相等，对于实模态，则有

$$[m_r] = [\Phi]^T[M][\Phi]$$

于是物理质量即可由下式确定

$$[M] = ([\Phi]^T)^{-1}[m_r][\Phi]^{-1}$$

但是，一般情况下，测试时的测点数往往不等于模态数，最好是能多于模态数，这时 $[\Phi]$ 不是方阵，应该用广义求逆的方法来求物理质量，即

$$[M]_{N\times N} = ([\Phi][\Phi]^T)^{-1}[\Phi][m_r][\Phi]^T([\Phi][\Phi]^T)^{-1} \tag{7.51}$$

式中，$[\Phi]$ 为 m 列 N 行的矩阵；N 为模态数；m 为测点数，一般 $m \geqslant N$。

该方法同样可用于求 $[K]$ 和 $[C]$。

对于复模态的情况

$$[\Psi]^T[A][\Psi] = [a_r]$$

式中

$$[\Psi] = \begin{bmatrix} [\Phi] & [0] \\ [\Phi] & [\Lambda] \end{bmatrix}_{2N\times 2N} \quad [A] = \begin{bmatrix} [C] & [M] \\ [M] & [0] \end{bmatrix}_{2N\times 2N}$$

当测点数大于模态数，即 $m > N$ 时，用下式来计算物理参数[C]和[M]：

$$\begin{bmatrix} [C] & [M] \\ [M] & [0] \end{bmatrix} = ([\Psi][\Psi]^{\mathrm{T}})^{-1}[\Psi][a_r][\Psi]^{\mathrm{T}}([\Psi][\Psi]^{\mathrm{T}})^{-1} \tag{7.52}$$

同理可得计算[K]的公式：

$$\begin{bmatrix} [K] & [0] \\ [0] & -[M] \end{bmatrix} = ([\Psi][\Psi]^{\mathrm{T}})^{-1}[\Psi][b_r][\Psi]^{\mathrm{T}}([\Psi][\Psi]^{\mathrm{T}})^{-1} \tag{7.53}$$

7.3　模态综合方法

前面所讲的动态分析方法是以对实际系统的试验和测试为基础，并采用适当的数学模型进行分析和计算，从而具有一定的科学依据和可靠性。但是，对一个大型的复杂系统，由于试验和计算的方法、手段的限制，用上述办法只能进行一些定性的分析和比较，而且没有把握。因而，在实际结构设计时仅能作一些粗略的、原则性的考虑，无法寻求出一个经济、合理并能满足预先给定要求的结构。

随着科学技术的发展，对系统动态分析的要求越来越高了，因而对分析计算提出了一些新问题：

(1) 因为有些大型复杂系统是由许多子系统装配而成的，而各个子系统又是在不同的部门和不同的时间设计、生产的。这样，就给整个系统的计算分析和振动测试造成了很大的困难。这就要求我们寻求在分别对各个子系统或部件进行动态分析的基础上，就能计算出整个结构系统的动态特性的方法。

(2) 由于大型复杂系统是由若干个子系统组成的，这就要求能够计算出各个子系统在整个系统的动态特性中所占的比重。或者，如果当整个系统的动态特性不能满足预期的要求时，则应知道如何修改某一个子系统，并且使其只用较少的计算量就能修改整个系统的计算。这样才能为系统设计的方案论证阶段和最优化设计阶段提供方便。

(3) 对一些大型复杂结构，需要分析其动态特性和外界激励的响应。如果用一个很精细的有限元模型来描述它，那将使我们面临着下述一系列的问题：例如，方程的阶数很高，超出了计算机的容量，使计算无法进行；或者即使计算机能够运算，但是计算所需的时间很长，费用昂贵、支付困难，并延长了完成工程所需要的时间。这就给我们提出了一个问题，即如何寻找一个分析精度高、计算时间短、计算费用低的计算方法。

基于以上各方面的考虑，自 20 世纪 40 年代以来，很多人都在致力于系统动态特性的子结构分析方法的研究，并提出了模态综合的构想。到了 20 世纪 60 ~ 70 年代，随着结构矩阵分析的发展以及模态坐标这一概念的提出和数字计算机的应用，使模态综合这一系统动态分析的子结构方法得到了进一步的发展和完善。

模态综合法的基本思想是：首先，按照工程观点和结构（系统）的几何特点将整个结构划分为若干个子结构;其次,建立子结构的运动方程,进行子结构的模态分析;再次,将子结构的运动方程变为模态方程,在模态坐标下将各个子结构进行模态综合,从而计算整个结构系统的模态;最后,再返回到原物理坐标,以再现整机结构的动态特性。它的主要特点是:第一,通过求解若干个小型的特征值问题来取代计算大型的特征值问题;第二,对于不同的子结构还可以采用不同的方法来进行分析。例如,有些子结构目前还不宜采用计算的方法直接分析,则采用实验的方法测出它的动态特性。

根据子结构的不同划分原则、子结构界面参数的不同处理、模态坐标的不同选择以及进行综合的不同方法,模态综合可以分为很多种类型。目前应用比较多的是固定界面模态综合法和自由界面模态综合法。下面具体介绍这两种方法的基本原理和步骤。

一、固定界面模态综合法

固定界面模态综合法首先是在 1960 年由 Hurty W.C. 提出来的,又称约束模态综合法。它是模态综合技术中最早发展的方法之一。由于它具有独特的可取之处,使其成为强有力的模态综合法之一。下面说明其具体步骤。

1. 划分子结构

为了便于说明问题,现在把一个结构系统简单地划分为 a,b 两个子结构,如图 7.20 所示。把 a,b 两个子结构相互联接的界面固定起来,这样,就形成了两个完全独立的子结构系统。

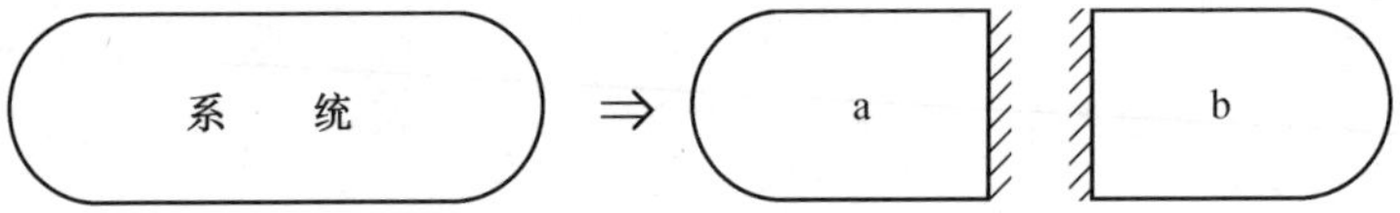

图 7.20　划分固定界面子结构

2. 子结构的模态矩阵

子结构 a 和 b 的位移向量

$$\{X_a\} = \begin{Bmatrix} X_a^B \\ X_a^I \end{Bmatrix} \quad \{X_b\} = \begin{Bmatrix} X_b^B \\ X_b^I \end{Bmatrix} \tag{7.54}$$

式中,$\{X_a^B\}$ 和 $\{X_b^B\}$ 分别为 a,b 子结构界面的位移向量;$\{X_a^I\}$ 和 $\{X_b^I\}$ 分别为 a,b 子结构内部的位移向量。

两个子结构的特征方程分别为

$$[K_a]\{X_a\} = \omega_a^2[M_a]\{X_a\}$$

和

$$[K_b]\{X_b\} = \omega_b^2[M_b]\{X_b\}$$

式中,$[K_a]$ 和 $[K_b]$ 分别为子结构 a,b 的刚度矩阵;$[M_a]$ 和 $[M_b]$ 分别为子结构 a,b 的质量矩阵;ω_a 和 ω_b 分别为子结构 a,b 的固有频率。通过子结构的特征方程可解出子结构的固有频率 ω_a,ω_b 和模态振型$[\Phi_a^N]$,$[\Phi_b^N]$。

子结构的约束模态振型$[\Phi_a^C]$,$[\Phi_b^C]$是子结构静变形的模态振型。它是把子结构的连接界面上被约束的某一个自由度,给予一个单位位移,这时子结构的静变形就是一个约束模态向量。分别逐个地给各个被约束的界面自由度以单位位移,就可得到约束模态振型矩阵,它的列数与界面上被约束的自由度数相等。下面仅以子结构 a 为例说明约束模态振型的计算方法。根据约束模态的定义,它应满足下面的静力方程

$$[K_a]\{\Phi_a^C\} = \{f_a^C\} \tag{7.55}$$

式中,$\{f_a^C\}$是为产生约束模态$\{\Phi_a^C\}$而在子结构上施加的外力。

式(7.55)可按在结构的界面自由度和内部自由度写成如下的分块矩阵的形式

$$\begin{bmatrix} K_a^{BB} & K_a^{BI} \\ K_a^{IB} & K_a^{II} \end{bmatrix}\begin{Bmatrix} \Phi_a^{CB} \\ \Phi_a^{CI} \end{Bmatrix} = \begin{Bmatrix} f_a^{CB} \\ f_a^{CI} \end{Bmatrix} \tag{7.56}$$

式中,$[\Phi_a^{CB}]$为约束模态振型的界面分量;$[\Phi_a^{CI}]$为约束模态振型的内部分量;$\{f_a^{CB}\}$为外力的界面分量;$\{f_a^{CI}\}$为外力的内部分量。

根据约束模态振型的定义,可知:

$$[\Phi^{CB}] = [I], \quad \{f_a^{CI}\} = 0$$

将上两式代入式(7.56)中,可得

$$\begin{bmatrix} K_a^{BB} & K_a^{BI} \\ K_a^{IB} & K_a^{II} \end{bmatrix}\begin{Bmatrix} I \\ \Phi_a^{CI} \end{Bmatrix} = \begin{Bmatrix} f_a^{CB} \\ 0 \end{Bmatrix}$$

从上方程组的第二式可以导出

$$[K_a^{IB}] + [K_a^{II}]\{\Phi_a^{CI}\} = 0$$

所以

$$[K_a^{II}]\{\Phi_a^{CI}\} = -[K_a^{IB}]$$

可将其扩展为

$$\left[\begin{array}{c:c} I & 0 \\ \hdashline 0 & K_a^{II} \end{array}\right]\begin{Bmatrix} I \\ \vdots \\ \Phi_a^{CI} \end{Bmatrix} = \begin{Bmatrix} I \\ \vdots \\ -K_a^{IB} \end{Bmatrix}$$

即

$$[\bar{K}_a]\{\Phi_a^C\} = \{\bar{f}_a^C\} \tag{7.57}$$

式中

$$[\bar{K}_a] = \left[\begin{array}{c:c} I & 0 \\ \hdashline 0 & K_a^{II} \end{array}\right] \quad \{\Phi_a^C\} = \begin{Bmatrix} I \\ \vdots \\ \Phi_a^{CI} \end{Bmatrix} \quad \{\bar{f}_a^C\} = \begin{Bmatrix} I \\ \vdots \\ -K_a^{IB} \end{Bmatrix}$$

通过解方程(7.57),就可以计算出约束模态振型$\{\Phi_a^C\}$(即$[\Phi_a^C]$)。类似地可计算出子结构 b 的约束模态振型$[\Phi_b^C]$。

把子结构的主模态振型矩阵分为高阶分量$[\Phi_a^g]$,$[\Phi_b^g]$和低阶分量$[\Phi_a^d]$,$[\Phi_b^d]$两部分,即

$$[\Phi_a^N] = [\Phi_a^d \quad \Phi_a^g] \qquad [\Phi_b^N] = [\Phi_b^d \quad \Phi_b^g] \tag{7.58}$$

上节中已经讲过,在系统中动态特性主要是由少数的一些低阶模态所决定的,只要应用这些低阶模态就可以相当精确地表达它的动态特性。因此,在主模态振型中略去它的高阶分量,只保留其低阶分量,即令

$$[\Phi_a^N] = [\Phi_a^d] \qquad [\Phi_b^N] = [\Phi_b^d] \tag{7.59}$$

把子结构的约束模态振型和主模态振型结合起来,就得到子结构的模态振型矩阵

$$[\Phi_a] = [\Phi_a^C \quad \Phi_a^d] \qquad [\Phi_b] = [\Phi_b^C \quad \Phi_b^d] \tag{7.60}$$

模态振型矩阵的行数等于子结构的自由度数,它的列数等于连接界面被约束的自由度数加被保留的主模态数。

3. 子结构模态坐标变换

设用物理坐标表达的子结构运动方程为

$$\begin{aligned}[][M_a]\{\ddot{X}_a\} + [C_a]\{\dot{X}_a\} + [K_a]\{X_a\} &= \{f_a\} \\ [M_b]\{\ddot{X}_b\} + [C_b]\{\dot{X}_b\} + [K_b]\{X_b\} &= \{f_b\}\end{aligned} \tag{7.61}$$

式中,$[C_a]$和$[C_b]$分别为子结构 a,b 的阻尼矩阵;$\{f_a\}$和$\{f_b\}$分别为子结构 a,b 的外力向量。

利用上节的模态坐标变换方法,可以得到模态坐标下的子结构运动方程为

$$\begin{aligned}[][\bar{M}_a]\{\ddot{q}_a\} + [\bar{C}_a]\{\dot{q}_a\} + [\bar{K}_a]\{q_a\} &= \{f_a\} \\ [\bar{M}_b]\{\ddot{q}_b\} + [\bar{C}_b]\{\dot{q}_b\} + [\bar{K}_b]\{q_b\} &= \{f_b\}\end{aligned} \tag{7.62}$$

式中

$$\begin{aligned}[][\bar{M}_a] &= [\Phi_a]^T[M_a][\Phi_a] \qquad & [\bar{M}_b] &= [\Phi_b]^T[M_b][\Phi_b] \\ [\bar{C}_a] &= [\Phi_a]^T[C_a][\Phi_a] & [\bar{C}_b] &= [\Phi_b]^T[C_b][\Phi_b] \\ [\bar{K}_a] &= [\Phi_a]^T[K_a][\Phi_a] & [\bar{K}_b] &= [\Phi_b]^T[K_b][\Phi_b] \\ \{\bar{f}_a\} &= [\Phi_a]^T\{f_a\} & \{\bar{f}_b\} &= [\Phi_b]^T\{f_b\}\end{aligned}$$

由于模态坐标变换的过程就是将子结构的物理坐标空间向其子空间投影的过程,这样就使原来维数较高的空间问题转换为维数较低的空间问题。经过这种变换,质量矩阵、阻尼矩阵、刚度矩阵分别变为模态坐标下的减缩质量矩阵、减缩阻尼矩阵和减缩刚度矩阵。

4. 结构系统运动方程

子结构 a,b 的运动方程可以写成如下形式:

$$\begin{bmatrix}\bar{M}_a & 0 \\ 0 & \bar{M}_b\end{bmatrix}\begin{Bmatrix}\ddot{q}_a \\ \ddot{q}_b\end{Bmatrix} + \begin{bmatrix}\bar{C}_a & 0 \\ 0 & \bar{C}_b\end{bmatrix}\begin{Bmatrix}\dot{q}_a \\ \dot{q}_b\end{Bmatrix} + \begin{bmatrix}\bar{K}_a & 0 \\ 0 & \bar{K}_b\end{bmatrix}\begin{Bmatrix}q_a \\ q_b\end{Bmatrix} = \begin{Bmatrix}\bar{f}_a \\ \bar{f}_b\end{Bmatrix}$$

或简写为

$$[\bar{M}]\{\ddot{q}\} + [\bar{C}]\{\dot{q}\} + [\bar{K}]\{q\} = \{\bar{f}\} \tag{7.63}$$

式中

$$[\bar{M}] = \begin{bmatrix} \bar{M}_a & 0 \\ 0 & \bar{M}_b \end{bmatrix} \qquad [\bar{C}] = \begin{bmatrix} \bar{C}_a & 0 \\ 0 & \bar{C}_b \end{bmatrix}$$

$$[\bar{K}] = \begin{bmatrix} \bar{K}_a & 0 \\ 0 & \bar{K}_b \end{bmatrix} \qquad \{\bar{f}\} = \begin{Bmatrix} \bar{f}_a \\ \bar{f}_b \end{Bmatrix} \qquad \{q\} = \begin{Bmatrix} q_a \\ q_b \end{Bmatrix}$$

因为两个子结构连接界面的位移是互相有联系的,即它们应当满足位移的连续条件:

$$\{X_a^B\} = \{X_b^B\} \tag{7.64}$$

为了找出模态坐标$\{q_a\}$与$\{q_b\}$之间的相容关系,先把$[\Phi_a]$和$[\Phi_b]$写成分块矩阵的形式,以子结构 a 为例,即得

$$\begin{Bmatrix} X_a^B \\ X_a^I \end{Bmatrix} = \begin{bmatrix} I & \Phi_a^{NB} \\ \Phi_a^{CI} & \Phi_a^{NI} \end{bmatrix} \begin{Bmatrix} q_a^B \\ q_b^I \end{Bmatrix} \tag{7.65}$$

由于主模态振型在界面上的分量等于零,即

$$[\Phi_a^{NB}] = [0]$$

所以可得　$\{X_a^B\} = \{q_a^B\}$

同理可得　$\{X_b^B\} = \{q_b^B\}$

因为　$\{X_a^B\} = \{X_b^B\}$

因此,界面位移连续条件又可写为

$$\{q_a^B\} = \{q_b^B\}$$

也就说明$\{q_a^B\}$和$\{q_b^B\}$是非独立的坐标。只有将模态坐标$\{q\}$中的这些非独立成分去掉,才能得到独立的模态坐标$\{\bar{q}\}$。$\{\bar{q}\}$与$\{q\}$的变换关系如下

$$\{\bar{q}\} = [\beta]^T\{q\} \tag{7.67}$$

式中

$$\{q\} = \begin{Bmatrix} q_a^B \\ q_a^I \\ q_b^B \\ q_b^I \end{Bmatrix} \qquad \{\bar{q}\} = \begin{Bmatrix} q_a^B \\ q_a^I \\ q_b^I \end{Bmatrix} \qquad [\beta] = \begin{bmatrix} I & 0 & 0 \\ 0 & I & 0 \\ 0 & 0 & 0 \\ 0 & 0 & I \end{bmatrix}$$

$$\{q^B\} = \{q_a^B\} = \{q_b^B\}$$

经过式(7.67)的变换,得到独立的模态坐标$\{\bar{q}\}$。于是方程(7.63)就可变换为结构系统的运动方程

$$[M]\{\ddot{\bar{q}}\} + [C]\{\dot{\bar{q}}\} + [K]\{\bar{q}\} = \{F\} \tag{7.68}$$

式中

$$[M] = [\beta]^T[\bar{M}][\beta] \qquad [C] = [\beta]^T[\bar{C}][\beta]$$

$$[K] = [\beta]^T[\bar{K}][\beta] \qquad [F] = [\beta]^T[\bar{f}]$$

其中,$[M]$,$[C]$,$[K]$是在独立的模态坐标下,结构系统的质量矩阵、阻尼矩阵和刚度矩阵。用方程(7.68)就可进行结构系统的动态分析。

如果要计算结构系统的固有频率和主模态，把式(7.68)中的阻尼矩阵和外力列阵忽略掉，就可得到

$$[M]\{\ddot{\bar{q}}\} + [K]\{\bar{q}\} = \{0\}$$

相应的特征方程为

$$[K]\{\bar{q}\} = \omega^2[M]\{\bar{q}\} \tag{7.69}$$

通过解方程(7.69)，就可得到整个系统的固有频率 ω 和模态坐标向量$\{\bar{q}\}$。在此基础上，再进行模态分析，就可以求得该系统的其他模态参数。

之后，参照式(7.67)，由$\{\bar{q}\}$可以求得$\{q\}$

$$\{q\} = [\beta]\{\bar{q}\}$$

再参照式(7.65)，即可求出每个子结构在物理坐标下的振型。

二、自由界面的模态综合法

我们前面介绍了固定界面的模态综合法。可以看到，它的约束模态数等于连接界面的自由度数，这就限制了模态坐标数进一步减缩。因此，对于多子结构和多界面自由度的结构并不能充分缩减整体运动方程的阶数。另外，约束模态综合法很难与实验方法相结合。为了克服上述不足，人们提出了自由界面的模态综合法，它将整体结构人为地划分为几个子结构，连接界面完全释放为自由界面。它更符合当前动态测试要求，便于和实验方法、结合面参数测试等手段相结合，是解决大型复杂系统动态分析以及优化设计的基础。下面就来介绍这种方法。

我们把一个结构系统分割为如图7.21所示的a，b两个子结构，并以这种简单的情况为例来进行说明。

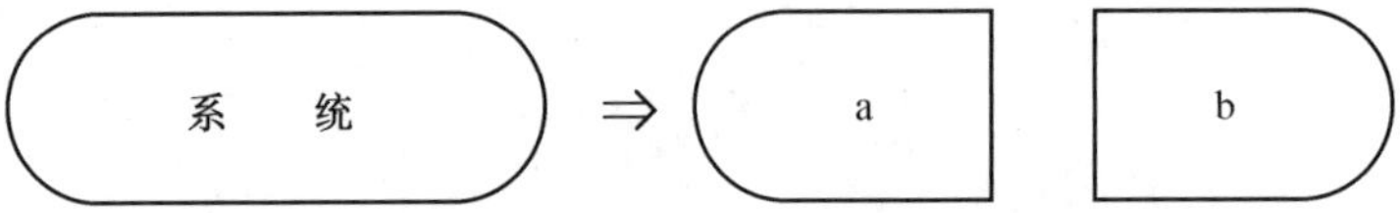

图7.21　划分自由界面子结构

当把系统分割为两个子结构后，解除连接界面之间的全部连接约束，使界面上的自由度除了外界的约束以外，成为完全自由的。

子结构的位移向量为

$$\{X_a\} = \begin{Bmatrix} X_a^B \\ X_a^I \end{Bmatrix} \qquad \{X_b\} = \begin{Bmatrix} X_b^B \\ X_b^I \end{Bmatrix} \tag{7.70}$$

式中，$\{X_a^B\}$和$\{X_b^B\}$分别为子结构a，b界面的位移向量；$\{X_a^I\}$和$\{X_b^I\}$分别为子结构a，b内部的位移向量。

子结构的特征方程为

$$[K_a]\{X_a\} = \omega_a^2[M_a]\{X_a\}$$

$$[K_b]\{X_b\} = \omega_b^2[M_b]\{X_b\}$$

同固定界面的模态综合法一样,我们可以得到子结构的模态矩阵为

$$[\Phi_a] = [\Phi_a^{Nd}] \qquad [\Phi_b] = [\Phi_b^{Nd}]$$

子结构的运动方程为

$$\begin{aligned} [M_a]\{\ddot{X}_a\} + [C_a]\{\dot{X}_a\} + [K_a]\{X_a\} &= \{f_a\} \\ [M_b]\{\ddot{X}_b\} + [C_b]\{\dot{X}_b\} + [K_b]\{X_b\} &= \{f_b\} \end{aligned} \tag{7.71}$$

经过模态坐标变换,方程(7.71)可写成如下形式

$$[\bar{M}]\{\ddot{q}\} + [\bar{C}]\{\dot{q}\} + [\bar{K}]\{q\} = \{\bar{f}\} \tag{7.71a}$$

式中

$$[\bar{M}] = \begin{bmatrix} [\Phi_a]^T[M_a][\Phi_a] & 0 \\ 0 & [\Phi_b]^T[M_b][\Phi_b] \end{bmatrix}$$

$$[\bar{C}] = \begin{bmatrix} [\Phi_a]^T[C_a][\Phi_a] & 0 \\ 0 & [\Phi_b]^T[C_b][\Phi_b] \end{bmatrix}$$

$$[\bar{K}] = \begin{bmatrix} [\Phi_a]^T[K_a][\Phi_a] & 0 \\ 0 & [\Phi_b]^T[K_b][\Phi_b] \end{bmatrix}$$

$$\{q\} = \begin{Bmatrix} q_a \\ q_b \end{Bmatrix} \qquad \{\bar{f}\} = \begin{Bmatrix} [\Phi_a]^T\{f_a\} \\ [\Phi_b]^T\{f_b\} \end{Bmatrix}$$

两个子结构连接界面的位移应当满足连续条件

$$\{X_a^B\} = \{X_b^B\} \tag{7.72}$$

把式(7.70)进行模态坐标变换,得

$$\begin{Bmatrix} X_a^B \\ X_a^I \end{Bmatrix} = \begin{bmatrix} \Phi_a^{BB} & \Phi_a^{BI} \\ \Phi_a^{IB} & \Phi_a^{II} \end{bmatrix} \begin{Bmatrix} q_a^B \\ q_a^I \end{Bmatrix} \quad 和 \quad \begin{Bmatrix} X_b^B \\ X_b^I \end{Bmatrix} = \begin{bmatrix} \Phi_b^{BB} & \Phi_b^{BI} \\ \Phi_b^{IB} & \Phi_b^{II} \end{bmatrix} \begin{Bmatrix} q_b^B \\ q_b^I \end{Bmatrix}$$

将上面两个方程组的第一个式子代入式(7.72),可得

$$\{q_a^B\} = -[\Phi_a^{BB}]^{-1}[\Phi_a^{BI}]\{q_a^I\} + [\Phi_a^{BB}]^{-1}[\Phi_b^{BB}]\{q_b^B\} + [\Phi_a^{BB}]^{-1}[\Phi_b^{BI}]\{q_b^I\}$$

因此,独立的模态坐标$\{\bar{q}\}$与$\{q\}$的关系为

$$\{\bar{q}\} = [\beta]^T \cdot \{q\} \tag{7.73}$$

式中

$$\{q\} = \begin{Bmatrix} q_a^B \\ q_a^I \\ q_b^B \\ q_b^I \end{Bmatrix} \quad \{\bar{q}\} = \begin{Bmatrix} q_a^I \\ q_b^B \\ q_b^I \end{Bmatrix} \quad [\beta] = \begin{bmatrix} -[\Phi_a^{BB}]^{-1}[\Phi_a^{BI}] & [\Phi_a^{BB}]^{-1}[\Phi_b^{BB}] & [\Phi_a^{BB}]^{-1}[\Phi_b^{BI}] \\ I & 0 & 0 \\ 0 & I & 0 \\ 0 & 0 & I \end{bmatrix}$$

将公式(7.71a)经过变换,即可得到综合后的结构系统运动方程

$$[M]\{\ddot{\bar{q}}\} + [C]\{\dot{\bar{q}}\} + [K]\{\bar{q}\} = \{F\} \tag{7.74}$$

式中

$$[M] = [\beta]^T[\bar{M}][\beta] \qquad [C] = [\beta]^T[\bar{C}][\beta]$$

$$[K] = [\beta]^T[\bar{K}][\beta] \qquad [F] = [\beta]^T[\bar{f}]$$

目前,自由界面模态综合法已被广泛应用于许多领域,如航天飞机、导弹、宇宙飞船、旋转机械(如多级柔性转子)、汽轮机叶片、空间框架、船舶、汽车、机床、厂房地震响应的结构动态分析中,它已成为大型复杂结构动态特性分析的一种行之有效的方法。图 7.22 为用 FORTRAN 语言编制的自由界面模态综合法的框图。在该程序中,引入了三对角化降阶法,以提高计算速度和精度,并对整体非耦合系统的广义参数的存贮作了新的改进,大大减少了存贮量。

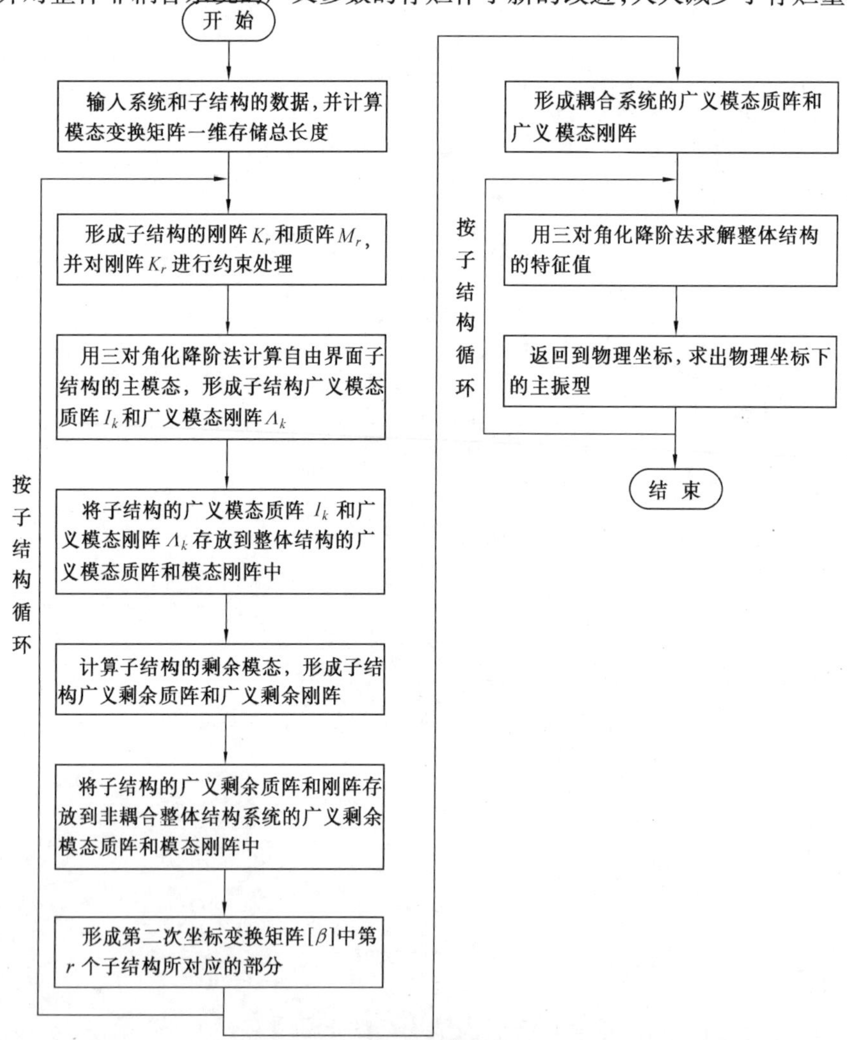

图 7.22 自由界面模态综合法程序框图

下面举一个计算例子。

图 7.23(a) 是一个一端固支的厚度为 2.54 mm,宽度为 2.54 mm,长度为 5.08 mm 的矩形板。为了减化分析计算,把它对称均分为 8 个小正方形板,即各个正方形板均为 1.27 × 1.27 mm^2。图 7.23(b) 是划分成两个子结构后的简图,其中一个是一端固支、一端自由的子结构,另一个是两端皆自由的自由 — 自由子结构。计算所需的其他参数分别是:

弹性模量 $E = 2.1 \times 10$ N/m;

波桑比 $\mu = 0.3$。

薄板的前三个频率及其和用其他方法计算出的结构比较见表 7.1。

表 7.1　薄板的前三个频率及其和用其他方法计算出的结果比较表

模　态	上述的方法	有限元方法	理论值
1	844.46	856.37	846
2	3 473.76	3 938.04	3 638
3	5 137.00	5 115.37	5 266

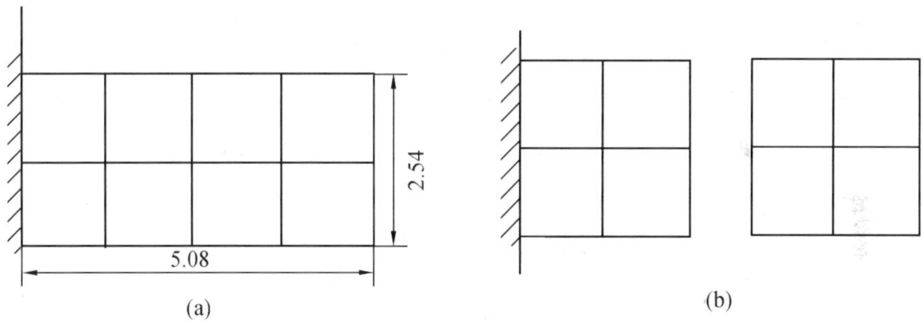

图 7.23　矩形板剖分简图

习　题

1. 机械系统或结构的动力学特性对其工作性能有什么影响?

2. 采用传递函数分析方法求解机械系统或结构的动力学特性有什么优点,需要哪些前提条件?

3. 请具体说明模态分析法和模态综合法的思路与方法以及两者之间的区别。

4. 在采用模态分析法求解机械系统或结构的动力学特性时,要处理系统在物理坐标下的动力学特性向模态坐标的转换问题。请说明其转换方法及相关的模态参数。

5. 简述模态参数的识别方法。

第八章　反求工程设计

8.1 概　　述

一、什么是“反求工程”

20 世纪五六十年代，新中国建国之初，我国工业特别是重工业基础薄弱，设备陈旧落后。我们采取了“引进、消化、吸收”的仿制方式，自行研制了一大批各种机械设备，逐步建立起我国自己的工业基础。它们对我国日后自力更生形成自己的工业体系，不断提高各类机器设备的自行设计和制造能力起了重要作用。

当时通过引进、消化、吸收的方式进行机器设备的仿制，实际上就是“测绘”所瞄准的引进设备，把它完全拆卸开来，对其组成的零、部件一件一件地进行尺寸测量，根据技术人员的经验和分析试验，制订加工制造的各项技术要求。在此基础上，再一件一件地自行加工制造、组装、调试和通过实际试用，再逐步改进和创新，最后定型。这整个“测绘”过程，除了涉及相关专业的方方面面的知识，包括所测绘机器设备的工作原理、基本技术性能、功能范围等基本知识外，还要掌握该类机器设备的传统设计方法和具体技术以及制造、装配、使用维护等。对有些自动化程度高、精度水平高的机器，还需要掌握相关的自动化技术、精密机械设计、加工和测量技术以及它们的发展趋势。

可以看出，即使仅就上述所涉及的知识和技术而言，组织这样的研制过程就是一个系统工程，是一种从原样机实施的“反求工程”，是一种逆向推理的设计。因此，可以说，在我国，反求工程起源于 20 世纪 60 年代。目前，我国反求工程的相关技术已经趋于成熟。

综上所述，对于反求工程，我们可以做出如下的描述。

反求工程是针对消化吸收先进技术的一系列分析方法和技术的综合。应用反求技术可以探索先进产品设计的指导思想，分析产品的原理方案，掌握相关的关键技术。

通过一台具体的机器设备的反求设计实践，例如，应用系统设计中的“黑箱”破解技术就可确定机器的自动化控制方式；应用有限元分析可以确定诸如重型机器的框架、床身、立柱的设计参数等，可以看出，当今时代的反求工程离不开现代设计方法和技术。当然，在确定关键技术方面，技术人员的实践经验也是十分重要的。

二、反求工程的类型

这里所说的反求工程实际上是综合应用科学的方法论，如设计方法学及其相关的具体设计方法，对整台机器设备及其组成的零、部件进行逆向推理的设计过程。这里将会遇到大到整台机器设备，小到某一个具体零件的实物反求或影像反求。

影像反求是根据某产品图片、录像、产品介绍说明等资料进行反求设计。

除了实物和影像反求以外，还有一项重要的反求内容就是与机器设备相配套的技术资料或技术文件。如果把实物看成是“硬件”，那么相对于实物而言，技术文件可以称做“软件”。为了避免和一般意义的计算机名词相混淆，我们采用“技术文件”一词。机器设备的技术文件有两类。第一类是通过测绘而整理出来的与所测绘的机器设备配套的技术资料。这类技术资料我们称为具有自主知识产权的“国产化”的技术文件。它们将是该产品制造、改进、创新的原始依据。第二类技术文件则是指直接从国外或国内引进的不包括设备本身的先进设备的技术文件，如它的图纸、设计计算说明书、材料清单、制造工艺等的技术文件以及使用、维修说明书等等。显然，对这类技术文件就需要进行反求了。这类反求的难度较大，也较复杂。但这项反求工作是很有价值的。因为不直接引进技术文件，可以节约引进资金，缩短先进设备制造周期。

综上所述，机器设备的反求类型或方法有：实物反求、影像反求和技术文件反求。

三、反求工程所涉及的知识范围

不管是实物反求还是影像反求，系统分析设计法、创造性设计方法、有限元分析方法等所介绍的具体做法都是经常要采用的。但是在反求设计中还会遇到我们在前面几章中没有涉及的某些方法。例如，产品的系列设计将会遇到几何、半几何的相似设计方法；在确定零件材料的替换时将会用到模块化设计的方法；在影像反求和实物反求时就要遇到图形透视和图形的几何变换；再有了解某些曲线和曲面形成方法对如汽轮机叶片、汽车后视镜等的反求也是必要的。测绘时零件尺寸和公差的确定，零件材料的选择、材料的替换及表面处理方法的确定，零件加工方法的选择、工艺参数的确定以及装配工艺等都较复杂且涉及的知识较多。特别是“技术文件”反求过程中，涉及的知识范围更多。例如，基本性能参数中的功率、转数等要涉及技术预测的模糊理论，零件尺寸的几何精度、公差分析的确定有时要用到优化方法，主要件(大件、主要传动件等)的尺寸确定要用到有限元和动态设计方法，部件装配工艺制订将涉及尺寸链分析计算，零件制造工艺分析涉及零件的工艺性等。传动链精度分析、零件动态精度分析对于精密、高速机器更是必须的等等。

上面提到的图形透视和几何变换以及曲线、曲面形成方法都是图形学和 CAD 技术的内容，再有关于模糊论方法、预测技术等。这里就不再叙述了。因此，本章仅安排相似理论和相似设计、零件尺寸确定和制造工艺以及零件材料分析和选择等相关的内容。后两部分的内容比较专门而且广泛，在这里我们只能做些简单的原则性的介绍。至于所涉及的测量技术和精度分析方法的内容,这里也不再做介绍。

8.2 相似理论及相似设计方法

相似理论已有一百多年的发展历史。

相似理论作为一门在机械领域应用的方法学,我们统称之为相似设计方法。它可以解决模型试验如何进行,系统产品如何设计以及计算机仿真的原理等问题,有着广阔的应用范围。

本节首先介绍相似理论,然后介绍模化方法和相似性设计。

一、相似概念

1.相似和相似常数

在工程领域和日常生活中,经常能接触到相似的问题。相似是指一组物理过程与其基本参数之间有固定的比例关系。

(1) 几何相似

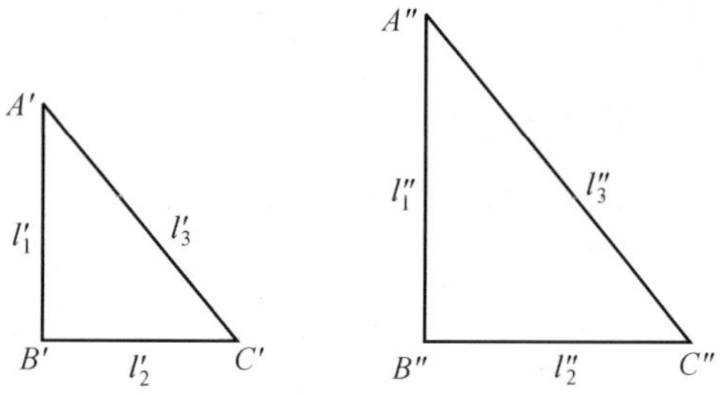

图 8.1 相似三角形

对图 8.1 所示的两个三角形,如满足各对应边之比相等,各对应角彼此相等,即若

$$\frac{l''_1}{l'_1}=\frac{l''_2}{l'_2}=\frac{l''_3}{l'_3}=C_l$$

$$\angle A''=\angle A' \quad \angle B''=\angle B' \quad \angle C''=\angle C'$$

则该两三角形相似,即它们是几何相似的。

几何相似又称空间相似,因为它可以引申到多边形、多面体等上面去。

(2) 时间相似

时间相似是指对应的时间间隔互成比例。或者说,若两系统的对应点或对应部分沿着几何相似的路程运动而达到另一个对应的位置时,所需要的时间的比例是一个常数。

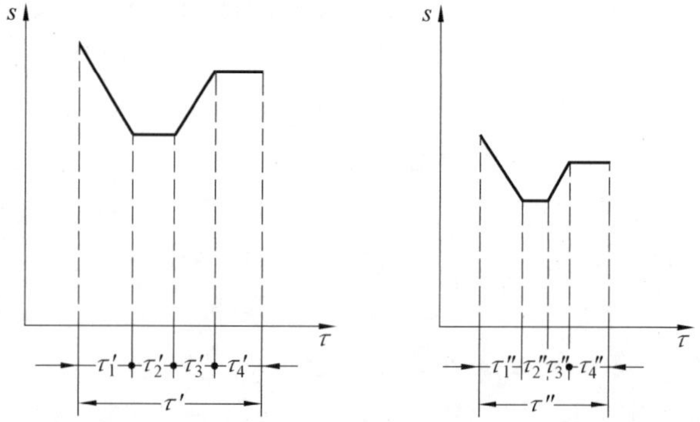

图 8.2 时间相似

如图 8.2,两系统对应点运动时,若满足

$$\frac{\tau''_1}{\tau'_1}=\frac{\tau''_2}{\tau'_2}=\frac{\tau''_3}{\tau'_3}=\frac{\tau''}{\tau'}=C_\tau$$

则称之为时间相似。

相似概念可以推广到任何物理现象上去,但是必须以空间相似(量场的几何相似) 和时间

相似为前提。例如，有动力相似、温度（应力或浓度等）相似和物理现象相似等等。

上述这些物理量的相似都是用相似系统在空间中的对应点和对应瞬间（对应时刻）两者来衡量的，即都是以空间相似和时间相似为条件的。同样，对于具有许多物理变化的现象（速度、密度、粘度等）相似是指：表述此种现象的所有量，在空间中相对应各点和在时间上相对应的各瞬间，各自互成一定的比例关系，并且被约束在一定的数学关系之中。

上述各种相似系统中，物理量的比例常数 $C_l, C_\tau, C_w, C_F, C_i$ 等称为相似常数。

相似常数是物理量相似的数学表达式，可以用$\frac{u''_i}{u'_i} = C_u$ 来表述。其中，u 是任何特征量。相似常数是相似系统中所有对应点上对应量的比例关系。对于不同的相似系统，它是一个不同的数值。

2. 相似变换

从相似常数的概念可以看出，如果把一个已知系统的每一个量的大小都用 C_u 的倍数来进行变换，那么所得到的新系统就和原来的已知系统相似。这种从已知系统变换得到新的相似系统称为相似变换。因此，相似常数也可称为相似变换时的相似比例。

下面叙述关于相似常数的推论。

若 u''_1, u''_2 和 u'_1, u'_2 是相似的量，即

$$\frac{u''}{u'} = \frac{u''_1}{u'_1} = \frac{u''_2}{u'_2} = C_u$$

则有

$$\frac{\Delta u''}{\Delta u'} = \frac{u''_1 - u''_2}{u'_1 - u'_2} = \frac{C_u(u'_1 - u'_2)}{u'_1 - u'_2} = C_u$$

同理还可得到

$$\frac{u''_1 + u''_2}{u'_1 + u'_2} = C_u$$

由于常量的极限值与该常量相等，因此对于连续介质的物体，还有

$$\lim\left(\frac{\Delta u''}{\Delta u'}\right)_{\Delta u \to 0} = \frac{du''}{du'_1} = C_u$$

或
$$\frac{x''_1 - x''_2}{x'_1 - x'_2} = \frac{dx''}{dx'} = \frac{x''}{x'} = C_x$$

同理
$$\frac{dy''}{dy'} = \frac{y''}{y'} = C_y$$

即对于两相似系统，对应物理量之和或差及其微分之比，仍然等于该物理量的相似常数。

3. 相似定数

从通式
$$\frac{u''_i}{u'_i} = C_u$$

可以写出

$$\frac{u''_1}{u'_1}=\frac{u''_2}{u'_2}=\frac{u''_3}{u'_3}=\cdots=C_u$$

同时也可以写出

$$\frac{u''_1}{u''_2}=\frac{u'_1}{u'_2}=i_u$$

或写成各种具体的物理量时，则有

$$\frac{l''_1}{l''_2}=\frac{l'_1}{l'_2}=i_l \qquad \frac{\tau''_1}{\tau''_2}=\frac{\tau'_1}{\tau'_2}=i_r$$

$$\frac{w''_1}{w''_2}=\frac{w'_1}{w'_2}=i_w \qquad \frac{F''_1}{F''_2}=\frac{F'_1}{F'_2}=i_F$$

这说明，一个已知系统任何物理量的比值等于与之相似的系统中相对应量的比值。亦即由已知系统变换到相似系统时，对于各对应点，比值 $i_l, i_\tau, i_w, i_F, i_u$ 等保持不变。所以，这里的 i_l，i_τ, i_w, i_F, i_u 等称为相似定数。它是同一系统内同类物理量间的比例，是一个简单数群。但是，对该系统各个不同的点，相似定数的值则是不同的。

4. 相似常数和相似定数的区别

首先，在数学表达式形式上，相似常数 $C_u=\frac{u''_i}{u'_i}=\frac{u''_{i+1}}{u'_{i+1}}$，而相似定数 $i_u=\frac{u''_i}{u''_{i+1}}=\frac{u'_i}{u'_{i+1}}$。

其次，在物理意义上，相似常数是两个相似系统在对应点上各对应量之间的比值。对于两个已定的相似系统，它是定值；而相似定数则是同一系统内同类物理量之间的比值。对于两相似的系统，对应的比值不变。

5. 相似指标

有些物理量的相似定数也可以不是简单的数群。例如，质点的速度是一个导出量，即 $w=\frac{\mathrm{d}l}{\mathrm{d}\tau}$。若在已知系统和相似系统中，某对应点的速度分别是 w' 和 w''，则有

$$w'=\frac{\mathrm{d}l'}{\mathrm{d}\tau'} \quad w''=\frac{\mathrm{d}l''}{\mathrm{d}\tau''}$$

由相似常数的概念，对该两相似系统，有

$$\frac{l''_i}{l'_i}=C_l \quad \frac{w''_i}{w'_i}=C_w \quad \frac{\tau''_i}{\tau'_i}=C_\tau$$

或者写成

$$l''=C_l l' \quad w''=C_w w' \quad \tau''=C_\tau \tau'$$

因此，可以得出

$$w''=C_w w'=\frac{\mathrm{d}l''}{\mathrm{d}\tau''}=\frac{C_l\mathrm{d}l'}{C_\tau\mathrm{d}\tau'}=\frac{C_l}{C_\tau}w'$$

或

$$\frac{C_w C_\tau}{C_l}w'=w'$$

所以,必须是

$$\frac{C_w C_\tau}{C_l} = 1$$

可以看出,这里的相似定数已经不是一个简单数群了,而是一个由相似常数组成的综合数群。我们常称$\frac{C_w C_\tau}{C_l} = 1$之类的综合数群为相似指标,它具有相似定数的意义。

以上所述的一些相似常数和相似定数只是规定了单值条件的相似,即物理(物理量)、空间(几何)条件、时间条件(包括初始条件和过程的定常与不定常或称稳定与不稳定性)和边界条件(即周围介质相互作用的条件,如对流体在管中的流动来说,入口处与出口处的压力和速度以及管壁处的速度等就是边界条件)等的相似。然而,当考虑到一个物理现象的时候,往往是从描述这个现象的方程式或方程组出发,即要考虑许多个对物理现象有影响的物理量,而不仅是某一个物理量。因此,现象的相似不能只局限在相似常数和相似定数上面。

6. 相似准则

现在来看能够用数学方程式描述的物理现象之间的相似条件。

例如,牛顿定律给出

$$力 = 质量 \times 加速度$$

即

$$F = ma = m\frac{\mathrm{d}v}{\mathrm{d}\tau}$$

对于两个相似的现象,有 $F'' = m''\frac{\mathrm{d}v''}{\mathrm{d}\tau''}$ 和 $F' = m'\frac{\mathrm{d}v'}{\mathrm{d}\tau'}$

并且有 $F'' = C_F F' \quad m'' = C_m m' \quad \tau'' = C_\tau \tau'$

因而 $F'' = C_F F', m''\frac{\mathrm{d}v''}{\mathrm{d}\tau''} = C_m m'\frac{C_v \mathrm{d}v'}{C_\tau \mathrm{d}\tau'} = \frac{C_m C_v}{C_\tau}m'\frac{\mathrm{d}v'}{\mathrm{d}\tau'}$ 或写成$\frac{C_F C_\tau}{C_m C_v}F' = m'\frac{\mathrm{d}v'}{\mathrm{d}\tau'}$

故必有条件

$$\frac{C_F C_\tau}{C_m C_v} = 1$$

由前所述,这里$\frac{C_F C_\tau}{C_m C_v}$也是相似指标。由该指标可以写出

$$\frac{F''}{F'} \cdot \frac{\tau''}{\tau'} \Big/ \frac{m''}{m'} \cdot \frac{v''}{v'} = 1$$

或

$$\frac{F''\tau''}{m''v''} = \frac{F'\tau'}{m'\tau'} = \frac{F\tau}{mv} = \mathrm{idem}$$

为了和简单数群的相似定数相区别,我们称$\frac{F\tau}{mv}$之类形式的综合数群为相似准则或相似判据。它表示在已知系统和相似系统中,不同类物理量之间的乘积(综合数群)必须在数值上相等。

相似准则是一个无量纲的数。在相似理论中,一般都是用无量纲量表述现象。因为:

首先,无量纲量能体现较深入的内容。例如,无量纲长度 l/d 表示几倍于直径的长度,在流体力学中,它的数值可以确定管内流动的状态;无量纲速度 w/a(a 是音速)表示几倍于声音的速度,它给人以流动范围(亚音速、超音速等)的概念,也使人联想到在此不同流动范围内的一些有关问题,如压缩性、空气动力和加热等;无量纲数群 $\frac{wl}{v}=Re$ 体现惯性力与粘滞力的比值,它的大小决定流动处于层流、紊流状态,也使人们联想到一些有关的问题,如阻力特点等。

其次,有量纲量的数值和单位制的选择有关,这就涉及人的主观意志。而物理定律是客观存在的,它们不应随人的意志在体现时有所转移。如果体现客观规律的关系式用无量纲量来表述,则不管采用什么单位,只要同类量的单位一致,则无量纲量关系式的形式不会有任何改变。因此,表达自然规律的最终形式应该是无量纲的关系式。

再次,用无量纲量整理试验结果,可以推广到相似现象中去,也使试验内容明显减少。

如果用无量纲量给相似下定义的话,则相似是指无量纲量场(如 w/w_0、ρ/ρ_0、v/v_0 等等)几何全等的现象。

7.相似准则的组合与变换

相似准则是根据一定的方程式推导出来的,不是任意选择或拼凑起来的,它具有一定的物理意义。对于复杂现象,可能存在几个相似准则。

因为相似现象的相似准则在数值上相等,即 $\pi=\text{idem}$,所以相似现象可以根据需要写成不同的形式,也可以和常数值或其他的相似准则进行不同的组合或变换,所得的新的相似准则具有新的物理意义。常见的组合或变换有:

1) 相似准则的指数幂,即 π^n 仍是相似准则;

2) 相似准则的指数积,即 $\pi_1^n\cdot\pi_2^m\cdot\cdots\cdot\pi_n^s$ 仍是相似准则;

3) 相似准则与任意常数的和或差仍是相似准则;

4) 相似准则间的和或差,即 $\pi_1^n\pm\pi_2^m\pm\cdots\pm\pi_n^s$ 仍是相似准则;

5) 相似准则中任一物理量用其差值代替仍是相似准则,如 $\frac{\rho}{\rho w^2}$ 和 $\frac{\Delta\rho}{\rho w^2}$ 都是同一相似准则。

二、相似准则的确定

相似准则是相似理论、模型试验研究以及相似性设计的核心。因此,如何确定相似准则就是解决问题的关键了。

确定相似准则有两类方法:方程分析法和量纲分析法。

1.方程分析法

任何正确的物理方程都是量纲和谐的,即方程中每一项的量纲都相同。这是通过方程分析能够导出相似准则的基础。通常采用的方程分析法有两种:相似变换法和积分类比法。

(1) 相似变换法

下面举例说明其方法步骤。

例 8.1　粘性不可压缩流体的稳定等温流动。

1) 写出微分方程式并给出单值条件

根据质量守恒定律,可导出连续性方程

$$\frac{\partial w_x}{\partial x}+\frac{\partial w_y}{\partial y}+\frac{\partial w_z}{\partial z}=0$$

根据牛顿第二定律,即力等于质量乘加速度的定律,可导出运动方程。对 x 轴的运动方程式为

$$\rho\left(w_x\frac{\partial w_x}{\partial x}+w_y\frac{\partial w_x}{\partial y}+w_z\frac{\partial w_z}{\partial z}\right)=\rho g_x-\frac{\partial p}{\partial x}+\mu\left(\frac{\partial^2 w_x}{\partial x^2}+\frac{\partial^2 w_x}{\partial y^2}+\frac{\partial^2 w_z}{\partial z^2}\right)$$

对 y 轴和 z 轴可以通过变量 x、y、z 的轮换,写出相应的运动方程式。

上述两微分方程式中,w_x、w_y、w_z 分别是流体流速在三个坐标轴上的分量;ρ 是流体的密度;g_x 是重力加速度;p 是压力;μ 是动力粘度。x、y、z 是自变量;w_x、w_y、w_z 和 p 是因变量(未知量);而 ρ、μ、g_x(g_y、g_z) 是不变量(常量)。两式的推导请参阅流体力学的有关文献。

上述运动方程式中,等号左端表示惯性力;等号右端第一项表示重力;第二项表示压力,即表面垂直力;第三项表示粘滞力,即表面切向力。

单值条件有:

① 几何条件,如流体在管内流动,应给出管径 d、管长 l 等;

② 物理条件,如密度 ρ、动力粘度 μ、重力加速度 g 等;

③ 边界条件,即直接相邻的周围情况;

④ 起始条件。

单值条件是附加性质的条件,它们能把服从同一方程组的无数现象单一地划分出来,形成某一特定的具体现象,从而可求出该具体问题的特解来。

2) 写出相似常数表达式

设有两个彼此相似的体系,第一个标以“′”,第二个标以“″”,则可写出

$$\frac{\omega''_x}{\omega'_x}=\frac{\omega''_y}{\omega'_y}=\frac{\omega''_z}{\omega'_z}=C_w\quad\frac{p''}{p'}=C_p\quad\frac{\rho''}{\rho'}=C_\rho\quad\frac{\mu''}{\mu'}=C_\mu$$

$$\frac{g''_x}{g'_x}=\frac{g''_y}{g'_y}=\frac{g''_z}{g'_z}=C_x\quad\frac{x''}{x'}=\frac{y''}{y'}=\frac{z''}{z'}=C_l$$

进行相似变换,推导相似准则

对第一体系,连续性方程和运动方程可写成

$$\frac{\partial w'_x}{\partial x'}+\frac{\partial w'_y}{\partial y'}+\frac{\partial w'_z}{\partial z'}=0$$

$$\rho'\left(\omega'_x\frac{\partial w'_x}{\partial x'}+\omega'_y\frac{\partial w'_x}{\partial y'}+\omega'_z\frac{\partial w'_x}{\partial z'}\right)=\rho'g'_x+\mu'\left(\frac{\partial^2 w'_x}{\partial x'^2}+\frac{\partial^2 w'_x}{\partial y'^2}+\frac{\partial^2 w'_z}{\partial z'^2}\right)$$

对第二体系,相应地有

$$\frac{\partial w''_x}{\partial x''}+\frac{\partial w''_y}{\partial y''}+\frac{\partial w''_z}{\partial z''}=0$$

$$\rho''(\omega''_x\frac{\partial w''_x}{\partial x''}+\omega''_y\frac{\partial w''_x}{\partial y''}+\omega''_z\frac{\partial w''_x}{\partial z''})=\rho''g''_x+\mu''(\frac{\partial^2 w''_x}{\partial x''^2}+\frac{\partial^2 w''_x}{\partial y''^2}+\frac{\partial^2 w''_z}{\partial z''^2})$$

由相似常数,可得

$$\omega''_z=C_w w'_x \quad p''=C_p p' \quad z''=C_l z'\cdots$$

代入第二体系后,有

$$\frac{C_w}{C_l}(\frac{\partial w'_x}{\partial x'}+\frac{\partial w'_y}{\partial y'}+\frac{\partial w'_z}{\partial z'})=0$$

$$\frac{C_\rho C_w^2}{C_l}\rho'(\omega'_x\frac{\partial w'_x}{\partial x'}+w'_y\frac{\partial w'_x}{\partial y'}+w'_z\frac{\partial w'_x}{\partial z'})=C_\rho C_g\rho' g'_x-\frac{C_p}{C_l}\frac{\partial p'}{\partial x'}+$$

$$\frac{C_\mu C_w}{C_l^2}\mu'(\frac{\partial^2 w'_x}{\partial x'^2}+\frac{\partial^2 w'_x}{\partial y'^2}+\frac{\partial^2 w'_z}{\partial z'^2})$$

因为两个体系是相似的物理现象,所以应具有相同的微分方程式。因此,将上述经过变换后的两式和第一体系对应的两式比较,可得 $\frac{C_\rho C_w^2}{C_l}=C_\rho C_g=\frac{C_p}{C_l}=\frac{C_\mu C_w}{C_l^2}=$ 任意数,$\frac{C_w}{C_l}=$ 任意数

从第一个连等式可以写出三组等式和三个相似指标式,即

$\frac{C_\rho C_w^2}{C_l}=C_\rho C_g$,整理后,得相似指标式 $\frac{C_g C_l}{C_w^2}=1$

$\frac{C_\rho C_w^2}{C_l}=\frac{C_p}{C_l}$,整理后,得相似指标式 $\frac{C_p}{C_\rho C_w^2}=1$

$\frac{C_\rho C_w^2}{C_l}=\frac{C_\mu C_w}{C_l^2}$,整理后,得相似指标式 $\frac{C_\rho C_w C_l}{C_\mu}=1$

从 $\frac{C_w}{C_l}=$ 任意数,得不出相似常数之间的任何限制,所以写不出相似指标式。

把各相似常数所代表的物理量代入上述三个相似指标式,可得出各相应的相似准则。即

自 $\frac{C_g C_l}{C_w^2}=1$,可得 $\frac{g'l'}{w'^2}=\frac{g''l''}{w''^2}$ 或 $\frac{gl}{w^2}=$ 不变量 $=Fr$。它代表重力和惯性力之比,称为弗鲁德准则。

自 $\frac{C_p}{C_\rho C_w^2}=1$,可得 $\frac{p'}{\rho'w'^2}=\frac{p''}{\rho''w''^2}$ 或 $\frac{p}{\rho w^2}=$ 不变量 $=Eu$。它代表压力惯性力之比,称为欧拉准则。

自 $\frac{C_\rho C_w C_l}{C_\mu}=1$,可得 $\frac{\rho'w'l'}{\mu'}=\frac{\rho''w''l''}{\mu''}$ 或 $\frac{\rho wl}{\mu}=$ 不变量 $=Re$。它代表惯性力和粘性力之比,称

为雷诺准则。

3) 再用相同的方法从单值条件方程中,获得另外一些相似准则。

但对这个实例的单值条件,得不出相似准则。

(2) 积分类比法

采用积分类比法时,要应用如下一些类比的关系式

$$\frac{\mathrm{d}u''}{\mathrm{d}u'} = \frac{u''}{u'} \quad \frac{\partial w''_x}{\partial w'_x} = \frac{w''_x}{w'_x} \quad \frac{\partial x''}{\partial x'} = \frac{x''}{x'} \quad \int y\mathrm{d}x = yx$$

$$\frac{\partial w_x}{\partial_x} \Rightarrow \frac{w}{l} \quad \frac{\partial^2 w_x}{\partial_y{}^2} \Rightarrow \frac{w}{l^2} \quad e^x \Rightarrow x \quad \cos wt \Rightarrow wt$$

同时,还因为相似现象是用完全相同的方程组描述的,所以方程式中任意相对应的两项的比值应该相等。下面举例说明其方法步骤。

例 8.2　仍为上述描述粘性不可压缩流体的等温流动问题。

1) 写出相应的微分方程式和单值条件如前。

2) 用方程式中的任一项去遍除其他各项。

对 x 轴的运动方程式,用其等式左端的第一项遍除等式右端的第一、二、三项,得

$$\frac{\text{右一项}}{\text{左一项}} = \frac{\rho g_x}{\rho w_x \dfrac{\partial w_x}{\partial x}} \quad \frac{\text{右二项}}{\text{左一项}} = \frac{\dfrac{\partial p}{\partial x}}{\rho w_x \dfrac{\partial w_x}{\partial x}} \quad \frac{\text{右三项}}{\text{左一项}} = \frac{\mu \dfrac{\partial^2 w_x}{\partial x^2}}{\rho w_x \dfrac{\partial w_x}{\partial x}}$$

等式左端的三项具有相同的形式,所以就不用左一项去除左二项、左三项了。

连续性方程式的三项也具有相同的形式,因此写不出上述对应的比例式,所以得不出相似准则。

3) 进行各有关量的积分类比替代,得出相应的相似准则如下。

$$\frac{\rho g_x}{\rho w_x \dfrac{\partial w_x}{\partial x}} = \frac{g_x \partial_x}{w_x \partial w_x} \Rightarrow \frac{gl}{w^2} = \text{不变量} = Fr$$

$$\frac{\dfrac{\partial p}{\partial x}}{\rho w_x \dfrac{\partial w_x}{\partial x}} = \frac{\partial p}{\rho w_x \partial w_x} = \frac{p}{\rho w^2} = \text{不变量} = Eu$$

$$\frac{\mu \dfrac{\partial^2 w_x}{\partial x^2}}{\rho w_x \dfrac{\partial w_x}{\partial x}} \Rightarrow \frac{\mu \dfrac{w}{l^2}}{\rho w \dfrac{w}{l}} = \frac{\mu}{\rho w l} = \text{不变量} \quad \text{或} \quad \frac{\rho w l}{\mu} = \text{不变量} = Re$$

由于 $\frac{\partial w_x}{\partial x}$、$\frac{\partial w_x}{\partial y}$、$\frac{\partial w_x}{\partial z}$ 都将用 $\frac{w}{l}$ 替代,$\frac{\partial^2 w_x}{\partial x^2}$、$\frac{\partial^2 w_x}{\partial y^2}$、$\frac{\partial^2 w_x}{\partial z^2}$ 都将用 $\frac{w}{l^2}$ 替代,所以用等式左端括

号内的第二和第三项遍除，将给出和用第一项遍除的相同结果。同样，等式右端括号内的第二项和第三项的结果和第一项的结果相同。

2. 量纲分析法

当写不出描述现象的方程组时，可以采用量纲分析法或称因次分析法来确定相似准则。

所谓量纲就是采用基本度量单位表示导出单位的表达式。在国际 SI 单位制中，把长度 L(m)、质量 M(kg)、时间 T(s) 和温度 t(k) 定为基本量。在工程单位制中，把长度 L(m)、力 F(N)、时间 T(s) 和温度 t(k) 定为基本量。常用物理量在两种单位制下的量纲如表 8.1 所示。

表 8.1　常用物理量的量纲

物理量	符号	量纲		物理量	符号	量纲	
		SI 单位制	工程单位制			SI 单位制	工程单位制
长度	L	[L]	[L]	剪切弹性模量	G	$[L^{-1}MT^{-2}]$	$[FL^{-2}]$
质量	M	[M]	$[FL^{-1}T^2]$	泊松比	μ	[0]	[0]
时间	T	[T]	[T]	摩擦系数	f	[0]	[0]
温度	K	[K]	[K]	正应力	σ	$[L^{-1}MT^{-2}]$	$[FL^{-2}]$
力	F	$[LMT^{-2}]$	[F]	剪应力	τ	$[L^{-1}MT^{-2}]$	$[FL^{-2}]$
力矩	M	$[L^2MT^{-2}]$	[FL]	正应变	ε	[0]	[0]
线速度	v	$[LT^{-1}]$	$[LT^{-1}]$	剪应变	γ	[0]	[0]
线加速度	a	$[LT^{-2}]$	$[LT^{-2}]$	压强	p	$[L^{-1}MT^{-2}]$	$[FL^{-2}]$
角度	φ	[0]	[0]	功率	N	$[L^2MT^{-3}]$	$[FLT^{-1}]$
角速度	ω	$[T^{-1}]$	$[T^{-1}]$	频率	ω_0	$[T^{-1}]$	$[T^{-1}]$
角加速度	β	$[T^{-2}]$	$[T^{-2}]$	阻尼比	ξ	[0]	[0]
密度	ρ	$[L^{-3}M]$	$[FL^{-4}T^{-2}]$	阻尼系数	c	$[MT^{-1}]$	$[FL^{-1}T]$
单位体积质量	γ	$[L^{-2}MT^{-2}]$	$[TL^{-3}]$	刚度系数	k	$[MT^{-2}]$	$[FL^{-1}]$
转动惯量	J	$[L^2M]$	$[FLT^2]$	动力粘度系数	μ	$[L^{-1}MT^{-1}]$	$[FL^{-2}T]$
弹性模量	E	$[L^{-1}MT^{-2}]$	$[FL^{-2}]$	运动粘度系数	v	$[L^2T^{-1}]$	$[L^2T^{-1}]$

注：$[0]=[L^0M^0T^0]$ 或 $[0]=[F^0L^0T^0]$

采用量纲分析法时，应首先了解所研究现象的物理实质，并正确决定参与现象的全部物理量。然后，根据表示物理关系的方程式等号两端量纲应该齐次的原则，就可推算出指数未知的物理关系式，即得相似准则。

例 8.3　分析弹性体振动的相似准则。

1) 定性分析

弹性体振动的固有频率 ω_0 与长度 L、材料密度 ρ、弹性模量 E、泊松比 μ 和阻尼比 ζ 有关，

即

$$F(\omega_0, L, \rho、E, \mu, \zeta) = 0$$

2) 设

$$\omega_0 = CL^a\rho^bE^c\mu^d\zeta^e$$

式中的 a, b, c, d, e 是待定常数。

由于该问题与温度无关,且参数 μ 和 ζ 是无量纲的量,结果只有 $n - r = 4 - 3 = 1$ 个相似准则。

在列写上面 ω_0 的表达式时,先写主要的物理量,依次为次主要的物理量,这样可使主要分析的几个物理量只分别出现在一个相似准则中,便于分析。

3) 列出量纲方程式

若采用 SI 单位制,则由表 8.1 可以写出

$$T^{-1} = [L]^a[L^{-3}M]^b[L^{-1}MT^{-2}]^c = L^{(a-3b-c)}M^{(b+c)}T^{-2c}$$

因为等号两端量纲齐次,所以可得

$$\left.\begin{aligned} a - 3b - c &= 0 \\ b + c &= 0 \\ -2c &= -1 \end{aligned}\right\}$$

由此解得

$$a = -1 \quad b = -\frac{1}{2} \quad c = \frac{1}{2}$$

故弹性体振动的频率方程为

$$\omega_0 = CL^{-1}\rho^{-\frac{1}{2}}E^{\frac{1}{2}} = \frac{C}{L}\sqrt{\frac{E}{\rho}}$$

4) 若有两个相似系统,则相似常数方程

$$C_{w0} = C_l^{-1}C_p^{-\frac{1}{2}}C_E^{\frac{1}{2}}$$

5) 相似准则

$$\pi = \omega_0L\rho^{\frac{1}{2}}E^{-\frac{1}{2}} = \text{idem}$$

也可以将上面的运算用矩阵线性变换的形式来进行,其方法步骤用下例说明之。

例 8.4　仍为前述粘性不可压缩流体的稳定等温流动问题。

1) 写出量纲矩阵

考虑描述该问题的物理量有:流速 w、通过尺寸 l、压力 p、密度 ρ、动力粘度 μ 和重力加速度 g,则可将相似准则假设为

$$\pi = p^a\mu^bg^cw^dl^e\rho^f$$

式中的 $a、b、c、d、e、f$ 是待定常数。

若采用 SI 制,则上式的量纲关系是

$$[\pi]=[L^{-1}MT^{-2}]^{a}[L^{-1}MT^{-1}]^{b}[LT^{-2}]^{c}[LT^{-1}]^{d}[L]^{e}[L^{-3}M]^{f}$$

因而可以写出量纲矩阵

	p	μ	g	w	l	ρ
M	1	1	0	0	0	1
L	-1	-1	1	1	1	-3
T	-2	-1	-2	-1	0	0
	a	b	c	d	e	f

2) 取不为零的行列式,并将它排在量纲矩阵的右侧,以确定已知量和未知量。

考虑到

$$\begin{vmatrix} 0 & 0 & 1 \\ 1 & 1 & -3 \\ -1 & 0 & 0 \end{vmatrix}=1(\neq 0)$$

所以,量纲矩阵中物理量的排列顺序可以不改变。

3) 自 π 的量纲为零的条件,写出相应的待定常数方程式

$$\left.\begin{aligned} a+b+f=0 \\ -a-b+c+d+e-3f=0 \\ -2a-b-2c-d=0 \end{aligned}\right\}$$

这是一个不定方程组,取 d,e,f 为未知量,用已知量 a,b,c 来表达它们,得

$$\left.\begin{aligned} f=-a-b \\ d+e-3f=a+b-c \\ d=-2a-b-2c \end{aligned}\right\}$$

解之得

$$\begin{aligned} d&=-2a-b-2c \\ e&=-b+c \\ f&=-a-b \end{aligned}$$

或

	d	e	f
a	-2	0	-1
b	-1	-1	-1
c	-2	1	0

上述运算相当于对原矩阵进行换置,使其左侧变成单位阵,以便采用已知量来表示未知量:

	p	μ	g	w	l	ρ
π_1	1	0	0	-2	0	-1
π_2	0	1	0	-1	-1	-1
π_3	0	0	1	-2	1	0
	a	b	c	d	e	f

4) 直接从换置后的矩阵写出无量纲数群 —— 相似准则

准则数目为 $n - r = 6 - 3 = 3$：

$$\pi_1 = pw^{-2}\rho^{-1} = \frac{p}{\rho w^2} = Eu$$

$$\pi_2 = \mu w^{-1}l^{-1}\rho^{-1} = \frac{p}{\rho wl} = Re$$

$$\pi_3 = gw^{-2}l = \frac{gl}{w^2} = Fr$$

应该说明，相似准则与上述假定的无量纲数的排列顺序无关。例如，将本例的无量纲数群写为

$$\pi = w^a l^b p^c \rho^d \mu^e g^f$$

则量纲关系是

$$[\pi] = [LT^{-1}]^a[L]^b[L^{-1}MT^{-2}]^c[L^{-3}M]^d[L^{-1}MT^{-1}]^e[LT^{-2}]^f$$

此时的量纲矩阵是

	w	l	p	ρ	μ	g
M	0	0	1	1	1	0
L	1	1	-1	-3	-1	1
T	-1	0	-2	0	-1	-2
	a	b	c	d	e	f

经换置后，得 π 矩阵

	w	l	p	ρ	μ	g
π_1	1	0	0	$\frac{1}{3}$	$-\frac{1}{3}$	$-\frac{1}{3}$
π_2	0	1	0	$\frac{2}{3}$	$-\frac{2}{3}$	$\frac{1}{3}$
π_3	0	0	1	$-\frac{1}{3}$	$-\frac{2}{3}$	$-\frac{2}{3}$
	a	b	c	d	e	f

写出相似准则

$$\pi''_1 = \frac{w\rho^{\frac{1}{3}}}{\mu^{\frac{1}{3}}g^{\frac{1}{3}}} \quad 或 \quad \pi'_1 = \frac{w^3\rho}{\mu g}$$

$$\pi''_2 = \frac{l\rho^{\frac{2}{3}}g^{\frac{1}{3}}}{\mu^{\frac{2}{3}}} \quad 或 \quad \pi'_2 = \frac{l^2\rho^3 g}{\mu^2}$$

$$\pi''_3 = \frac{p}{\rho^{\frac{1}{3}}\mu^{\frac{2}{3}}g^{\frac{2}{3}}} \quad 或 \quad \pi'_3 = \frac{p^3}{\rho^3\mu^2 g^2}$$

把它们进行组合变换处理，有

$$\pi''_3(\pi''_1)^{-2} = \left(\frac{p}{\rho^{\frac{1}{3}}\mu^{\frac{2}{3}}g^{\frac{2}{3}}}\right)\cdot\left(\frac{w\rho^{\frac{1}{3}}}{\mu^{\frac{1}{3}}g^{\frac{1}{3}}}\right)^{-2} = \frac{p}{\rho w^2} = \pi_1 = Eu$$

$$(\pi''_1)^{-1}(\pi''_2)^{-1} = \frac{\mu}{\rho wl} = \pi_2 = Re$$

$$\pi''_2(\pi''_1)^{-2} = \frac{gl}{w^2} = \pi_3 = Fr$$

三、模型试验

模型试验是相似理论在工程技术中的主要应用领域之一。

许多工程问题,由于其复杂性,致使难于列出微分方程式;即使列出了微分方程式也无法求解。因而,单纯靠数学方法还不能完全解决问题,而直接对实物进行实验研究又有很大的局限性。因此,在模型上进行模化研究的方法现在仍然是探索自然规律时采用的一种试验研究方法,仍然是工业上产品开发中的重要环节。

所谓模化,是指不直接研究自然现象或过程本身,而是用和这些自然现象或过程相似的模型来进行研究的一种方法。它是用方程分析或量纲分析方法导出相似准则,并在根据相似原理建立起来的模型上,通过试验求出相似准则之间的函数关系,再把此函数关系推广到设备实物上去,从而得到设备实物工作规律的一种实验研究方法。

从广义角度看,模化是实物(原型)的形态、工作规律或信息传递规律在特定的(一般是简化的模型)条件下的一种相似再现。模型是指和实物的形态、工作规律或信息传递规律相似的物体或设备(如试验台、计算机等)。或者说,模型是对所要研究的对象在某些特定方面的抽象。通过模型对原型进行研究,使其具有更深刻、更集中的特点。

1.模化设计和模型试验

(1) 确定模型尺寸和材料

1) 定尺寸

确定原型与模型的几何尺寸相似常数 $C_l = l/l_m$。

C_l 一般不宜选得过大或过小。C_l 过大则模型加工精度要求高,且引起较大的试验误差。例如,汽车模型的风洞试验,若取 $C_l = 4$ 时,误差为 10%;而 $C_l = 10$ 时,误差为 40%。

2) 选择材料

① 应使弹性范围内,模型材料的应力 - 应变成线性关系,并选择 E 较小的材料,使在一定载荷下模型的变形和应力较大,易于精确测量;

② 加工性、成型性好,便于制作复杂结构的模型;

③ 有一定的强度,性能稳定;

④ 价格低廉。

(2) 模型试验

根据相似理论，由原型的工作要求计算出模型的转速、载荷、温度等工作条件。模型的工作条件常用各种方法模拟，有时需进行适当的简化。试验时，测定模型在相应的工作条件下与相似准则有关的应力、应变等物理性能参数。

(3) 实验数据的综合方法

为了使在模型上所得到的试验结果能够推广到与其相似的原型上去，应根据相似 π 定理，把试验结果整理成相似准则之间的关系式 —— 准则方程式：

$$\pi = f(\pi_1, \pi_2, \cdots, \pi_n) \text{ 或 } \pi = A\pi_1^{\alpha}\pi_2^{\beta}\pi_3^{\gamma}$$

因为对于所有相似的现象，相似准则都保持同样的数值，所以它们的准则方程式也应是相同的。由此，如把某现象的相似结果整理成准则方程式，那么得到的这种准则方程式就可以推广到与其相似的现象中去。模化条件必须保证所有已定准则各自在数值上相等。

例如，受迫运动对流换热过程的准则关系式为 $Nu = ATRe^n$，其中的 A 和 n 是常数，可以通过试验求出，$Nu = \dfrac{\alpha l}{\lambda}$ 称为努谢尔特准则。

当已定(或定性)准则数目增加，如 $Nu = ARe^nPr^m$ 时，其中 $Pr = \dfrac{v}{\alpha}$ 称为柏朗特准则，可在 Pr 等于某固定值 Pr_0 的条件下进行试验，式 $Nu = ARe^nPr^m$ 可改写为 $Nu = A_1Re^n$，而 $A_1 = APr_0^m$。

通过试验建立起来的、对一切彼此相似的现象都适用的准则关系式，只有在试验所确认的各变量的范围内才可以应用。

这里所介绍的试验数据综合方法，不仅适用于把模型试验结果推广到与其相似的实物原型上去，而且也适用于把一般工业试验的结果推广到与其相似的现象上去。

(4) 分析原型性能参数

通过相似条件计算并预测原型的性能及工作情况，即进行试验结果的推广，并在此基础上调整原设计的参数、尺寸和结构，使其性能最佳。

2. 模化设计举例

(1) 不同材料的模型刚度试验

例 8.5　某起重机上的某零件，载荷为 10^6N，材料是钢，许用拉伸应力 $[\sigma] = 30\text{N/mm}^2$，弹性模量 $E = 2\times10^5\text{N/mm}^2$，其允许的最大拉伸变形量 $[\delta] = 0.25$mm。现拟采用有机玻璃作模型试验，$[\sigma]_m = 5.5\text{N/mm}^2$，$E_m = 3\,100\text{N/mm}^2$，试作模化设计。假设模型上最大拉伸变形量 $\delta_m = 0.7$mm 时是符合刚度要求的，试问此时零件原型上的最大拉伸变形量是否符合刚度要求。

1) 设计模型

选定原型和模型尺寸比例系数 $C_l = \dfrac{l}{l_m} = 4$。由题设可见，应力相似常数(应力比) $C_\sigma = \dfrac{[\sigma]}{[\sigma]_m} = \dfrac{30}{5.5} = 5.46$，弹性模量相似常数 $C_E = \dfrac{E}{E_m} = \dfrac{2\times10^5}{3\,100} = 64.52$

2）写出相似准则和相似指标

此试验主要是力、应力、变形的关系，它们之间存在着如下的物理关系式

$$\sigma = \frac{F}{A} \quad 和 \quad \sigma = E\varepsilon = E\frac{\delta}{l}$$

式中，F 是拉伸载荷(N)；A 是截面积(mm^2)；E 是弹性模量(N/mm^2)；δ 是拉伸变形(mm)；l 是工作长度(mm)。

这里共有 5 个物理量，3 个基本量(温度除外)，则准则数 $= n - r = 5 - 3 = 2$ 个，即

$$\frac{\sigma A}{F} = \text{idem} \quad 和 \quad \frac{\sigma l}{E\delta} = \text{idem}$$

相应的相似指标

$$\frac{C_\sigma C_A}{C_F} = \frac{C_\sigma C_l^2}{C_F} \quad 和 \quad \frac{C_\sigma C_l}{C_E C_\delta} = 1$$

3）确定模型上的加载力 F_m

由 $\frac{C_\sigma C_l^2}{C_F} = 1$，得 $\quad C_F = C_\sigma C_l^2 = \frac{F}{F_m}$

所以

$$F_m = \frac{F}{C_\sigma C_l^2} = \frac{16^6\text{N}}{5.46 \times 4^2} = 11\ 460\text{N}$$

4）验算零件原型的变形是否符合要求

由

$$\frac{C_\sigma C_l}{C_E C_\delta} = 1$$

得

$$C_\delta = \frac{C_\sigma C_l}{C_E} = \frac{\delta}{\delta_m}$$

即

$$\delta = \delta_m \frac{C_\sigma C_l}{C_E} = 0.7 \times \frac{5.46 \times 4}{64.52} = 0.237\text{mm} < [\delta] = 0.25\text{mm}$$

所以是满足刚度要求的。

(2) 相同材料的模型刚度试验

例 8.6 某平面弯曲的梁，其载荷为 P。今作模型试验，模型与原型材料相同，尺寸常数 $C_l = 10$，为便于测量，希望模型变形为原型变形的 5 倍。试求模型的载荷 P_m。

(1) 推导相似准则的相似指标

平面梁弯曲的微分方程

$$\frac{d^2\delta}{dl^2} = -\frac{M}{EI}$$

式中，M 是弯矩(N·mm)，其相似常数 $C_m = \frac{M}{M_m}$。而 $M \infty Pl$，则 $C_m = C_p C_l$；P 是载荷(N)，有 $C_p = \frac{P}{P_m}$；E 是材料的弹性模量(N/mm^2)，有 $C_E = \frac{E}{E_m} = 1$；I 是梁的截面惯性矩(mm^4)，有 $C_I =$

$\frac{I}{I_m}$ 或 $C_I = C_l^4$；l 是梁的长度方向的坐标(mm)，有 $C_l = \frac{l}{l_m} = 10$；δ 是梁的弯曲挠度(mm)，由题设 $C_\delta = \frac{\delta}{\delta_m} = \frac{1}{5}$。

因而，可以写出

$$\frac{C_\delta}{C_l^2} = \frac{C_m}{C_E C_l} = \frac{C_P C_l}{C_E C_l^4}$$

所以，相似指标

$$\frac{C_\delta C_E C_l}{C_P} = 1$$

因为只有4个物理量 l, P, E, δ，则只有 $4 - 3 = 1$ 个相似准则。即由上面的相似指标可得相似准则

$$\frac{E\delta l}{P} = \text{idem}$$

(2) 求模型上的载荷

由
$$\frac{C_\delta C_E C_l}{C_P} = 1 \quad 有 \quad C_P = C_\delta C_E C_l = \frac{P}{P_m}$$

所以
$$P_m = \frac{P}{C_P} = \frac{P}{C_\delta C_E C_l}$$

代入条件 $C_l = 10, C_E = 1, C_\delta = \frac{1}{5}$，可得

$$P_m = \frac{P}{\frac{1}{5} \times 1 \times 10} = \frac{P}{2}$$

即模型加载力是原型的$\frac{1}{2}$。

(3) 轴的疲劳强度试验

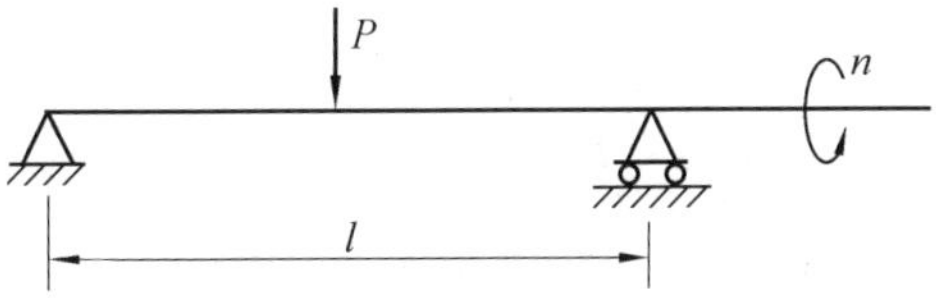

图 8.3 转轴

例 8.7 如图 8.3 所示，在转动的轴上加的载荷为 P。拟在模型上作轴的疲劳强度试验，尺寸常数 $C_l = 5$。若模型应力和原型相同，试求模型上应加的载荷 P_m；为缩短模型疲劳寿命的试验时间，拟加大应力至原型的 10 倍。试求模型上应加的载荷 P_m。

1) 求相似准则和相似指标

转轴的弯曲应力计算公式是

$$\sigma = \frac{M}{W}$$

式中，σ 是应力(N/mm^2)，有 $C_\sigma = \frac{\sigma}{\sigma_m}$；

M 是弯矩($N \cdot mm$)，有 $C_m = C_p C_l$；

W 是抗弯截面系数(mm^3)，有 $C_W = C_l^3$。

由应力公式得相似准则

$$\frac{\sigma W}{M} \Rightarrow \frac{\sigma l^2}{P} = \text{idem}$$

相似指标
$$\frac{C_\sigma C_l^2}{C_P} = 1$$

2) 求模型上的载荷

由相似指标，有
$$C_P = C_\sigma C_l^2 = \frac{P}{P_m}$$

则
$$P_m = \frac{P}{C_P} = \frac{P}{C_\sigma C_l^2}$$

① 当模型应力和原型相同时，$C_\sigma = 1$

则得
$$P_m = \frac{P}{1 \times 5^2} = \frac{P}{25} = 0.04P$$

即此时模型上应加$\frac{P}{25}$的载荷。

② 当模型应力为原型的 10 倍时，即

$$C_\sigma = \frac{\sigma}{\sigma_m} = \frac{1}{10}$$

则得
$$P_m = \frac{P}{\frac{1}{10} \times 5^2} = \frac{P}{2.5} = 0.4P$$

即此时模型上应加$\frac{P}{2.5}$的载荷。

四、相似性设计

相似理论在产品系列设计中的应用又称相似性设计。

为了满足使用者的不同要求，工厂常设计和生产系列产品。所谓系列产品，是指具有相同功能、相同结构方案、相同或相似的加工工艺，且各产品相应的尺寸参数及性能指标具有一定级差(公比)的产品。

产品系列设计时，首先选定某一中档的产品为基型，对它进行最佳方案的设计，定出其材料、参数和尺寸。然后再按系列设计原理，即通过相似原理求出系列中其他产品的参数和尺寸。

在产品系列设计中，一般有两种造型原理：几何级数的几何相似产品系列和几何半相似产品系列。

1.几何相似的产品系列设计

此时,系列产品在空间所有三个方向都应按长度 l 的相同公比 φ_l 来确定尺寸。假设系列中各产品的应力、速度、扭转角等均相同,并设它们具有相同的材料、相同的使用条件。若设长度 l 的公比 $\varphi_l = 1.25$,则常用物理量的公比如下:

面积($A \sim l^2$)　$\varphi_A = \varphi_l^2 = 1.6$

体积($A \sim l^3$)　$\varphi_V = \varphi_l^3 = 2$

质量($m \sim \frac{l^3\gamma}{g}$)　$\varphi_m = \varphi_l^3 = 2$

惯性矩($I \sim l^4$)　$\varphi_I = \varphi_l^4 = 2.5$

平面抗矩($W \sim l^3$)　$\varphi_W = \varphi_l^3 = 2$

转动惯量($J \sim l^5$)　$\varphi_J = \varphi_l^5 = 3.15$

静、动态力($P = A\sigma \sim l^2$)　$\varphi_P = \varphi_l^2 = 1.6$

静、动力矩($M = Pl \sim l^3$)　$\varphi_M = \varphi_l^3 = 2$

速度($v \sim$ 　)　$\varphi_v = \varphi_l^0 = 1$

加速度($a = \frac{P}{m} \sim \frac{l^2}{l^3} = \frac{1}{l}$)　$\varphi_a = \varphi_l^{-1} = \frac{1}{1.25}$

功率($N = Pv \sim l^2$)　$\varphi_N = \varphi_l^2 = 1.6$

扭转角($\alpha \sim$ 　)　$\varphi_\alpha = \varphi_l^0 = 1$

弯曲刚度(刚度系数 k = 常数 × $D \sim l$)　$\varphi_k = \varphi_l = 1.25$

在力 P 作用下的弯曲变形($y = \frac{P}{k} \sim \frac{l^2}{l} = l$)　$\varphi_y = \varphi_l = 1.25$

扭转刚度(k_T = 常数 × $D^3 \sim l^3$)　$\varphi_T = \varphi_l^3 = 2$

扭转和弯曲振动时的振动频率($\omega = \frac{常数}{D} \sim \frac{1}{l}$)　$\varphi_\omega = \varphi_l = 1.25$

例 8.8　组合机床系列设计时,若取主轴前轴承轴颈 D 的尺寸公比 $\varphi_D = \varphi_l = 1.25$,则由前述,应取功率 N 的公比 $\varphi_N = \varphi_l^2 = 1.6$,扭矩 M 的公比 $\varphi_M = \varphi_l^3 = 2$。

因而,对钻、铰、扩孔的动力头,前轴承轴颈 D 和功率 N、扭矩 M 的系列数值如表 8.2 所示。

表 8.2　钻、铰、扩孔的动力头的 D、N、M

主轴直径 D/mm　$\varphi_l = 1.25$	25	32	40	50	63	80	100	125	160	200
功率 N/kw　$\varphi_N = 1.6$	0.63	1.0	1.6	2.5	4.0	6.3	10	16	25	40
扭矩 M/kgf · m　$\varphi_M = 2$	1.6	3.2	6.3	12.5	25	50	100	200	400	800

按照同样的原则,铣削动力头和通用铣床,最大功率 N_{max}(kw)、最大扭矩 M_{max}(kgf · m) 与其主轴的平均直径 D(mm) 的关系为:

对无套筒的铣削主轴 $N_{max}=\frac{D^2}{10}$　$M_{max}=\frac{D^3}{10}$

对有套筒的铣削主轴 $N_{max}=\frac{D^2}{15}$　$M_{max}=\frac{D^3}{15}$

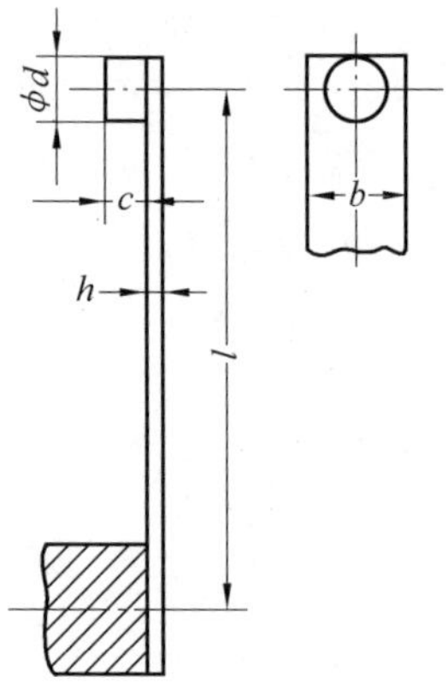

图 8.4　继电器片簧

例 8.9　设计如图 8.3 所示结构的继电器片簧系列，要求在 $l=5\sim160$mm 之间共有 16 种型号。

经过计算，系列的尺寸公比是

$$\varphi_l=\sqrt[16-1]{\frac{160}{5}}=1.25$$

由前述，弯曲刚度系数公比 $\varphi_k=\varphi_l=1.25$

质量公比　$\varphi_m=\varphi_l^3=2$

频率公比　$\varphi_\omega=\varphi_l^{-1}=\frac{1}{1.25}=0.8$

若取基型的 $l_0=31.5$mm，基型相应的结构尺寸如表 8.3 所示。

表 8.3　弹簧片基型尺寸

基型尺寸或参数	l_0/mm	h_0/mm	c_0/mm	d_0/mm	b_0/mm	m_0/g	$k_0\times10^{-3}/(\mathrm{N\cdot mm^{-1}})$	$\omega_0/\mathrm{s^{-1}}$
数　　值	31.5	0.2	1.6	5	6.3	0.32	50	63
公　　比 φ	1.25	1.25	1.25	1.25	1.25	2	1.25	0.8

系列中，扩大型的尺寸参数为 $H_1=\varphi_l l_0, H_2=\varphi_l^2 l_0,\cdots$

质量参数为 $M_1=\varphi_m m_0, M_2=\varphi_m^2 m_0,\cdots$

刚度参数为 $K_1=\varphi_k k_0, K_2=\varphi_k^2 k_0,\cdots$

频率参数为 $\Omega_1=\varphi_\omega\omega_0, \Omega_2=\varphi_\omega^2\omega_0,\cdots$

系列中，缩小型的尺寸参数为 $h_1=\varphi_l^{-1}l_0, h_2=\varphi_l^{-2}l_0,\cdots$

质量参数为 $m_1=\varphi_m^{-1}m_0, m_2=\varphi_m^{-2}m_0,\cdots$

刚度参数为 $k_1=\varphi_k^{-1}k_0, k_2=\varphi_k^{-2}k_0,\cdots$

频率参数为 $\omega_1=\varphi_\omega^{-1}\omega_0, \omega_2=\varphi_\omega^{-2}\omega_0,\cdots$

据此原理设计的部分系列产品的尺寸或参数如表 8.4 所示。

应该指出，采取几何相似造型时，也有些结构尺寸是不能成比例的。如铸件壁厚，由于工艺限制而不能小于一定数值；尺寸的配合公差公比应是 $\varphi_i\approx\varphi_i^{1/3}$，因为公差单位 $i=0.45D^{1/3}+0.001D$。但是，过小的公差使制造困难。

2. 几何半相似的产品系列设计

此时，在三个坐标方向的尺寸公比可能是不相同的。应该按照工艺、使用要求等具体情况来确定各参数的比例关系。如车床系列设计中，中心高 h 或工件最大回转直径 D 一般是成比例的,即 $D_1/D_2 = \varphi_D$;而中心距 l、车床中心离地面高度 H 以及手柄几何尺寸的大小 b 等将是不同的,有的甚至是随结构改变的。因而,在系列设计时必须要进行具体分析。

表 8.4　弹簧片系列尺寸和参数

尺寸或参数	l/mm	h/mm	c/mm	d/mm	b/mm	m/g	$k\times10^{-3}/(\mathrm{N\cdot mm^{-1}})$	$\omega/\mathrm{s^{-1}}$
⋮	⋮	⋮	⋮	⋮	⋮	⋮	⋮	⋮
缩小型 h_2	20	0.125	1.0	3.15	4.0	0.08	31.5	100
h_1	25	0.16	1.25	4.00	5.0	0.16	40.0	80
基　型 M	31.5	0.2	1.6	5.00	6.3	0.32	50.0	63
扩大型 H_1	40	0.25	2.0	6.30	8.0	0.63	63.0	50
扩大型 H_2	50	0.315	2.5	8.00	10.0	1.25	80.0	40
⋮	⋮	⋮	⋮	⋮	⋮	⋮	⋮	⋮

例 8.10　设已有的工作台宽 B = 380mm 的双柱式坐标镗床的横梁 – 立柱 – 床身系统的刚度能满足要求,现确定工作台宽400,700,840,1 000mm的横梁 – 立柱 – 床身系统的断面尺寸及其尺寸相似常数。

(1) 横梁 – 立柱框架断面尺寸及其相似常数的确定

设双柱坐标镗床系列的主参数 B、横梁上的移动部件(主轴箱和溜板)的重量 G 以及要求的定位精度 ΔL 如表 8.5 所示。

表 8.5　双柱坐标镗床的参数

工作台宽度 B/mm	380	400	700	840	1 000
横梁移动部件重量 G/N	18	22	33	100	120
定位精度 $\Delta L/\mu\mathrm{m}$	2	2	2	3	3

在分别对横梁和立柱进行研究时,都可以把它们看做是弹性结构梁。弹性结构梁在载荷 P 的作用下,若略去剪力的影响,其微分方程式为

$$\frac{\mathrm{d}^3\delta}{\mathrm{d}l^3} = \frac{P}{EI}$$

由此引入相似常数,可得

$$\frac{C_\delta}{C_l^3} = \frac{C_P}{C_E C_I}$$

因而,相似指标为

$$\frac{C_P C_l^3}{C_\delta C_E C_I} = 1$$

式中，C_δ 是弹性位移相似常数。因为弹性位移直接影响机床的定位误差，因此可取 $C_\delta = \frac{\Delta L_2}{\Delta L_1}$；$C_P$ 是移动部件重量相似常数，$C_P = \frac{G_2}{G_1}$；C_l 是支承跨距的相似常数，$C_l = C_B = \frac{B_2}{B_1}$；$C_I$ 是断面惯性矩相似常数，$C_I = \frac{I_2}{I_1}$；C_E 是弹性模量相似常数，因材料相同，$C_E = 1$。

因为刚度 $k = \frac{P}{\delta}$，所以刚度相似常数 $C_k = \frac{C_P}{C_\delta}$。这样，相似指标可以写为

$$\frac{C_P C_l^3}{C_\delta C_E C_I} = \frac{C_k C_B^3}{C_I} = 1$$

由此可得

$$C_I = C_k C_B^3$$

根据表 8.5，可得坐标镗床系列各参数的相似常数如表 8.6 所示。

表 8.6 坐标镗床的相似常数

B/mm	380	400	700	840	1 000
C_B	1	1.05	1.84	2.2	2.63
C_P	1	1.2	2.4	5.5	6.7
C_δ	1	1	1	1.5	1.5
$C_h = C_P/C_\delta$	1	1.2	2.4	3.6	4.5

从表 8.6 的数据可以写出横梁 - 立柱框架 C_k 和 C_B 的关系为

$$C_k \approx C_B^{1.5}$$

代入前式，可得

$$C_l = C_k C_B^2 \approx C_B^{4.5}$$

这说明，为了满足 $C_k \approx C_B^{1.5}$ 的要求，横梁-立柱断面惯性矩的相似常数 C_I 应与尺寸相似常数 C_B 的 4.5 次方成正比。

如果按照完全几何相似的造型，应该有 $C_I = C_l^4 = C_B^4$。但是，这将满足不了刚度（惯性矩）提出 $C_k \approx C_B^{1.5}$ 的要求。因而，这里只能按照几何级数半相似的造型：或者将横梁 - 立柱的断面尺寸作得比用几何相似常数计算出的更增大一些，使由 $C_I = C_B^4$ 增大到 $C_I = C_B^{4.5}$；或者采用合理加筋等措施，增大断面惯性矩，达到 $C_I = C_B^{4.5}$ 的效果。

(2) 床身断面尺寸及其相似常数的确定

床身在工作台和工件重量等移动载荷的作用下，仍可看做弹性结构梁，因此仍可得到相似指标$\dfrac{C_PC_l^3}{C_\delta C_EC_I}=1$。

因为断面抗弯惯性矩 $I=\dfrac{bh^3}{12}$，因此得到 $C_I=C_bC_h^3$。对于双柱坐标镗床床身，其高度 h 受操作方便性的限制，不能随机床主参数 B 的增加而增加，即有 $C_h=1$，只有床身的宽度 b 和主参数 B 成正比增加，即有 $C_b=C_B$。因而可得

$$C_I=C_bC_h^3=C_B\times 1^3=C_B$$

又因 $C_l=C_B$ 和 $C_E=1$。这样，相似指标可改写为

$$\frac{C_PC_l^3}{C_\delta C_EC_I}=\frac{C_PC_B^3}{C_\delta C_I}=\frac{C_PC_B^2}{C_\delta}=1$$

从而可得

$$C_P=\frac{C_\delta}{C_B^2}$$

根据表 8.6 的统计，一般有 $C_\delta\approx C_B^{0.5\sim1}$，代入上式，可得

$$C_P=\frac{C_\delta}{C_B^2}\approx\frac{C_B^{0.5\sim1}}{C_B^2}\approx\frac{1}{C_B^{1\sim1.5}}$$

即允许的载荷与坐标镗床工作台宽度尺寸 B 的 1 次方或 B 的 1.5 次方成反比。也就是说，采用上述方法计算出的大规格的坐标镗床允许的载荷反而小了，与实际要求是矛盾的。如果载荷按尺寸相似常数的同一数值来设计，则又将导致大规格机床的变形误差相似常数增大。由此看出，床身的刚度问题是大规格坐标镗床设计的突出矛盾，必须采用增大床身壁厚或加筋板等措施来增大 C_I 值，或者采用增加床身辅助支承，以减少 C_l 值。可见，分析相似指标可以确定或调整各参数间的相互关系，从而提出设计参数的合理指标。例如，对床身可取 $C_l=C_B$，$C_l=C_l^4$，$C_\delta=C_B$，则

$$\frac{C_PC_l^3}{C_\delta C_EC_I}=\frac{C_PC_l^3}{C_\delta C_I^4}=\frac{C_P}{C_\delta C_l}=\frac{C_P}{C_BC_l}=\frac{C_P}{C_B^2}=1$$

即得

$$C_P=C_B^2$$

这样，则使载荷 P 和主参数 B 的平方成正比。或者反过来说，规定 $C_P=C_B^2$，再来调整其他的相似常数。

对于有些更复杂的问题，在相似设计时，相似准则间的函数关系不能用简单的分析法得出，往往还需要通过一些试验才能得出。

8.3　零件尺寸确定和制造工艺

一、零件尺寸的确定

在实物反求时，对于零件，特别是轴、套和盘类零件，首先应根据该零件在机构中的相互关系及工作性能要求，确定该零件的基本尺寸是基孔制还是基轴制，然后对其尺寸进行测量。在我国，基孔制采用得较多。

1. 基本尺寸的确定

对零件基本尺寸进行测量时，要注意选择测量基准。要在零件的长、宽、高三个方向上各选一个基准。通常是选择零件的中心线、轴线、端面、对称面和底面作为尺寸的基准。

测量时，对于零件的功能尺寸（如配合尺寸、装配时的定位尺寸等）、几何形状和位置误差应测量到小数点后 2 ~ 3 位；而对不需要注出公差的非功能（又称自由）尺寸，只须测到小数点后的 1 位即可。

在测量较大的孔、轴、长度等尺寸时，要多测几个点再取其平均值。

有时需要采取画放大图的方法，例如，测绘如像汽轮机叶片这样的复杂零件时，就应该这样利用放大图一边测量一边检查。

当零件某些尺寸不能直接测出时，就要通过产品工作性能、工作范围、技术要求等进行分析、计算来确定其尺寸。

2. 基本尺寸公差值的确定

通常零件的功能尺寸都要给出公差值。基本尺寸的公差值一般都是用查公差标准的办法确定，公差值有上偏差和下偏差之分。对于基孔制的孔，它的上偏差为正值，下偏差等于零；而基轴制的轴的上偏差则等于零，下偏差却为负值。

对于复杂的配合件和机构系统的公差分配，则要根据机构总位置精度要求，依靠经验或用公式计算的办法来确定各组成件的公差。

零件尺寸和公差确定后，有时要进行相关尺寸是否协调和尺寸标注是否合理等的检查。例如，箱体类零件就要进行尺寸链的计算，来检查组成环和封闭环之间的尺寸是否合理。

3. 形状和位置公差的选择

零件的几何形状和位置精确度对机械性能的影响较大，所以一般零件都要求在零件图上标出形位公差。例如，在一台车床上加工轴或孔时，主轴的回转精度直接影响其加工精度，所以对车床床头箱上支承主轴的前、后轴承孔，除了对孔本身有圆度要求外，还要给两孔的同轴度规定位置公差。如果在车床上加工长轴或进行镗孔的话，那么对车床尾座的顶尖套筒和尾座体上配合的内孔都需要给出表面的圆度或圆柱度的公差。否则，就不能保证车床的设计性能和使用要求。

形位公差可以用查标准的办法确定。可以参考以下原则来确定形位公差的允许值。[33]

对在同一要素上给出的形状公差值,应小于位置公差值。如要求平行的两个平面,其平面度公差值应小于平行度公差值。圆柱形零件的形状公差(轴线的直线度除外),一般情况下应小于其尺寸公差值。平行度公差值,应小于其相应的距离公差值。

二、零件的制造工艺

对于零件制造工艺所涉及的内容,这里是从确定零件加工路线的工艺流程的主要组成项目来确定的。因此,零件制造工艺包含的内容较广,主要包括:零件材料、尺寸、公差、粗糙度、热处理、加工方法以及相应的工艺参数等等。

零件材料和热处理将在下一节做简单介绍;零件尺寸及公差等已在上面进行相应的叙述。下面仅就加工方法做一些说明。

零件的加工方法有:铸造、锻压、焊接等热加工方法和金属切削加工方法及相应的工艺参数(为切削速度、进给量、切削深度)。仅就金属切削加工方法而言,它又分为:车削、钻削、刨削、铣削、镗削、齿轮切削、磨削、挤压、抛光、珩磨;另外还要分成精密、超精密切削等等。所以,要根据零件加工质量和精度、加工难度、加工工时及加工费用等进行分析、比较,最后确定合适的加工方法。

最后要指出一点,在反求工程中,特别是在技术文件反求工作中,必须重视工艺问题的分析研究。这是因为工艺中的某些奥秘不易掌握和破译,有的工艺技术甚至在世界上仅掌握在少数工匠的手中;另外,对于引进的先进技术文件,是没有机器设备原型可供参考和模拟的。

三、部件的装配工艺

从部件装配角度来说,对其组成零件不仅要求具有可加工性(即结构工艺性),还要求有可装配性(即装配工艺性)和可维修性(可以拆卸)。部件的装配精度是机器质量指标中的一项重要指标。

要达到装配精度,必须选择正确的装配工艺(装配方法),并须进行尺寸链分析、计算。

保证装配精度的方法有完全互换法、不完全互换法、分组互换法、修配法和调整法等。

反求工程一般都是针对单台设备进行的。零、部件备份少。装配时利用对尺寸链中的补偿环或调整环进行修配、调整比较合适。

修配法和调整法在原理上是相似的,只是具体方法有些不同。它们都是在尺寸链中设置一个用于保证达到规定的装配精度要求的“补偿环”。修配法是通过切掉某一个预定的“补偿环”的多余金属来改变尺寸链中该补偿环的尺寸来达到规定的装配精度;而调整法则是根据装配时的实际需要,通过改变该补偿环位置或尺寸来达到规定的装配精度要求的。

8.4　零件材料分析和选择

一、零件的材料选择

材料是产品的基础，材料及其工艺（主要是指零件毛坯工艺和热处理工艺）选择得是否合理，是产品性能和质量能否得到保证的一个重要方面。在零件的技术条件中，一般都含有对材料性能方面的要求，且要作为质量检验项目之一。

机械零件的材料可以是铸铁、钢，也可以选用非金属材料，如高分子材料和陶瓷材料等。

所选材料的工艺性能（如成型工艺、热处理工艺及机械加工工艺）应和产品的结构要求相适应，以保证零件的毛坯和成品的质量。

例如，汽车转向节的材料选择，主要是从它的轴颈根部常因疲劳断裂而失效的事实来考虑的，所以应保证转向节轴颈具有较高的抗疲劳强度。因此，这类零件通常采用的材料是合金钢，如 40CrMo 等中碳合金钢。相应的这类零件的毛坯、热处理和机械加工工艺过程大致如下：

模锻⟶ 正火⟶ 粗加工⟶ 调质（淬火再高温回火）处理⟶ 精加工⟶ 轴颈根部表面淬火⟶ 成品。

在上面的零件加工工艺过程中，模锻是毛坯加工，正火（热处理工艺）的目的是消除毛坯表面硬层及内应力，以方便切削粗加工；调质也是热处理工艺，其目的是提高表面层的硬度；接下来就是采用磨削加工方式（精加工）去除表面因调质处理而产生的微小变形；最后再对其根部进行表面淬火的热处理，以提高疲劳强度。

从上面的简单说明可以看出，材料的工艺性能和零件的加工工艺过程是密切相关的。

另外，在确定零件材料时还要考虑降低成本的问题。能用普通碳素钢时不要选用具有过高的机械、物理性能的合金钢。还有，当选择不出合适的材料时，就应通过试验（如模化试验）确定代用材料，以实现材料国产化。

二、零件材料的成分分析和表面处理简述

1. 材料的成分分析

首先，可以通过火花和声音凭经验进行简易的初步定性鉴别。然后再进一步进行材料的成分的定量分析。根据需要，定量（有时也可能还有定性分析的需要）分析可以采用光谱分析法、化学分析法，甚至微探针分析技术来确定材料组成成分及其含量。具体方法就不讲了。

2. 零件的表面处理

为了提高零件的表面性能（如硬度、抗磨性、抗腐蚀性等）、延长零件使用寿命（如抗磨、抗疲劳、抗腐蚀等性能）以及发掘零件材料的潜能（通过改变材料内部的金属组织结构等方法），一般都需要对零件的表面或者已进行切削加工的表面进行调质和表面处理。零件的表面处理

方法有:喷丸、滚压、退火、回火、淬火、表面形变硬化、渗碳、渗氧、共渗、堆焊、电镀、表面涂层等等。具体处理方法从略。

8.5　反求分析和设计举例

前面已经指出,反求的对象包括国内、外的先进产品及其相关的技术资料。这些产品一般都是在现代设计理论和方法指导下,采用先进的设计手段和工具设计出来的,其中往往蕴涵着某些重要的关键技术。所以,在进行反求分析和设计时,要求参与这项工作的工程技术人员既要熟悉和掌握有关的设计理论和方法,也要具有良好的专业基础理论和实际知识与经验。还应特别强调的一点是,我们在进行反求工作时,不应仅局限于“仿制”,必须要有创新。这是时代的要求。

下面介绍几个反求分析和设计的实例,以使读者对反求工程有个大致的了解。

例 8.11[33]　分析装载机新型连杆机构,并进行相似和优化设计。

如图 8.5 所示是瑞典 VOLVO 公司生产的装载机上采用的一种由其首创的新型工作装置的八连杆机构的结构原理图。它是由三个封闭回路、两个四边形和一个五边形组成的一个四杆机构和一个六杆机构。它是一个比较复杂的结构系统。其给定的主动杆位移不能用一般作图方法求得各杆的位移解,各杆的位置也不能表示成主动杆位置和机构参数的显函数。这就给反求分析和设计带来一定的困难。

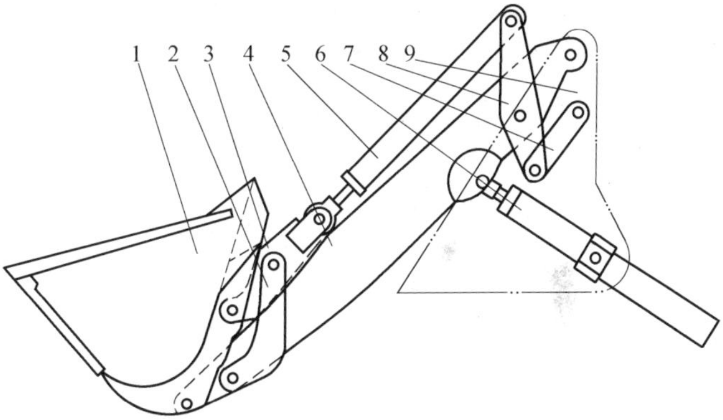

图 8.5　VOLVO 工作装置连杆机构

1—铲斗　2—摇臂　3—推杆　4—动臂　5—铲斗油缸　6—动臂油缸　7—拉杆　8—上摇臂　9—机架

为了掌握其设计方法,必须对该机构进行比较全面的分析,了解该连杆机构的特点。为此,设计工作者进行了以下三个方面的工作:1) 对该机构的性能和优缺点进行计算机辅助分析;2) 根据测绘所得的尺寸参数进行相似设计;3) 针对重构的工作装置的新型连杆机构进行优化设计以获得具有创新性质的最佳方案。

计算机辅助性能分析主要包括:动臂举升过程铲斗(叉子) 的倾角计算、传动角计算、铲装力和举升力计算。

1. 动臂举升过程铲斗的倾角计算

考虑到铲斗在工作过程中,要经历在地面的铲土到最高点的卸土过程,因此要计算铲斗的倾角变化，以评价铲斗的平移性。为此，如图 8.6 所示，给定机架线 a_1 相对于动臂的转角 θ_1，求斗绞线相对于动臂的转角 φ_2。

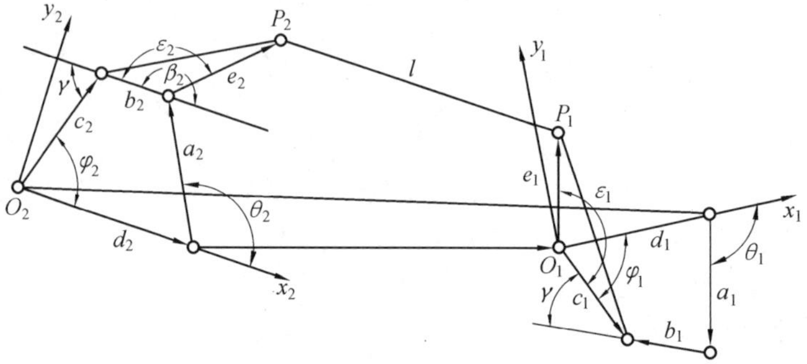

图 8.6　运动分析原理图

从图 8.6 可以看出，通过 θ_1 能在坐标系 $x_1O_1y_1$ 中计算出动点 P_1 的坐标值和相应的转角 φ_1；通过 θ_2 能在坐标系 $x_2O_2y_2$ 中计算出动点 P_2 的坐标值和相应的转角 φ_2。再将 P_1 点坐标转换到 $x_2O_2y_2$ 坐标系中即可计算出动点 P_1 和 P_2 之间的距离。对 P_1 和 P_2 间的距离与杆长 l 进行比较，看是否相等(允许小于允许误差)。若不相等，则改变 θ_1 的值，另设一个 θ_2 值重新计算，直到搜索求得 P_1 和 P_2 两点距离等于 l 值。这时就可通过 θ_2 计算出 φ_2。以上的计算是一个转角校核的动态扫描过程。由于动臂的倾角是已知的，所以可求得铲斗的倾角。有关计算公式均省略。

2. 转动角计算

新型连杆机构是由一个四连杆和一个六连杆组成。六连杆的传动角如图 8.7 中 μ 所示，它是被动杆的绝对运动方向和传动杆相对主动杆相对运动方向之间的夹角。从图上可以看出，μ 是直线 P_1P_2 和直线 P_2I 之间的夹角。所以应计算出瞬时中心 I 在坐标系 $x_2O_2y_2$ 中的坐标值。它可以通过 θ_2、φ_2、b_2 和 d_2 计算出来。

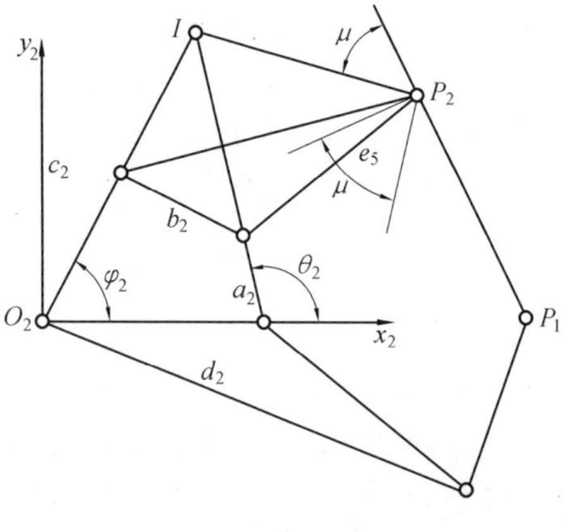

图 8.7　传动角计算分析图

铲装力和举升力的计算均省略。

通过上述的计算和对机构的综合分析，了解到该新型连杆机构具有平移性好，动臂为直线，且在它的不同举升高度时铲装力都比较大，工艺性好以及钢材利用率高等优点。很明显，该机构的构件数和铰点数较多是它的缺点。

相似设计的主要内容是，根据测绘所得尺寸参数，按照相似原理初步确定新设计的连杆机构的尺寸。

这一步虽是简单可行的,但它必须满足以下要求。

1) 几何相似,即:① 四连杆机构的对应边相似,初始角相同;② 六连杆机构的相应边相似,对应夹角相等,初始角相同;③ 铲斗、动臂和力臂油缸三角形几何相似,铲斗和动臂初始倾角相等。

2) 运动规律相似,即要求在动臂举升过程中,斗倾角变化规律相同,斗尖切削轨迹相同。

3) 力传动相似,即动臂举升力和铲斗铲装力的变化规律相同。

优化设计的主要目的是,考虑到新设计的机构尺寸参数可能有误差,这样就可能造成新机构与原机构之间在性能方面出现差异。同时也是为了通过优化设计确定一个最佳的方案。

设计变量　为了进行新设计的连杆机构的优化设计,根据图8.8所示的原理图,取其中的16个尺寸参数($x_1, x_2, \cdots, x_{15}, x_{16}$)作为设计变量。

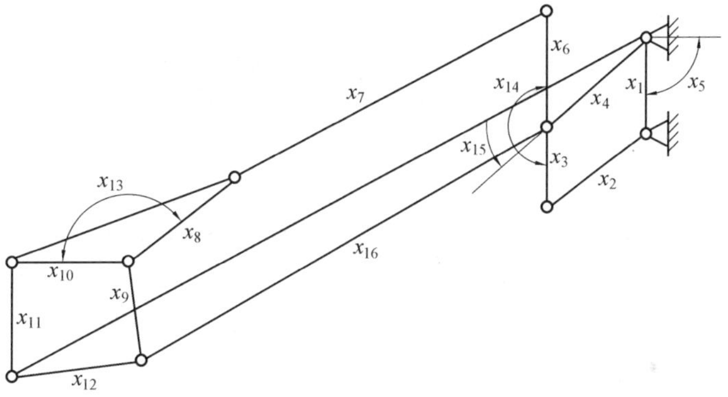

图8.8　优化设计变量

目标函数　可取铲斗、收斗角变动量、铲斗的平移性、地面位置铲装力或铲装力和举升力的变化幅度等其中的一个或多个作为目标函数。当取多个目标函数时就是多目标优化问题。

约束条件　取各设计变量的上下限、最小传动角,机构间是否产生干涉、油缸尺寸是否满足举升力要求等作为约束条件。

优化方法　对于多目标的优化,设计者采用功效系数法(即几何平均法)将多目标问题转化为单目标的问题,然后采用乘子法进行优化。

所设计重构的新的装载机工作装置的连杆机构,经过实测,表明其工作性能与计算结果相符合,性能良好。

例8.12[33]　分析国外资料,反求开发出一流的新产品——自动榴弹发射器。

原来我国没有自动榴弹发射器样品,缺少相应的性能指标数据。然而,从20世纪60年代美国在越南战争中以及1979年前苏联在阿富汗战争中使用该武器的效果中可以看出,这种武器能填补手榴弹和迫击炮之间的火力空白。它不仅具有低伸或曲射弹道、隐蔽性好、机动性强的优点,而且还具有可以连续自动发射、破甲力大、爆炸杀伤性强的炮弹的特点。因此,尽快研制、生产该种新型的步兵用轻型武器系统是当时的一个紧迫任务。

设计人员通过大量检索和收集美国、前苏联以及英、德、日等国有关自动榴弹发射器的资料,并进行认真分析后,了解到前苏联的ATC—17型自动榴弹发射器是一种带重型架(具有支持自动发射榴弹的弹链的作用)的自动发射器,它的最大射程为1 700m等重要性能和结构特点以及它在战术使用时低伸弹道(1 050m射角206密位)和曲射弹道(1 300m射角1 052密位)的两个发射口令。

设计人员以此为基础,利用计算机对榴弹弹丸在空气中飞行的弹道方程进行数值积分计算,反求到苏式自动榴弹反射器的弹丸初速、最大射程等基本指标;又进一步反求计算出不同射程与射角和飞行时间之间关系的射表以及不同基本弹道指标的射表。通过这些反求工作,设计人员不仅掌握了苏式榴弹发射器弹道指标的变化规律和特点,还能够对其设计指导思想、弹道指标、战术使用、结构特点等进行详细分析。

虽然,由于国内没有实物和相应性能指标,用户很难提出符合现代战争基本的、具有中国特色的性能指标,但经过设计人员仔细研究,明确提出了中国开发的自动榴弹发射器应保证两点要求:1)质量必须轻,便于步兵携带;2)破甲威力必须大,使之能成为打击轻型装甲的有效武器。

针对上述两点要求,设计组采取的对应措施是:适当降低初速,减小最大射程,减少发射器所受的后坐力等。设计人员还借鉴中国新研制定型的质量小、初速比自动榴弹发射器要高出5倍的连发大口径机枪的弹道质量指标,通过换算,预测自动榴弹发射器的质量指标,就可使之既先进又可行。与此同时,在提高威力的基础上缩小了口径。

由于发射器所受最大后坐力与弹丸质量和初速等存在关系式

$$F_{\max} = \sqrt{\frac{c}{m_r}}(m + \rho\omega)v_0 = \sqrt{\frac{c}{m_r}}I_r$$

式中,C是武器缓冲装置的刚度系数,m_r是武器后座体质量,m是弹丸质量,ω是发射药质量,ρ是发射药后效系数,v_0是弹丸飞离发射器的初始速度,$I_r = (m + \rho\omega)v_0$是后座冲量(它是弹道的一个综合指标)。

分析上面的公式可以看出,除降低初速v_0外,减小弹丸质量m和发射药质量ω也可以减小后坐力。因此,在保证威力的基础上,又大量采用了铝合金的弹药系统,从而显著减轻弹药系统的质量。同时,把自动送弹的弹链式自动机改为自由枪机式自动机,进一步减轻了质量。

通过采取上述多项的技术措施以后,所设计的自动榴弹发射器的破甲威力也提高了。从下面列表(表8.7)中可以看出,中国设计的榴弹发射器除射程缩小以外,其他的几项重要指标均比美国和前苏联的先进。特别要指出的是,在破甲力上中国的比美国的高出60%。

中国的W-87式自动榴弹发射器研制成功后,先后到7个国家展览和表演,受到外国轻武器同行的高度重视。

表 8.7　自动榴弹发射器主要性能指标

指　标	单位	苏式 AFC－17	美国 MK－19	中国 W－87
最大射程	m	1 700	2 200	1 500
破甲威力	mm		51	80
发射器质量	kg	30.6	54	20
全弹质量	g	350	340	270

例 8.13[31]　汽车后视镜的反求和再设计。

这是一个借鉴现有的汽车后视镜实物进行反求，实现新产品设计的例子。为此，需要逐步完成以下的反求工作。

首先，是对实物进行高密度、大数量的特征点数据(简称点云数据) 测量。对于反求设计来说，获得后视镜曲面点云数据测量是比较复杂且技术难度较大的工作，但却是一项关键性的基础工作。即使采用现代的新型三坐标测量机进行特征点扫描，也需具有专业素养的人员、精心细致的工作、耗费大量的时间才能既不丢失必要数据，又能保证精度地获得所需的数据。必要时，还须提供数据备份。

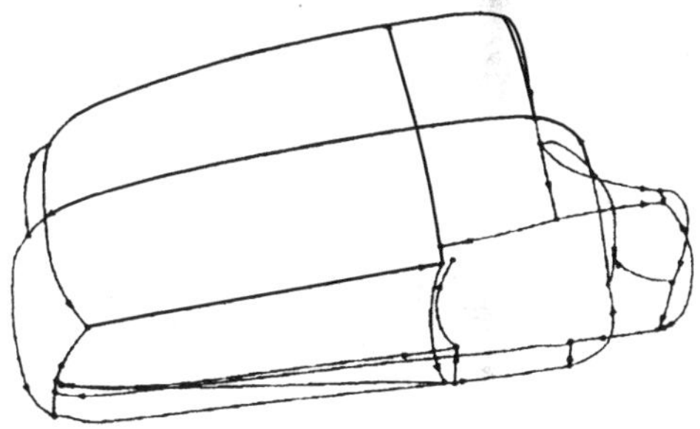

图 8.9　汽车后视镜的区域划分及拟合出的曲线模型

接着就是在所获得的实物点云数据基础上进行数据处理。这时，要根据实物扫描的区域规划进行数据简化、多次扫描的点云拼接以及特征点的提取等。再根据特征点及控制参数，采用合适的方法进行曲线拟合。图 8.9 是一个汽车后视镜的区域划分和曲线拟合模型图。它仅提供了一个线框式的模型。

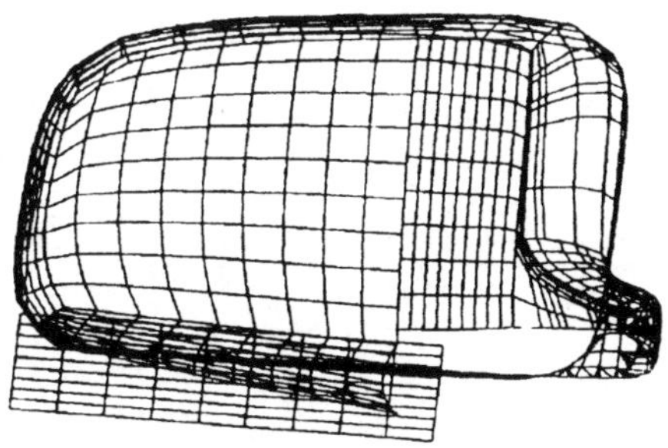

图 8.10　汽车后视镜的曲面模型

下一步是在区域划分和拟合的曲线模型基础上进行曲面拟合的重构。

此时，除了要应用曲面拟合本身的理论和方法进行每一片曲面的拟合外，还要解决曲面片之间的连接和延伸过程中如何避免曲面不相交和畸变等问题，以保证能获得大面积的由多个曲面片组合成光滑的曲面，改进曲面，进行创新设计。图 8.10 是经过曲面重构以后获得的汽车后视镜的曲面模型。

最后一步是对曲面模型采用三角片进行格式化处理。这时要避免出现三角面片之间的重合、错边、缺失等现象。通常,这时需要依靠人工对处理结果进行修正,实现实体化重构。图 8.11 是经过三角化后所得到的汽车后视镜的格式化模型。

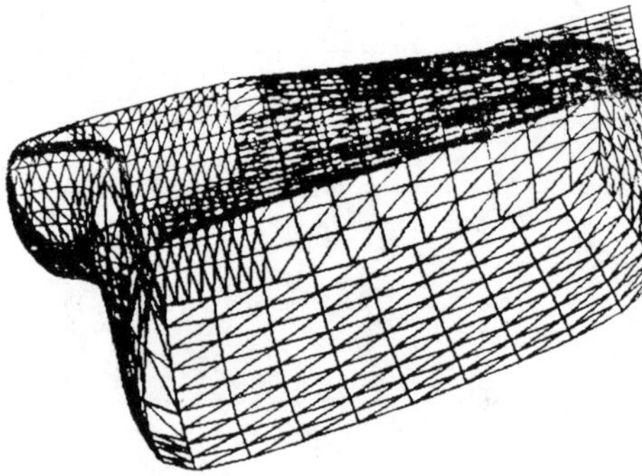

图 8.11　汽车后视镜三角化后的格式化模式

处在当今的市场经济时代,通过反求技术和设计推出创新的产品的事例迭出。当我们对反求工程有了实质性地了解以后,可以发现,在我们身边存在着许多反求实例。作者所在单位就有类似于例 8.2 所示的事例。他们通过资料报道,在进行微型相机设计时就利用了反求技术。还有资料报道说,美国有一种圆形截面的仿真转台框架的设计方案,应用优化设计理论和方法对自己的矩形截面的转台框架进行优化设计,结果也获得了球形截面是最优方案的结论。

习　　题

1. 在实物反求过程中,要确定零件的材料,要对零件尺寸进行测量,确定其尺寸公差及加工工艺和各项技术条件(包括热处理),要绘制零件工作图、部件装配图及装配工艺等等。当反求的产品制造出来以后,若该产品的性能指标达不到原型的水平,请你分析一下是哪些因素导致性能不达标?为什么?

2. 在进行零、部件或整机的系列设计时,通常是先做出一个基型设计,然后以此为基础,取某个公比 φ 按几何相似原理来确定系列中的上行和下行的零、部件或整机的尺寸。可是按这种系列设计方法得出的结果有时也会出现某些不合理的尺寸。你能举出这样的实例,指出为什么不合理,提出解决的办法来吗?

3. 请你举出一个你身边存在的实例,说明它是一种反求工程的产物,为什么?

参考文献

1 吴明泰等.工程技术方法.沈阳:辽宁科技出版社,1985
2 梅利狄思.工程系统设计与规划.蔡宜三等译.北京:机械工业出版社,1985
3 戚昌滋等.现代设计法.北京:建筑工业出版社,1985
4 王步瀛等.现代机械设计方法综述.北京:高等教育出版社,1985
5 郑春瑞等.系统工程学概述.北京:北京科技文献出版社,1981
6 黄纯颖.工程设计方法.北京:中国科技出版社,1990
7 张盛开.对策论及其应用.武汉:华中工学院出版社,1985
8 赵清等.现代设计法导论.长春:吉林科技出版社,1987
9 李之光.相似与模化.北京:国防工业出版社,1982
10 江守一郎等.模型实验的理论和应用.郭廷玮等译.北京:科学出版社,1984
11 A Б 列兹尼亚科夫.相似方法.王成斌译.北京:科学出版社,1964
12 北京机床研究所.金属切削机床基础技术总论.北京:机械工业出版社,1987
13 杨楠等.机床动力学.北京:机械工业出版社,1983
14 诸乃雄.机床动态设计原理与应用.上海:同济大学出版社,1987
15 孙靖民.机床结构计算的有限元法.北京:机械工业出版社,1983
16 孙靖民.机械优化设计.北京:机械工业出版社,1990
17 孙靖民等.机械结构优化设计.哈尔滨:哈尔滨工业大学出版社,1985
18 坪内和夫.可靠性设计.汪一麟等译.北京:机械工业出版社,1983
19 斋藤嘉博.可靠性基础数学.广五所译.北京:国防工业出版社,1977
20 王时任等.可靠性工程概论.武汉:华中工学院出版社,1983
21 何国伟.机电产品的可靠性.上海:上海科技出版社,1989
22 牟致忠.机械可靠性.北京:人民邮电出版社,1989
23 茆诗松等.可靠性统计.上海:华东师大出版社,1984
24 王世芳.可靠性管理技术.北京:机械工业出版社,1987
25 F A 蒂尔曼等.系统可靠性最优化.刘炳章译.北京:国防工业出版社,1988
26 戚昌滋等.对应论方法学.北京:建筑工业出版社,1988
27 戚昌滋.现代广义设计科学方法学.北京:建筑工业出版社,1987
28 王荫清等.对策论竞争的数学模型和作用.成都:成都科技大学出版社,1987
29 王建华.对策论.北京:清华大学出版社,1987
30 盛伯浩.相似理论和量纲分析在机床设计中的应用.机床,1980(10)、(11)
31 徐灏主编.机械设计手册.第二版.北京:机械工业出版社,2000
32 王新荣等.有限元素法及其应用.台北:中央图书出版社,1997
33 刘之生,黄纯颖.反求工程技术.北京:机械工业出版社,1992